应用型人才培养精品教材

信息技术基础项目教程

李 伟 主 审
彭 涛 边淑华 付彩霞 主 编
郭春梅 曾 佳 余丽娜 张谋权 付比鹤 闫晓梅 副主编

电子工业出版社
Publishing House of Electronics Industry
北京·BEIJING

内 容 简 介

本书根据信息技术行业的发展现状，以及职业教育教学改革的要求，邀请了企业人员参与编写，体现了"校企双元"的合作特点。本书采用项目化的编写方式，按照"情景导入→分解任务单→知识思维导图→任务实施→知识储备→任务拓展"的思路组织教材的内容。对接教育部颁布的《高等职业教育专科信息技术课程标准（2021年版）》，本书共8个项目，包括认识和使用计算机、Windows 操作系统的应用、Word 文档的制作及应用、Excel 数据管理与分析、演示文稿的制作、网络基础应用与信息检索、新一代信息技术、图形图像处理基础（拓展项目）。本书重点突出知识在实际工作中的应用，注重学生应用能力的培养。本书提供了配套的移动端学习资料及在线开放课程等新形态一体化教学资源，一方面，用户使用手机扫描二维码后，即可播放对应知识点的微课视频；另一方面，编者团队搭建了相应的在线开放课程，读者可以通过计算机、手机等设备登录在线开放课程的网站，进行自主学习。

本书可作为应用型本科院校、高等职业院校、中等职业院校计算机应用基础课程的教材，也可作为计算机等级考试及计算机应用职业资格培训的辅导用书。

未经许可，不得以任何方式复制或抄袭本书之部分或全部内容。
版权所有，侵权必究。

图书在版编目（CIP）数据

信息技术基础项目教程/彭涛，边淑华，付彩霞主编. —北京：电子工业出版社，2023.8
ISBN 978-7-121-45834-7

Ⅰ. ①信… Ⅱ. ①彭… ②边… ③付… Ⅲ. ①电子计算机－高等职业教育－教材 Ⅳ. ①TP3

中国国家版本馆 CIP 数据核字（2023）第 116645 号

责任编辑：魏建波
印　　刷：三河市鑫金马印装有限公司
装　　订：三河市鑫金马印装有限公司
出版发行：电子工业出版社
　　　　　北京市海淀区万寿路 173 信箱　邮编 100036
开　　本：787×1 092　1/16　印张：20.5　字数：524.8 千字
版　　次：2023 年 8 月第 1 版
印　　次：2023 年 8 月第 1 次印刷
定　　价：59.60 元

凡所购买电子工业出版社图书有缺损问题，请向购买书店调换。若书店售缺，请与本社发行部联系，联系及邮购电话：（010）88254888，88258888。
质量投诉请发邮件至 zlts@phei.com.cn，盗版侵权举报请发邮件至 dbqq@phei.com.cn。
本书咨询联系方式：（010）88254609，hzh@phei.com.cn。

前　　言

当今的社会是信息化社会，人们的工作方式和学习方式都离不开计算机和网络。随着计算机在各个领域被广泛深入使用，必然要求进入社会就业岗位的劳动者具有不同层次的计算机应用能力。这是信息社会对未来劳动者的要求，也是对培养社会新型劳动者的职业技术教育的必然要求。没有信息化就没有现代化。近年来，我国新一代信息技术领域的硬件、软件、内容和服务方面的创新步伐不断加快，融合化、智能化、应用化特征突出，成为我国经济增长的重要引擎。大数据、云计算、人工智能、物联网等是新时期我国经济社会发展的重点领域，是建设网络强国、推动产业数字化转型升级的关键支撑。

为贯彻落实《国家职业教育改革实施方案》，2021 年 3 月，教育部发布了《高等职业教育专科信息技术课程标准（2021 年版）》（教职成厅函〔2021〕4 号）。

党的二十大报告中强调，我们要坚持教育优先发展，加快建设教育强国、科技强国、人才强国，坚持为党育人、为国育才。本书以党的二十大精神为指引，充分发挥教材的铸魂育人功能，深入贯彻实施党的二十大报告提出的产教融合理念，由职业院校教师和企业高级工程师倾力合作打造，为深入实施"科教兴国战略，强化现代化建设人才支撑"贡献力量。

在此背景下，为了适应新一代信息技术产业发展需求，培养高等职业院校学生的科学素养、逻辑思维能力和探知新技术的意识，提高大学生的计算机应用技术水平，我们精心组织策划，编写了本书，并开发了配套的移动端学习资料及在线开放课程等新形态一体化教学资源。

本书具有以下特点：
- 本书围绕深化教学改革、产教融合"双元"育人和"互联网+职业教育"的发展需求，探索校企合作的新模式，共同编写纸质教材，共同开发配套的移动端学习资料及在线开放课程。
- 本书针对新职业、新岗位提出的需求，介绍了信息技术行业中的热门技术和新兴技术，以适应智慧社会和教学改革的发展，并尝试将不同领域的知识有效融合。注重培养高职学生科学素养和逻辑思维能力，将相关能力训练融入教学环节中，通过对教学内容的基础性、科学性和前瞻性的研究，与当前教育部的信息技术最新课程标准要求接轨，总体提升讲授内容的水平层次。
- 本书依据计算机应用基础及应用公共课程的培养目标，涵盖全国计算机等级考试（一级）内容，突出"高职"特点，教材内容体系基于工作岗位需求，同时也基于工作过程，而非基于学科体系。本书以大学毕业生从求职到进入企业实习的经历为原型，以各部门的工作任务为主线，将教材内容划分为 8 个项目：认识和使用计算机、Windows 操作系统的应用、Word 文档的制作及应用、Excel 数据管理与分析、演示文稿的制作、网络基础应用与信息检索、新一代信息技术、图形图像处理基础（选学拓展项目）。本书强调实训操作，注重学生应用能力的培养，让学生能够在"做中学、学中做"的过程中有所收获。通过项目实践，充分激发学生的学习兴趣。

- 本书注重项目实施流程，以大学生的学习与实习情景为切入点，在内容的安排上采用任务案例由浅入深、循序渐进的方式，按照"情景导入→分解任务单→知识思维导图→任务实施→知识储备→任务拓展"的思路组织教材的内容，对在项目中未涉及却有必要了解的知识点，我们将在"知识储备"栏目中进行讲解，以便知识和技能的迁移。

- 本书提供了配套的移动端学习资料及在线开放课程等新形态一体化教学资源，一方面，用户使用手机扫描二维码后，即可播放对应知识点的微课视频；另一方面，编者团队开发了相应的省级在线开放课程，搭建于北京超星公司网络教学平台。读者可以在移动端设备（如手机、平板电脑等）中安装"超星学习通"App，或者利用计算机登录教学平台网站在线浏览海量的学习资源，并进行在线测试，进行自主学习。

全书做到入门容易，通俗易懂，图文并茂，便于自学。

本书由合作企业高级工程师、厚溥研究院李伟院长主审，彭涛、边淑华、付彩霞担任主编，郭春梅、曾佳、余丽娜、张谋权、付比鹤、闫晓梅担任副主编。

本书涉及的"单位名称""姓名""个人信息"等内容纯属虚构，如有雷同，纯属巧合。

读者可以登录华信教育资源网（www.hxedu.com.cn）免费注册后下载本书的相关教学资源。如有问题，请在网站留言板留言或与电子工业出版社联系（E-mail: hxedu@phei.com.cn）。

在本书的编写过程中，我们参阅了大量的相关书籍，搜集了大量的网上资源，在此作者表示衷心感谢。

由于编者水平有限，加之时间仓促，书中难免有疏漏和不妥之处，敬请各位读者和专家批评指正。

编　者

目 录

项目 1 认识和使用计算机 ·· 1
  任务一 认识个人计算机 ·· 1
  任务二 安装计算机软件 ·· 10
  任务三 键盘的使用及计算机字符编码 ·· 15
  任务四 计算机病毒与信息安全 ·· 21

项目 2 Windows 操作系统的应用 ·· 29
  任务一 Windows 10 的基本操作 ·· 29
  任务二 管理磁盘空间 ·· 76

项目 3 Word 文档的制作及应用 ·· 96
  任务一 普通文档的制作 ·· 96
  任务二 个人简历的制作 ·· 111
  任务三 制作宣传海报 ·· 125
  任务四 毕业论文编排 ·· 133
  任务五 批量制作邀请函 ·· 144

项目 4 Excel 数据管理与分析 ·· 151
  任务一 职员基本情况表的编辑与格式化 ·· 151
  任务二 制作员工工资表——公式与函数的运用 ···································· 168
  任务三 奖学金申请表的数据统计与分析 ·· 185

项目 5 演示文稿的制作 ·· 201
  任务一 新员工培训演示文稿的制作 ·· 201
  任务二 演示文稿的高级制作 ·· 212

项目 6 网络基础应用与信息检索 ·· 237
  任务一 设置 IP 地址并浏览网页 ·· 237
  任务二 收发电子邮件 ·· 248
  任务三 信息检索 ·· 258

项目 7　新一代信息技术 268

任务一　大数据技术与应用 269
任务二　云计算技术与应用 271
任务三　物联网技术与应用 276
任务四　人工智能技术与应用 280
任务五　区块链技术与应用 285
任务六　量子信息 289
任务七　新一代信息技术的典型应用 292

项目 8　图形图像处理基础（拓展项目） 296

任务一　美颜照片制作 296
任务二　图像的合成 305

项目 1
认识和使用计算机

随着人们生活水平的日益提高和网络技术的飞速发展,计算机越来越普及。从科学技术的研究到工农业的生产,从对企业的管理到日常生活中的应用,各行各业都在广泛地使用计算机。现在,很多家庭都配置了个人计算机。计算机逐渐成为现代社会中必不可少的工具。

任务一　认识个人计算机

 任务情境

小明入学报到后,听上届学长说,学校学习很多时候要用上计算机,所以和父母商量后,打算也买一台计算机。他想要购买一台高性价比计算机,但他不知道哪些指标能代表计算机的性能,也不知道购买什么配置的计算机才能满足学习和娱乐需要,所以非常有必要了解计算机硬件系统的组成。

 任务清单

任务名称	认识并使用计算机
任务分析	我们在工作和学习中经常会使用计算机,所以需要认识一台计算机的主要硬件及性能指标。
任务目标 学习目标	1. 了解计算机的发展与特点。 2. 了解计算机的硬件及其组成原理。 3. 了解计算机的性能指标。
素质目标	1. 培养认真负责的工作态度和严谨细致的工作作风。 2. 培养学生科技强国的意识和文化自信的信念。 3. 培养学生热爱祖国、勇于攀登的责任感和使命感。

任务导图

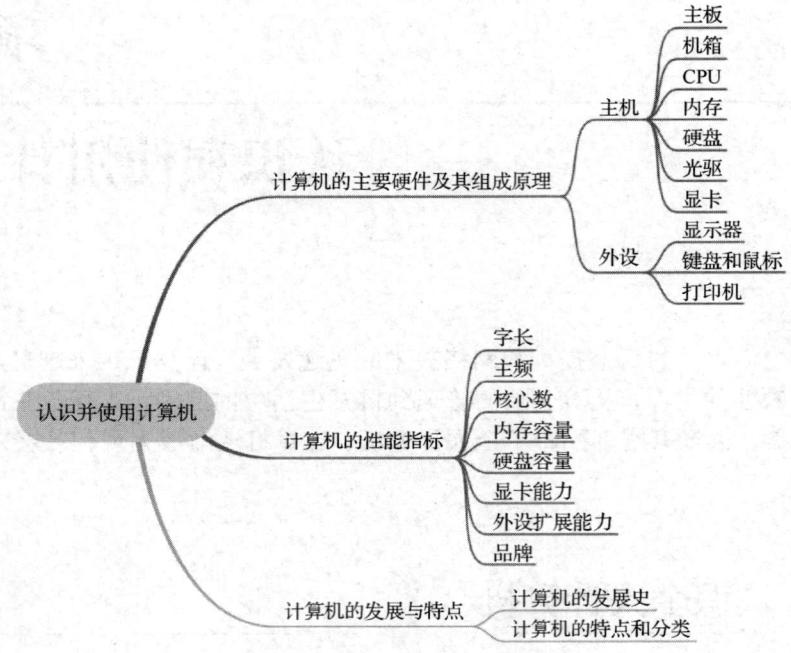

 任务实施

任务要求：认识一台计算机的主要硬件，如 CPU、显卡、硬盘、光驱、内存、机箱、电源、显示器、键盘和鼠标等。

计算机系统由硬件和软件两部分组成。硬件是组成计算机系统的物理设备，如各种电路板、插线板、机箱、外部设备等。硬件是计算机系统的物质基础。只有硬件而无软件的计算机被称为裸机，在裸机上不能进行任何工作。

一、硬件主要包括以下几个部分

1. 主板

主板又被称为主机板、系统板或母板，是计算机的核心部件。主板上装有重要的芯片（如 ROM BIOS、RAM）和输入/输出控制电路，以及 CPU 插槽、扩展槽、键盘接口、面板控制开关、直流电源供电接插件等，用于连接 CPU、内存、显卡、声卡及其他部件。主板的好坏对计算机的整体性能有很大的影响。主板上的插槽、总线是计算机各硬件之间进行数据交换的通道，总线的宽度将直接影响计算机的运算速度，主板上的各芯片组对计算机中的各种数据起着控制、诊断、存储、检测等作用。因此，主板在计算机中起着至关重要的作用。常见的主板结构如图 1-1-1 所示。

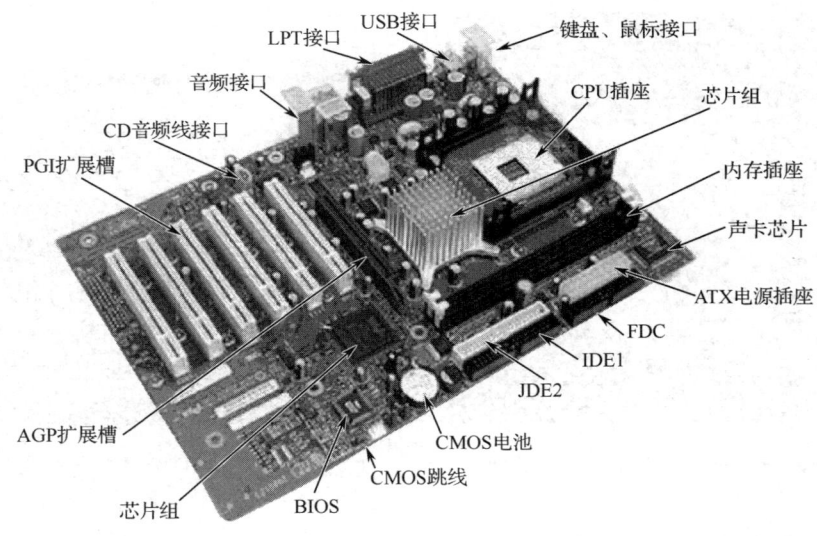

图 1-1-1 主板结构

2. 机箱

机箱作为计算机的一部分，主要用于放置和固定各种计算机部件，起到承托和保护的作用。此外，机箱具有屏蔽电磁辐射的重要作用。虽然机箱不像 CPU、显卡、主板等部件那样能迅速提高计算机的性能，但是机箱对计算机的稳定运行也会产生影响。一些用户在购买了质量较差的机箱后，由于主板和机箱形成了回路，导致短路，使计算机运行不够稳定。机箱如图 1-1-2 所示。

图 1-1-2 机箱

3. CPU

CPU（Central Processing Unit）即中央处理器，它是决定计算机性能的关键部件，相当于计算机的心脏。中央处理器主要包括两个部分，即控制器和运算器。计算机系统中所有软件层的操作，最终都通过指令集映射为 CPU 的操作。

目前有两家主流 CPU 生产企业：Intel 公司和 AMD 公司。如图 1-1-3 所示为 Intel 公司生产的 CPU，型号为 Intel 酷睿 i9 10980XE，基本参数如下：内置 18 核心，36 线程，CPU 主频 3GHz，动态加速频率 4.6GHz。如图 1-1-4 所示为 AMD 公司生产的 CPU，型号为 AMD Ryzen ThreadRipper 3990X，基本参数如下：内置 64 核心，128 线程，CPU 主频 2.9GHz，动态加速频率 4.3GHz。

图 1-1-3　Intel 公司生产的 CPU

图 1-1-4　AMD 公司生产的 CPU

4．内存

内存用于存储在计算机工作过程中产生的数据信息。内存的容量越大，所存储的信息就越多。内存的指标除容量外，还有时钟频率，时钟频率越高，内存读取信息的速度就越快。常见的内存的容量已经达到 8～16GB，有的内存容量甚至达到 32GB。内存如图 1-1-5 所示。

5．硬盘

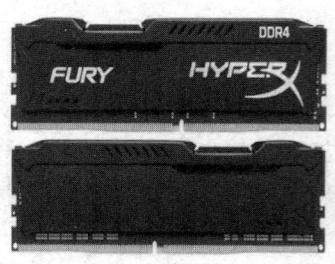
图 1-1-5　内存

硬盘是计算机重要的外部存储设备。计算机的操作系统、应用软件、文档和数据等都可以存放在硬盘中。目前，硬盘可以分为机械硬盘和固态硬盘。机械硬盘即传统的硬盘，主要由盘片、磁头、盘片转轴、控制电机、磁头控制器、数据转换器、接口、缓存等多个部分组成。机械硬盘的相关技术指标有转速、平均寻道时间、平均访问时间、最大内部数据传输速度及缓冲时间等。固态硬盘是用固态电子存储芯片阵列制成的硬盘，固态硬盘由控制单元和存储单元（FLASH 芯片、DRAM 芯片等）组成。固态硬盘具有机械硬盘不具备的快速读写、质量轻、能耗低、体积小等特点，固态硬盘的缺点是价格昂贵、容量较低等。

随着硬盘技术的发展，早期的硬盘容量只有几十兆字节，后来发展到几百兆字节，几百吉字节，现在的硬盘容量已经达到太字节（TB），如 1TB、2TB、6TB。硬盘容量的大幅度增加，促进了计算机相关技术的发展。常见的硬盘如图 1-1-6 所示。

6．光驱

光盘驱动器也被称为光驱或 CD-ROM 驱动器，用于驱动光盘完成数据的读/写操作。光驱利用光线的投射与反射原理达到数据存储和数据读取的目的。光驱的主要技术指标是倍速，光驱最初读取信息的速度是 150kbit/s，后来光驱的读取速度成倍提高。光驱的倍速指每秒读取信息的速度乘以倍数，如 52 倍速光驱的读取速度为 150 kbit/s×52=7800kbit/s。现在比较常用的光驱是 DVD 刻录光驱，如图 1-1-7 所示。

图 1-1-6　硬盘　　　　　　　　　图 1-1-7　DVD 刻录光驱

7．显卡

显卡即显示适配卡，是计算机与显示器之间的一种接口卡。显卡的主要作用是负责图形处理，把计算机的数据传输给显示器，并控制显示器的数据组织方式。有的显卡还可以把计算机信号转换成电视信号直接传输到电视机上。显卡性能的好坏主要取决于显卡上的图形处理芯片。常见的 PCI-E 显卡如图 1-1-8 所示。

8．显示器

显示器的作用是把计算机处理信息的过程和结果显示出来。显示器是标准的输出设备，是计算机的重要组成部分。显示器质量的好坏直接影响显示效果。显示器的主要技术指标有屏幕尺寸、屏幕类型、点距、刷新频率、分辨率和带宽等。显示器主要分为阴极射线管显示器（CRT）和液晶显示器（LCD）。现在比较常用的显示器是液晶显示器，如图 1-1-9 所示。

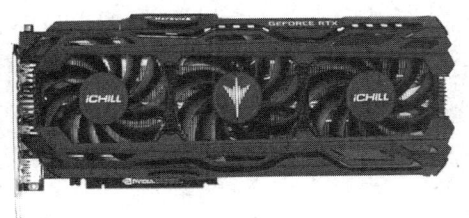 

图 1-1-8　PCI-E 显卡　　　　　　　图 1-1-9　液晶显示器

9．键盘和鼠标

键盘是较常用的输入设备，如图 1-1-10 所示。通过键盘，用户可以把英文字母、数字、中文文字和标点符号等输入计算机。现在比较常用的键盘是 101 键盘（含 101 个按键）。

随着 Windows 的流行，鼠标成为不可缺少的工具。鼠标按工作原理可分为机械式鼠标和光电式鼠标。机械式鼠标通过鼠标内的滚动圆球触发传导杆，从而控制鼠标指针的移动。光电式鼠标利用光的反射原理启动鼠标内部的红外线发射和接收装置。使用光电式鼠标时需要配备一块专用的感光板。光电式鼠标比机械式鼠标的定位精度高。

鼠标根据按键数量可以分为单键鼠标、双键鼠标和三键鼠标，常用的鼠标是双键鼠标和三键鼠标。如今，市场上出现了无线鼠标，还出现了在两键之间设置一个或两个滚轮的大双键鼠标。用户滑动鼠标的滚轮就可以快速浏览网页内容，使用起来非常方便。无线鼠标如图 1-1-11 所示。

图 1-1-10　键盘　　　　　　　　图 1-1-11　无线鼠标

10．打印机

打印机是计算机的输出设备之一。打印机大致可以分为击打式打印机（针式打印机）和非击打式打印机（喷墨打印机和激光打印机）。它们分别用于不同的工作环境，例如，针式打印机（见图 1-1-12）主要用于打印票据，激光打印机（见图 1-1-13）主要用于打印黑白文稿，也可以打印彩色文稿，喷墨打印机（见图 1-1-14）主要用于打印彩色图片。

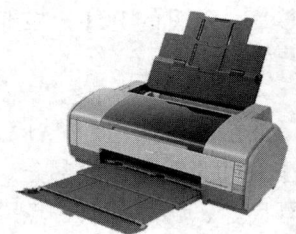

图 1-1-12　针式打印机　　　图 1-1-13　激光打印机　　　图 1-1-14　喷墨打印机

二、选购计算机的技术指标

选购个人计算机主要从字长、主频、核心数、内存容量、硬盘容量、显卡性能、外设扩展能力和品牌等方面考虑计算机性能。

1．字长

字长是指 CPU 一次能并行处理的二进制位数，字长总是 8 的整数倍，通常个人计算机的字长为 16 位、32 位、64 位。字长越长，数据精度也就越高；在完成同样精度的运算时，则数据处理速度就越快。当前 CPU 字长普遍为 64 位。

2．主频

主频即 CPU 工作频率，也称为时钟频率，单位是兆赫（MHz）或吉赫（GHz），是用于衡量计算机运算速度的主要参数，目前 CPU 的主频都在 2.0GHz 以上。

3．核心数

多核处理器是指在一枚处理器中集成两个或多个完整的计算引擎（内核），此时处理器能支持系统总线上的多个处理器，由总线控制器提供所有总线控制信号和命令信号。目前的处理器多为双核、4 核、8 核、12 核、16 核等。

4．内存容量

内存容量是衡量计算机存储当前运算数据信息多少的一个重要指标，以字节为单位，内存容量越大，机器所能运行的程序就越大，计算机运行就越流畅。目前市场上的内存条容量为 4GB、8GB、16GB、32GB 等。

5．硬盘容量

目前个人计算机通常配置固态硬盘以提高系统运行速度。如果需要存储较多的图片和视频等大容量数据，可以考虑配置固态硬盘的同时，再配置大容量的机械硬盘。主流机械硬盘的存储容量有 1TB、2TB、4TB、6TB 等，转速有 5400r/min（转每分）和 7200r/min。主流固态硬盘的存储容量有 240GB、480GB、720GB 等。

6．显卡性能

如果计算机只是用于办公、上网、看电影，一般集成显卡就足够了，如果要玩游戏或者处理三维图形、动画、高清视频等，就要选购高端的独立显卡。

7．外设扩展能力

外设扩展能力主要指计算机系统配置各种外部设备的可能性、灵活性和适应性，如接口的版本和数量等。

8．品牌

好的品牌一般是经过多年的市场检验和良好的用户口碑建立起来的，质量和售后服务都有良好的保障，不要贪图便宜购买不是正规品牌或口碑不好的计算机。

知识储备

1．计算机的发展史及其特点和分类

1889 年，美国科学家赫尔曼·何乐礼研制出以电力为基础的电动制表机，用以储存计算资料。

1930 年，美国科学家范内瓦·布什造出世界上首台模拟电子计算机。

1946 年 2 月，世界上第一台电子数字计算机 ENIAC 在美国宾夕法尼亚大学诞生，由莫克利教授和埃克特工程师研制，如图 1-1-15 所示。

（a）ENIAC　　　　　　　　　　　　（b）莫克利与埃克特

图 1-1-15　ENIAC 与其研制人员

根据计算机使用的电子元器件不同，电子计算机的发展大致可分为 4 代（见表 1-1-1）。

表 1-1-1　计算机发展的四个阶段

分代	时间	主要电子元件	技术特点与应用领域
一	1946～1958 年	电子管	体积大，速度慢，耗电量大，存储容量小，使用机器语言和汇编语言；主要应用于科学和工程计算
二	1958～1964 年	晶体管	体积减小，耗电量较少，运算速度提高，价格下降，使用高级语言；除科学计算外，还应用于数据处理、实时控制等领域
三	1964～1970 年	中小规模集成电路	体积、功耗进一步减少，可靠性进一步提高；应用范围扩大到企业管理和辅助设计等领域
四	1971 年至今	大规模、超大规模集成电路	性能大幅度提高，价格大幅度下降；广泛应用于社会生活的各个领域

我国从 1956 年开始研制计算机，1958 年第一台电子管计算机 103 机研制成功。多年来在计算机领域不断取得重大成功，尤其是最近几年，我国的计算机发展更是日新月异：2008 年我国自主研发制造的百万亿次超级计算机"曙光 5000"获得成功，以峰值速度 230 万亿次、Linpack 值 180 万亿次的成绩跻身当时世界超级计算机前 10 名；2010 年 9 月，我国首台千万亿次超级计算机"天河一号"开始进行系统调试与测试；2013 年 6 月 17 日，由国防科技大学研制的"天河二号"超级计算机，以峰值计算速度每秒 54902.4 万亿次、持续计算速度每秒 33862.7 万亿次双精度浮点运算的优异成绩，获得世界超级计算机 TOP500 的榜首，比第二名美国的泰坦快了一倍。中国近年来正在加大对于高性能超级计算机芯片和超级计算机的投入。今天，全球超级计算机 TOP500 排名榜里有 167 台是中国的计算机，超过美国的 165 台。"神威·太湖之光"（见图 1-1-16）代表着中国高性能计算技术发展的又一个里程碑。

图 1-1-16　神威·太湖之光超级计算机

2. 冯·诺依曼机的特点

在计算机发展史上，美籍匈牙利裔数学家冯·诺依曼提出了"存储程序、程序控制"的计算机解决方案，今天的计算机基本结构仍采用冯·诺依曼提出的原理和思想，因此人们称符合这种设计的计算机为冯·诺依曼计算机。

冯·诺依曼提出的设计思想可以简要地概括为以下 3 点（如图 1-1-17 所示）：

（1）计算机应包括运算器、存储器、控制器、输入设备和输出设备五大基本部件。

（2）计算机内部应采用二进制表示指令和数据。每条指令一般具有一个操作码和一个地址码。其中，操作码表示运算性质，地址码用于指出操作数在存储器中的地址。

（3）将程序送入内存储器中，然后启动计算机，计算机无须操作人员干预便能自动逐条读取指令并执行指令。

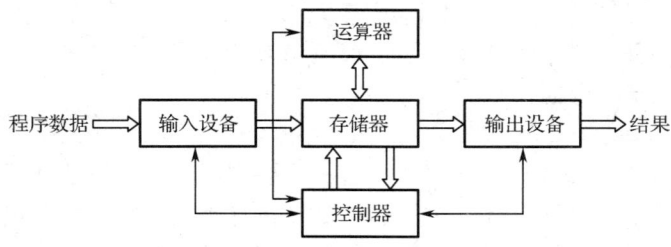

图 1-1-17　计算机的硬件结构

下面简要地介绍计算机五大部分的功能。

（1）CPU

CPU 是计算机的核心部件，由控制器和运算器组成。

① 运算器。运算器能够按程序要求完成算术运算和逻辑运算，并可暂存运算结果，是计算机对数据进行加工处理的部件，它的主要功能是对二进制数进行加、减、乘、除等算术运算和与、或、非等基本逻辑运算，实现逻辑判断。运算器在控制器的指挥下工作，并将运算结果送入存储器中。

② 控制器。控制器是计算机的核心部件、指挥中心，也可以说是大脑中枢。控制器主要由指令寄存器、指令译码器、程序计数器和操作控制器等组成。控制器是分析和执行指令的部件，也是统一指挥和控制计算机各个部件按时序协调操作的部件。

（2）存储器（Memory）

存储器分为内存储器（简称内存）和外存储器（简称外存），以及高速缓冲存储器。中央处理器（CPU）只能直接访问存储在内存和高速缓冲存储器中的数据，外存中的数据只有先调入内存后，才能被 CPU 访问和处理。

① 内存又称为主存储器，包括只读存储器（ROM）和随机存储器（RAM）两种。

ROM 的特点是只能读出信息，不能写入信息，存放在 ROM 中的信息能长期保存而不受停电的影响。ROM 主要用来存放固定不变的控制计算机的系统程序和数据，如常驻内存的监控程序、基本 I/O 系统、各种专用设备的控制程序和有关计算机硬件的参数表等。

RAM 的特点是可读可写，停电或关机后，RAM 中的信息自动消失。由于 RAM 是计算机数据的信息交流中心，因此 RAM 容量越大，传输速度就越快，性能就越好。目前 RAM 的容量可达到 2GB 以上，还可以根据需要进行扩充。

② 外存又称为辅助存储器，一般是磁性介质的存储设备，作为外部设备使用，存放当前不参与运行的程序和数据。它与主存储器交换信息。当需要时，将参与运行的程序和数据调入主存，或将主存中的信息转来保存。外存具有容量大、存取速度慢、价格低、存储的信息能够长期保留的特点。

常用的外存储器有磁盘、磁带和光盘等。

③ 高速缓冲存储器（Cache）用来存放正在运行的一小段程序和数据。由于系统主板上的响应时间远低于 CPU 的速度，Cache 起到协调它们之间的速度的作用，也即起缓冲作用。它在 CPU 与主存储器之间不停地进行程序和数据交换，把需要的内容调入，把用过的内容返

还。它具有存储容量很小、存取速度很快、价格高、存储信息不能长期保留的特点。

④ 虚拟存储——就是把多个存储介质模块（如硬盘、RAID）通过一定的手段集中管理起来，所有的存储模块在一个存储池（Storage Pool）中得到统一管理，从主机和工作站的角度看到的就不是多个硬盘，而是一个分区或者卷，就好像是一个超大容量（如 1TB 以上）的硬盘。这种可以将多种、多个存储设备统一管理起来，为用户提供大容量、高数据传输性能的存储系统，就称为虚拟存储。

（3）输入/输出设备

输入/输出设备又简称 I/O 设备。输入设备的主要作用是把程序和数据等信息转换成计算机所适用的编码，并顺序送往内存。常见的输入设备有键盘、鼠标器和扫描仪等。输出设备的主要作用是把计算机处理的数据、计算结果等内部信息按人们要求的形式输出。常见的输出设备有显示器、打印机和绘图仪等。

3. 计算机的应用领域及发展趋势

现在，计算机已被广泛且深入地用于人类社会的各领域，从科研、生产、国防、文化、教育、卫生到家庭生活，都离不开计算机提供的服务。计算机促进了生产率的大幅度提高，把社会生产力提高到了前所未有的水平。计算机正朝着巨型化、微型化、网络化和智能化 4 个方向发展。

根据计算机的应用领域进行划分，将计算机的应用类型归纳为以下几类：科学计算、数据处理、计算机辅助设计/辅助制造（CAD/CAM）、过程控制、多媒体技术、计算机通信和人工智能。

 任务拓展

（1）简述计算机是由哪几部分组成的？
（2）请根据实训教程实践安装个人计算机。

任务二　安装计算机软件

 任务情境

组装完计算机后，计算机专卖店的服务人员问小明是否安装常用的工具软件，小明欣然同意，先安装什么软件呢？服务人员建议先安装 Microsoft Office 2016，好吧，我们一起来看看如何安装计算机软件。

 任务清单

任务名称	安装计算机软件
任务分析	我们在工作和学习中经常会使用各种应用软件，使用时应该掌握计算机软件系统的组成。

续表

任务目标	学习目标	1. 掌握计算机系统的组成。 2. 掌握计算机软件系统的组成。 3. 掌握计算机软件安装方法。
	素质目标	1. 培养学生的软件版权意识。 2. 了解国产软件，提升民族自豪感，增进文化自信。 3. 培养学生科技强国的意识和文化自信的信念。 4. 培养学生热爱祖国、勇于攀登的责任感和使命感。

 任务导图

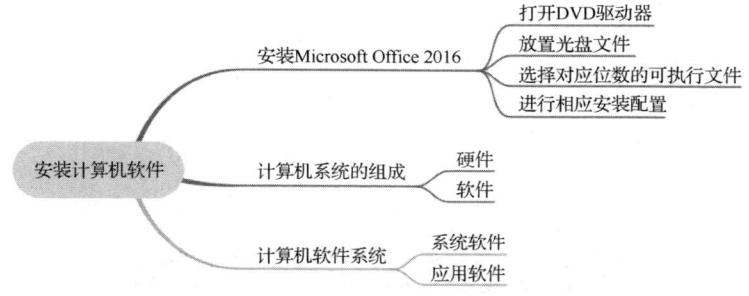

 任务实施

任务要求：安装计算机应用软件，了解 Microsoft Office 2016（简称 Office 2016）办公软件的安装过程。

操作步骤

（1）把 Office 2016 的安装光盘放入 DVD 驱动器中，打开 DVD 驱动器中的文件压缩包（或者用 Windows 资源管理器直接打开），如图 1-2-1 所示。

图 1-2-1　打开 DVD 驱动器中的文件压缩包

（2）双击进入 Office 文件夹，如图 1-2-2 所示，该文件夹中的 setup32.exe 可执行文件和 setup64.exe 可执行文件分别适用于 32 位操作系统和 64 位操作系统，用户需要查看自己计算机的属性，选择合适的可执行文件。

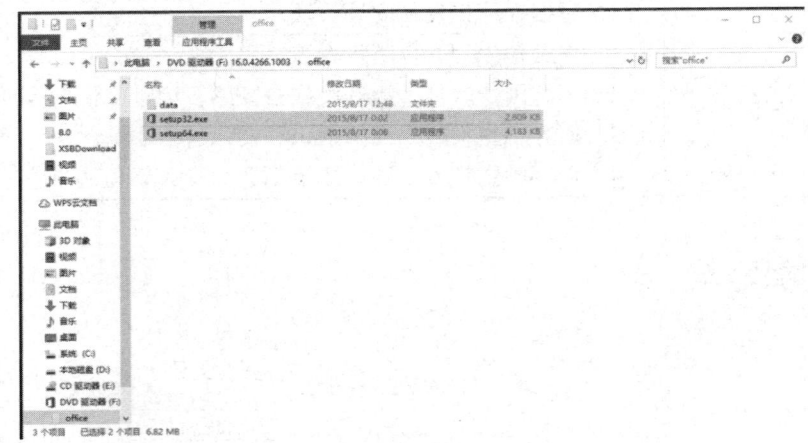

图 1-2-2　setup32.exe 可执行文件和 setup64.exe 可执行文件

（3）双击可执行文件，进入 Office 2016 的安装界面，如图 1-2-3 所示。

图 1-2-3　Office 2016 的安装界面

（4）按照界面提示，进行相应的设置，在此过程中，请勿关闭或重启计算机。Office 2016 的安装进度如图 1-2-4 所示。

（5）安装完成后，跳转至 Office 2016 的安装完成界面，如图 1-2-5 所示，单击"关闭"按钮。

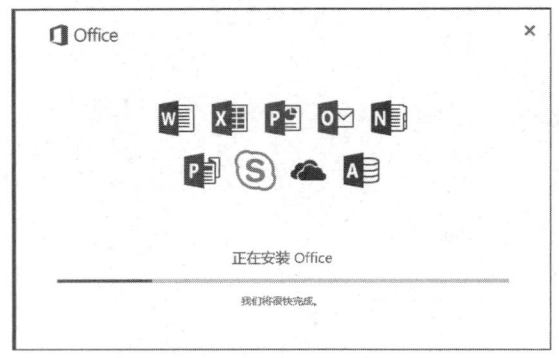

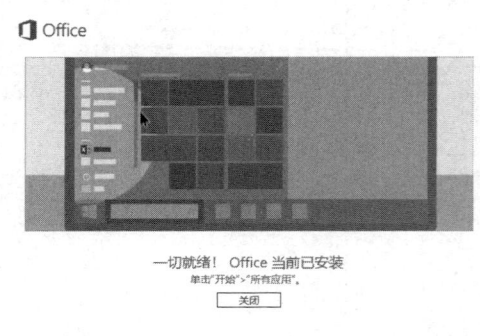

图 1-2-4　Office 2016 的安装进度　　　　图 1-2-5　Office 2016 的安装完成界面

（6）打开"开始"菜单，查看已安装好的 Office 2016，如图 1-2-6 所示。

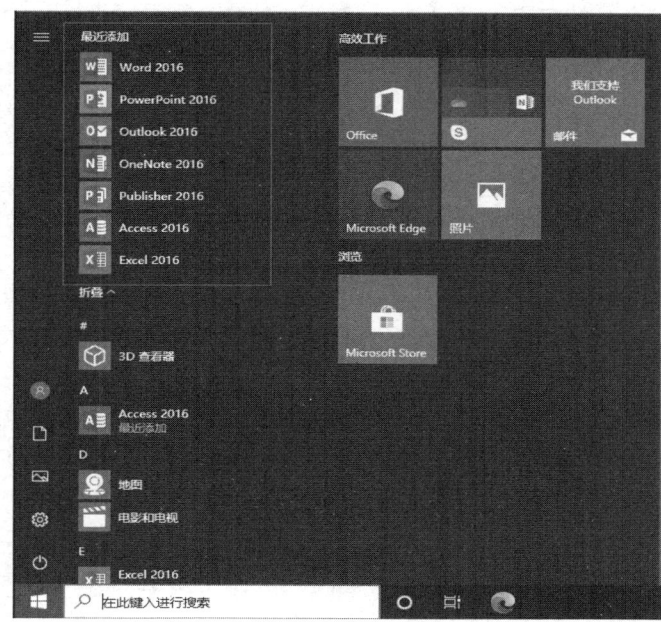

图 1-2-6 "开始"菜单中的 Office 2016

知识储备

1．计算机系统的组成

计算机系统的组成如图 1-2-7 所示。

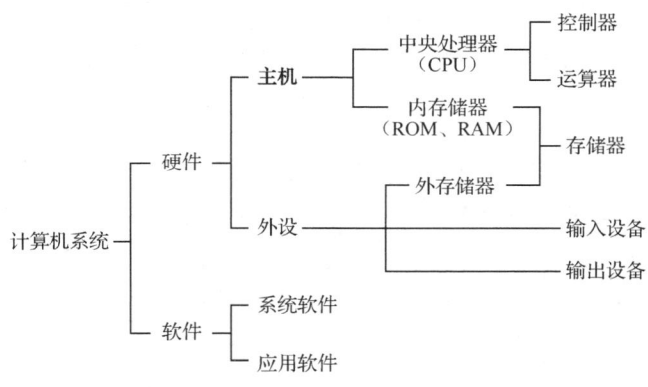

图 1-2-7 计算机系统的组成

2．计算机软件系统

指挥计算机工作的命令即为指令，一条条有序的指令构成程序，计算机工作的过程即是一个不断地"取指令""分析指令"和"执行指令"的过程。计算机软件是指计算机程序及相关文档资料，软件的作用是告诉计算机做些什么和按什么方法、步骤去做。计算机软件系统分为系统软件和应用软件。

（1）系统软件

系统软件是软件系统的核心，主要对计算机硬件和软件进行管理、调度、监控和维护计算机资源，扩充计算机功能，提高计算机工作效率。操作系统、程序设计语言、程序编译系统、数据库管理系统及系统服务程序都属于系统软件。

操作系统是最基本、最重要的核心系统软件。操作系统是一种对计算机资源进行控制和管理的系统软件，任何一台计算机都必须安装操作系统，以管理和控制计算机系统中软、硬件工作，协调计算机内部所有的活动，并充当用户、应用程序与计算机硬件之间的接口。

操作系统发展迅速，即使是同一种操作系统，版本号也在不断提高。操作系统功能越来越强大，使用也越来越方便。例如，早期使用的 DOS 操作系统，采用键盘输入命令操作计算机，20 世纪七八十年代曾是微机上普遍使用的操作系统。现在常用的操作系统有 Windows 操作系统、UNIX 操作系统和 Linux 操作系统。

计算机语言主要经历了 3 个发展阶段，分别是机器语言、汇编语言和高级语言。

机器语言是以二进制代码形式表示的机器指令的集合，是计算机硬件唯一可以直接识别和执行的语言。机器语言运算速度快，但不同类型计算机的机器语言不相同，机器语言难编写、难阅读、难移植。

汇编语言是为了解决机器语言难于理解的问题，而用易于理解的名称和符号来表示的机器指令。汇编语言虽比机器语言直观，但所编写的程序在不同类型的机器上仍然不通用。

机器语言和汇编语言都是面向机器的低级语言，其特点是与特定的机器有关，工作效率高，但与人们思考问题和描述问题的方法相距太远，使用烦琐、费时，易出差错，使用者要求熟悉计算机的内部结构，非专业的普通用户很难使用。

高级语言是由一些接近于自然语言和数学语言的语句组成的。高级语言易学、易用、易维护，编程效率高，但执行速度没有低级语言快。常用的高级语言有 C 语言、C++、Java 等。

由于计算机硬件不能直接识别高级语言中的语句，因此必须用翻译程序将用高级语言编写的程序（即源程序）翻译成机器语言的程序，其工作方法有解释和编译。解释程序，即逐条将指令解释执行，边解释边执行；编译程序，即将源程序整体翻译后，形成完整的可执行程序之后才执行。

（2）应用软件

应用软件是为计算机在特定领域中的应用而开发的专用软件，用于解决各种实际问题，软件绝大多数属于应用软件，常见应用软件如表 1-2-1 所示。

表 1-2-1　常见应用软件

软件名称	软件描述
Office	微软开发的办公应用软件包，包含文字处理软件 Word、电子表格 Excel、幻灯片制作软件 PowerPoint、数据库 Access 等。我国的金山软件也推出了 WPS Office，包含文字处理、电子表格、幻灯片制作等功能
Photoshop	位图软件，用于图形图像处理和设计制作
CorelDRAW	矢量软件，用于图形图像处理和设计制作
Premiere	专业的视频处理软件
AutoCAD	辅助设计软件，用于建筑设计、机械制图等
3DS Max	三维动画制作软件

续表

软 件 名 称	软 件 描 述
WinRAR	文件压缩与解压缩工具
360 安全卫士	上网安全助手，拥有木马查杀、恶意软件清理、漏洞补丁修复、计算机全面体检等多种功能
Chrome	谷歌开发的网页浏览软件
迅雷	互联网资源下载工具
QQ、微信	国人最常用的即时聊天工具，用户达数亿，也是办公用户联系工作的好帮手
抖音	短视频社交软件

 任务拓展

请根据实训教程完成操作系统的安装。

任务三　键盘的使用及计算机字符编码

 任务情境

小明配置了好个人计算机，打字速度很慢，指法不熟练，下好了金山打字通来练习，但是他非常好奇输入的信息在计算机中的数据是如何表示的。

 任务清单

任务名称	键盘的使用及计算机字符编码。
任务分析	正确掌握键盘的使用方法，以及掌握计算机中的信息表示方法。
任务目标	学习目标：1. 正确掌握键盘的使用方法，中/英文的输入方法。 2. 了解计算机中数据的表示。 3. 掌握二进制、八进制、十进制和十六进制的基本概念及相互转换方法。 4. 掌握位、字节的概念及信息单位的换算方法。 5. 了解计算机中字符的表示编码。
	素质目标：1. 培养学生独立思考、综合分析问题的能力。 2. 培养学生自主学习的能力。 3. 培养认真负责的工作态度和严谨细致的工作作风。 4. 培养学生的软件版权意识。 5. 了解国产软件，提升民族自豪感，增进文化自信

任务导图

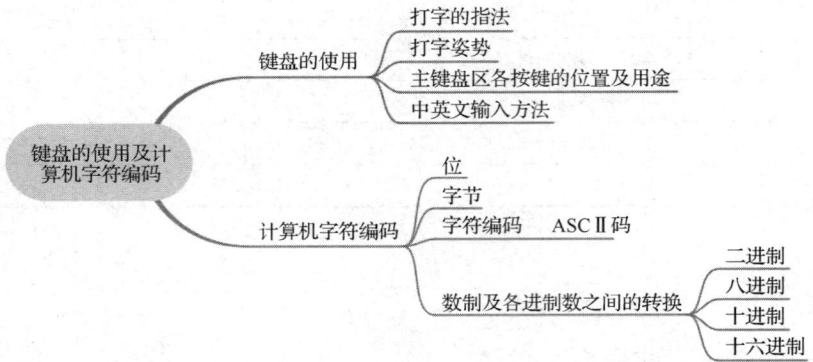

 任务实施

任务要求：本任务将介绍正确的键盘使用方法，中/英文的输入方法，以及一些基本键的作用。

1. 打字的指法

准备打字时，除拇指外，其他手指分别放在基本键上，拇指则放在空格键（Space 键）上，如图 1-3-1 所示。

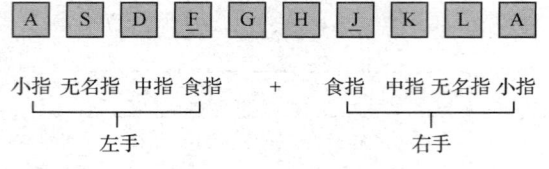

图 1-3-1　基本指位

每个手指除控制基本键外，还分别控制其他字键，这些按键被称为该手指的范围键。具体的指位分布如图 1-3-2 所示。

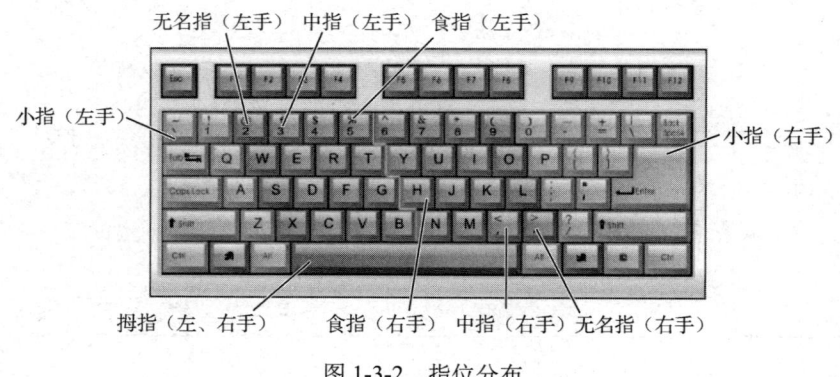

图 1-3-2　指位分布

指法练习技巧：将左、右手的手指放在基本键上，按完按键后迅速返回原位，用食指按键时要注意键位的角度，用小指按键时，力量要保持均匀，按数字键时，应采用跳跃式的按键方法。

3．打字姿势

打字时，一定要端正坐姿。如果坐姿不正确，不但会影响打字速度，而且很容易引起疲劳，从而导致打字出错。正确的姿势应该如下。

（1）两脚平放，腰部挺直，两臂自然下垂，两肘贴于腋边。
（2）身体可略倾斜，与键盘的距离为 20～30cm。
（3）需要录入的纸质文稿放在键盘的左边，或者用专用夹夹在显示器旁边。
（4）打字时，眼观文稿，身体不要跟着倾斜。

4．键盘的使用方法

整个键盘分为 5 个区域，上面一行是功能键区和状态指示区，下面 5 行是主键盘区、编辑键区和辅助键区。键区分布如图 1-3-3 所示。对初学打字的用户来说，主要熟悉主键盘区各按键的位置及用途。主键盘区除包括 26 个英文字母键、10 个阿拉伯数字键和一些特殊符号键外，还附加了一些功能键，其含义如下。

图 1-3-3　键盘的键区分布

Backspace 键：后退键，删除光标前的字符。
Enter 键：换行键，将光标移至下一行的行首。
Shift 键：换挡键，在按住 Shift 键的同时按数字键，可以输入数字键上的符号。
Ctrl 键和 Alt 键：控制键，必须与其他按键一起使用。
CapsLock 键：锁定键，将英文字母锁定为大写状态。
Tab 键：跳格键，将光标右移到下一个跳格位置。
Space 键：输入一个空格。
功能键区的 F1 键～F12 键的功能根据具体的操作系统或应用程序而定。
编辑键区包括插入字符的 Insert 键、删除当前光标前的字符的 Delete 键、将光标移至行首的 Home 键和将光标移至行尾的 End 键、向上翻页的 PageUp 键和向下翻页的 PageDown 键，以及方向键。
辅助键区（小键盘区）有 9 个数字键，可用于数字的连续输入（通常用于输入电话号码、身份证号等）。当使用辅助键区输入数字时，应按 Num Lock 键，此时对应的指示灯是亮的。

5．中/英文的输入方法

在输入文字的过程中，经常会交替输入中/英文。其实，不用通过切换输入法（按 Shift+Ctrl 组合键）交替输入中/英文，可以通过 Ctrl+Space 组合键在同一输入法内快速切换中/英文输入方式。

知识储备

计算机中的信息是用二进制表示的，那么反映这些二进制信息的量有位、字长、字节和字等指标。

1．位（bit）

计算机中的存储信息是由许多电子线路单元组成的，每一个单元称为一个"位"（bit），它有两个稳定的工作状态，分别以 0 和 1 表示，可以用二进制表示。它是计算机中最小的数据单位。

2．字节（byte）

在计算机中，8 位二进制数称为一个"字节"（byte，简写为 B），构成一个字节的 8 个位被看作一个整体。它是计算机存储信息的基本单位，同时它也是计算机存储空间大小的最基本容量单位。字节又是衡量计算机存储二进制信息量的单位，有千字节（KB）、兆字节（MB）、吉字节（GB）和太字节（TB）。

1B=8bit
1KB=1024B=2^{10} B   1MB=1024KB=2^{20} B
1GB=1024MB=2^{30} B   1TB=1024GB=2^{40} B

3．计算机中的字符编码

计算机中常用的字符编码是 ASCII（American Standard Code for Information Interchange，美国标准信息交换代码）码，常用字符有 128 个，编码从 0～127。它用一个字节中的低 7 位（最高位为 0）表示 128 个不同的字符，其中的 95 个字符可以通过键盘输入，并可以显示和打印（大、小写英文字母各 26 个，0～9 共 10 个数字，还有 33 个通用运算符和标点符号等），其他 33 个为控制代码。部分字符及其 ASCII 值如表 1-3-1 所示。

表 1-3-1　部分字符及其 ASCII 值

字　　符	ASCII 值
空格	32
'0'～'9'	48～57
'A'～'Z'	65～90
'a'～'z'	97～122

普通字符有 94 个。每个字符占一字节，用低 7 位表示，最高位不用，一般为 0。例如，字符 a 的编码为 1100001，对应的十进制数是 97。

4．计算机中各进制数之间的转换

数制是用一组固定的数字符号和一套统一的规则来表示数目的方法。若用 R 个基本符号来表示数目,则称为 R 进制,R 称为基数。例如,二进制的基数为 2,数符有 2 个(0 和 1);十进制的基数为 10,数符有 10 个(0 到 9)。

按进位的原则进行计算称为进位计数制。进位计数制中有两个重要的概念:基数和位权。

基数是指用来表示数据的数码的个数,超过(等于)此数后就要向相邻高位进 1。同一数码处在数据的不同位置时所代表的数值是不同的,它所代表的实际值等于数字本身的值乘上一个确定的与位置有关的系数,这个系数则称为位权,位权是以基数为底的指数函数。例如,$128.9 = 1 \times 10^2 + 2 \times 10^1 + 8 \times 10^0 + 9 \times 10^{-1}$。即 128.9 这个数值中的 1 的权值是 10^2,9 的权值就是 10^{-1}。

在计算机中常用的进位计数制有二进制、八进制、十进制和十六进制。在日常生活中,通常使用十进制表示法,而计算机内部采用的是二进制表示法,有时为了简化二进制数据的书写,也采用八进制和十六进制表示法。为了区别不同进制的数据,可在数的右下角标注。一般用 B(Binary)或 2 表示二进制数,O(Octal)或 8 表示八进制数,H(Hexadecimal)或 16 表示十六进制数,D(Decimal)或 10 表示十进制数。

(1)十进制数与二进制数之间的转换。

① 将十进制整数转换成二进制整数的操作步骤如下。

将被转换的十进制整数反复地除以 2,直到商为 0 为止,所得的余数(从末位读起)就是这个十进制整数的二进制数。简单来讲,就是"除 2 取余法"。

例如,把 $(43.625)_{10}$ 转换为二进制数。

整数部分用除2取余法

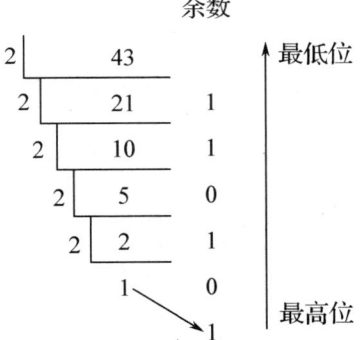

② 将十进制小数转换成二进制小数的操作步骤如下。

将十进制小数连续乘以 2,选取进位整数,直到满足精度要求为止。简单来讲,就是"乘 2 取整法"。

小数部分用乘2取整数法

```
      0.625        整数
  ×      2
      1.250         1        最高小数位
  ×      2
      0.500         0
  ×      2
      1.000         1        最低小数位
  小数部分为零
```

将十进制小数 0.625 连续乘以 2，把每次进位的整数按从上往下的顺序依次写出，于是（0.625）$_{10}$=（0.101）$_2$。

(43.625)$_{10}$ = (101011.101)$_2$

③ 将二进制数转换成十进制数的操作步骤如下。

将二进制数按位权展开求和。

例如，将（1010110010.1101）$_2$转换成十进制数的方法如下。

（1010110010.1101）$_2$=$1\times2^9+0\times2^8+1\times2^7+0\times2^6+1\times2^5+1\times2^4+0\times2^3+0\times2^2+1\times2^1+0\times2^0+1\times2^{-1}+1\times2^{-2}+0\times2^{-3}+1\times2^{-4}$=512+0+128+0+32+16+0+0+2+0+0.5+0.25+0+0.0625=（690.8125）$_{10}$。同理，将非十进制数转换成十进制数的方法是把非十进制数按位权展开求和。例如，把二进制数（或八进制数或十六进制数）写成 2（或 8 或 16）的各次幂之和的形式，再计算其结果。

（2）二进制数与八进制数之间的转换。

① 将二进制数转换成八进制数的操作步骤如下。

由于二进制数和八进制数之间存在特殊的关系，即 $8^1=2^3$，因此转换起来比较容易。具体转换方法是将二进制数以小数点为界，整数部分从右向左 3 位一组，小数部分从左向右 3 位一组，不足 3 位的用 0 补齐。

例如，将（10101011110101.10101）$_2$转换为八进制数的方法如下。

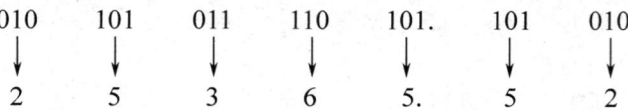

于是（10101011110101.10101）$_2$=（25365.52）$_8$。

② 将八进制数转换成二进制数的操作步骤如下。

以小数点为界，将小数点左侧或右侧的每 1 位八进制数用相应的 3 位二进制数取代，然后将其连在一起。

例如，将（5473.126）$_8$转换为二进制数的方法如下。

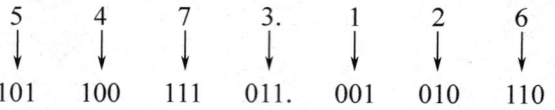

于是（5473.126）$_8$=（101100111011.001010110）$_2$。

（3）二进制数与十六进制数之间的转换。

① 将二进制数转换成十六进制数的操作步骤如下。

二进制数的每 4 位刚好对应十六进制数的 1 位（$16^1=2^4$），具体转换方法是将二进制数以小数点为界，整数部分从右向左 4 位一组，小数部分从左向右 4 位一组，不足 4 位的用 0 补齐，每组对应 1 位十六进制数。

例如，将二进制数（110101010101111010.1111010101）$_2$转换成十六进制数的方法如下。

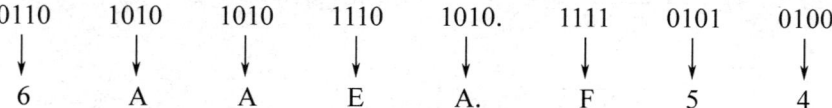

于是（110101010101111010.1111010101）$_2$=（6AAEA.F54）$_{16}$。

思考题：试将二进制数（101101011001111110101）$_2$转换成十六进制数。

② 将十六进制数转换成二进制数的操作步骤如下。

以小数点为界,将小数点左侧或右侧的每1位十六进制数用相应的4位二进制数代替,然后将其连在一起。

例如,将(3EAB.3F)$_{16}$转换成二进制数。

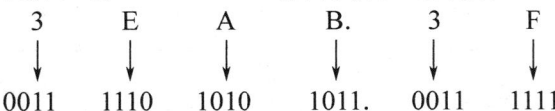

故(3EAB.3F)$_{16}$=(11111010101011.00111111)$_2$

计算机各进制之间的转换如表1-3-2所示。

表1-3-2 各进制数之间的转换

二 进 制 数	十 进 制 数	八 进 制 数	十六进制数
0	0	0	0
1	1	1	1
10	2	2	2
11	3	3	3
100	4	4	4
101	5	5	5
110	6	6	6
111	7	7	7
1000	8	10	8
1001	9	11	9
1010	10	12	A
1011	11	13	B
1100	12	14	C
1101	13	15	D
1110	14	16	E
1111	15	17	F
10000	16	20	10

 任务拓展

请将下列二进制数分别转换成十进制、八进制和十六进制数。
① 11010110   ② 111011.11   ③ 1001001.01   ④ 111001011.1

任务四 计算机病毒与信息安全

 任务情境

同学用U盘将一份课堂笔记拷贝给了小明,小明马上打开了文件。突然,计算机中的很多文件夹不见了,哎呀,计算机中毒了!吓得小明不知所措,赶紧向信息中心的老师求助。

 任务清单

任务名称	计算机病毒与信息安全
任务分析	计算机病毒的危害及特征,安装防护杀毒软件,计算机信息安全概述。
任务目标	学习目标：1．了解计算机病毒及防护杀毒软件。 2．了解信息安全的概念、目标、特征。 3．熟悉信息安全相关的法律法规。 4．了解信息威胁的类型和信息安全保障措施。 素质目标：1．尊重知识产权,能遵纪守法、自我约束,识别和抵制不良行为。 2．具备信息安全意识,在信息系统应用过程中,能遵守保密要求,注意保护信息安全,不侵犯他人隐私。 4．培养学生的软件版权意识。 5．了解国产软件,提升民族自豪感,增进文化自信。

 任务导图

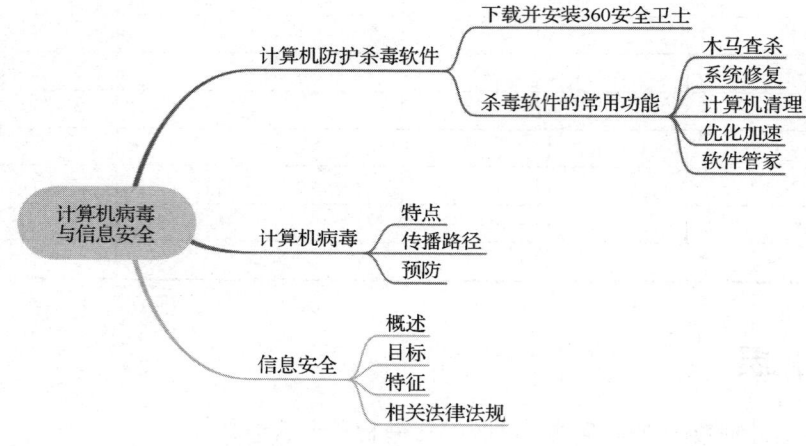

 任务实施

任务要求：安装杀毒软件,会使用各项功能。

常用的杀毒软件有360安全卫士、瑞星、金山毒霸、卡巴斯基、诺顿、小红伞和迈克菲等。下面以360安全卫士为例进行介绍。

（1）下载并安装软件。

① 启动浏览器,打开"百度"主页,在搜索栏中输入关键词"360安全卫士"后单击"百

度一下"按钮，搜索结果如图 1-4-1 所示。

图 1-4-1　搜索结果

在搜索结果中单击相应的超链接进入提供"360 安全卫士"程序下载的网站，将程序下载到本地硬盘中。

② 双击已下载到本地硬盘中的 360 安全卫士安装程序，启动安装进程。具体操作可参阅本项目"任务二"的相关内容。

（2）初始状态。

第一次启动 360 安全卫士时，系统会自动检测计算机的安全状况，以后使用 360 安全卫士时，在"我的电脑"选项卡中单击"立即检测"按钮即可。检测完毕后，通过"体检指数"评价计算机当前的安全状况，检测内容包括故障检测、垃圾检测、安全检测、速度提升等，如图 1-4-2 所示。

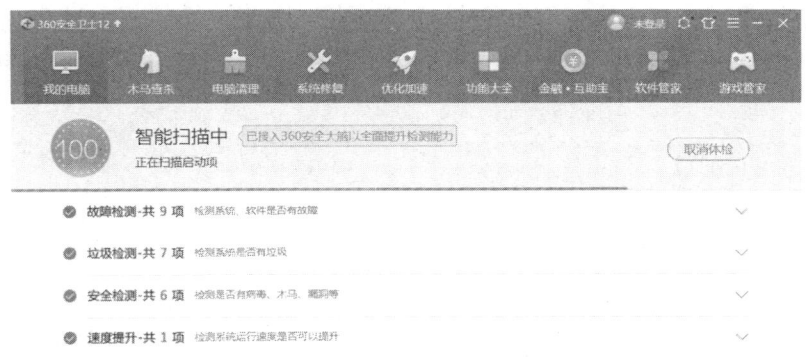

图 1-4-2　360 安全卫士"我的电脑"选项卡

（3）具体使用方法。

① 木马查杀。360 安全卫士作为一款免费的安全防护软件，其功能比较全面，切换至如图 1-4-3 所示的"木马查杀"选项卡，单击"立即扫描"按钮，查杀潜藏在计算机内的木马病毒。

② 系统修复。系统修复包括常规修复和漏洞修复。其中，漏洞指操作系统漏洞，即计算机操作系统（如 Windows 10）本身存在的问题或技术缺陷，操作系统的产品供应商通常

会定期对已知漏洞发布补丁程序并提供修复服务。切换至如图 1-4-4 所示的"系统修复"选项卡，进行自动扫描，如果 360 安全卫士发现存在操作系统漏洞，则会根据用户的个人设置发出通知。

图 1-4-3 "木马查杀"选项卡

图 1-4-4 "系统修复"选项卡

③ 电脑清理。切换至如图 1-4-5 所示的"电脑清理"选项卡，在该选项卡中，可以清理缓存文件、系统垃圾文件、插件、恶意软件等。

④ 优化加速。切换至如图 1-4-6 所示的"优化加速"选项卡，在该选项卡中，可以进行功能优化、系统优化、启动项优化、应用通知优化、后台运行优化等，并且可以关闭软件释放内存。

⑤ 软件管家。单击"软件管家"选项卡，打开如图 1-4-7 所示的"360 软件管家"界面，用户可以在该界面中下载、升级或卸载软件。

项目 1　认识和使用计算机

图 1-4-5　"电脑清理"选项卡

图 1-4-6　"优化加速"选项卡

图 1-4-7　"360 软件管家"界面

· 25 ·

知识储备

1. 计算机病毒及防范

在《中华人民共和国计算机信息系统安全保护条例》中明确定义，病毒指"编制或者在计算机程序中插入的破坏计算机功能或者破坏数据，影响计算机使用并且能够自我复制的一组计算机指令或者程序代码。"

（1）计算机病毒的特点
- 寄生性。计算机病毒寄生在其他程序之中，当执行这个程序时，病毒就起破坏作用，而在未启动这个程序之前，它是不易被人发觉的。
- 传染性。计算机病毒是一段人为编制的计算机程序代码，这段程序代码一旦进入计算机并得以执行，它就会搜寻其他符合其传染条件的程序或存储介质，确定目标后再将自身代码插入其中，达到自我繁殖的目的。
- 潜伏性。一个编制精巧的计算机病毒程序，进入系统之后一般不会马上发作，可以在几周或者几个月甚至几年内隐藏在合法文件中，对其他系统进行传染，而不被人发现。潜伏性越好，其在系统中存在的时间就会越长，病毒的传染范围就会越大。
- 隐蔽性。计算机病毒具有很强的隐蔽性，有的可以通过病毒软件检查出来，有的根本就查不出来，有的时隐时现、变化无常，这类病毒处理起来通常很困难。
- 破坏性。计算机中毒后，可能会导致正常的程序无法运行，把计算机内的文件删除或受到不同程度的损坏，通常表现为：增、删、改、移，严重的会摧毁整个计算机系统。

（2）计算机病毒的传播途径
- U盘：随着电子科技的发展，成为最常用的交换媒介。通过使用U盘对许多执行文件进行相互复制、安装，这样病毒就能通过U盘传播文件型病毒；另外，在U盘列目录或引导机器时，引导区病毒会在U盘与硬盘引导区互相感染。因此U盘也成了计算机病毒的主要寄生的"温床"。
- 光盘：盗版光盘的泛滥给病毒的传播带来了极大的便利，对只读式光盘，不能进行写操作，因此光盘上的病毒不能清除。
- 硬盘：由于带病毒的硬盘在本地或移到其他地方使用、维修等，将干净的U盘等传染并再扩散。
- 电子布告栏（BBS）：用户可以在BBS上进行文件交换（包括自由软件、游戏、自编程序）。由于BBS站一般没有严格的安全管理，亦无任何限制，这样就给一些病毒程序编写者提供了传播病毒的场所。
- 网络：现代通信技术的巨大进步使得数据、文件、电子邮件可以方便地在各个网络工作站间进行传送，同时也为计算机病毒的传播提供了新的"高速公路"。

（3）计算机病毒的预防
- 建立良好的安全习惯：对一些来历不明的邮件及附件不要打开，不要上一些不太了解的网站，不要执行从Internet下载后未经杀毒处理的软件等，不随便使用外来U盘或其他介质，对外来U盘或其他介质必须先检查确定无误后再使用。
- 关闭或删除系统中不需要的服务，经常升级安全补丁，迅速隔离受感染的计算机，安装专业的杀毒软件进行全面监控。

2. 信息安全的概述

在当代社会中，信息是一种重要的资产，同其他商业资产一样具有价值，同样需要受到保护。信息安全是指从技术和管理的角度采取措施，防止信息资产因恶意或偶然的原因在非授权的情况下泄露、更改、破坏或遭到非法的系统辨识、控制。

总的来说，信息安全是一门涉及计算机科学、网络技术、通信技术、计算机病毒学、密码学、应用数学、数论、信息论、法律学、犯罪学、心理学、经济学、审计学等多门学科的综合性学科。

信息安全的目标是保护和维持信息的三大基本安全属性，即保密性（Confidentiality）、完整性（Integrity）、可用性（Availability），这三者也常合称为信息的 CIA 属性。

信息安全具有系统性、动态性、无边界性和非传统性 4 项特征。

3. 信息安全相关法律法规

作为互联网的发源地，美国最早开始信息安全法律体系的建设工作。1946 年通过的《原子能法》和 1947 年通过的《国家安全法》，都可看作是美国信息安全法律体系建设起步的标志。

2001 年 11 月，欧盟、美国、加拿大、日本、南非等 30 多个国家和地区共同签署了国际上第一个针对计算机系统、网络或数据犯罪的多边协定——《网络犯罪公约》。该公约涉及以下内容：明确了网络犯罪的种类和内容，要求其成员国采取立法和其他必要措施，将这些行为在国内予以确认；要求各成员国建立相应的执法机关和程序，并对具体的侦查措施和管辖权做出了规定；加强成员国间的国际合作，对计算机和数据犯罪展开调查（包括搜集电子证据）或采取联合行动，对犯罪分子进行引渡；对个人数据和隐私进行保护等。

我国历来重视信息安全法律法规的建设，经过多年的探索和实践，我国已经制定和颁布了多项涉及信息系统安全、信息内容安全、信息产品安全、网络犯罪、密码管理等方面的法律法规，构建了较为完善的信息安全法律法规框架。

1994 年 2 月 18 日，国务院发布了《计算机信息系统安全保护条例》，在其中首次使用了"信息系统安全"的表述，以该条例为起点，中国开始了信息安全领域的立法进程；1997 年 12 月 30 日，公安部发布了《计算机信息网络国际联网安全保护管理办法》；2000 年 9 月 25 日，国务院发布了《中华人民共和国电信条例》，同年，九届全国人大常委会第十九次会议通过了《全国人民代表大会常务委员会关于维护互联网安全的决定》，这是我国针对信息网络安全制定的第一部法律性决定，其中规定了若干应按照《中华人民共和国刑法》予以惩处的信息安全犯罪行为。

2007 年 12 月 29 日，为规范互联网视听节目服务秩序，促进其健康有序发展，国家广播电视总局和信息产业部（现工业和信息化部）联合发布了《互联网视听节目服务管理规定》；2014 年 1 月 26 日，国家工商行政管理总局（现国家市场监督管理总局）发布了《网络交易管理办法》，以规范网络商品交易及有关服务，保护消费者和经营者的合法权益。

2016 年 11 月 7 日，十二届全国人大常委会第二十四次会议通过了《中华人民共和国网络安全法》。它是我国第一部网络安全领域的专门性综合立法，旨在保障网络安全，维护网络空间主权、国家安全和社会公共利益，保护公民、法人和其他组织的合法权益，促进经济社会信息化健康发展。

2019 年 10 月 26 日，十三届全国人大常委会第十四次会议通过了《中华人民共和国密码法》，它是我国第一部密码领域的综合性、基础性法律，旨在规范密码应用和管理，促进密码事业发展，保障网络与信息安全，提升密码管理科学化、规范化、法治化水平。

4．信息安全威胁

信息安全的威胁有信息泄露、破坏信息的完整性、拒绝服务等。

威胁的主要来源有：自然灾害；意外事故；计算机犯罪；人为错误，比如使用不当、安全意识差等；"黑客"行为；内部泄密；外部泄密；信息丢失；电子谍报，比如信息流量分析、信息窃取等；信息站；网络协议自身缺陷，例如，TCP/IP 协议的安全问题等。

针对以上的信息威胁方式和主要来源，我们应该时刻做好防范措施，遵守保密原则，提高自身科学技术，能够清楚明辨各种违法窃密手段，为信息安全贡献自己的一份力。

5．信息安全保障措施

防火墙技术：防火墙是内外网之间信息交流必经的集中检查点，实行特定的安全策略，记录用户网上活动情况，防止网络之间安全问题的扩散。防火墙是一种网络安全部件，它可以是硬件，迫使所有的连接都经过这样的检查，防止一个需要保护的网络遭受外界因素的干扰和破坏。

信息保密技术：信息的保密性是信息安全性的一个重要方面。加密是实现信息的保密性的一个重要手段。保密的目的是防止机密信息被破译。

防病毒技术：病毒可能会从多方面威胁系统，为了免受病毒所造成的损失，应采用多层病毒防卫体系。所谓的多层病毒防卫体系，是指在每台计算机上安装杀毒软件，在网关上安装基于网关的杀毒软件，在服务器上安装基于服务器的杀毒软件。

 任务拓展

查看自己的计算机上安装了哪些杀毒软件？可以起到怎样的防护作用？如何保护自己的信息安全？在课堂上和同学们交流。

项目 2

Windows 操作系统的应用

  Windows 10 是由美国微软公司（Microsoft Corporation Ltd.）研发的新一代跨平台及设备应用的操作系统，是当前主流的计算机操作系统之一。与以往的版本相比，Windows 10 在性能、易用性、安全性等方面都有了非常明显的提高，功能设计更加人性化，系统要求更低，资源使用率更高，给用户带来了更多全新的体验。

任务一　Windows 10 的基本操作

任务情境

  小明同学经过病毒风波后，决定要系统地了解一下 Windows 操作系统的基本操作以及相关的概念和术语，减少今后的学习和交流中的障碍，也让自己变得更加专业。

任务清单

任务名称		Windows 10 的基本操作
任务分析		我们在工作和学习中经常会使用计算机，操作系统是人机交互中的接口，是计算机系统软硬件资源的管家，是最重要的系统软件，所以掌握计算机的操作系统基本操作功能是当代大学生必备的工作技能。
任务目标	学习目标	1．掌握 Windows 10 的基本术语和操作。 2．掌握 Windows 10 的工作环境的配置。 3．掌握 Windows 10 系统中文件的组织与管理。 4．熟悉 Windows 10 系统的基本的维护操作。 5．熟悉 Windows 10 系统中常用的使用工具的使用。 6．了解操作系统基本概念。

续表

任务目标	素质目标	1. 培养学生的自学能力和获取计算机新知识、新技术的能力。 2. 培养学生的软件版权意识。 3. 了解国产软件，提升民族自豪感，增进文化自信。 4. 培养学生科技强国的意识和文化自信的信念。 5. 通过软件行业发展前景，引发学生对未来的职业愿景，激发学生对社会主义核心价值观的认同感。

 任务导图

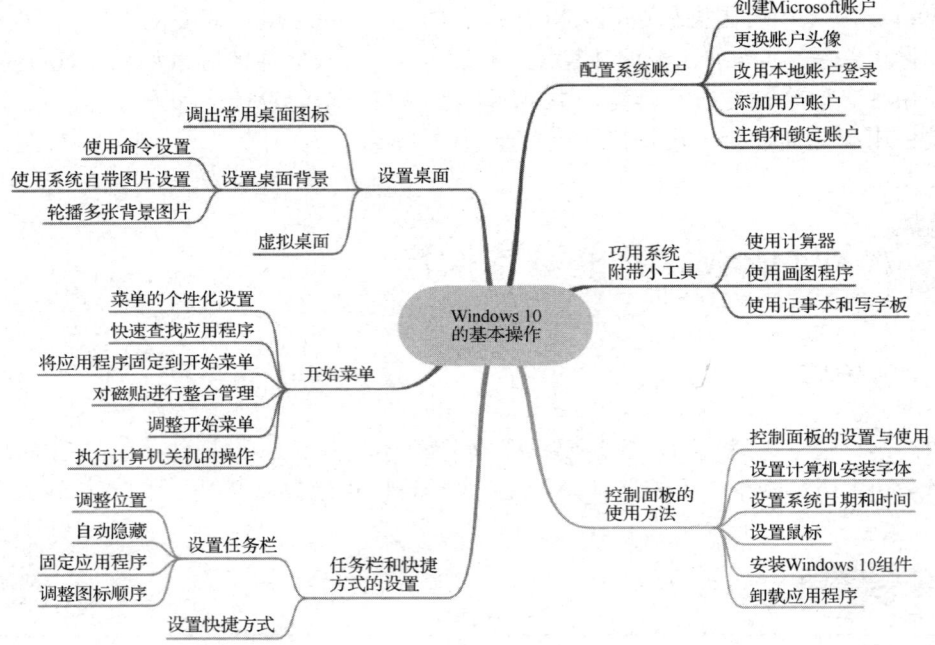

 任务实施

子任务一：设置桌面

任务要求：熟悉使用桌面并自定义桌面背景，可以将直接收集的图片、网页图片或纯色背景图片设置为桌面背景，还可以根据需要设置桌面背景轮番播放。

操作步骤

1. 调出常用的桌面图标

刚安装完 Windows 10 的计算机，其桌面仅显示一个回收站图标。我们首先要解决的问题

· 30 ·

是将常用的图标调出，放置在桌面上。

（1）在桌面上的任意位置右击，在弹出的快捷菜单中选择"个性化"选项，如图 2-1-1 所示。

（2）在打开的"设置"窗口中，选择左侧的"主题"选项，然后选择右侧的"桌面图标设置"选项，如图 2-1-2 所示。

（3）在打开的"桌面图标设置"窗口中，选中需要在桌面上显示的桌面图标的复选框，单击"确定"按钮，如图 2-1-3 所示。此时，在桌面上出现"此电脑""网络"等常用图标。

图 2-1-1 选择"个性化"选项

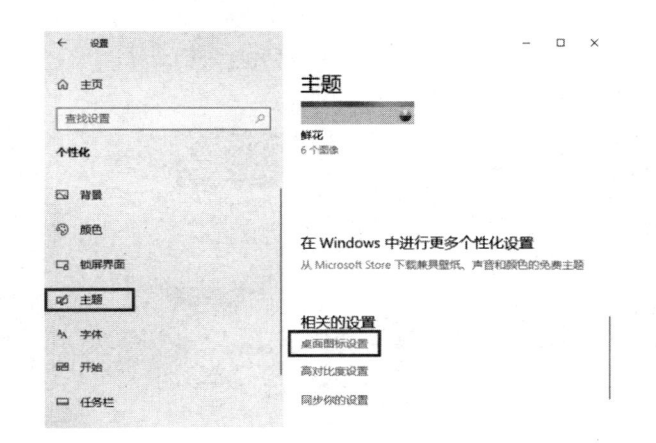

图 2-1-2 选择"桌面图标设置"选项 　　　图 2-1-3 选中需要在桌面上显示的桌面图标的复选框

2. 使用命令设置桌面背景

（1）使用快捷命令设置桌面背景。右击要设置为桌面背景的图片，在弹出的快捷菜单中选择"设置为桌面背景"选项，如图 2-1-4 所示。按 Windows+D 组合键，或单击任务栏最右侧的"显示桌面"按钮返回桌面，查看桌面背景效果。

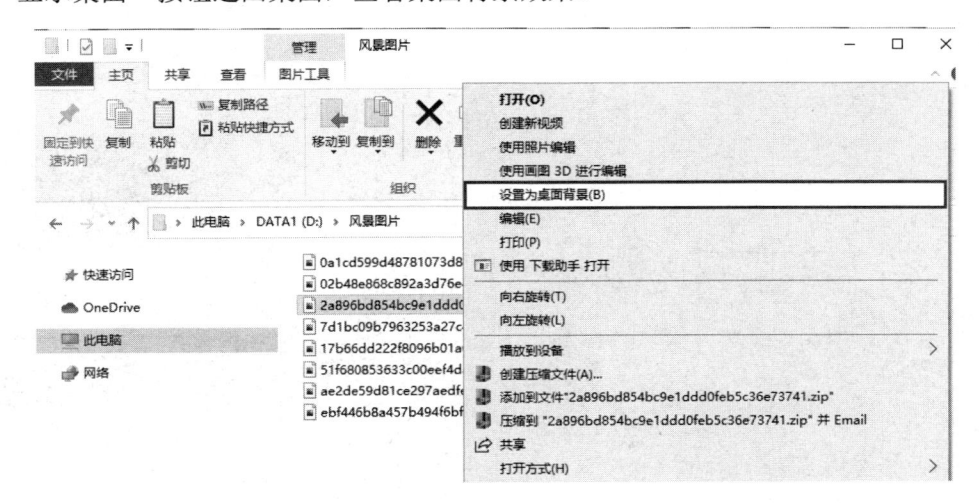

图 2-1-4 选择"设置为桌面背景"选项

（2）使用文件资源管理器设置桌面背景。右击"开始"按钮，在弹出的快捷菜单中选择"文件资源管理器"选项，在打开的"文件资源管理器"窗口中选择要设置为背景的图片，在功能区中选择"管理"选项卡，单击"设置为背景"按钮，如图2-1-5所示。返回桌面，查看桌面背景效果。

图 2-1-5　在"文件资源管理器"窗口中设置桌面背景

3. 使用系统自带的图片设置桌面背景

（1）按 Windows+I 组合键打开"设置"窗口，选择"个性化"选项（或者在桌面上的任意位置右击，在弹出的快捷菜单中选择"个性化"选项），如图2-1-6所示。

（2）在打开的"设置"窗口中，选择左侧的"背景"选项，在右侧选择系统自带的背景图片，如图2-1-7所示。

图 2-1-6　在"设置"窗口中选择"个性化"选项　　　　图 2-1-7　选择背景图片

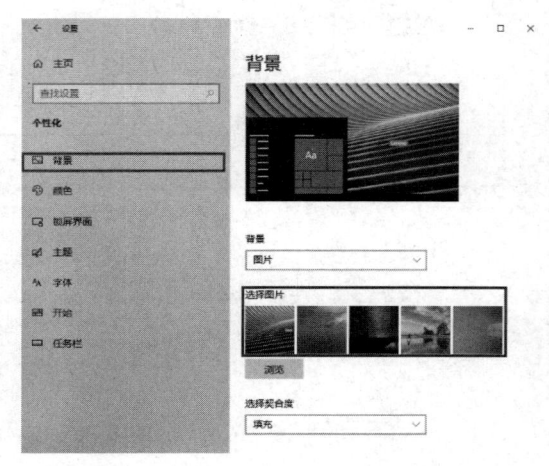

（3）若想获得更多系统自带的锁屏图片或桌面壁纸，可根据图片或壁纸的存放路径进行查找。在"设置"窗口中单击"浏览"按钮，按照路径 C:\Windows\Web\Screen 打开 Screen 文件夹，可以看到 Screen 文件夹内的系统自带的锁屏图片，如图 2-1-8 所示。

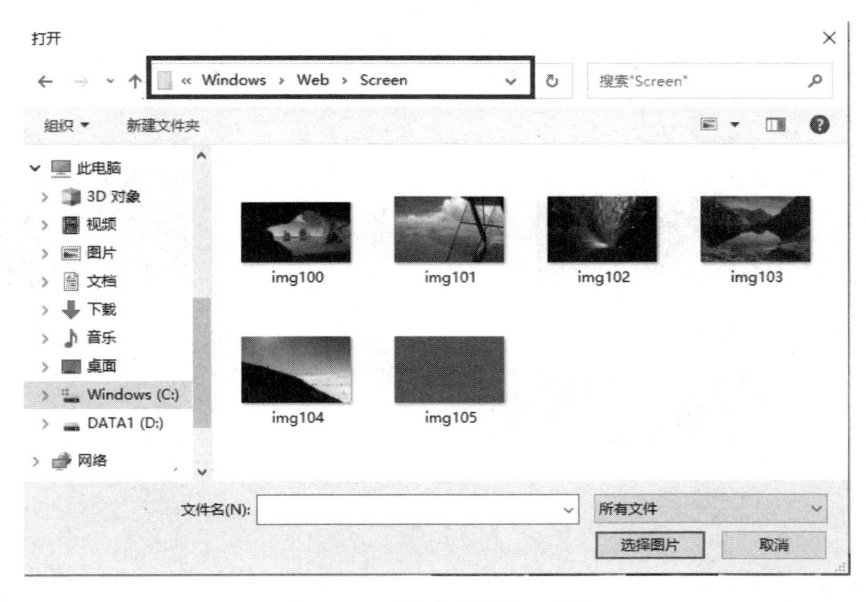

图 2-1-8　系统自带的锁屏图片

（4）返回上一级的 Web 文件夹，打开 Wallpaper 文件夹，如图 2-1-9 所示。Wallpaper 文件夹包含了"Windows 10"和"鲜花"两个文件夹，在这两个文件夹中分别存放了不同的桌面壁纸。

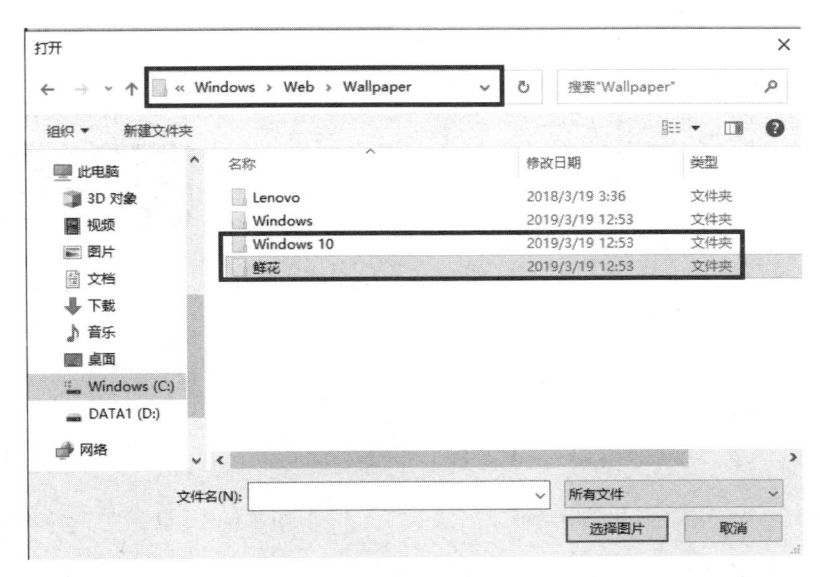

图 2-1-9　系统自带的桌面壁纸

4．轮播多张背景图片

用户可以将多张背景图片应用到桌面背景，并使其轮流播放，就像自动放映幻灯片一样，无须单独设置。

（1）将要设置为桌面背景的多张图片存放到一个文件夹中。打开"设置"窗口，选择左侧的"背景"选项，在右侧的"背景"下拉列表中选择"幻灯片放映"选项，如图 2-1-10 所示。

（2）单击"为幻灯片选择相册"下方的"浏览"按钮，如图2-1-11 所示。

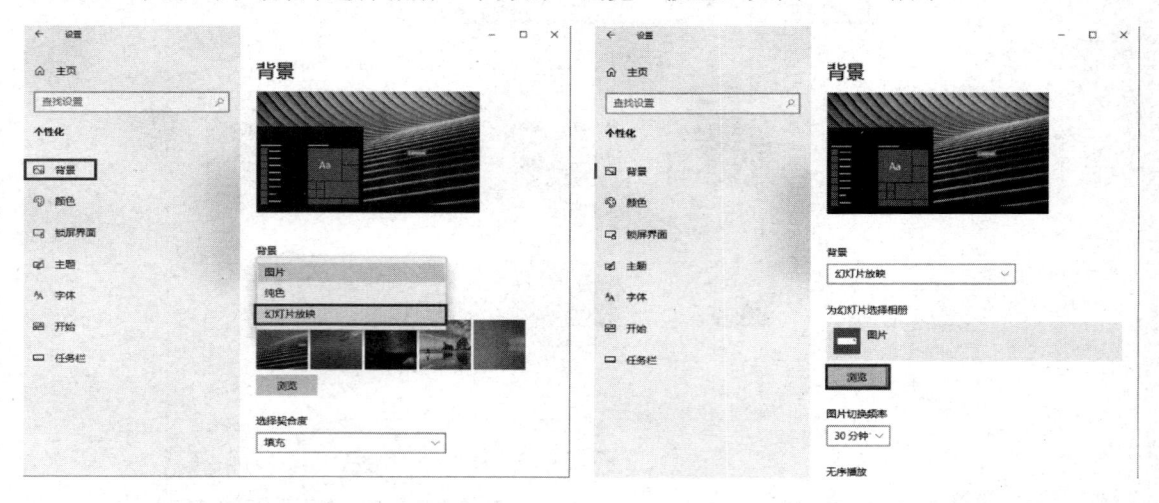

图 2-1-10　选择"幻灯片放映"选项　　　　　图 2-1-11　单击"浏览"按钮

（3）在弹出的"选择文件夹"对话框中选择存放背景图片的文件夹，单击"选择此文件夹"按钮，如图 2-1-12 所示。

（4）返回"设置"窗口，在"图片切换频率"下拉列表中选择合适的选项，如"1 分钟"，如图 2-1-13 所示。

图 2-1-12　"选择文件夹"对话框　　　　　图 2-1-13　设置图片切换频率

（5）在"选择契合度"下拉列表中选择图片在桌面上的显示方式，如图 2-1-14 所示。

（6）设置完成后，每隔 1 分钟，背景图片将会自动切换。用户也可以手动切换，只需在桌面上的空白处右击，在弹出的快捷菜单中选择"下一个桌面背景"选项即可，如图 2-1-15 所示。

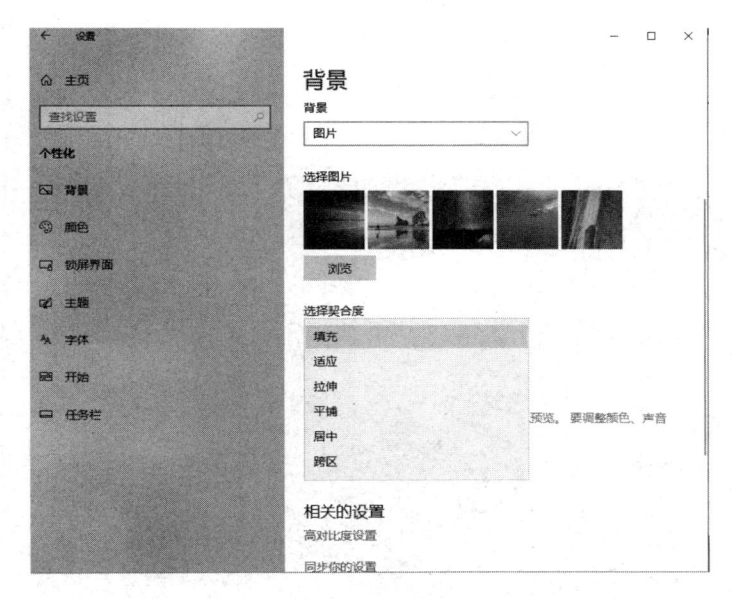

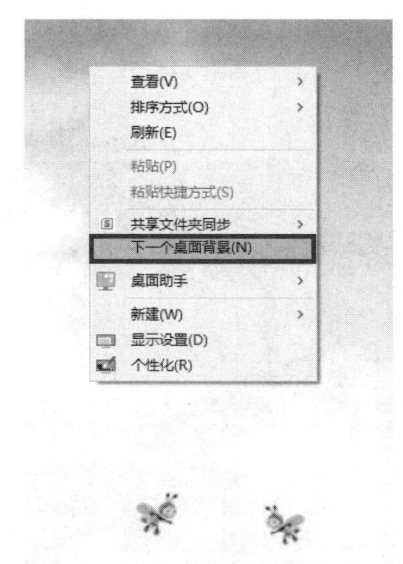

图 2-1-14　选择契合度　　　　　　　　　图 2-1-15　选择"下一个桌面背景"选项

5．虚拟桌面

虚拟桌面指 Windows 10 新增的虚拟桌面功能，所谓虚拟桌面指操作系统可以有多个传统桌面环境，使用虚拟桌面功能可以突破传统桌面的使用限制，给用户更多的桌面使用空间，尤其是在窗口较多的情况下，可以把不同的窗口放置于不同的桌面环境中。

（1）按 Windows+Tab 组合键可以打开虚拟桌面，虚拟桌面默认显示当前桌面环境中的窗口，屏幕底部为虚拟桌面列表。单击左上角的"新建桌面"按钮，可以创建多个虚拟桌面，如图 2-1-16 所示。

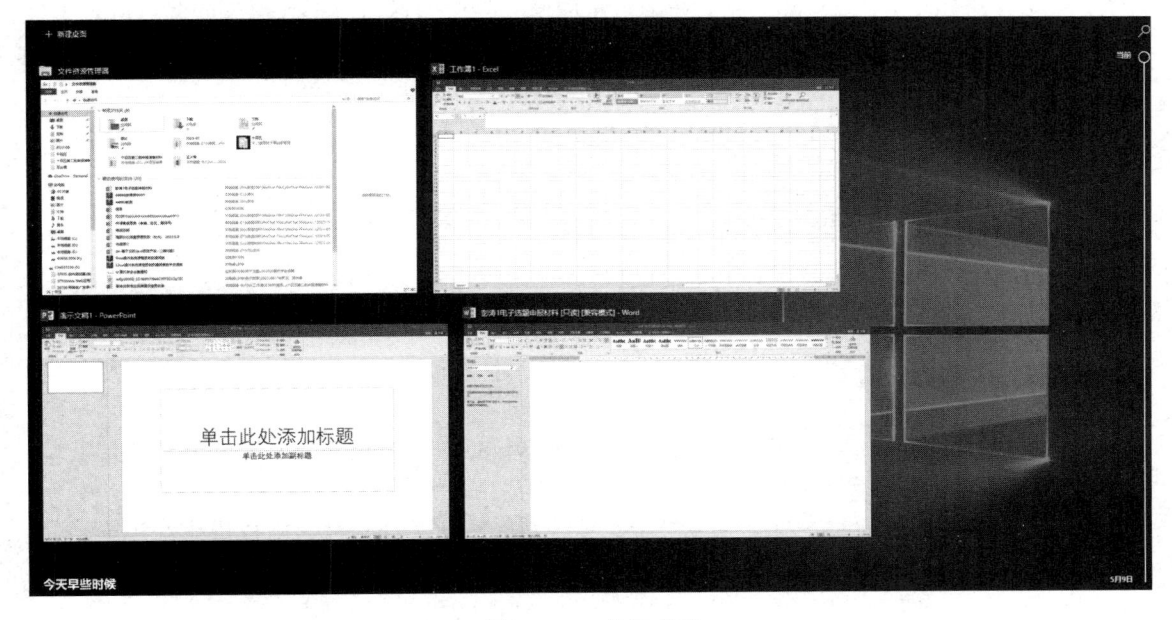

图 2-1-16　虚拟桌面

（2）在虚拟桌面中，将打开的窗口拖至其他虚拟桌面中，也可以将窗口拖入"新建桌面"按钮中（此按钮可变形，以适应拖入的窗口），虚拟桌面会自动创建新的虚拟桌面，并且将该窗口移至新的虚拟桌面中，如图2-1-17所示。

图2-1-17　创建新的虚拟桌面

（3）此外，按 Windows+Ctrl+D 组合键可以快速创建新的虚拟桌面。若想删除多余的虚拟桌面，则只需单击虚拟桌面列表右上角的"关闭"按钮，也可以在需要删除的虚拟桌面环境中按 Windows+Ctrl+F4 组合键。如果在虚拟桌面中有打开的窗口，则虚拟桌面会自动将窗口移至前一个虚拟桌面中。

子任务二：使用全新的"开始"菜单

任务要求：熟练掌握"开始"菜单的设置和操作。

操作步骤

1. 了解"开始"菜单

（1）单击桌面左下角的"开始"按钮，或者按 Windows 键，即可打开 Windows 10 的"开始"菜单，如图2-1-18所示。

（2）"开始"菜单的左下角有五个常用的系统功能按钮，分别是"用户账户"按钮、"文档"按钮、"图片"按钮、"设置"按钮和"电源"按钮，它们不可被删除，位置也无法调整，这样设计的目的是便于用户使用这几个常用的系统功能按钮，如图2-1-19所示。

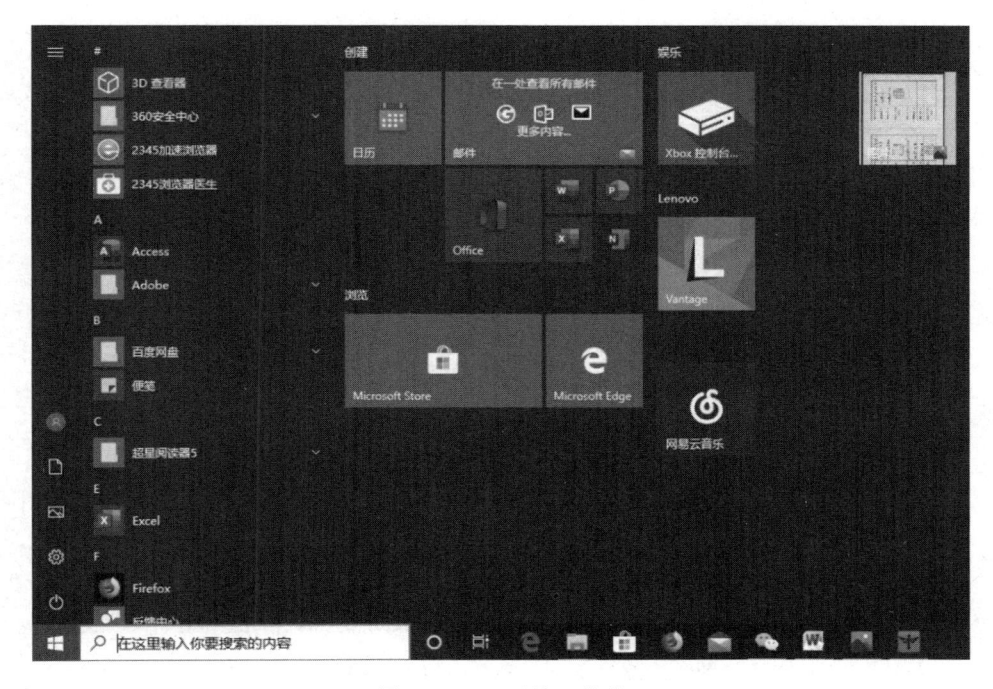

图 2-1-18 "开始"菜单

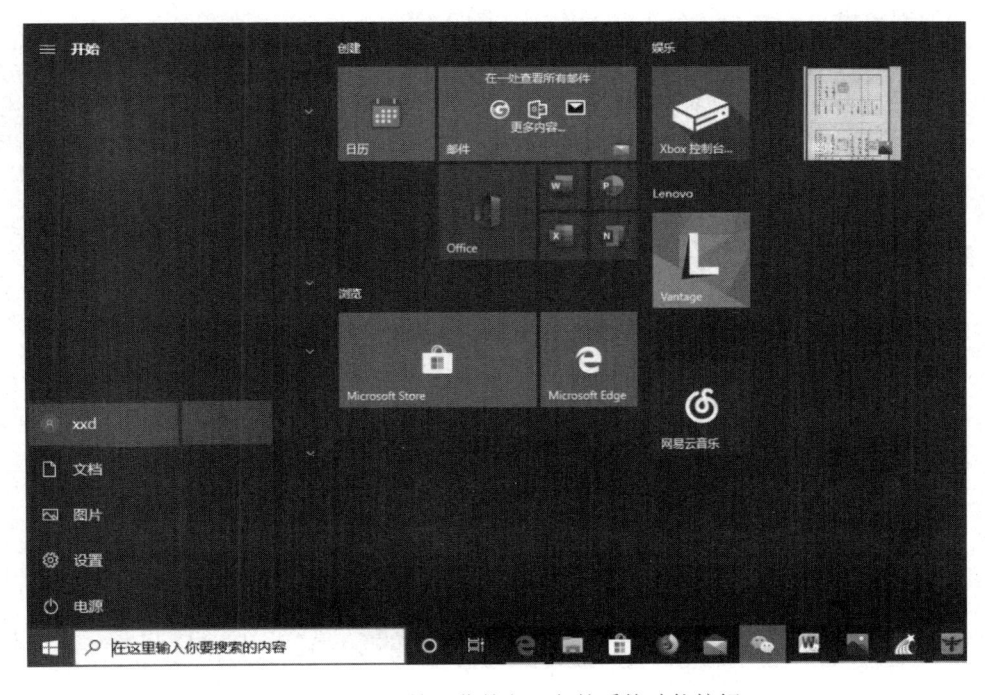

图 2-1-19 "开始"菜单左下角的系统功能按钮

(3)"开始"菜单的左侧是应用程序列表,最常用的应用程序位于列表的顶端,之后按照应用程序的名称排序,其中,以英文命名的应用程序按首字母排序,以中文命名的应用程序按第一个汉字的声母排序。单击应用程序对应的图标,即可快速访问应用程序,如图 2-1-20 所示。

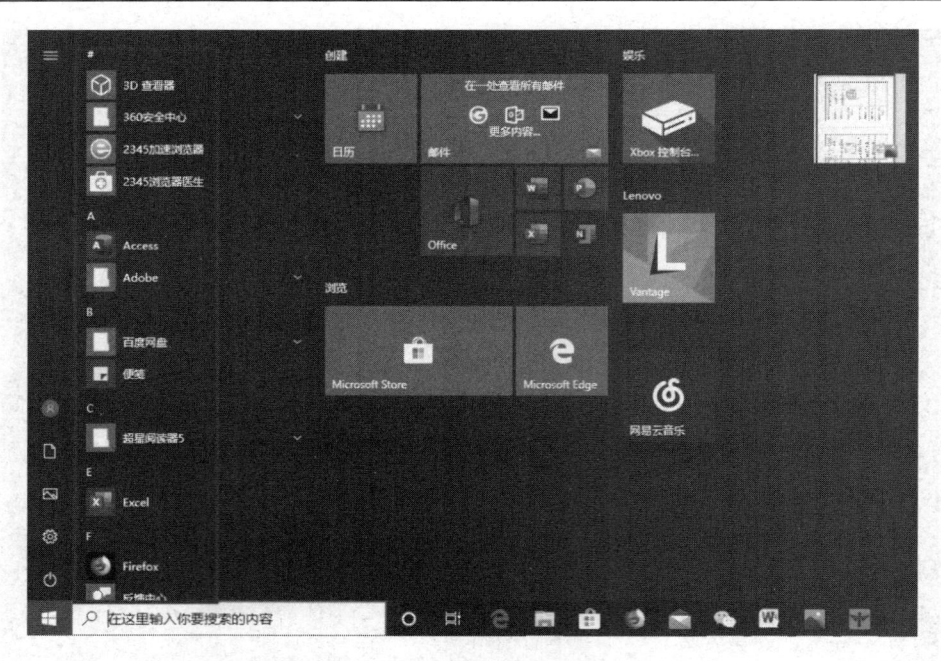

图 2-1-20 "开始"菜单中的应用程序列表

（4）"开始"菜单的右侧是磁贴区，与 Windows 8 的磁贴区相似，用户可以在此固定应用程序，也可对磁贴进行移动、分组等操作，如图 2-1-21 所示。

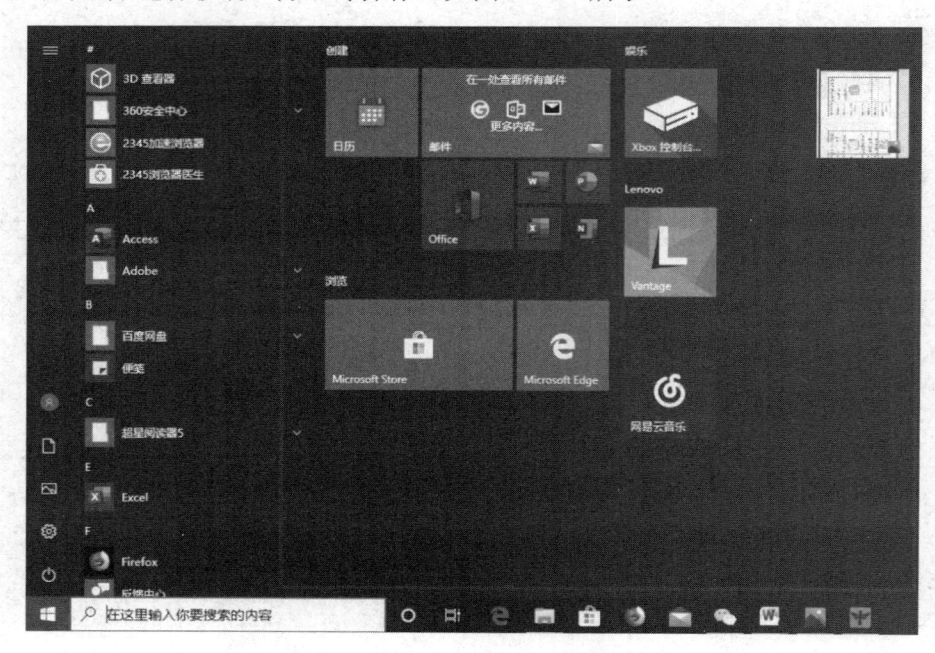

图 2-1-21 "开始"菜单中的磁贴区

2."开始"菜单的个性化设置

（1）在"开始"菜单中，选择"设置"选项或直接按 Windows+I 组合键，打开"设置"窗口，选择"个性化"选项，如图 2-1-22 所示。

图 2-1-22 选择"个性化"选项("开始"菜单的个性化设置)

（2）在打开的窗口中，选择左侧的"开始"选项，在右侧的"开始"区域中，根据需要单击对应的开关按钮，并且单击"选择哪些文件夹显示在'开始'菜单上"超链接，如图 2-1-23 所示。

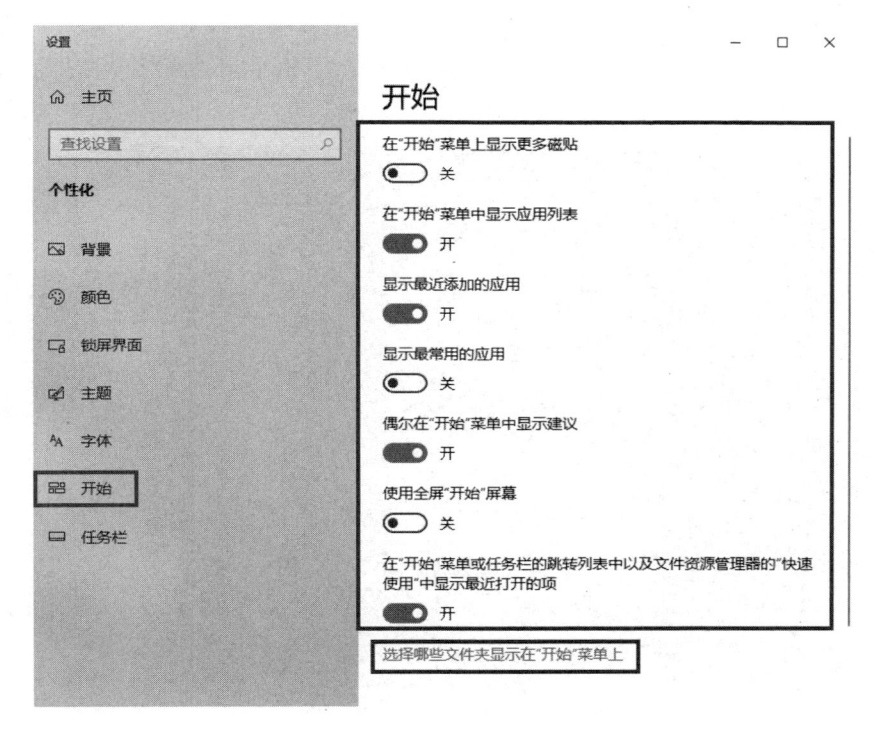

图 2-1-23 设置"开始"菜单的显示内容

（3）在打开的窗口中，设置要显示在"开始"菜单中的文件夹，单击相应的开关按钮，此处单击"网络"和"个人文件夹"开关按钮，如图 2-1-24 所示。

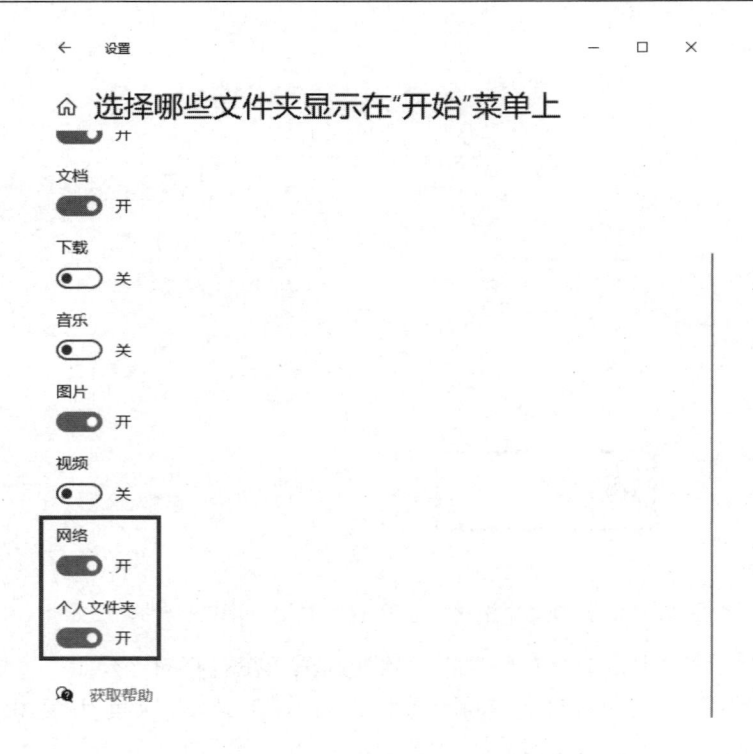

图 2-1-24 设置要显示在"开始"菜单中的文件夹

（4）打开"开始"菜单，即可在"开始"菜单的左下角看到"网络"和"个人文件夹"按钮，如图 2-1-25 所示。

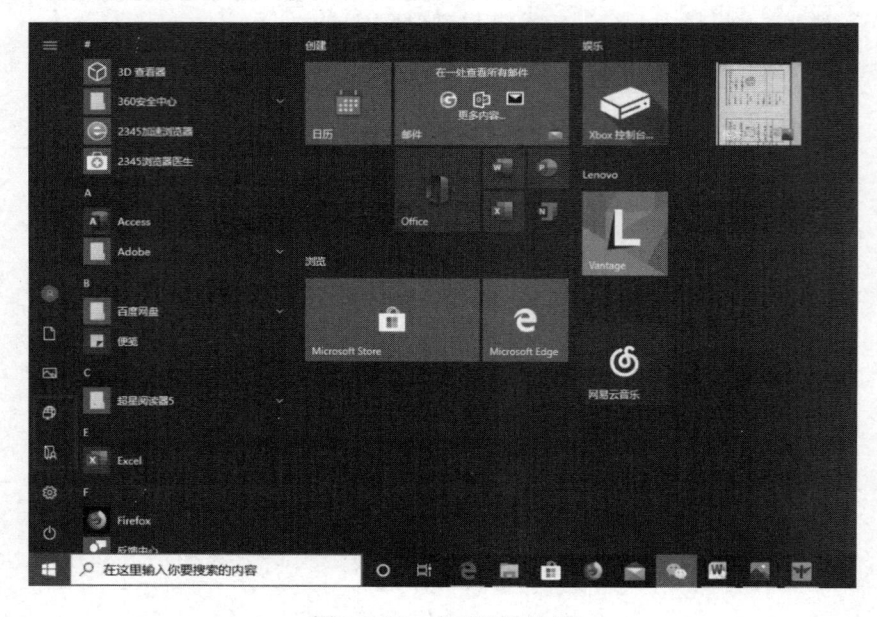

图 2-1-25 查看设置效果

3．快速查找应用程序

Windows 10 全新的"开始"菜单比过去的 Windows 版本的"开始"菜单更有条理，在应用程序列表中增加首字母索引功能，可以快速地查找计算机中的应用程序。

（1）打开"开始"菜单，拖动应用程序列表右侧的滚动条，或者滑动鼠标滚轮，即可查看所有的应用程序，如图 2-1-26 所示。

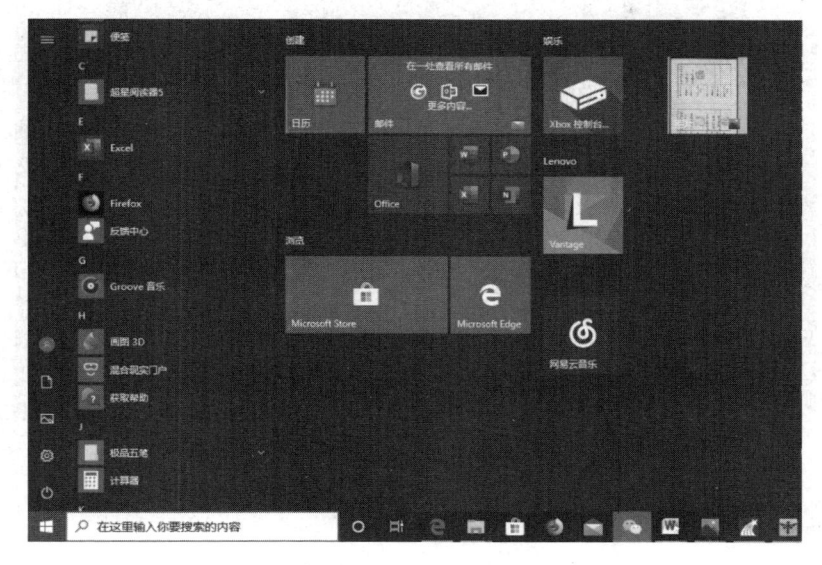

图 2-1-26　查看所有的应用程序

（2）在应用程序列表中单击任意分组（如单击"A"）进入首字母检索界面。例如，要查找"闹钟和时钟"应用程序，单击"N"按钮，N 是汉字"闹"的拼音首字母，如图 2-1-27 所示。

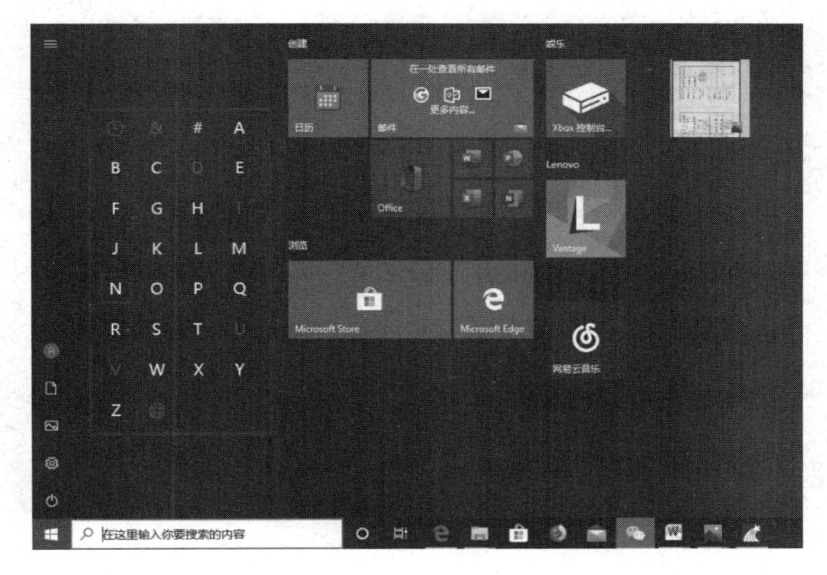

图 2-1-27　查找"闹钟和时钟"应用程序

（3）此时即可在应用程序列表上方显示以字母 N 开头的应用程序，选择"闹钟和时钟"选项，如图 2-1-28 所示，即可启动"闹钟和时钟"应用程序。

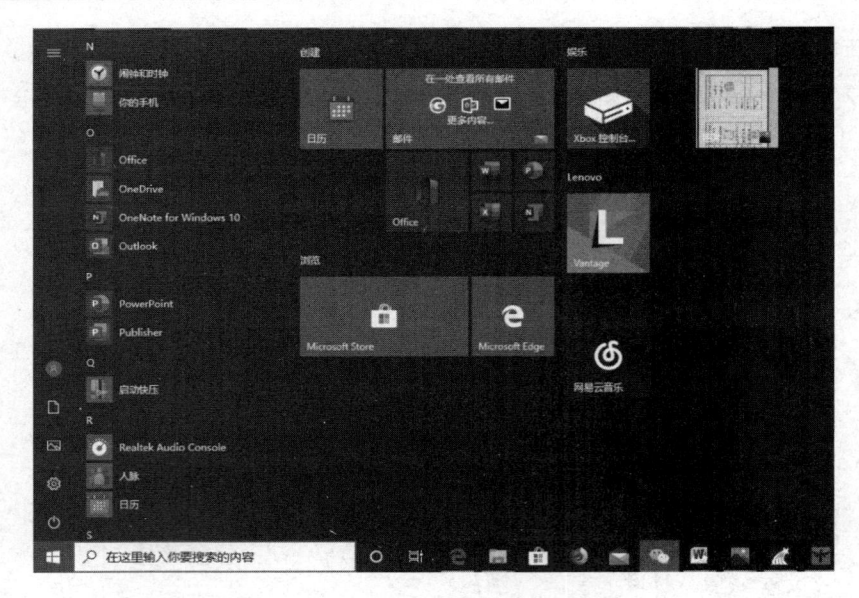

图 2-1-28　启动"闹钟和时钟"应用程序

4. 调整"开始"菜单

Windows 10 的"开始"菜单可以调整大小，也可以设置为全屏显示。

（1）调整"开始"菜单的大小。打开"开始"菜单，将鼠标指针置于其顶部或侧边，当鼠标指针变为双向箭头形状时，按住鼠标左键不放拖动鼠标，即可调整"开始"菜单的高度或宽度，如图 2-1-29 所示。

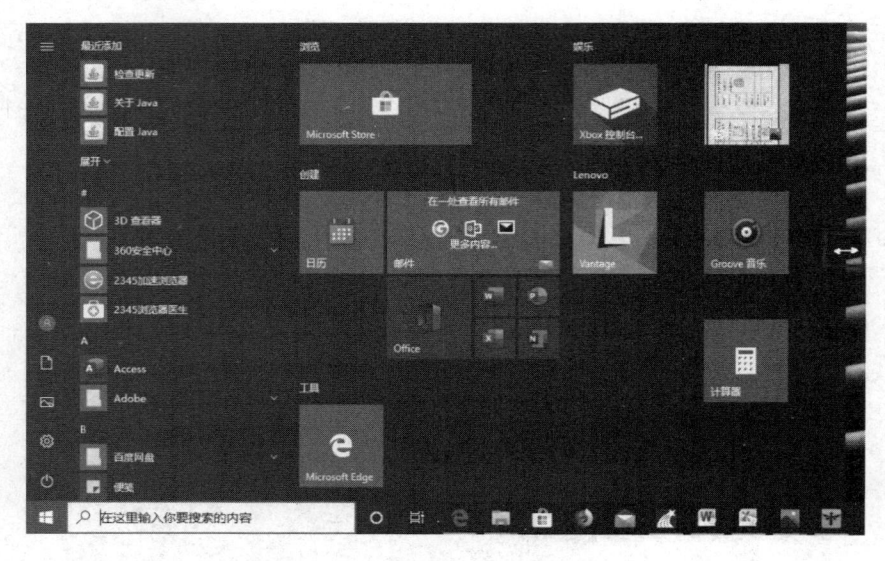

图 2-1-29　调整"开始"菜单的大小

（2）设置全屏显示"开始"菜单。右击桌面，在弹出的快捷菜单中选择"个性化"选项，选择"设置"窗口左侧的"开始"选项，在右侧区域中单击"使用全屏'开始'屏幕"开关按钮，如图 2-1-30 所示。

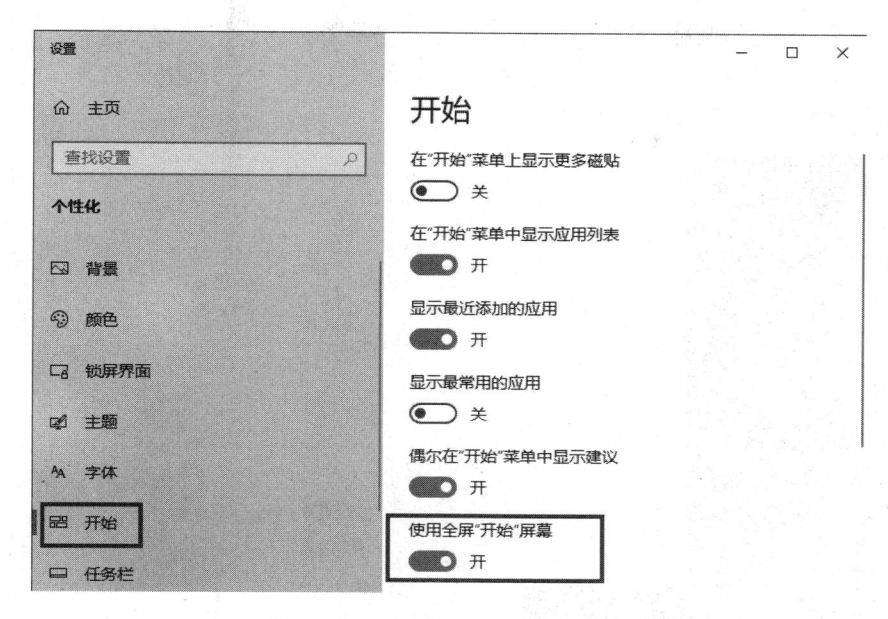

图 2-1-30 全屏显示"开始"菜单

5．计算机的关机、重启与睡眠

（1）通过"开始"菜单执行操作。打开"开始"菜单，单击左侧的"电源"按钮，在弹出的菜单中选择所需的选项。

注意：在执行"关机"和"重启"操作前，应先确认应用程序或文件已保存并关闭，如图 2-1-31 所示。

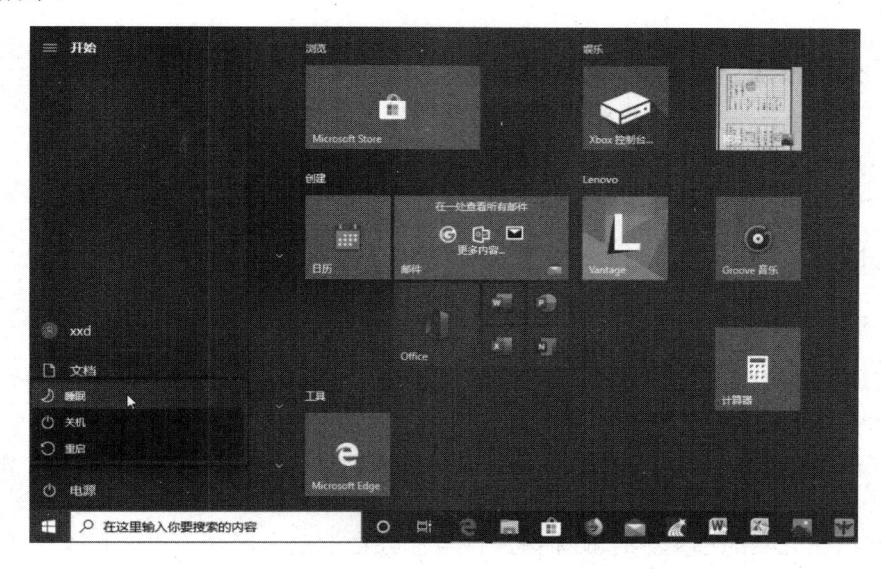

图 2-1-31 通过"开始"菜单执行操作

（2）通过快捷菜单执行操作。按 Windows+X 组合键或右击"开始"按钮，在弹出的快捷菜单中选择"关机或注销"选项，并且在子菜单中选择所需的选项，如图 2-1-32 所示。

（3）通过窗口执行操作。单击任务栏最右侧的"显示桌面"按钮返回桌面，按 Alt+F4 组合键，弹出"关闭 Windows"窗口，在"希望计算机做什么"下拉列表中选择要执行的操作，单击"确定"按钮，如图 2-1-33 所示。

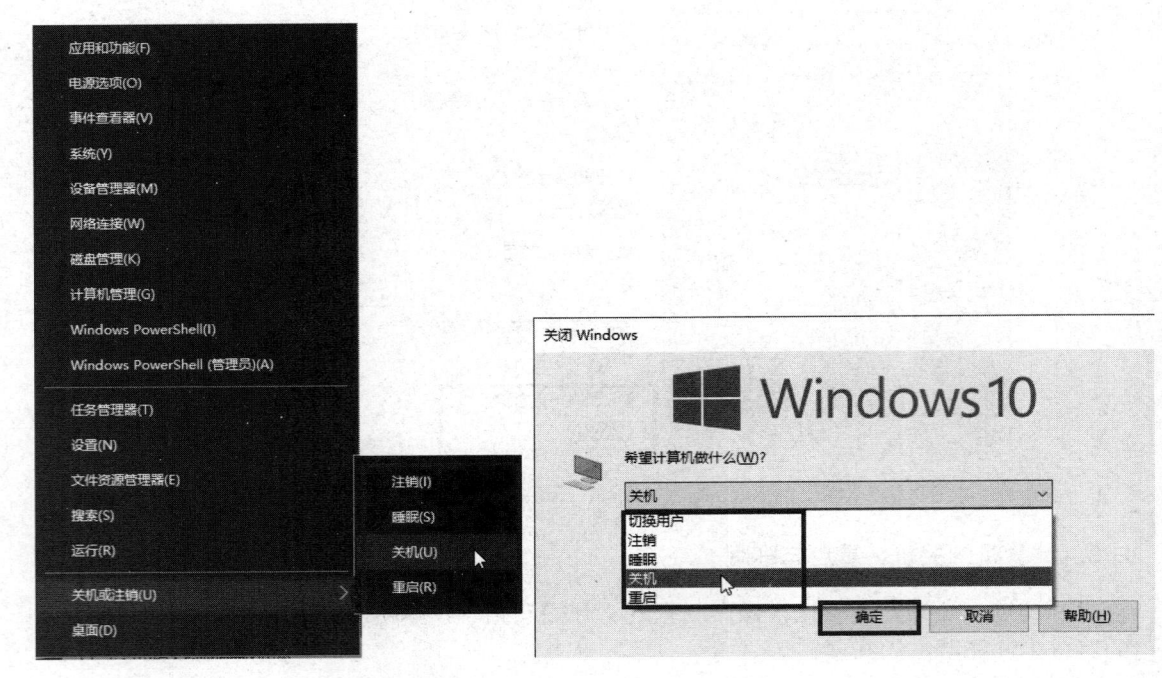

图 2-1-32　通过快捷菜单执行操作　　　　图 2-1-33　通过对话框执行操作

子任务三：任务栏和快捷方式的设置

任务要求：熟练掌握任务栏的操作和快捷方式的设置。

操作步骤

1. 设置任务栏

Windows 10 的任务栏位于窗口底部，由"开始"按钮和搜索框、语言栏、通知区域等组成，中间的空白区域用于显示正在运行的应用程序和打开的窗口。

右击任务栏的空白区域，在弹出的快捷菜单中取消选中"锁定任务栏"选项，如图 2-1-34 所示。

（1）调整任务栏的位置。将鼠标指针移至任务栏的空白区域，单击后不松手，将任务栏拖至桌面的顶部、左侧或右侧。或者在任务栏的空白区域右击，在弹出的快捷菜单中选择"任务栏设置"选项，打开"设置"窗口，选择左侧的"任务栏"选项，在右侧的"任务栏在屏幕上的位置"下拉列表中选择其他位置选项，即可移动任务栏的位置，如图 2-1-35 所示。

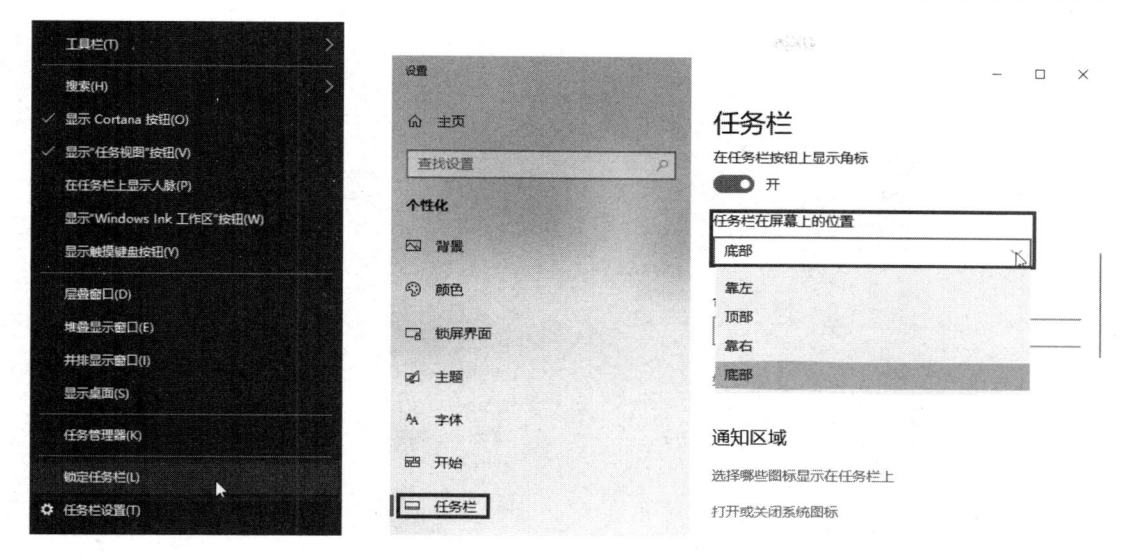

图 2-1-34　取消选中"锁定任务栏"选项　　　　图 2-1-35　调整任务栏的位置

（2）自动隐藏任务栏。右击任务栏的空白区域，在弹出的快捷菜单中选择"任务栏设置"选项，打开"设置"窗口，选择左侧的"任务栏"选项，单击右侧的"在桌面模式下自动隐藏任务栏"开关按钮，将其设置为状态"开"，此时任务栏就被隐藏了。当鼠标指针指向任务栏时，任务栏将自动显示，如图 2-1-36 所示。

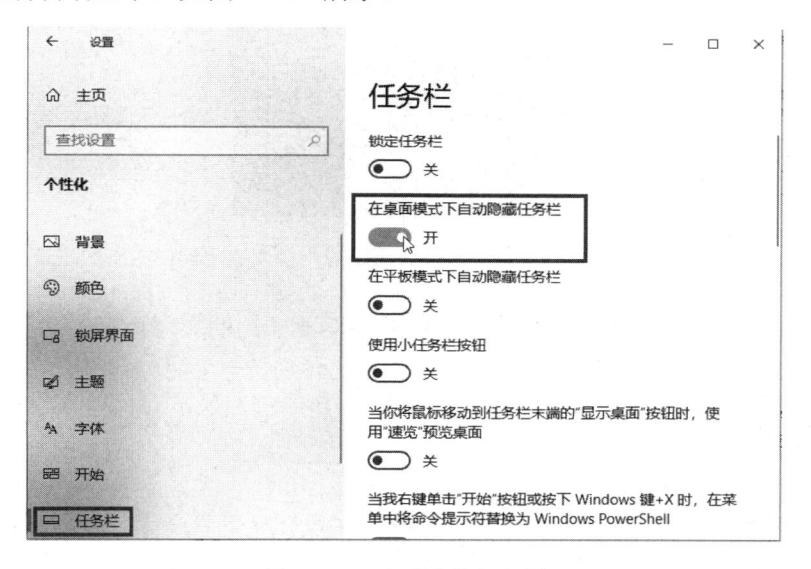

图 2-1-36　自动隐藏任务栏

（3）将应用程序固定到任务栏。用户可以将应用程序固定到任务栏，以便快速启动。下面以"腾讯 QQ"应用程序为例，介绍具体的操作方法。

方法 1：通过搜索框固定应用程序。使用搜索框搜索"腾讯 QQ"，右击该应用程序，在弹出的快捷菜单中选择"固定到任务栏"选项，如图 2-1-37 所示。

方法 2：先启动应用程序，再固定到任务栏。先启动应用程序，然后在任务栏上右击应用程序的图标，在弹出的快捷菜单中选择"固定到任务栏"选项，如图 2-1-38 所示。若想将

· 45 ·

应用程序从任务栏中取消固定，则右击应用程序的图标，在弹出的快捷菜单中选择"从任务栏取消固定此程序"选项即可。

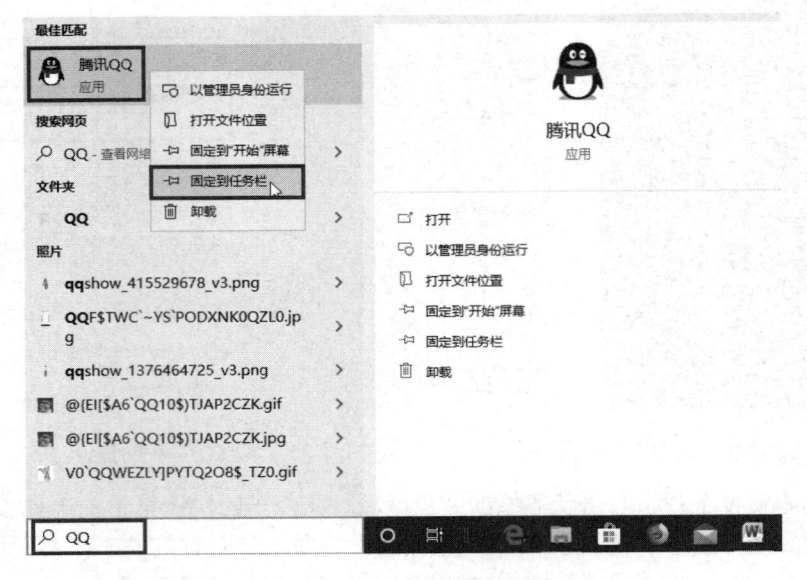

图 2-1-37　通过搜索框固定应用程序到任务栏

图 2-1-38　先启动应用程序，再将应用程序固定到任务栏

（4）调整应用程序图标的顺序。将鼠标指针移至要移动的应用程序的图标上，按住鼠标左键不放并在任务栏内拖动，即可调整应用程序图标的顺序。

2．设置快捷方式

快捷方式用于快速地启动/打开/连接计算机或网络上的任何可访问的项目（如应用程序、文件、文件夹、磁盘驱动器、Web 页、打印机或另一台计算机），快捷方式可以视为一种指向某个计算机资源的指针。创建快捷方式的目的是方便用户快速完成日常工作。

（1）直接在桌面上创建快捷方式。

例如，在桌面上创建"写字板"应用程序的快捷方式，具体操作步骤如下。

右击桌面的空白处，在弹出的快捷菜单中选择"新建"→"快捷方式"选项，打开"创建快捷方式"对话框，如图 2-1-39 所示，输入要创建快捷方式的源文件的路径"C:\Program Files\Windows NT\Accessories\wordpad.exe"，或者单击"浏览"按钮，在弹出的"浏览文件夹"对话框中选取源文件，单击"下一步"按钮。

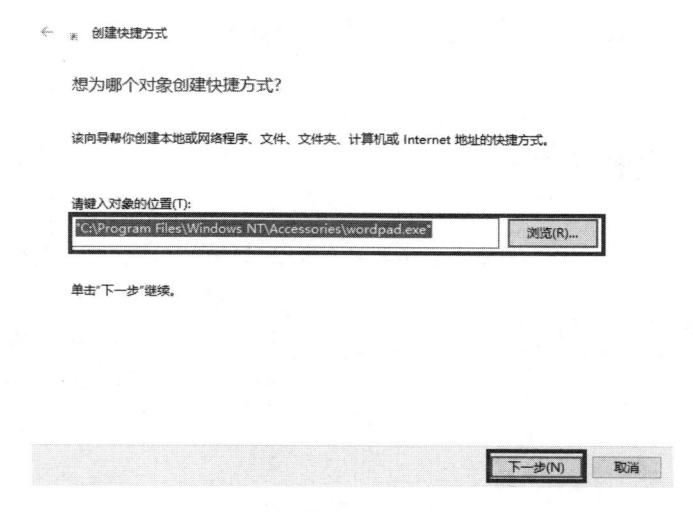

图 2-1-39 "创建快捷方式"对话框

弹出如图 2-1-40 所示的对话框，输入快捷方式的名称"写字板"，单击"完成"按钮，返回桌面，可以看到"写字板"应用程序的快捷方式已创建完成。

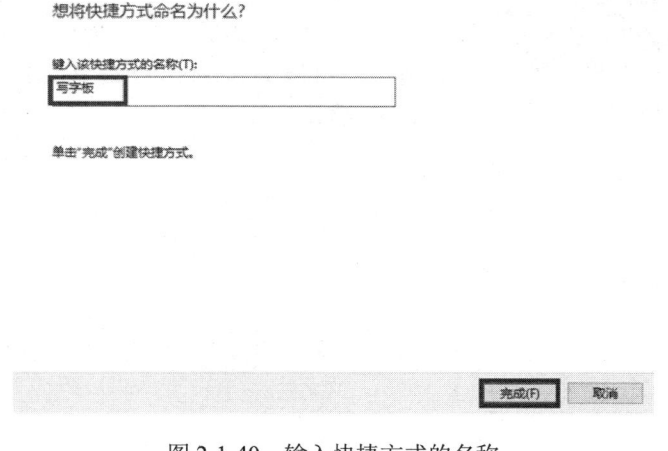

图 2-1-40 输入快捷方式的名称

（2）利用"此电脑"窗口创建文件或文件夹的桌面快捷方式。

例如，在桌面上创建"画图"应用程序的快捷方式，具体操作步骤如下。

在"此电脑"窗口中选择要创建快捷方式的源文件或文件夹，即按照路径"C:\Windows\System32\mspaint"找到 mspaint.exe 可执行文件，右击 mspaint.exe 可执行文件不松手，并且将其拖至桌面，然后松开鼠标右键，在弹出的快捷菜单中选择"在当前位置创建快捷方式"选项。

（3）为"开始"菜单中的选项创建桌面快捷方式。

例如，在桌面上创建"记事本"应用程序的快捷方式，具体操作步骤如下。

执行"开始"→"Windows 附件"菜单命令，右击"记事本"应用程序，在弹出的快捷菜单中选择"更多"→"打开文件位置"选项，在打开的窗口中右击"记事本"应用程序，在弹出的快捷菜单中选择"发送到"→"桌面快捷方式"选项,或者同时按 Ctrl 键与鼠标左键,将其拖至桌面,即可在桌面上创建"记事本"应用程序的快捷方式。

子任务四:控制面板的使用方法

任务要求:控制面板是 Windows 中重要的设置工具之一,用于查看和设置系统状态。Windows 10 中的控制面板有一些操作方面的改进,在本任务中,请利用控制面板进行 Windows 10 组件的安装,应用程序的卸载,系统日期和时间的设置,鼠标的设置等。

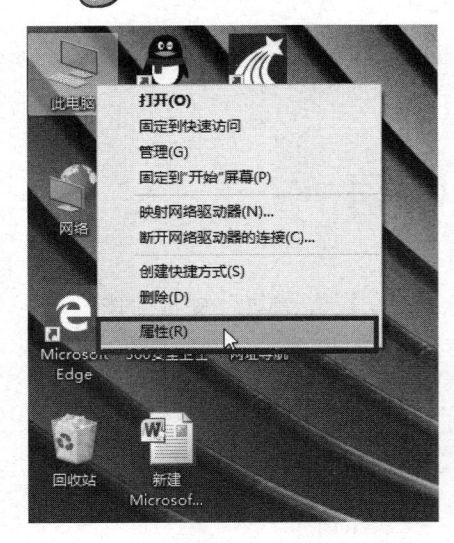

图 2-1-42 选择"属性"选项

操作步骤

1. 控制面板的设置与使用

(1)双击桌面上的"控制面板"图标就可以打开 Windows 10 的控制面板。如果桌面上未添加"控制面板"图标,则右击桌面上的"此电脑"图标,在弹出的快捷菜单中选择"属性"选项,如图 2-1-41 所示。在弹出的"系统"窗口中选择左侧的"控制面板主页"选项,如图 2-1-42 所示。

图 2-1-42 "系统"窗口

（2）Windows 10 的控制面板默认以"类别"的形式显示功能菜单，分为系统和安全、用户账户[1]、网络和 Internet、外观和个性化、时钟和区域、硬件和声音、程序、轻松使用，在每个"类别"的下方会显示该类别的具体功能选项。

（3）除"类别"外，Windows 10 的控制面板还提供了"大图标"和"小图标"的查看方式，用户只需单击"控制面板"窗口右上角的"查看方式"右侧的下拉菜单按钮，从下拉菜单中选择自己喜欢的形式即可，如图 2-1-43 所示。

图 2-1-43 "控制面板"窗口

（4）在控制面板中，以"大图标"或"小图标"查看方式进行查看时，可以显示所有的控制面板选项，如图 2-1-44 和图 2-1-45 所示，用户可以轻松地找到需要的功能。

图 2-1-44 "大图标"查看方式

---

1 计算机控制面板中的"用户帐户"的正确写法为"用户账户"。

图 2-1-45 "小图标"查看方式

（5）通过搜索框快速查找功能选项。在 Windows 10 中，控制面板还提供了搜索功能，方便用户快速查找需要的功能选项。在"控制面板"右上角的搜索框中，输入关键词（如"用户"），按 Enter 键后即可看到相应的搜索结果，如图 2-1-46 所示。

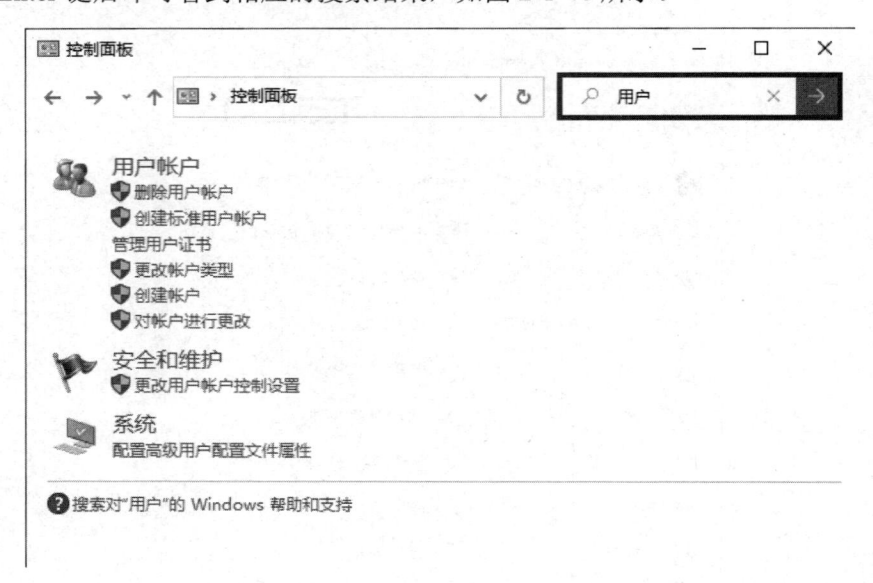

图 2-1-46 通过搜索框快速查找功能选项

（6）通过地址栏的导航菜单快速切换功能选项。在 Windows 10 的控制面板中，可以通过地址栏导航菜单，快速切换到相应的功能选项。切换时，单击地址栏末尾的下拉菜单按钮，从弹出的下拉菜单中选择相应的功能选项即可，如图 2-1-47 所示。

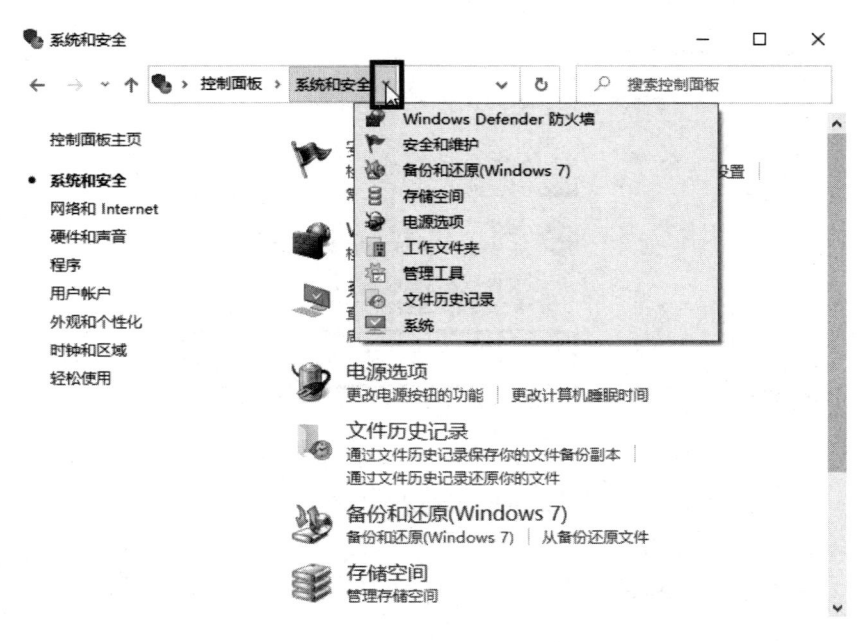

图 2-1-47　通过地址栏的导航菜单快速切换功能选项

2．预览、删除、显示/隐藏计算机上安装的字体

（1）打开"控制面板"窗口，选择"外观和个性化"选项，如图 2-1-48 所示。

图 2-1-48　选择"外观和个性化"选项

（2）在"外观和个性化"窗口中选择"字体"选项，如图 2-1-49 所示。

（3）在"字体"窗口中可以预览、删除、显示/隐藏计算机上安装的字体，如图 2-1-50 所示。

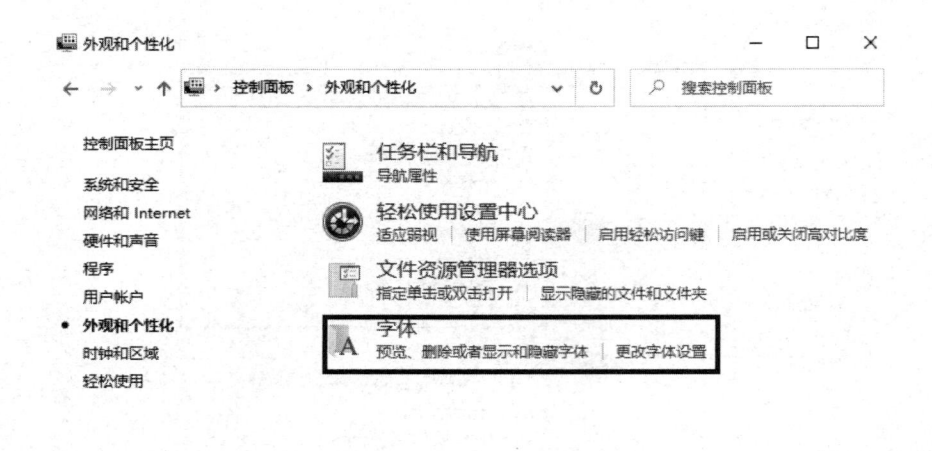

图 2-1-49　选择"字体"选项

图 2-1-50　"字体"窗口

3. 设置系统日期和时间

（1）打开"控制面板"窗口，选择"时钟和区域"→"日期和时间"选项，打开"日期和时间"对话框，进入"日期和时间"选项卡，单击"更改日期和时间"按钮，如图 2-1-51 所示。

（2）单击"更改日期和时间"按钮，在弹出的"日期和时间设置"对话框中可以对日期和时间进行修改，如图 2-1-52 所示。

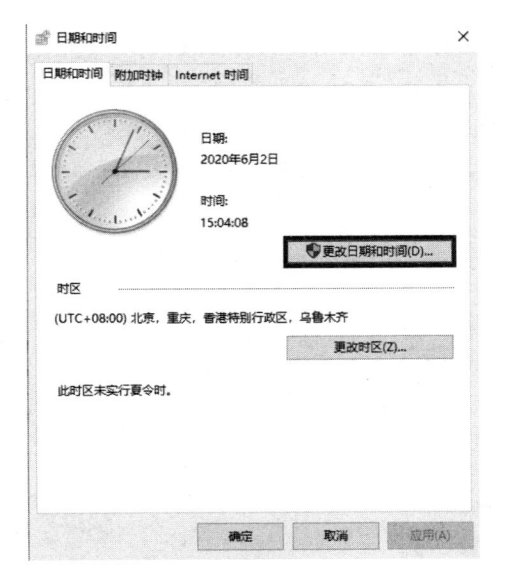

图 2-1-51 "日期和时间"对话框 　　　　图 2-1-52 "日期和时间设置"对话框

4．设置鼠标

（1）打开"控制面板"窗口，切换到"小图标"查看方式，选择"鼠标"选项，打开"鼠标 属性"对话框，如图 2-1-53 所示。

图 2-1-53 "鼠标 属性"对话框

（2）在"鼠标 属性"对话框中，可以根据个人需要配置鼠标键、调节双击速度、设置单击锁定、改变鼠标指针方案，以及调整鼠标指针的移动速度等。

5．安装 Windows 10 组件

Windows 10 提供了大量的组件，系统被激活后，用户可以直接使用部分常用的组件，其

他组件则需要用户自行安装。下面介绍在 Windows 10 中添加".NET Framework 3.5（包括.NET 2.0 和 3.0）"组件的操作步骤。

（1）进入 Windows 10 的"控制面板"窗口，选择"程序"选项，在打开的"程序"窗口中选择"程序和功能"→"启用或关闭 Windows 功能"选项，如图 2-1-54 所示。

图 2-1-54 "程序"窗口

（2）在打开的"Windows 功能"对话框中，单击".NET Framework 3.5（包括.NET 2.0 和 3.0）"选项前面的"+"按钮，展开列表，如图 2-1-55 所示，选中"Windows Communication Foundation HTTP 激活"和"Windows Communication Foundation 非 HTTP 激活"复选框，单击"确定"按钮，系统将自动安装.NET Framework 3.5 组件。

提示：添加组件时，已经安装的组件其名称前面都标有"√"，即复选框处于被选中状态。如果未选中某组件对应的复选框，那么系统将卸载该组件。

6．卸载应用程序

在 Windows 10 中，不能通过直接删除应用程序文件夹的方式删除应用程序，必须使用应用程序自带的卸载命令，或者使用 Windows 10 提供的"程序"功能卸载程序。下面以卸载计算机中已安装的软件"百度网盘"为例，讲解卸载应用程序的方法。

（1）在"控制面板"窗口中选择"程序"→"卸载程序"选项，如图 2-1-56 所示。

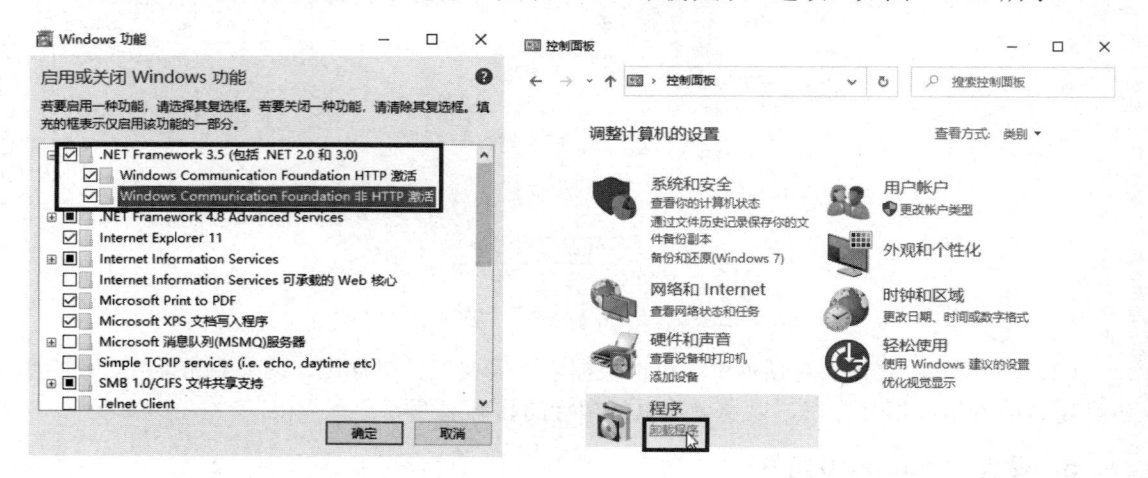

图 2-1-55 "Windows 功能"对话框　　　　图 2-1-56 选择"卸载程序"选项

（2）在"程序和功能"窗口中右击"百度网盘"，在弹出的快捷菜单中选择"卸载/更改"选项，如图 2-1-57 所示。

图 2-1-57　选择"卸载/更改"选项

（3）在弹出的"卸载百度网盘"对话框中单击"卸载"按钮，如图 2-1-58 所示。

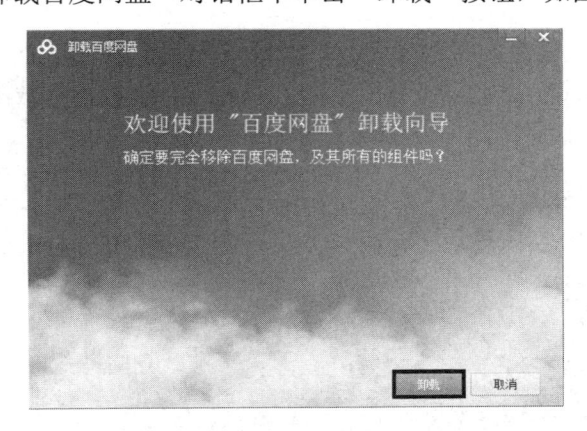

图 2-1-58　"卸载百度网盘"对话框

（4）按照提示信息，从 Windows 10 中卸载"百度网盘"。

子任务五：巧用系统附带小工具

任务要求：在 Windows 10 中，除内置的通用应用程序外，系统还包含一些小工具，这些工具非常实用，而且功能强大，为日常生活和工作提供了帮助。

操作步骤

1. 使用 Windows 10 自带截图工具

在 Windows 10 系统中自带了一个不错的截图工具，可以通过下面的操作打开，操作如下。

（1）按下快捷键 Ctrl+S，打开 Windows 10 的搜索界面，并输入"截图"两字，或直接在任务栏搜索框中输入。

（2）从搜索结果中单击"截图工具"即可进入，如图 2-1-59 所示。

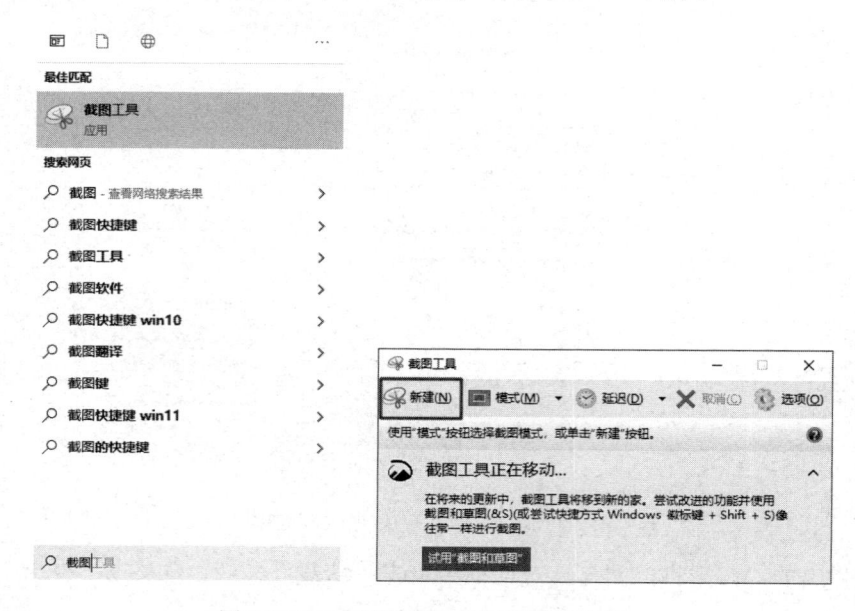

图 2-1-59　查找截图工具与截图工具窗口

（3）单击"截图工具"窗口的"新建"工具按钮即可拖放鼠标截图，截图完成后会自动打开内置的图片工具进行简单的加工处理，如图 2-1-60 所示。

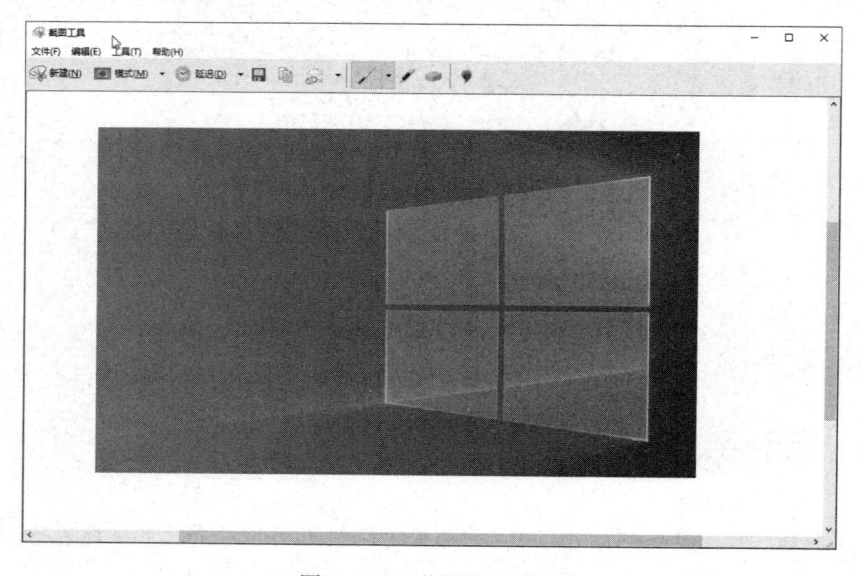

图 2-1-60　截图结果处理

特别注意：Windows 10 系统在进入用户账户控制界面时会默认进入安全桌面，导致无法进行截图操作，要进行截图就需要进行相关的设置。

2．画图程序的使用

（1）执行"开始"→"Windows 附件"→"画图"菜单命令，或者在搜索框中输入"画图"，在搜索结果列表中选择"画图"应用程序，如图 2-1-61 所示，打开"画图"窗口，如图 2-1-62 所示。单击"使用画图 3D 进行编辑"按钮，即可打开"画图 3D"窗口，如图 2-1-63 所示。

图 2-1-61　在搜索框中输入"画图"

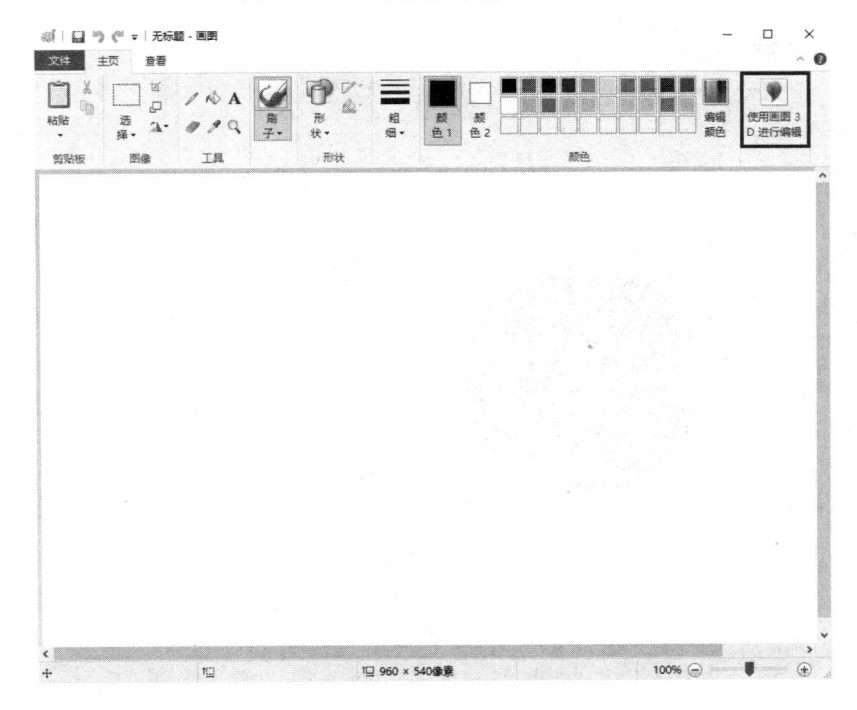

图 2-1-62　"画图"窗口

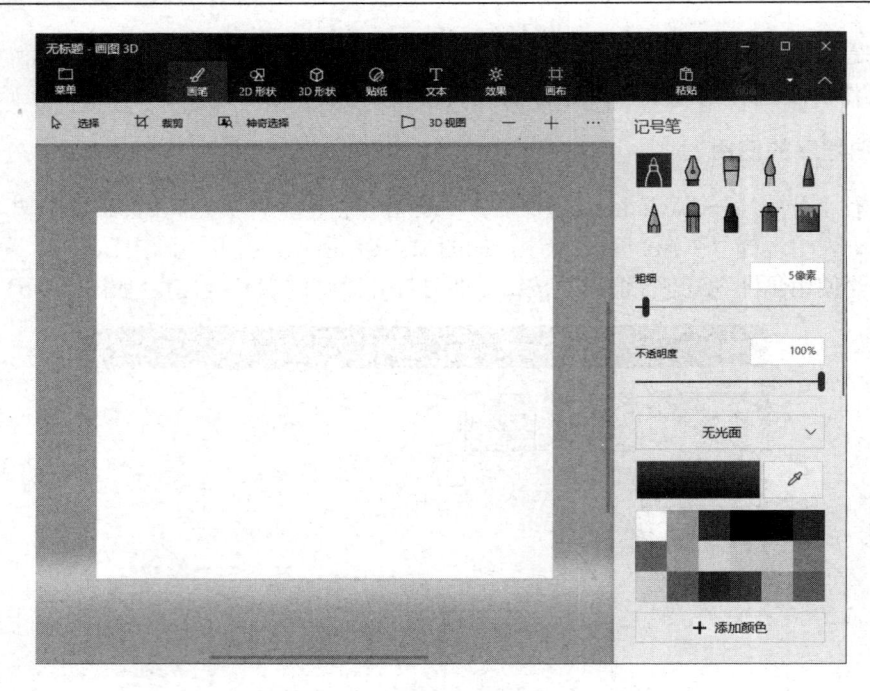

图 2-1-63　"画图 3D"窗口

（2）单击"主页"选项卡中的"形状"按钮，在形状工具箱中选择"椭圆形"选项，单击"颜色"按钮，设置"颜色1"（前景色）为红色，按住 Shift 键不放，在画布上拖动鼠标指针，绘制一个红色的空心圆形；在"主页"选项卡的"工具"组中，单击"用颜色填充"按钮，此时鼠标指针变成"油漆桶"形状，在圆形上单击，将其填充为红色，如图 2-1-64 所示。

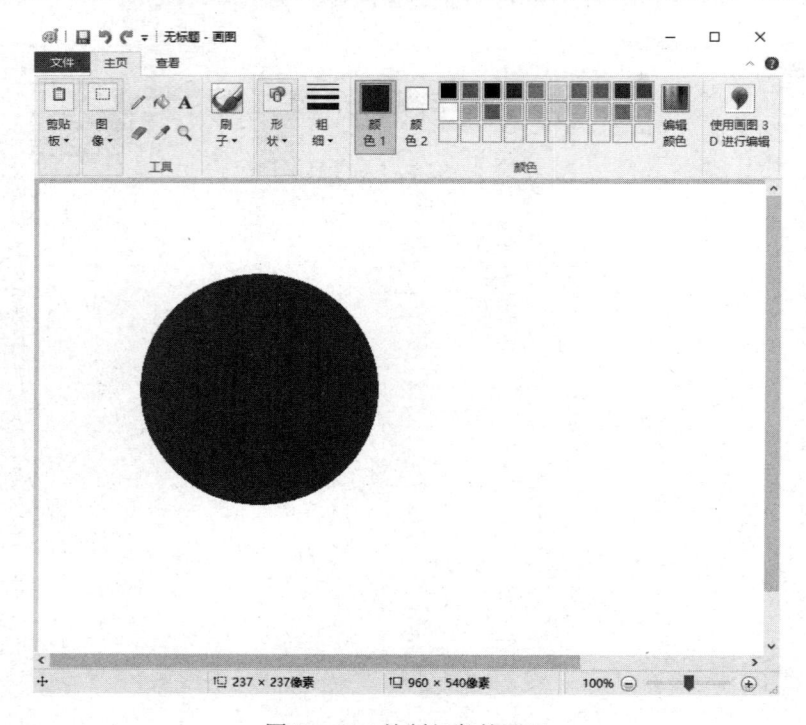

图 2-1-64　绘制红色的圆形

（3）单击"主页"选项卡中的"形状"按钮，在形状工具箱中选择"直线"选项，单击"粗细"下拉菜单按钮，选择"1px"选项，在红色圆形周围画一些长短不一的线段。在"主页"选项卡的"工具"组中，单击"文本"按钮，在画布中新建一个文本框，输入"太阳"两个汉字，选中这两个汉字，在"文本"选项卡中，将字体格式设置为"宋体、48 磅、加粗"，最终效果如图 2-1-65 所示。

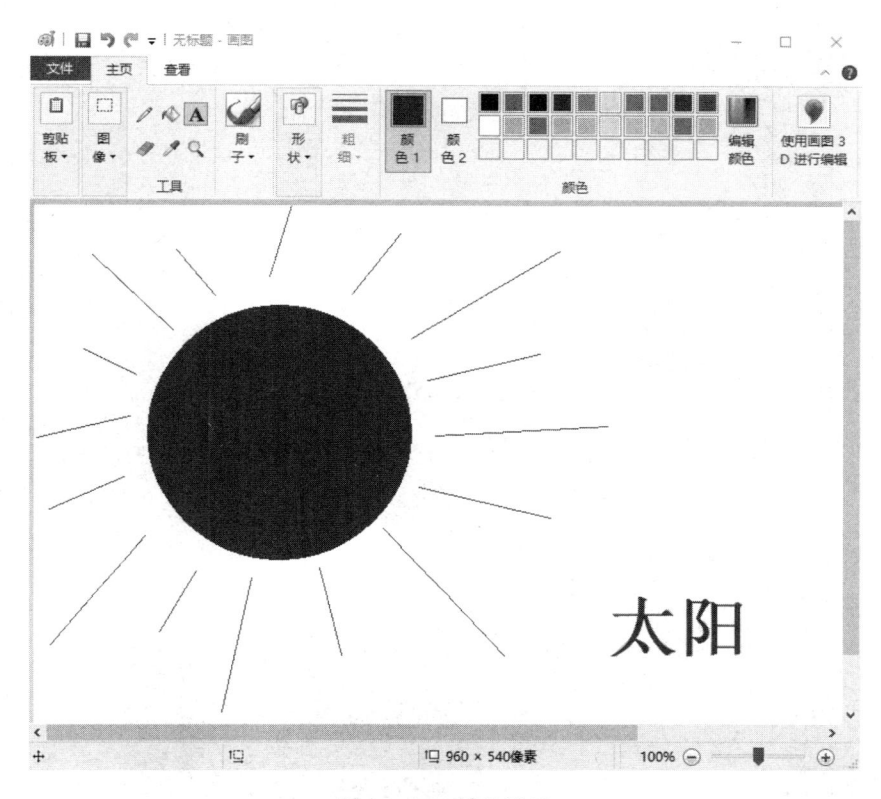

图 2-1-65　最终效果

（4）绘制完毕后，单击快速访问工具栏中的"保存"按钮（或执行"文件"→"保存"菜单命令），打开如图 2-1-66 所示的"保存为"对话框，在对话框的左侧，选择"此电脑"→"图片"文件夹，在对话框的上方选择"保存的图片"文件夹，在"文件名"文本框中输入"太阳.png"，单击"保存"按钮，则绘制的图形被保存到"保存的图片"文件夹中。

（5）将绘制的图形作为桌面背景。单击任务栏中的"显示桌面"按钮，切换到桌面。在桌面的空白处右击，在弹出的快捷菜单中选择"个性化"选项，打开"设置"窗口，选择左侧的"背景"选项，单击右侧的"浏览"按钮，如图 2-1-67 所示。

（6）如图 2-1-68 所示，在"打开"对话框中，进入"此电脑"→"图片"→"保存的图片"文件夹内，选中"太阳"图片，单击"选择图片"按钮，则将绘制的"太阳.png"图片作为桌面背景。

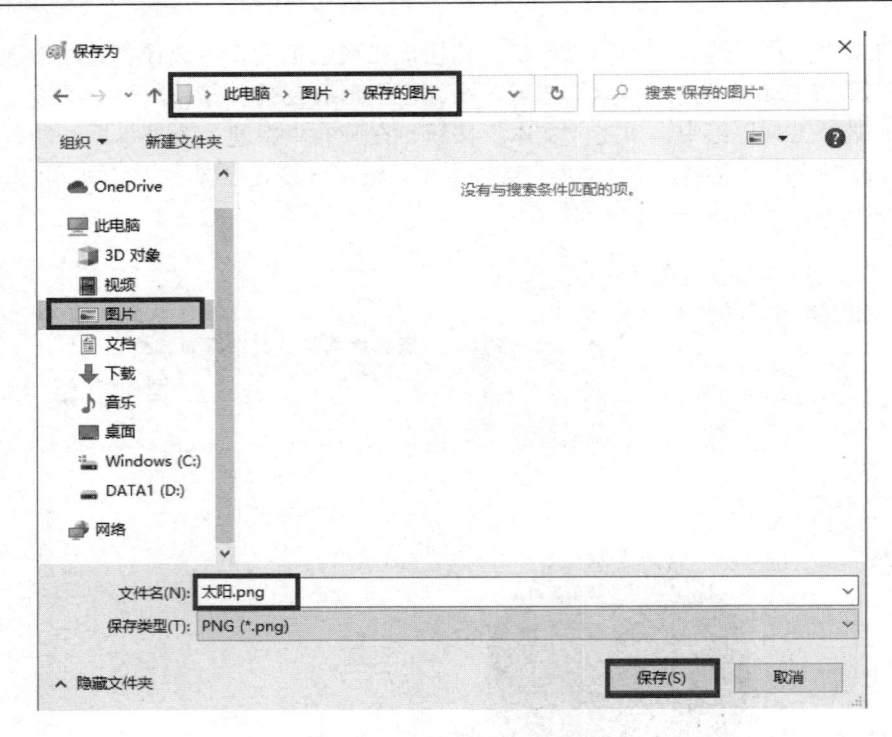

图 2-1-66 "保存为"对话框

图 2-1-67 "设置"窗口

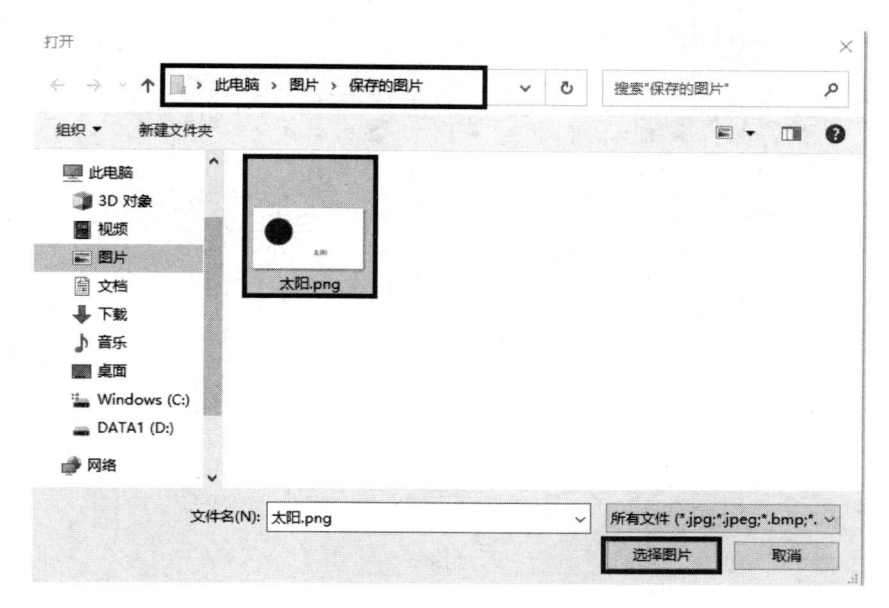

图 2-1-68 选择背景图片

3. "记事本"和"写字板"的使用

（1）执行"开始"→"Windows 附件"→"记事本"菜单命令，打开如图 2-1-69 所示的"记事本"窗口，再执行"开始"→"Windows 附件"→"写字板"菜单命令，打开如图 2-1-70 所示的"写字板"窗口。在两个窗口中任意输入一些文字，比较两个应用程序的不同之处。

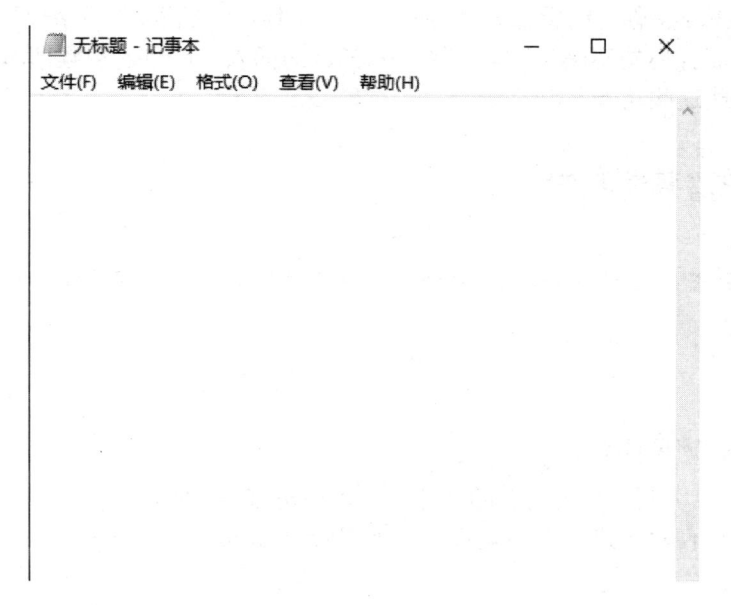

图 2-1-69 "记事本"窗口

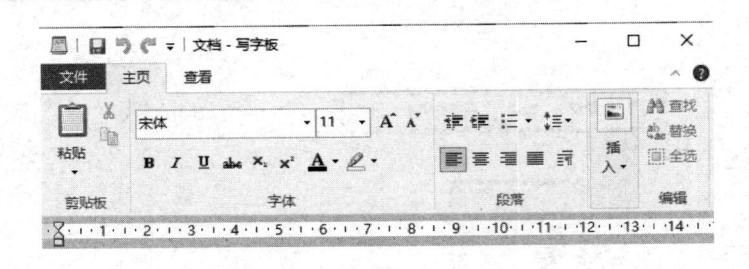

图 2-1-70 "写字板"窗口

提示:"记事本"用于编辑纯文本文档,适于一些篇幅较短的文件。由于"记事本"操作简单、使用方便,其应用范围也比较广,例如,一些应用程序的"readme"文件通常是以"记事本"的形式打开的。不过,"记事本"只能打开和编辑诸如.txt 格式的纯字符文档,功能没有"写字板"强大。"写字板"是一款使用方便、功能比较强大的文字处理程序,用户可以利用它处理常规的工作文件,编辑部分字符的大小、字体、颜色等。"写字板"不仅支持中、英文文档的编辑,而且还支持图文混排、图片和声音的插入、简单的视频剪辑等功能,而"记事本"却无法实现这些功能。

子任务六:配置系统账户

任务要求:在 Windows 10 中创建用户账户,并且修改用户账户的信息。

操作步骤

1. 创建 Microsoft 账户

安装 Windows 10 时,系统会自动创建一个管理员账户。使用管理员账户可以为系统创建多个用户账户,以便对其进行个性化设置。如果没有 Microsoft 账户,则可以免费创建一个 Microsoft 账户。

(1)按 Windows+I 组合键打开"设置-Windows 设置"窗口,选择"账户"选项,如图 2-1-71 所示。

图 2-1-71 "设置-Windows 设置"窗口

（2）打开如图 2-1-72 所示的"设置"窗口，选择左侧的"账户信息"选项，单击右侧的"改用 Microsoft 账户登录"超链接，如图 2-1-72 所示。

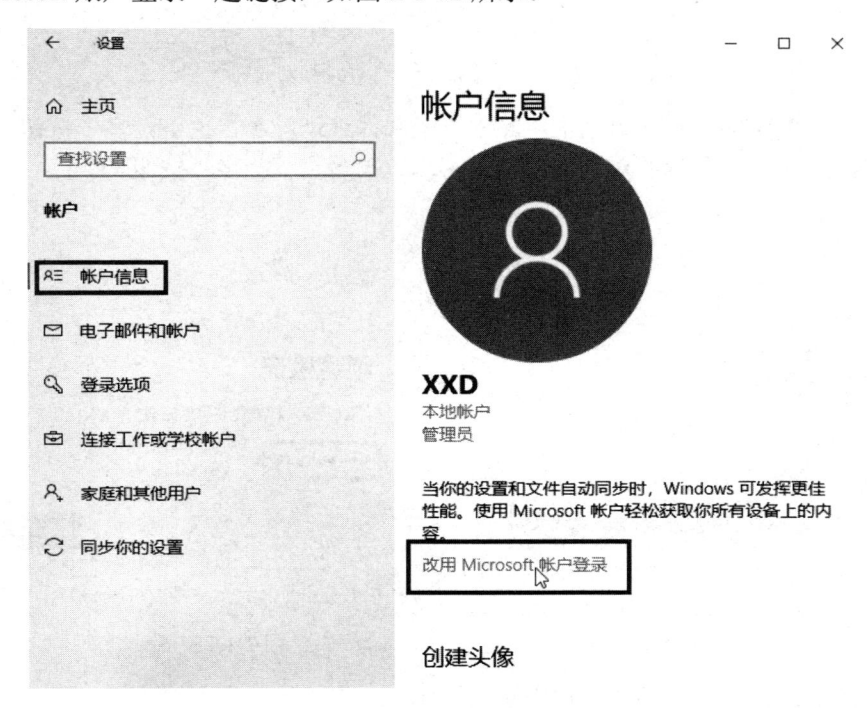

图 2-1-72 单击"改用 Microsoft 账户登录"超链接

（3）在弹出的"Microsoft 账户-登录"对话框中，单击"创建一个"超链接，如图 2-1-73 所示。

图 2-1-73 "Microsoft 账户-登录"对话框

（4）在如图 2-1-74 所示的对话框中输入电子邮件地址，单击"下一步"按钮。
（5）在如图 2-1-75 所示的对话框中输入密码，单击"下一步"按钮。

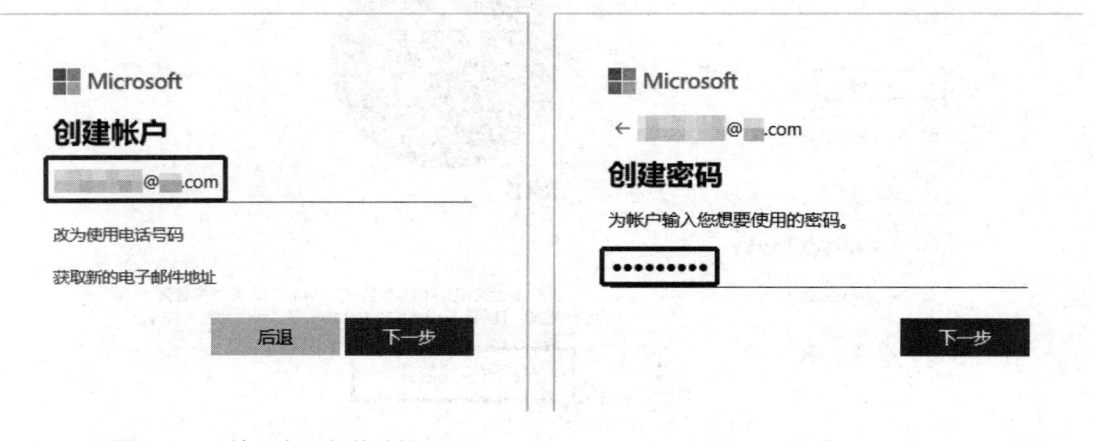

图 2-1-74 输入电子邮件地址　　　　图 2-1-75 输入密码

（6）在如图 2-1-76 所示的对话框中输入姓名，单击"下一步"按钮。
（7）在如图 2-1-77 所示的对话框中输入出生日期，单击"下一步"按钮。

图 2-1-76　输入姓名　　　　　　　　　　图 2-1-77　输入出生日期

（8）在如图 2-1-78 所示的对话框中输入电子邮件的验证码，单击"下一步"按钮。

（9）在如图 2-1-79 所示的对话框中输入当前的 Windows 密码，单击"下一步"按钮。至此，账户创建完成，可以使用 Microsoft 账户登录。

图 2-1-78　输入电子邮件的验证码 　　　　图 2-1-79　输入当前的 Windows 密码

2．更换账户头像

（1）打开如图 2-1-80 所示的"设置"窗口，选择左侧的"账户信息"选项，再选择右侧的"从现有图片中选择"选项，或者选择"相机"选项，启动摄像头设备，拍照后更换账户头像。

（2）在"打开"对话框中选择要作为账户头像的图片，单击"选择图片"按钮，如图 2-1-81 所示。

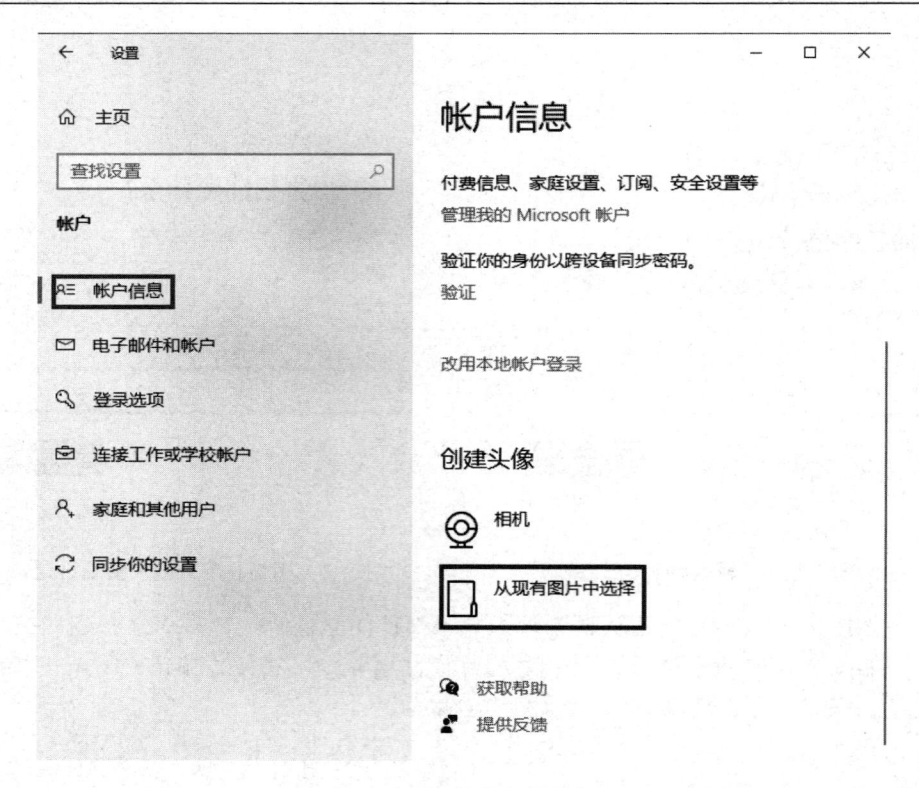

图 2-1-80　创建账户头像

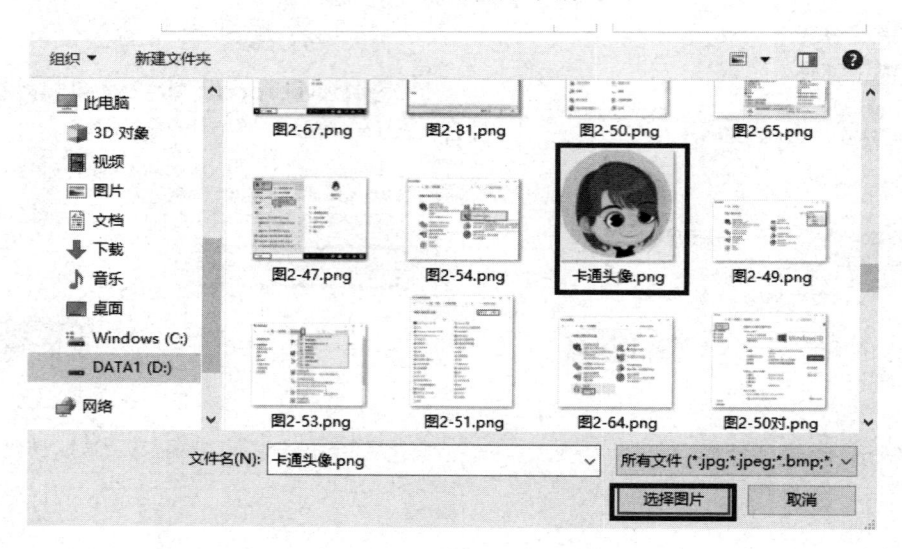

图 2-1-81　"打开"对话框（选择要作为账户头像的图片）

（3）查看账户，之前所选的图片已设置为账户头像，如图 2-1-82 所示。

3．改用本地账户登录

如果不使用 Microsoft 账户，则可以改用本地账户登录。

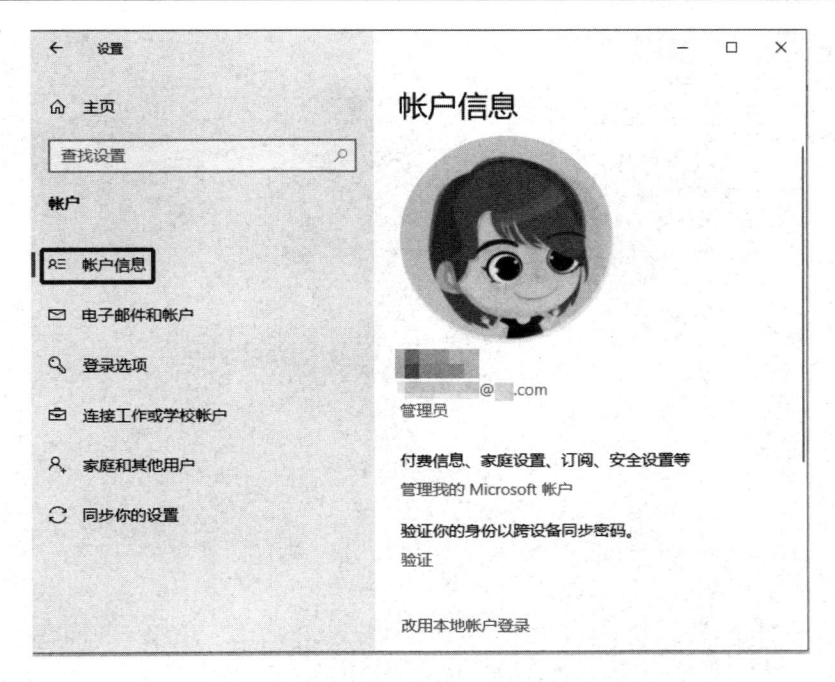

图 2-1-82　查看账户头像

（1）打开如图 2-1-83 所示的"设置"窗口，选择左侧的"账户信息"选项，单击右侧的"改用本地账户登录"超链接。

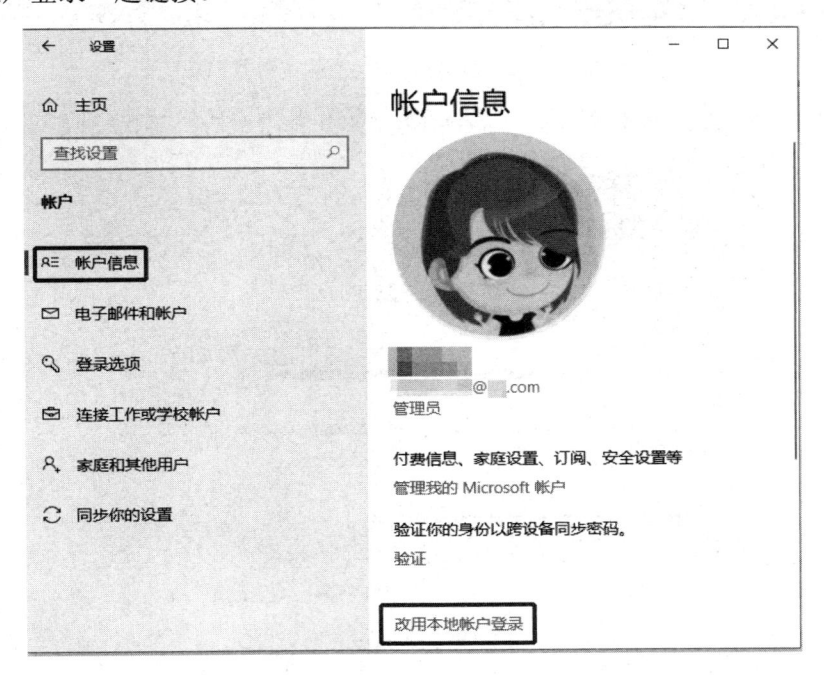

图 2-1-83　单击"改用本地账户登录"超链接

（2）在如图 2-1-84 所示的对话框中，确认是否要切换到本地账户，单击"下一步"按钮。

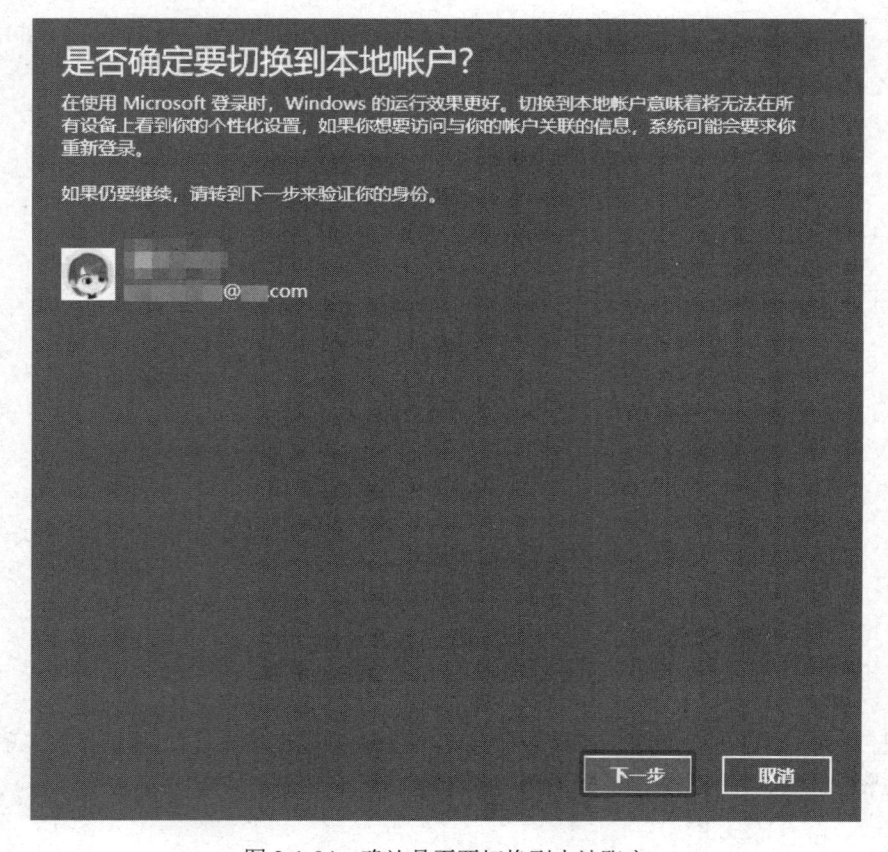

图 2-1-84 确认是否要切换到本地账户

（3）在如图 2-1-85 所示的对话框中输入 Microsoft 账户密码，单击"确定"按钮。

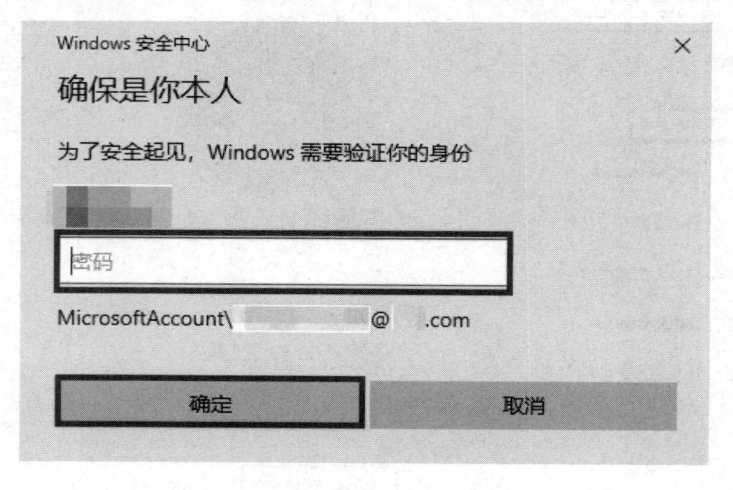

图 2-1-85 输入 Microsoft 账户密码

（4）在如图 2-1-86 所示的对话框中输入本地账户信息，包括用户名、新密码、确认密码及密码提示，单击"下一步"按钮。

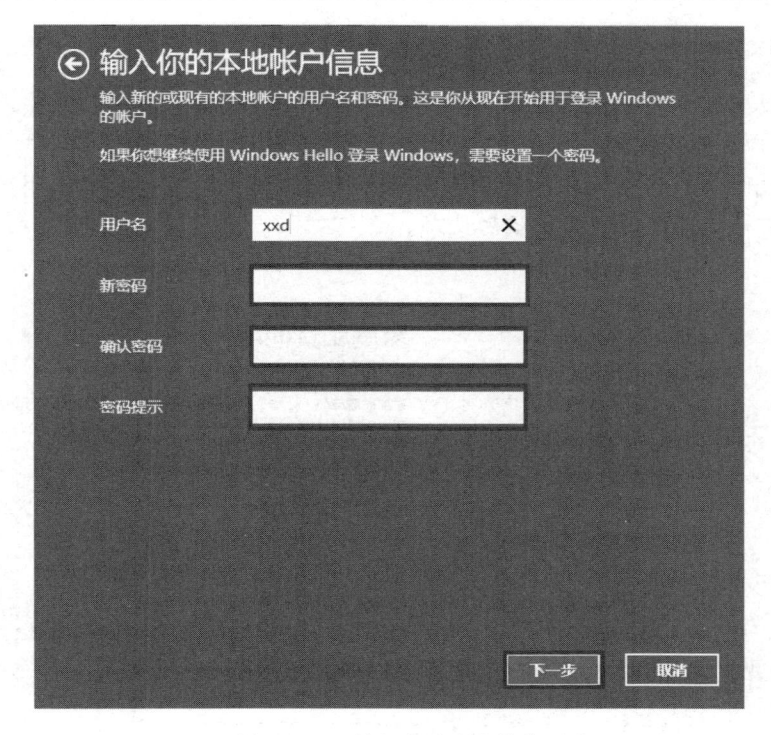

图 2-1-86 输入本地账户信息

（5）在如图 2-1-87 所示的对话框中，单击"注销并完成"按钮，注销计算机后重新登录系统，可以看到登录的账户为本地账户。

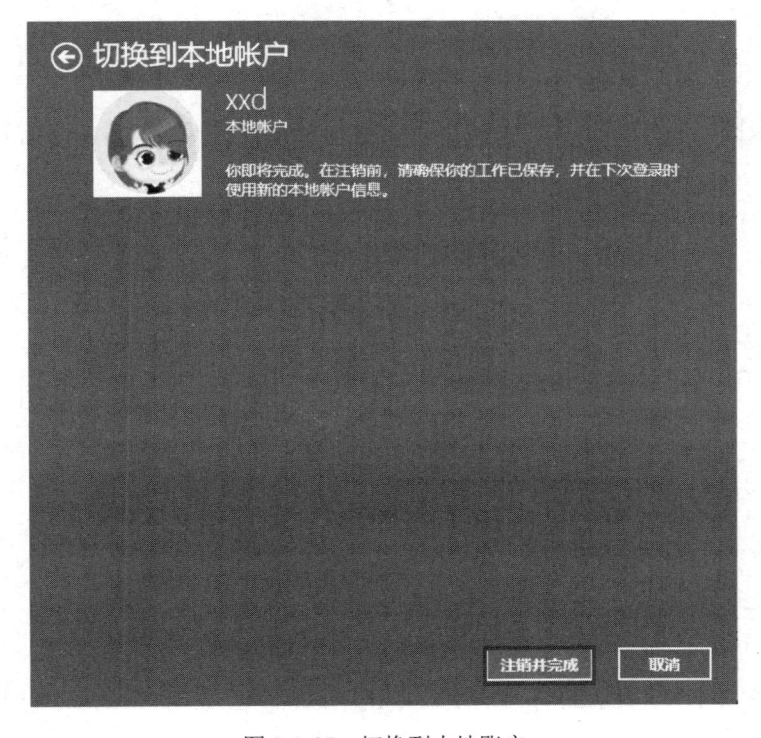

图 2-1-87 切换到本地账户

4．添加用户账户

如果允许其他账户登录这台计算机，则可以添加用户账户。添加用户账户时，既可以添加 Microsoft 账户，也可以添加本地账户，此处以添加本地账户为例。

（1）打开如图 2-1-88 所示的"设置"窗口，选择左侧的"家庭和其他用户"选项，再选择右侧的"将其他人添加到这台电脑"选项。

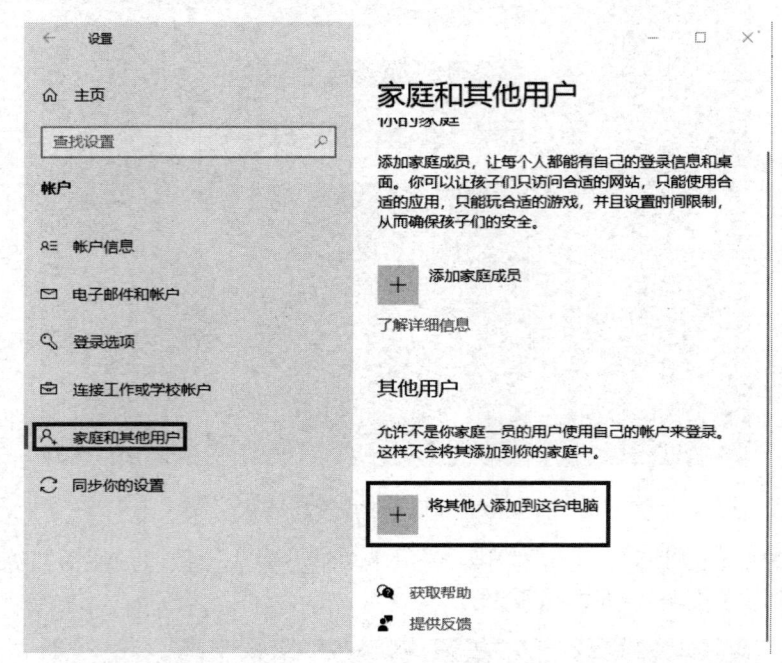

图 2-1-88　选择"将其他人添加到这台电脑"选项

（2）打开如图 2-1-89 所示的对话框，单击"我没有这个人的登录信息"超链接。

图 2-1-89　单击"我没有这个人的登录信息"超链接

（3）在如图 2-1-90 所示的对话框中，单击"添加一个没有 Microsoft 账户的用户"超链接。

图 2-1-90　单击"添加一个没有 Microsoft 账户的用户"超链接

（4）在如图 2-1-91 所示的对话框中，按照提示依次输入用户名、密码和密码提示，单击"下一步"按钮。

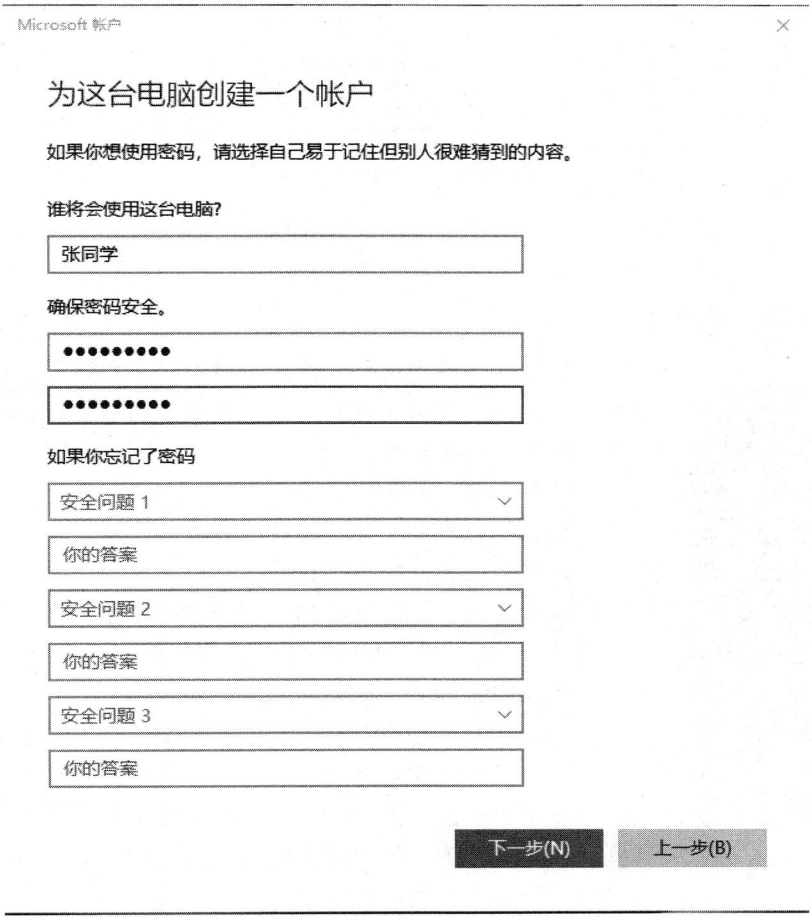

图 2-1-91　输入用户名、密码和密码提示

• 71 •

（5）至此，本地账户设置成功，查看创建的本地账户，如图2-1-92所示。

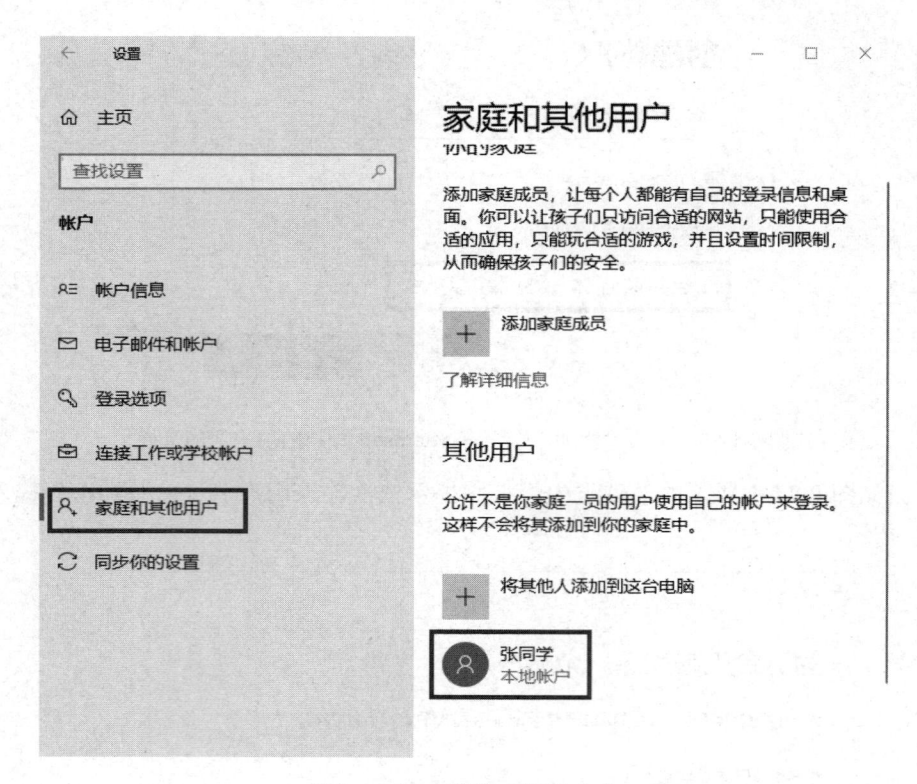

图 2-1-92　本地账户设置成功

5. 注销和锁定账户

如果希望使用另外一个账户登录计算机，则可以注销当前的账户。注销账户后，所有运行的程序都将被关闭，若遇到一些与账户相关的系统故障，则可以尝试注销账户，然后重新登录。

（1）注销当前账户。

单击"开始"按钮，打开"开始"菜单，单击用户头像，选择"注销"选项，如图2-1-93所示。

或者右击"开始"按钮，在弹出的快捷菜单中选择"关机或注销"→"注销"选项，如图2-1-94所示。

（2）锁定用户。

若要暂时离开计算机，又不希望关闭已打开的文件或应用程序，则可以暂时锁定账户。

单击"开始"按钮，打开"开始"菜单，单击用户头像，选择"锁定"选项，如图2-1-95所示。此外，也可按Windows+L组合键锁定当前账户。

图 2-1-93　使用"开始"菜单注销账户

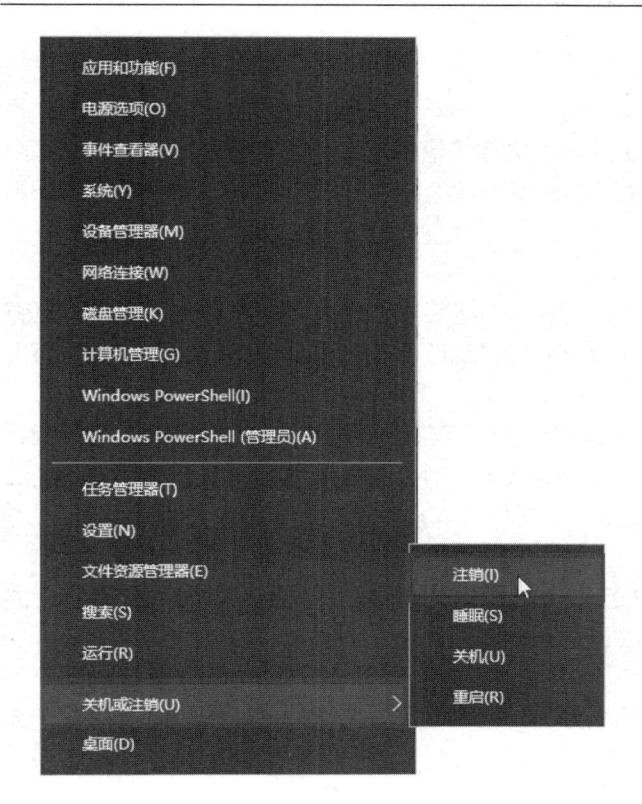

图 2-1-94　通过快捷菜单注销账户　　　　图 2-1-95　使用"开始"菜单锁定用户

知识储备

1. Windows 10 版本类型

Windows 10 家庭版（Windows 10 Home）：该版本是最常见的 Windows 10 版本，专为家庭用户和零售领域设计。它仅包含面向消费者的功能，并且缺少 BitLocker 加密及虚拟化等业务功能。使用 Windows 10 家庭版时需要注意，该版本无法像其他版本一样可以延迟 Windows 的系统更新。

Windows 10 专业版（Windows 10 Professional）：该版本为小型企业环境和高级用户添加了部分功能。此外，它还为用户提供了控制及获取 Windows 更新的选项。

Windows 10 企业版（Windows 10 Enterprise）：该版本提供了 Windows 10 专业版的所有功能，并且面向企业用户及网络管理员添加了部分功能。

Windows 10 教育版（Windows 10 Education）：该版本是专门为大型教育或学术机构（如大学）设计的版本，它具备 Windows 10 企业版中的安全、管理及连接功能。

Windows 10 移动版：主要面向小尺寸的触摸设备（智能手机、平板电脑等）。

Windows 10 专业工作站版：主要面向企业用户，优化了多核处理器及大文件处理机制。该版本可支持高端硬件，服务对象主要有密集型计算任务、最新的服务器和处理器、大型的文件系统等。

Windows 10 物联网核心版：该版本主要面向低成本的物联网设备，针对销售终端、ATM 或其他嵌入式设备，其本质是服务于工业设备和部分移动设备的衍生版 Windows 10。

2. 桌面图标的操作

（1）选择多个图标。

单击选择第一个图标之后，按住 Shift 键不放选择其他图标，可以同时选择多个连续排列的图标。当单击选择第一个图标之后，按住 Ctrl 键不放选择其他图标，可以同时选中多个不连续的图标。

（2）图标的排列。

在桌面的空白处右击，弹出如图 2-1-96 所示的快捷菜单，选择"排序方式"选项，在弹出的子菜单中可以选择"名称""大小""项目类型""修改日期"中的任意选项，排列桌面上的图标。

在桌面的空白处右击，在弹出的快捷菜单中选择"查看"选项，如图 2-1-97 所示。查看"自动排列图标"选项是否被选中，如果该选项被选中，则桌面上的图标将被整齐摆放，无法随意移动；如果该选项没有被选中，则桌面上的图标可以自由摆放，并且能随意移动。

（3）图标的移动。

在移动图标之前，必须先取消选中"自动排列图标"选项。将鼠标指针移至需要移动的图标上，按住鼠标左键不放并拖动，在桌面的空白位置释放左键即可。

（4）重命名图标。

右击桌面上的"腾讯 QQ"图标，弹出如图 2-1-98 所示的快捷菜单，选择"重命名"选项，输入新的名称"我的 QQ"，按 Enter 键或在其他任意位置单击即可。

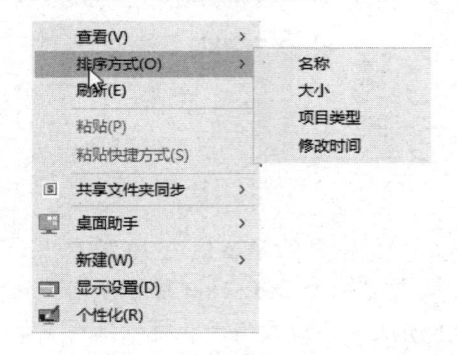

图 2-1-96 "排序方式"子菜单

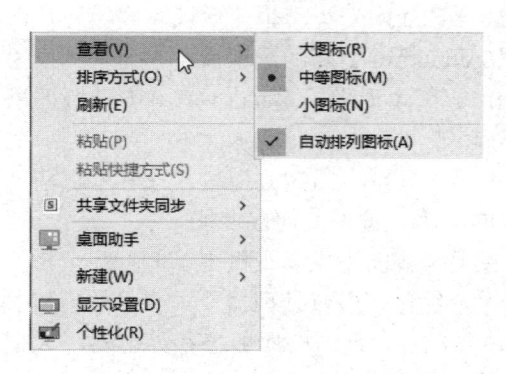

图 2-1-97 "查看"子菜单

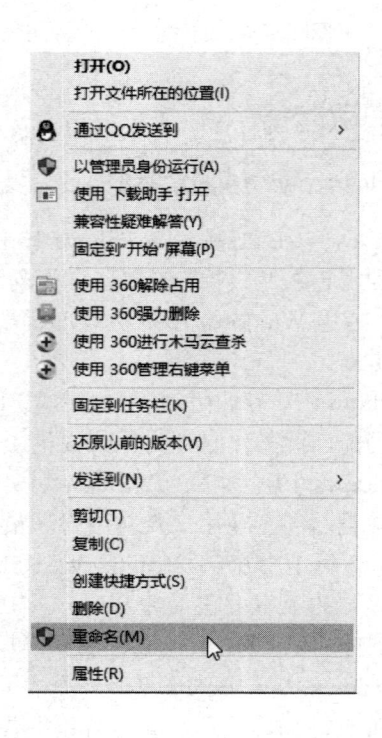

图 2-1-98 选择"重命名"选项

3. "开始"菜单中的"运行"选项

"开始"菜单中的"运行"选项是打开应用程序的快捷途径,输入特定的命令后,即可快速打开 Windows 10 中的大部分应用程序,熟练运用它,可使操作更加便捷。

执行"开始"→"运行"菜单命令,或者按 Windows+R 组合键,在弹出的"运行"对话框中输入命令即可打开相应的应用程序。以下是一些常用的应用程序的命令。

calc—启动计算器。
compmgmt.msc—计算机管理。
cleanmgr.exe—磁盘清理程序。
diskmgmt.msc—磁盘管理实用程序。
wmplayer.exe—Windows Media Player。
explorer—文件资源管理器。
lusrmgr.msc—本地用户和组。
rstrui.exe—系统还原。
msconfig—系统配置实用程序。
mspaint—画图。
notepad—记事本。
regedt32 或 regedit.exe—注册表编辑器。
taskmgr—Windows 任务管理器。
winver—检查 Windows 10 版本。
write—写字板。

4. Windows 10 中常用的组合键

Ctrl + Shift + N—创建一个新的文件夹。
Ctrl + Alt + Del—快速打开任务管理器。
Win + ←/→键—移动当前窗口到屏幕两边,使窗口占半屏。
Win + ↑键—最大化当前窗口。
Win + ↓键—恢复当前窗口的大小。
Win + T—显示任务栏窗口微缩图并按 Enter 键切换窗口。
Win + Tab 或 Alt + Tab 或 Alt + Esc—切换窗口。
Win + Pause—打开系统"属性"窗口。
Ctrl + Shift + Esc—快速打开"Windows 任务管理器"。
Win 或 Ctrl + Esc—打开"开始"菜单。
Shift + F10—打开被选对象的快捷菜单。
Win + E—打开"文件资源管理器"窗口。
Win + R— 打开"运行"对话框。
Win + D— 显示桌面,再按一次该组合键又会恢复所有窗口。
Win + Q—打开快速搜索栏。
Win + I—打开 Windows 10 设置栏。
Win + L—锁定当前用户。

Ctrl + W—关闭当前窗口。
Alt + D—定位到地址栏。
Ctrl + F— 定位到搜索框。
F11—最大化和最小化窗口切换。
Alt + Space—打开窗口控制菜单。
Alt + F4—退出程序。
F1—获取被选对象的帮助信息。
Ctrl + A—全部选择。
Ctrl + X—剪切。
Ctrl + C—复制。
Ctrl + V—粘贴。
Ctrl + Z—撤销。

5．用户账户

通过设置用户账户可以让多人共享一台计算机，每个用户可以根据自己的需要设置首选项（如桌面背景、屏保程序等）。此外，还可以给用户账户设置权限，以便控制每个用户能够访问哪些文件和应用程序，以及能对计算机进行哪些更改操作等。在 Windows 10 中，可以创建四种用户账户类型，分别如下。

（1）管理员账户：具有对计算机的最高控制权限，可以对计算机进行任何设置。

（2）标准账户：适合日常使用，可以运行大多数应用程序，可以对系统进行一些常规操作，但这些操作仅对标准账户本身产生影响，不会对整个计算机和其他用户的安全造成影响。如果在计算机上为其他人设置账户，则建议设置为标准账户。

（3）来宾账户：适合有人暂时使用计算机的情况。临时访客可以用 Guest 账户直接登录系统，而无须输入密码。该账户的权限比标准账户更低，无法对系统进行任何配置。

（4）Microsoft 账户：该账户的本质是使用微软账号登录的网络账户。当使用 Microsoft 账户登录计算机时，可以享受真正的个性化体验，所有在当前计算机上进行的个性化设置将随使用者一起漫游到其他计算机或设备中，而本地账户则无法在计算机之间进行同步。建议读者使用 Microsoft 账户登录计算机。

任务拓展

请根据实训教程完成附件的使用和控制面板的使用任务。

任务二　管理磁盘空间

任务情境

小明同学决定用自己的计算机来分区分类管理自己的各种资料，如学习资源、照片、音乐文件等。

任务清单

任务名称	认识并使用磁盘空间管理
任务分析	我们在工作和学习中经常需要使用 Windows 资源管理器完成个人资料的分类管理，对磁盘进行清理和优化，使用压缩打包工具进行文件的迁移与交换。
任务目标	**学习目标** 1. 掌握 Windows 10 的磁盘管理。 2. 掌握 Windows 10 的文件和文件夹的操作。 3. 掌握 Windows 10 系统中的磁盘碎片整理。 4. 熟悉 Windows 10 系统的 WinRAR 软件的使用。 **素质目标** 1. 培养学生的自学能力和获取计算机新知识、新技术的能力。 2. 培养学生自主学习的能力。 3. 培养认真负责的工作态度和严谨细致的工作作风。 4. 鼓励学生大胆尝试，主动学习。 5. 培养学生的软件版权意识。

任务导图

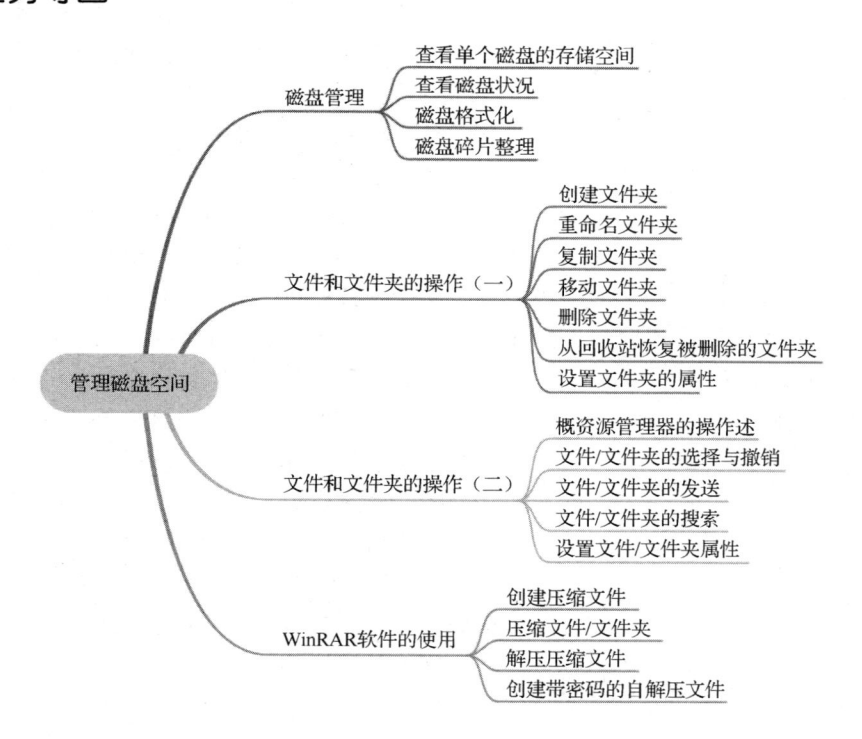

管理磁盘空间
- 磁盘管理
  - 查看单个磁盘的存储空间
  - 查看磁盘状况
  - 磁盘格式化
  - 磁盘碎片整理
- 文件和文件夹的操作（一）
  - 创建文件夹
  - 重命名文件夹
  - 复制文件夹
  - 移动文件夹
  - 删除文件夹
  - 从回收站恢复被删除的文件夹
  - 设置文件夹的属性
- 文件和文件夹的操作（二）
  - 概资源管理器的操作述
  - 文件/文件夹的选择与撤销
  - 文件/文件夹的发送
  - 文件/文件夹的搜索
  - 设置文件/文件夹属性
- WinRAR软件的使用
  - 创建压缩文件
  - 压缩文件/文件夹
  - 解压压缩文件
  - 创建带密码的自解压文件

任务实施

子任务一：磁盘管理

任务要求：熟练地使用计算机的磁盘管理功能，利用该功能查看和管理磁盘、了解磁盘的使用情况和分区格式等有关信息、进行格式化磁盘和整理磁盘碎片等操作，从而可以有效地使用和管理系统资源，以便发挥计算机的最佳性能。

操作步骤

1. 查看单个磁盘的存储空间

双击桌面上"此电脑"图标，打开"此电脑"窗口。右击某个磁盘驱动器的图标，在弹出的快捷菜单中选择"属性"选项，打开磁盘属性对话框，如图 2-2-1 所示。在该对话框中，可以查看该磁盘驱动器的存储空间及使用情况。

2. 查看磁盘状况

右击桌面上的"此电脑"图标，在弹出的快捷菜单中选择"管理"选项（或右击桌面上的"此电脑"图标，在弹出的快捷菜单中选择"属性"→"控制面板主页"→"系统和安全"→"管理工具"→"计算机管理"选项），在打开的"计算机管理"窗口中选择"磁盘管理"选项，可查看磁盘的相关信息，如图 2-2-2 所示。

从图 2-2-2 中可以看出磁盘的个数（本例中磁盘只有 1 个）、各磁盘的分区情况（磁盘 0 有 2 个分区）、各卷的文件系统类型、容量和状态等。例如，从图 2-2-2 中可以看出文件系统为 NTFS 格式。

提示：NTFS 格式与 FAT32 格式的比较情况如下。

（1）NTFS 格式功能更强大，它提供 Active Directory 所需的功能及基于域的安全性等重要功能，并且支持最长可达 255 个字符的文件名。

（2）NTFS 文件系统支持容错。容错指在系统出现故障的情况下仍能保持功能的能力。

（3）NTFS 文件系统支持文件和文件夹压缩，某些类型的文件可节约 50%的空间。

（4）Windows 98 等较低版本的系统不能访问 NTFS 分区上的文件，因此如果计算机有时要运行较低版本的 Windows，就需要将 FAT32 格式选为文件系统的格式。

图 2-2-1 磁盘属性对话框（查看单个磁盘的存储空间）

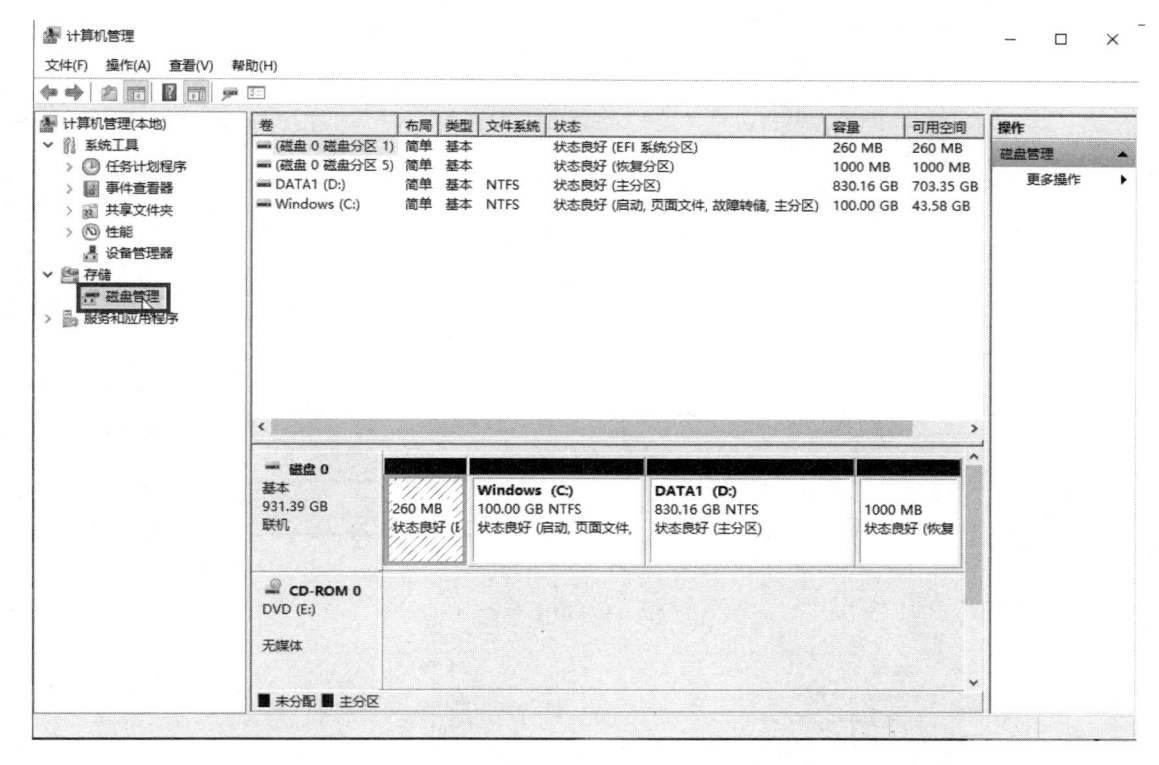

图 2-2-2　查看磁盘的相关信息

（5）使用 Convert 命令即可将 FAT32 格式转化为 NTFS 格式，这种转换可以保持文件不发生变化。Convert 命令的语法如下：

Convert drive: /fs:NTFS

其中，drive 表示要被转换为 NTFS 格式的驱动器。

注意：从 FAT32 格式到 NTFS 格式的转换是一个单向的过程，一旦分区转换成 NTFS 格式，就不能再转换成 FAT32 格式。除非对该分区进行格式化时，重新将文件系统设置为 FAT32 格式，但格式化分区会删除分区上的所有数据。

3．磁盘格式化

格式化磁盘指在磁盘上建立可以存放文件或数据信息的磁道和扇区。因为在一个未被格式化的磁盘中无法写入文件或数据信息，所以，在使用新买的磁盘之前，首先要对其进行格式化，然后才能存放文件。对于已经使用过的磁盘，经过格式化后，其中原有的文件会全部丢失。

例如，对 U 盘进行格式化。

（1）将 U 盘插在计算机的 USB 接口上，在打开的"此电脑"窗口中可以看到可移动磁盘（U 盘），如图 2-2-3 所示。

（2）右击可移动磁盘（U 盘），在弹出的快捷菜单中选择"格式化"选项，如图 2-2-4 所示。

（3）在打开的"格式化 U 盘"对话框中，选中"快速格式化"复选框，如图 2-2-5 所示，单击"开始"按钮，开始格式化 U 盘。

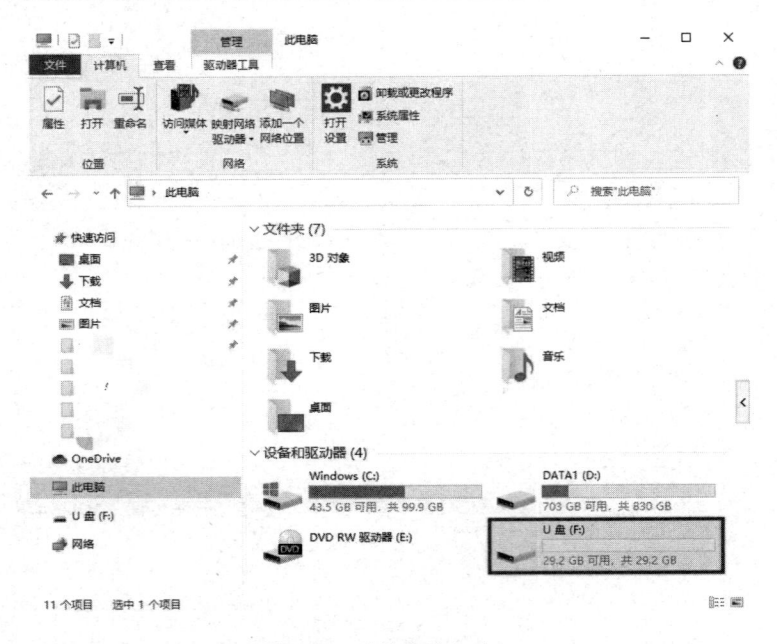

图 2-2-3 "此电脑"窗口

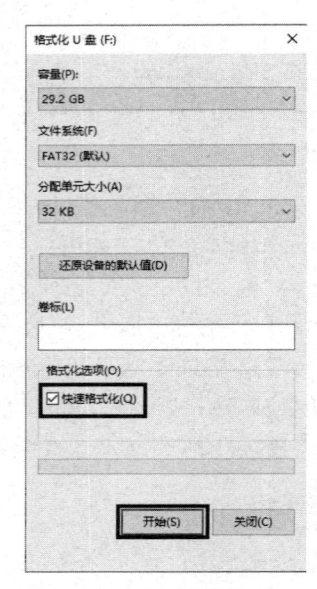

图 2-2-4 选择"格式化"选项　　　　图 2-2-5 "格式化 U 盘"对话框

4．磁盘碎片整理

长时间使用计算机后，会在磁盘中产生很多磁盘碎片，从而降低计算机的运行速度。碎片整理是为了分析、合并本地卷的碎片文件或文件夹，使每个文件或文件夹都可以占用卷上单独而连续的磁盘空间，以提高磁盘空间的利用率，进而提高计算机的运行速度。

Windows 10 自带了优化驱动器整理碎片程序，用户可以手动整理磁盘碎片，提升计算机的运行速度。例如，对 D 盘进行磁盘碎片整理。

（1）双击桌面上的"此电脑"图标，打开"此电脑"窗口，右击 D 盘，在弹出的快捷菜单中选择"属性"选项,打开磁盘属性对话框,如图 2-2-6 所示。

(2)切换到"工具"选项卡,单击"优化"按钮,如图 2-2-7 所示。

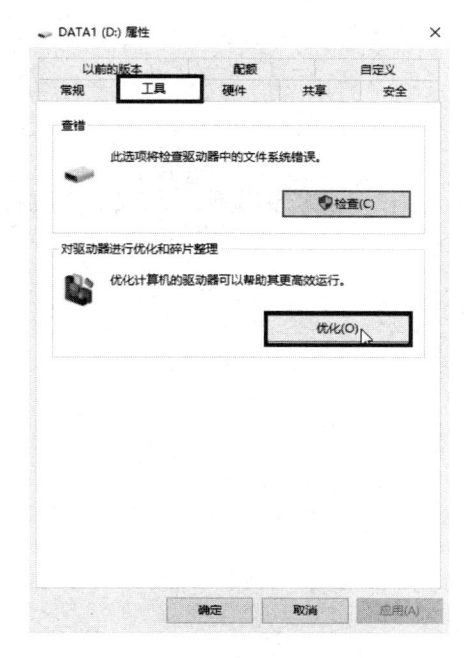

图 2-2-6　磁盘属性对话框　　　　　　图 2-2-7　单击"优化"按钮

(3)在"优化驱动器"对话框中,列出了所有的分区信息,选中 D 盘,单击"分析"按钮,如图 2-2-8 所示。

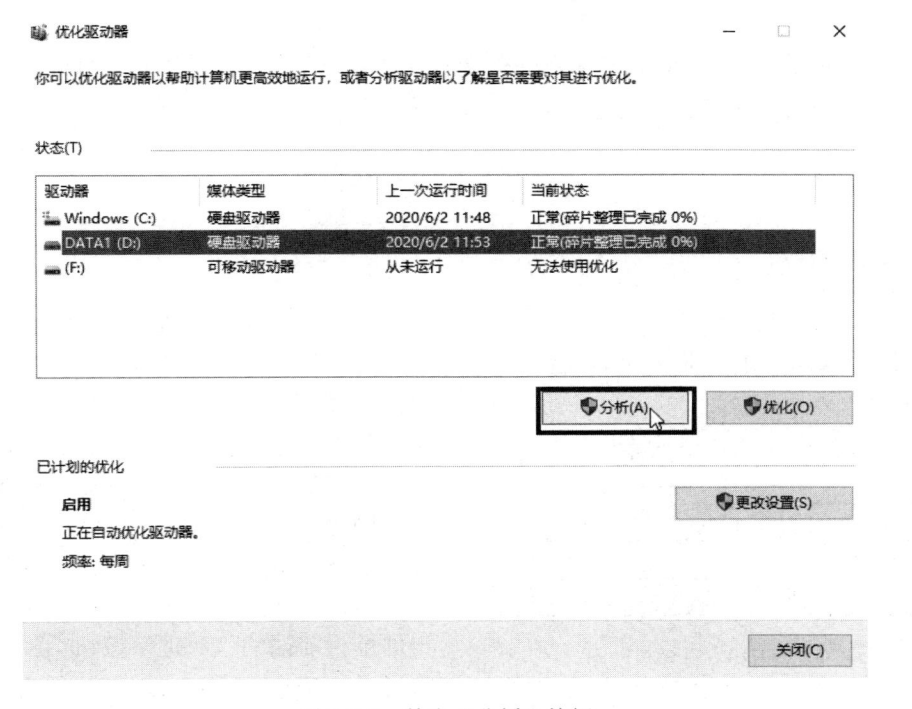

图 2-2-8　单击"分析"按钮

（4）磁盘分析结束后，单击"优化"按钮，系统自动对 D 盘进行优化，如图 2-2-9 所示。

图 2-2-9　单击"优化"按钮

子任务二：文件和文件夹的操作（一）

任务要求：熟练掌握文件夹的创建、重命名、复制、移动、删除操作，以及属性的设置方法，利用文件夹更好地管理文件。

操作步骤

1. 创建文件夹

创建如图 2-2-10 所示的目录树。双击桌面上"此电脑"图标，打开"此电脑"窗口，双击"DATA1（D:）"，打开需要创建文件夹的位置，即 D 盘，右击 D 盘窗口中的空白处，在弹出的快捷菜单中选择"新建"→"文件夹"选项，生成一个名为"新建文件夹"的文件夹，输入"张三"后，按 Enter 键或在其他位置单击。同理，在 D 盘新建"李四""王五"文件夹。双击"张三"文件夹，按照前面介绍的步骤，新建"作业 1"和"作业 2"文件夹。单击地址栏前面的"后退"按钮，返回 D 盘根目录，双击"王五"文件夹；同理，新建"练习"和"作业"文件夹。

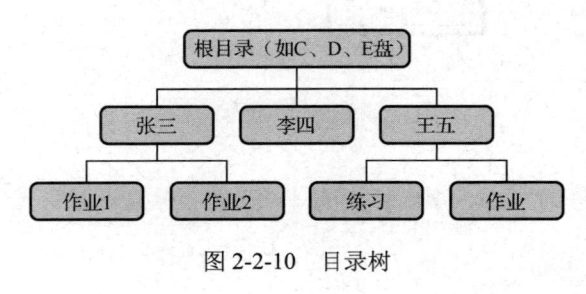

图 2-2-10　目录树

2．重命名文件夹

右击"张三"文件夹，在弹出的快捷菜单中选择"重命名"选项，输入新名称"张三 123"，按 Enter 键或在其他位置单击。

注意：在文件夹或其子文件夹下若有文件被打开，则文件夹不能进行重命名操作。

3．复制文件夹

将 D 盘的"李四"文件夹及其所有内容复制到 C 盘的"刘虹"文件夹下。

（1）打开 C 盘，新建文件夹"刘虹"，如图 2-2-11 所示。

（2）选择"导航"窗格中的"DATA1（D:)"选项，切换到 D 盘，右击"李四"文件夹，在弹出的快捷菜单中选择"复制"选项（或者使用 Ctrl+C 组合键），将选中的文件夹先复制到剪贴板上。

（3）选择"导航"窗格中的"Windows（C:)"选项，切换到 C 盘，右击"刘虹"文件夹，在弹出的快捷菜单中选择"粘贴"选项（或者使用 Ctrl+V 组合键），将 D 盘的"李四"文件夹及其所有内容复制到 C 盘的"刘虹"文件夹下。

4．移动文件夹

将"D:\张三 123\作业 1"文件夹移至"D:\王五"文件夹下。

打开"D:\张三 123"文件夹，右击"作业 1"文件夹，在弹出的快捷菜单中选择"剪切"选项（或者使用 Ctrl+X 组合键），先将"作业 1"文件夹移至剪贴板上，单击"后退"按钮，返回 D 盘根目录，右击"王五"文件夹，在弹出的快捷菜单中选择"粘贴"选项（或者使用 Ctrl+V 组合键），将"D:\张三 123\作业 1"文件夹移至"D:\王五"文件夹下。

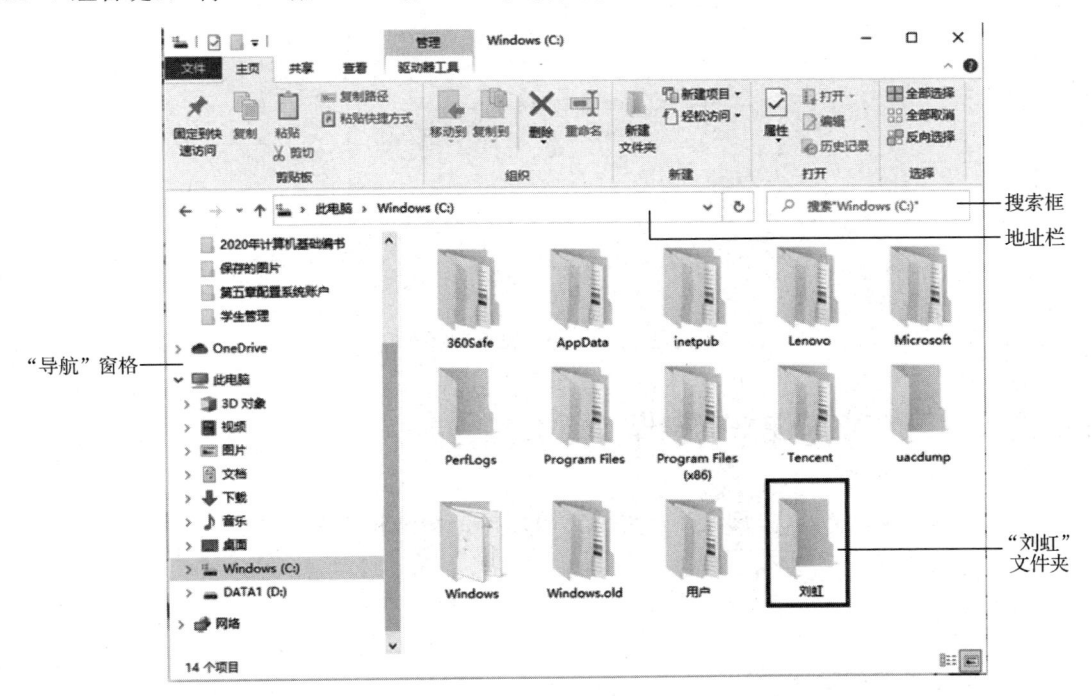

图 2-2-11　新建文件夹

5. 删除文件夹

右击 C 盘的"刘虹"文件夹，在弹出的快捷菜单中选择"删除"选项（或者直接按 Delete 键）。

6. 从"回收站"中恢复被删除的文件夹

双击桌面上的"回收站"图标，打开"回收站"窗口，可以看到"刘虹"文件夹，右击该文件夹，在弹出的快捷菜单中选择"还原"选项，可以看到"回收站"中的"刘虹"文件夹消失了，打开 C 盘，可以看到"刘虹"文件夹已被恢复。

7. 设置文件夹的属性

打开 C 盘，右击"刘虹"文件夹，在弹出的快捷菜单中选择"属性"选项，弹出如图 2-2-12 所示的"刘虹 属性"对话框。在该对话框中，可以看到该文件夹的类型、位置、大小、占用空间等信息。在"属性"区域中有两个复选框，分别是"只读"和"隐藏"，只需选中相应的复选框，就可以修改文件夹的属性。

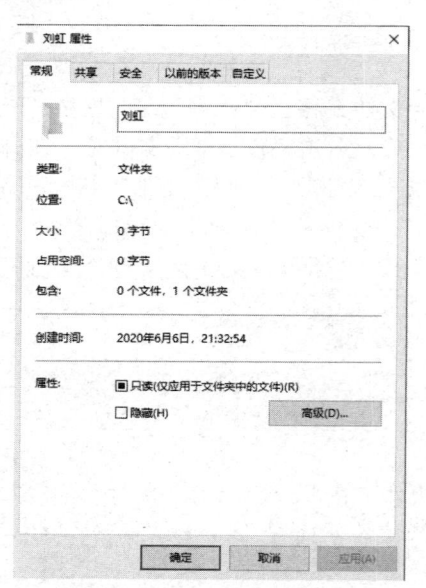

图 2-2-12 "刘虹 属性"对话框

子任务三：文件和文件夹的操作（二）

任务要求：熟练掌握文件和文件夹的选择、发送和搜索操作。

操作步骤

1. 资源管理器的操作

使用 Windows 10 的文件资源管理器，可以查看计算机中所有文件与文件夹组成的树形文件系统结构，方便用户清楚地了解文件和文件夹所处的位置。

执行"开始"→"Windows 系统"→"文件资源管理器"菜单命令，如图 2-2-13 所示；或者单击状态栏中的"文件资源管理器"图标，如图 2-2-14 所示。

图 2-2-13 通过"开始"菜单启动"文件资源管理器"   图 2-2-14 单击"文件资源管理器"图标

在打开的"文件资源管理器"窗口中，可以看到系统提供的树形文件系统结构，使用户能够非常方便地查看计算机中的文件和文件夹，如图 2-2-15 所示。

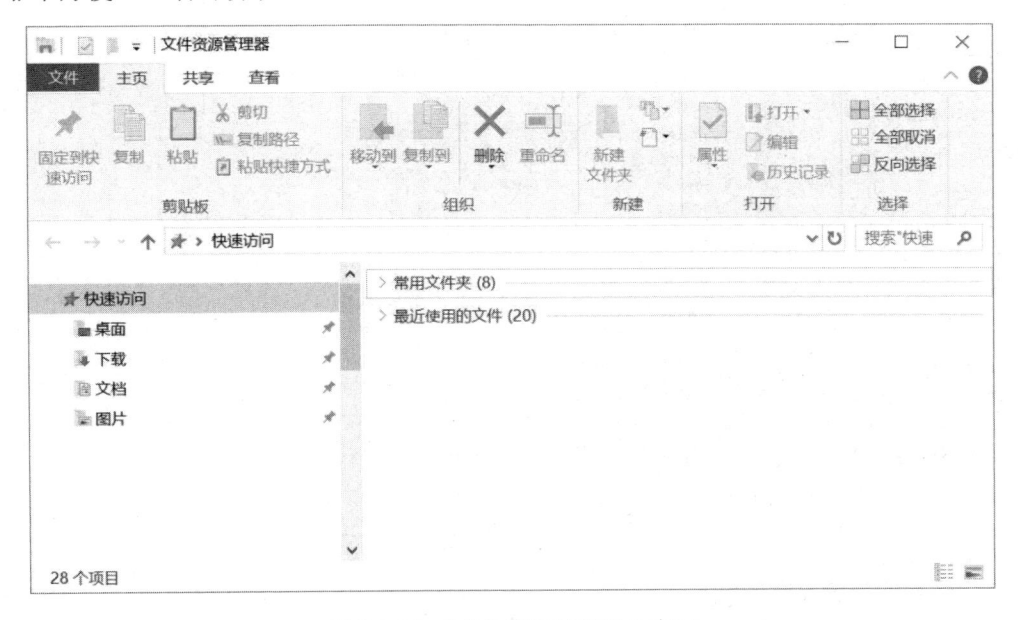

图 2-2-15 "文件资源管理器"窗口

（1）改变窗格的大小。

将鼠标指针移到"文件资源管理器"窗口的左、右窗格之间的分隔条上，此时，鼠标指针变成水平的双向箭头形状，按住鼠标左键不放拖动分隔条，即可改变左、右窗格的大小。

(2) 改变文件的显示方式。

方法一：在打开的"文件资源管理器"窗口中，单击"查看"选项卡，在"布局"选项组中选择合适的查看方式，系统提供了"超大图标""大图标""中图标""小图标""列表""详细信息""平铺""内容"8种查看方式，如图2-2-16所示。

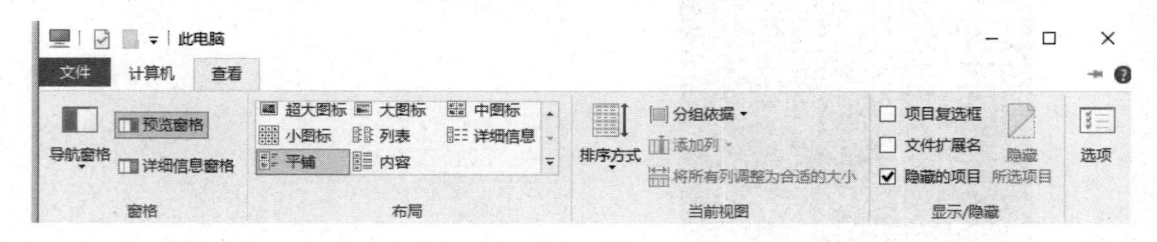

图 2-2-16　在"布局"选项组中选择合适的查看方式

方法二：在窗口的空白位置右击，在弹出的快捷菜单中选择"查看"选项，在子菜单中选择所需的查看方式，如图2-2-17所示。

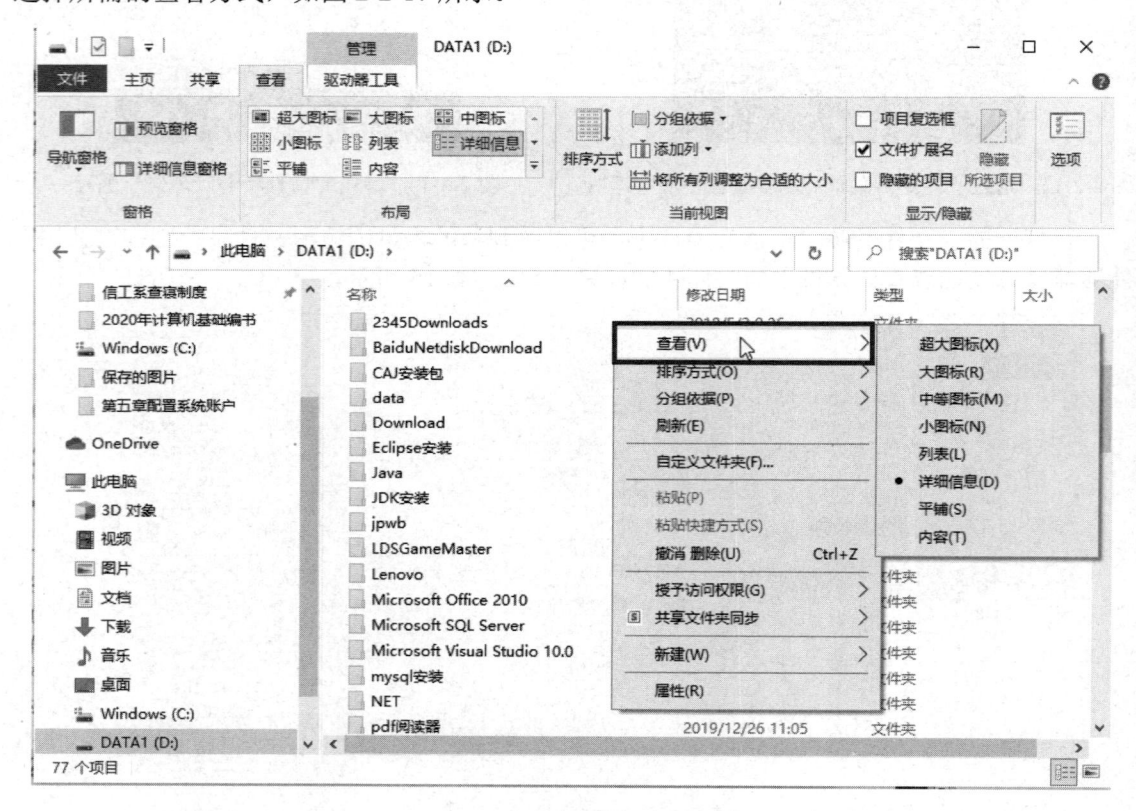

图 2-2-17　选择所需的查看方式

(3) 展开或折叠文件夹目录。

在"资源管理器"窗口左侧的"导航"窗格中，如果在文件夹的图标前有"＞"标志，则表示该文件夹包含子文件夹，单击"＞"标志即可展开文件夹目录；如果在文件夹的图标前有"⌄"标志，表示该文件夹已经展开，单击"⌄"标志即可折叠文件夹目录，如图2-2-18所示。

图 2-2-18 文件夹目录的展开和折叠

2．文件/文件夹的选择与撤销

打开 D 盘的任意文件夹，进行如下操作。

（1）选择单个文件或文件夹。

单击要选择的文件或文件夹即可。

（2）选择多个不相邻的文件或文件夹。

按住 Ctrl 键不放，单击要选择的文件或文件夹，待所需的文件或文件夹全部被选中后，释放 Ctrl 键。

（3）选择多个相邻的文件或文件夹。

先单击要选择的起始文件或文件夹，按住 Shift 键不放，再单击要选择的结尾文件或文件夹，释放 Shift 键，则在这两项之间的所有文件或文件夹都被选中，并且以高亮状态显示选中的区域。

（4）选择全部文件或文件夹。

切换到"主页"选项卡，在"选择"选项组中单击"全部选择"按钮，或者按 Ctrl+A 组合键也可以选择全部文件或文件夹。

（5）反向选择多个不相邻的文件或文件夹。

先选择不需要的文件或文件夹，切换到"主页"选项卡，在"选择"选项组中单击"反向选择"按钮。

（6）撤销选择。

如果要撤销一个或多个已选择的文件或文件夹，则先按住 Ctrl 键不放，再逐个单击要撤销选择的文件或文件夹；如果要撤销选择全部内容，则单击所选内容之外的任意位置即可；或者切换到"主页"选项卡，在"选择"选项组中选择"全部取消"选项。

3. 文件/文件夹的发送

文件或文件夹的发送也是一种复制方式，右击要复制的文件或文件夹，在弹出的快捷菜单中选择"发送到"选项，会弹出级联菜单，从中选择目标选项，如图2-2-19所示。

4. 文件/文件夹的搜索

在计算机中搜索扩展名为"jpg"的图片文件。

（1）双击桌面上的"此电脑"图标，打开"此电脑"窗口，在左侧的"导航"窗格中选择"此电脑"选项，如图2-2-20所示。

（2）在搜索框中输入文件名或文件夹名。因为要搜索扩展名为"jpg"的图片文件，所以在搜索框中输入"*.jpg"，搜索结果将显示在右侧的窗格中，如图2-2-21所示。

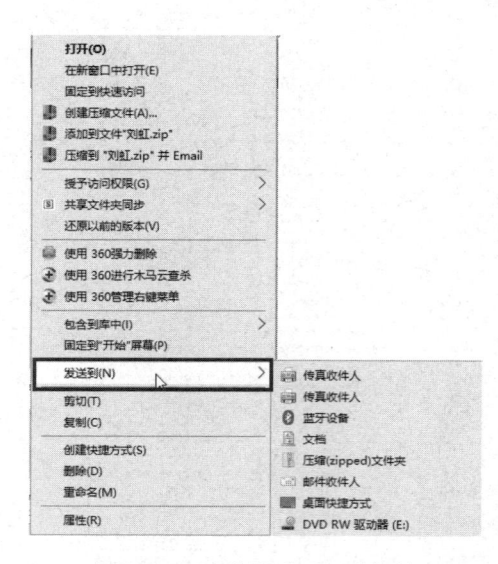

图2-2-19 "发送到"级联菜单

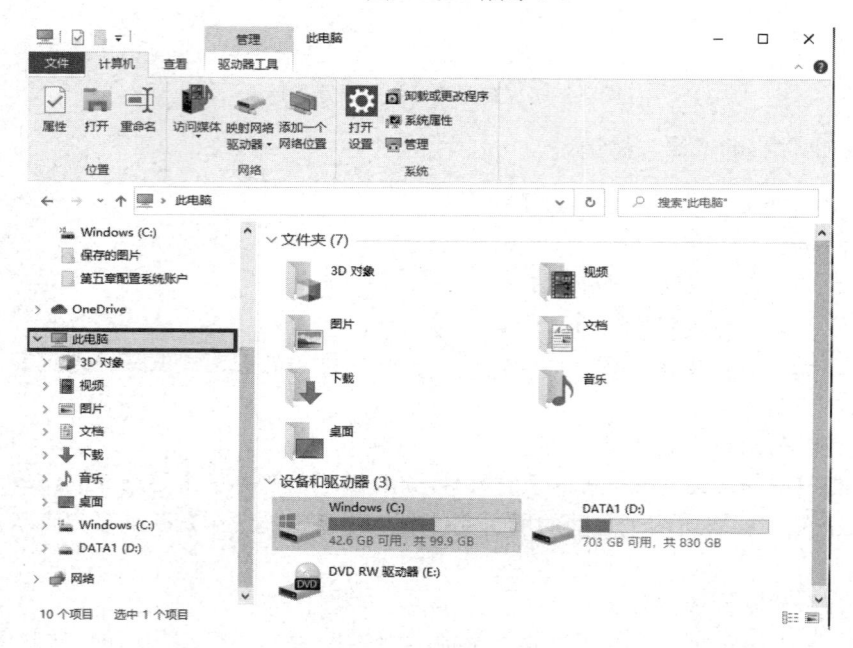

图2-2-20 确定搜索范围

注意：

第一，在计算机中搜索任何已有的文件或文件夹，首先要知道文件名或文件类型。如果记不住完整的文件名，则可以使用通配符进行模糊搜索。常用的通配符有两个：星号"*"和问号"?"，星号代表一个或多个任意字符，问号只代表一个任意字符。

第二，搜索时，Windows先扫描索引。如果没有索引，则在磁盘中进行查找。利用索引可以实现资源的快速查找，索引是按照文档的各种属性为资源建立的快速查找表。当用户将一个文件夹添加到库时，Windows 10自动为该文件夹建立索引。

项目 2　Windows 操作系统的应用

图 2-2-21　显示搜索结果

5．设置文件/文件夹属性

属性是每个文件和文件夹所特有的，除创建时就有的日期、大小、所有者、像素、分辨率等属性外，用户也可以根据需要添加只读、隐藏等属性。不同的属性赋予了文件或文件夹独有的特性和功能。

右击任意文件或文件夹，在弹出的快捷菜单中选择"属性"选项，打开如图 2-2-22 所示的对话框，如果该文件比较重要，则可以选中"只读"复选框，单击"确定"按钮。

如果要显示文件的扩展名，则在窗口中切换到"查看"选项卡，在"显示/隐藏"选项组中选中"文件扩展名"复选框，显示文件扩展名，如图 2-2-23 所示。

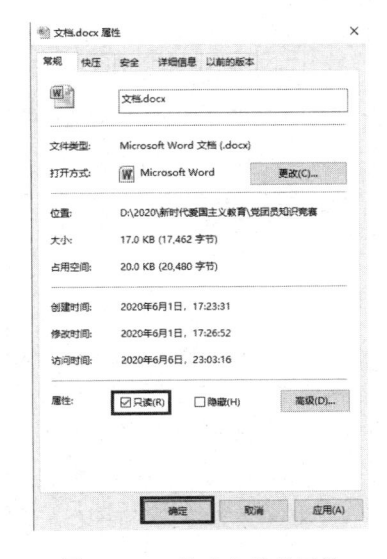

图 2-2-22　修改文件的属性　　　　　　图 2-2-23　显示/隐藏文件扩展名

· 89 ·

子任务四：WinRAR 软件的使用

任务要求：WinRAR 是一款功能强大的压缩包管理器。它提供了对 RAR 和 ZIP 压缩文件的完整支持功能，并且能解压 ARJ、CAB、LZH、ACE、TAR、GZ、UUE、BZ2、JAR、ISO 等格式的文件。WinRAR 的功能包括强力压缩、分卷压缩、加密压缩、自解压模块和备份。本任务要求读者能够将文件或文件夹进行压缩和解压缩。

操作步骤

1．创建压缩文件

新建一个空的 RAR 压缩文件的操作方法：执行"文件"→"新建"→"WinRAR ZIP 压缩文件"菜单命令，或者在空白处右击，在弹出的快捷菜单中依次选择"新建"→"WinRAR ZIP 压缩文件"选项。

2．压缩文件/文件夹

打开 D 盘的"李四"文件夹，在文件夹中新建两个文本文件并输入一些文字，将两个文件分别命名为"a1.txt"和"a2.txt"。

（1）在 D 盘中，将"李四"文件夹压缩成名为"李四"的压缩文件。

方法一：打开 D 盘，选中"李四"文件夹并右击，在弹出的快捷菜单中选择"添加到李四.rar"选项，系统将生成一个名叫"李四"的压缩文件。

方法二：打开 D 盘，执行"文件"→"新建"→"WinRAR ZIP 压缩文件"菜单命令，或者在空白处右击，在弹出的快捷菜单中依次选择"新建"→"WinRAR ZIP 压缩文件"选项，将生成的"新建 WinRAR ZIP 压缩文件"重命名为"李四"，最后，将"李四"文件夹拖至"李四"压缩文件中。

（2）将"a1.txt"和"a2.txt"两个文本文件压缩成名为"az.rar"的压缩文件，并且将其保存在 C 盘的"刘虹"文件夹中。

选中"a1.txt"和"a2.txt"两个文本文件并右击，在弹出的快捷菜单中选择"添加到压缩文件"选项，打开"压缩文件名和参数"对话框，在"压缩文件名"文本框中输入"c:\刘虹\az.rar"，如图 2-2-24 所示，最后单击"确定"按钮。

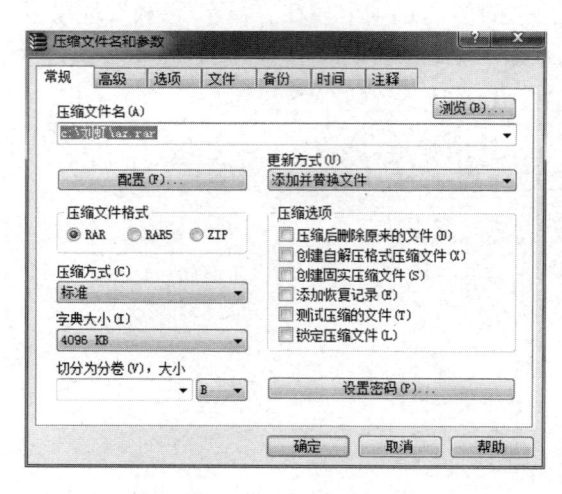

图 2-2-24 "压缩文件名和参数"对话框

3．解压缩文件

（1）将压缩文件"az.rar"解压，并且将解压的文件存放在文件夹"az"中。

打开 C 盘的"刘虹"文件夹，右击压缩文件"az.rar"，在弹出的快捷菜单中选择"解压到 az\"选项，这样 WinRAR 就会在 C 盘的"刘虹"文件夹中新建一个名为"az"的文件夹，并且将压缩文件解压到该文件夹中。

（2）将压缩文件"az.rar"解压，并且将解压的文件存放在 C 盘的"Windows"文件夹中。

右击压缩文件"az.rar",在弹出的快捷菜单中选择"解压文件"选项,在"目标路径"文本框中输入解压缩文件的路径"c:\Windows",如果输入的路径不存在,则系统将自动创建该路径。

4.创建带密码的自解压文件

例如,为"a1.txt"和"a2.txt"两个文本文件创建带密码的自解压文件,解压路径为"c:\Program Files"。

(1)选中"a1.txt"和"a2.txt"两个文本文件并右击,在弹出的快捷菜单中选择"添加到压缩文件"选项,打开如图2-2-25所示的"压缩文件名和参数"对话框,在"压缩选项"区域中选中"创建自解压格式压缩文件"复选框。

(2)单击"设置密码"按钮,出现如图2-2-26所示的"输入密码"对话框,输入密码,单击"确定"按钮。

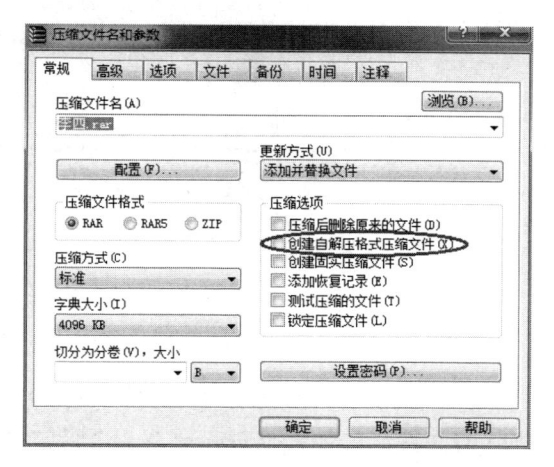

图2-2-25 "压缩文件名和参数"对话框中"常规"选项卡　　图2-2-26 "输入密码"对话框

(3)切换到如图2-2-27所示的"高级"选项卡,单击"自解压选项"按钮,出现如图2-2-28所示的"高级自解压选项"对话框,在"解压路径"文本框中输入"c:\Program Files",单击"确定"按钮。

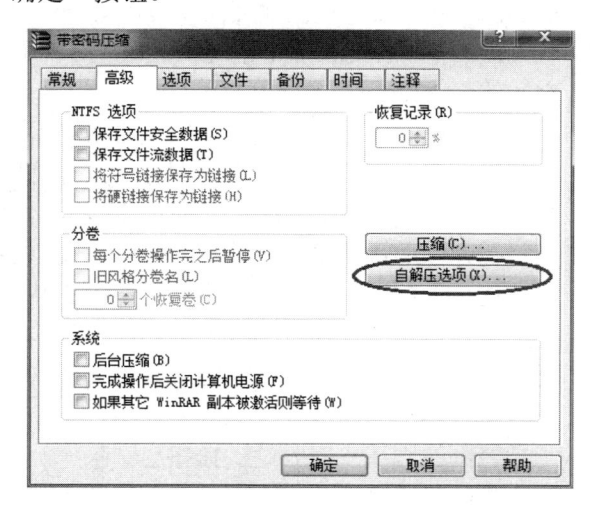

图2-2-27 "高级"选项卡　　图2-2-28 "高级自解压选项"对话框

（4）打开 D 盘的"李四"文件夹，双击刚创建的"李四.exe"自解压文件，出现如图 2-2-29 所示的"WinRAR 自解压文件"对话框，目标文件夹就是"c:\Program Files"，单击"解压"按钮，在如图 2-2-30 所示的"输入密码"对话框中输入正确的密码，单击"确定"按钮，就会发现"a1.txt"和"a2.txt"两个文本文件已经解压到 C 盘的"Program Files"文件夹中了。

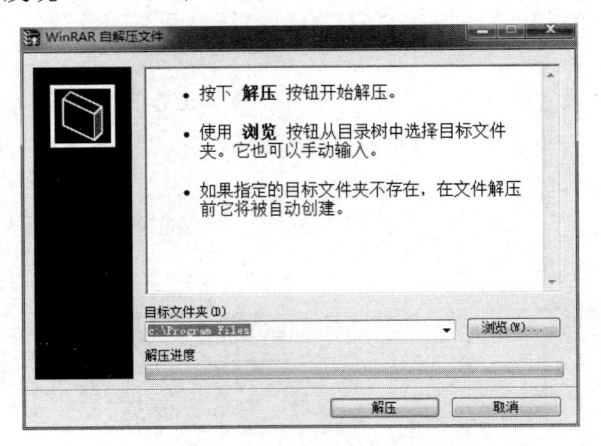

图 2-2-29　"WinRAR 自解压文件"对话框

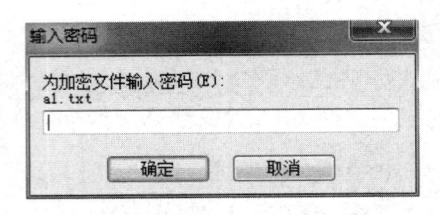

图 2-2-30　输入密码

知识储备

1．"回收站"

"回收站"是一个系统文件夹，其作用是把删除的文件或文件夹临时存放在一个特定的磁盘空间中。

（1）更改"回收站"的存储容量。

在桌面上右击"回收站"图标，在弹出的快捷菜单中选择"属性"选项，弹出如图 2-2-31 所示的"回收站 属性"对话框，选择不同的本地磁盘，可以自定义每个本地磁盘的"回收站"空间的最大值。

（2）删除或还原"回收站"中的文件。

在桌面上双击"回收站"图标，打开"回收站"窗口，右击要删除或还原的文件或文件夹，在弹出的快捷菜单中选择"删除"或"还原"选项。删除"回收站"中的文件或文件夹意味着该项目从计算机中被永久删除，不能被还原。而还原"回收站"中的文件或文件夹意味着将该项目返回到其原来的存储位置。单击工具栏中的"清空回收站"按钮会删除"回收站"中的所有项目。

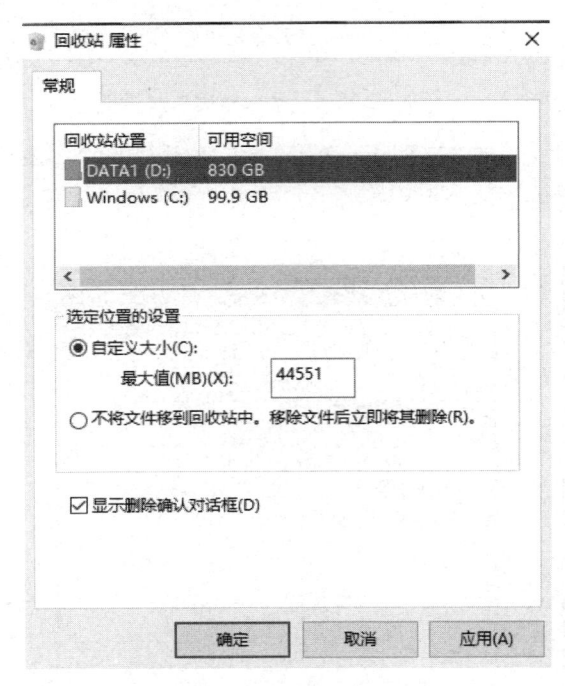

图 2-2-31　"回收站 属性"对话框

（3）文件或文件夹不放入"回收站"，直接删除。

方法一：在桌面上右击"回收站"图标，在弹出的快捷菜单中选择"属性"选项，在"回收站 属性"对话框中选中"不将文件移到回收站中。移除文件后立即将其删除（R）。"单选按钮，文件或文件夹将被直接删除且无法恢复。

方法二：选中要删除的文件或文件夹并右击，按住 Shift 键不放，并在弹出的快捷菜单中选择"删除"选项，出现如图 2-2-32 所示的"删除文件夹"对话框，单击"是"按钮，则所选中的文件或文件夹将被直接删除且无法恢复。

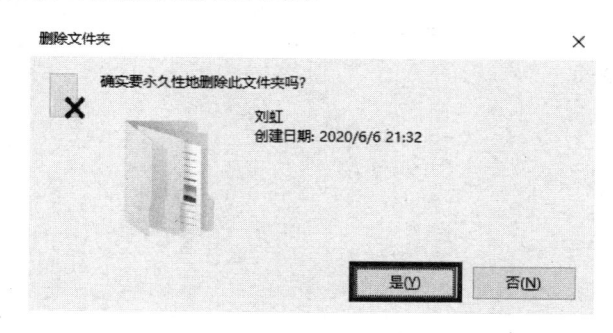

图 2-2-32　"删除文件"对话框

2．窗口的操作

（1）窗口的打开。

无论是利用"开始"菜单打开某一程序，还是双击桌面上的图标，系统都会打开一个对应的窗口。例如，在桌面上双击"此电脑"图标，打开"此电脑"窗口，如图 2-2-33 所示。

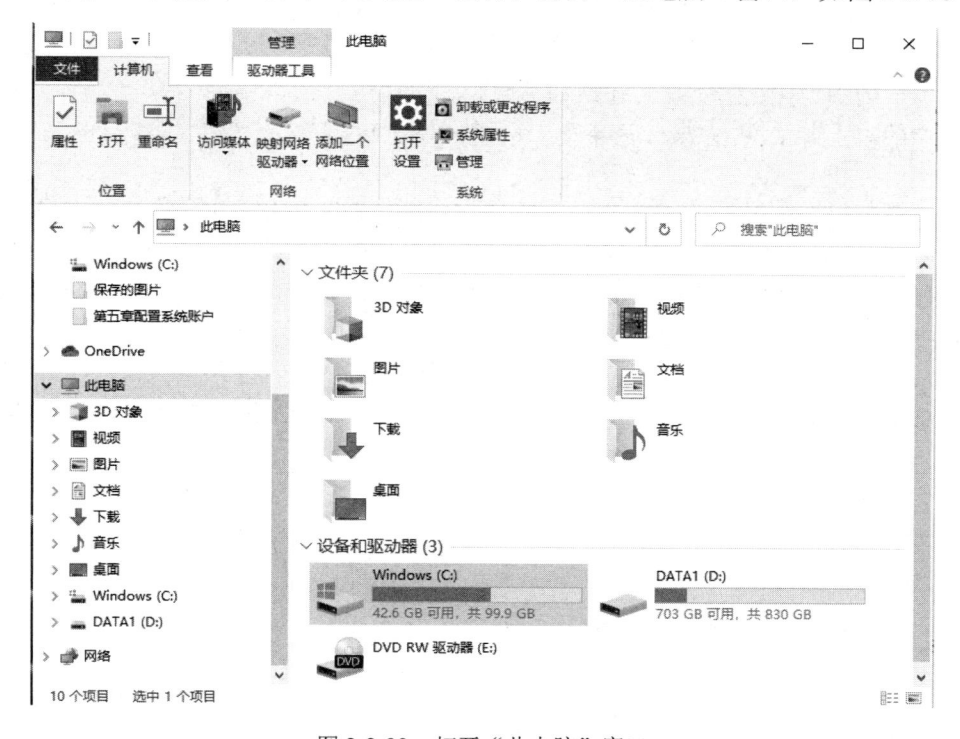

图 2-2-33　打开"此电脑"窗口

（2）"系统控制"菜单的使用。

在 Windows 10 的任何窗口中按 Alt+Space 组合键，将弹出"系统控制"菜单，如图 2-2-34 所示。利用"系统控制"菜单可以实现对窗口外观的所有操作，包括还原、移动、大小、最小化、最大化及关闭。

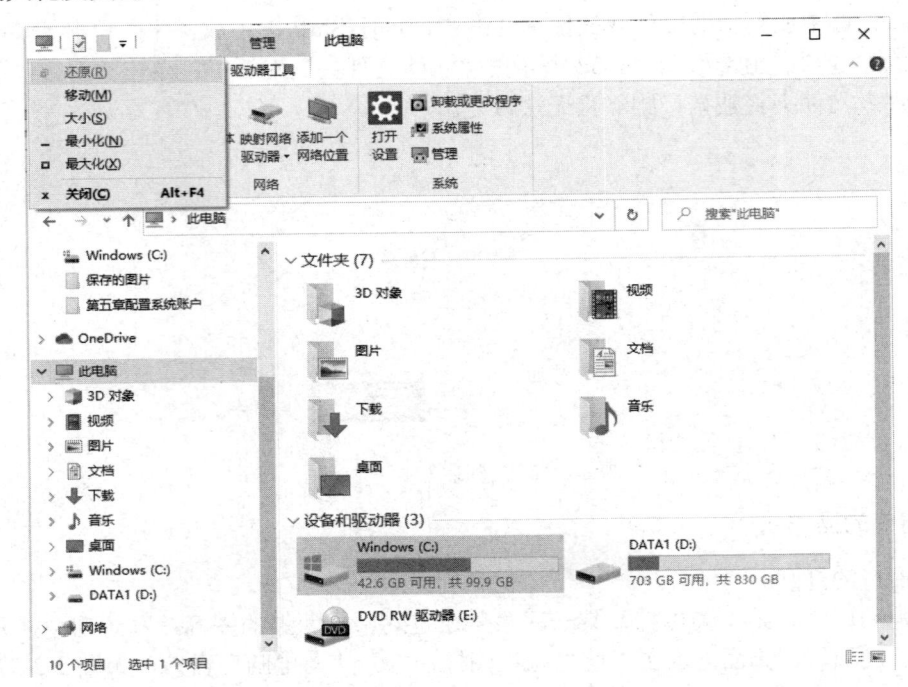

图 2-2-34　窗口的"系统控制"菜单

（3）窗口的最大化、最小化、还原和关闭。

在窗口的右上方依次是 ▭ "最小化"按钮、▭ "最大化"按钮（▭ "还原"按钮）、✕ "关闭"按钮。

单击"最大化"按钮（或者双击上边框），可以使窗口充满整个屏幕，同时"最大化"按钮变成"还原"按钮。单击"还原"按钮（或者双击上边框），可以使窗口恢复为原来的大小，同时"还原"按钮变成"最大化"按钮。

单击"最小化"按钮，则窗口只在任务栏上显示为任务按钮。

当窗口最大化时，向下拖动窗口，则可以还原窗口。

当窗口处于非最大化状态时，向上拖动窗口，当鼠标指针与屏幕上边缘触碰时松开鼠标左键，则可以最大化窗口。

关闭当前窗口的方法如下。

① 单击"关闭"按钮。

② 按 Alt+F4 组合键。

③ 选择"文件"菜单中的"关闭"选项。

④ 选择"系统控制"菜单中的"关闭"选项。

（4）窗口的缩放。

当窗口处于非最大化状态时，将鼠标指针指向窗口的边框或边角，当鼠标指针自动变成双箭头时，按下鼠标左键将边框拖动到其他位置后，松开鼠标左键，即可改变窗口的大小。

向屏幕左侧或右侧拖动窗口，当鼠标指针与屏幕某侧边缘触碰时松开鼠标左键，则窗口占据屏幕的一半进行显示。

（5）窗口的移动。

当窗口处于非最大化状态时，将鼠标指针移至窗口的上边框，按下鼠标左键将边框拖动到需要的位置后，松开鼠标左键即可。

（6）窗口的排列。

当打开多个窗口时，例如，打开了"写字板"窗口、"记事本"窗口、"画图 3D"窗口，为了便于观察，应对其进行排列。窗口的排列形式有 3 种：层叠窗口、堆叠显示窗口和并排显示窗口。具体操作：将鼠标指针移至任务栏的空白处并右击，弹出如图 2-2-35 所示的快捷菜单，选择相应的窗口排列形式即可。

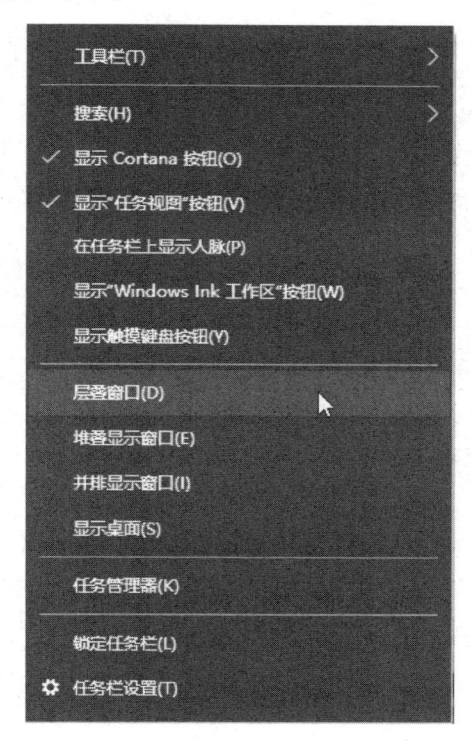

图 2-2-35　选择窗口的排列形式

任务拓展

请根据实训教程完成文件和文件夹的操作任务。

项目 3
Word 文档的制作及应用

  Microsoft Word 2016（简称 Word 2016）是微软公司发布的一款功能强大的文字处理软件。它可以实现中英文文字的录入、编辑、排版等功能。用户使用该软件可以进行图文混排，绘制各种表格，导入工作表、幻灯片、各种图片及视频等。用户还可以使用 Word 2016 直接打开、编辑 PDF 文件，或者将 Word 文档另存为 PDF 文件。

  本项目包含五个任务：普通文档的制作、个人简历的制作、制作宣传简报、毕业论文编排、批量制作邀请函。本项目将由浅入深地介绍 Word 的基本操作和高级应用，从而帮助读者熟练掌握办公软件的使用方法，进一步提高工作效率。

任务一　普通文档的制作

任务情境

  小明是 22 级 XX 班的班长，一天，班主任找到小明，让他召集班委把班规制定出来，并打印张贴在教室中。小明和班委其他同学制定了班规，但不懂如果用 Word 排版，于是找到了计算机教研室的老师，在老师的帮助下，顺利完成了此项任务。

样例图例

  "班规"效果如图 3-1-1 所示。

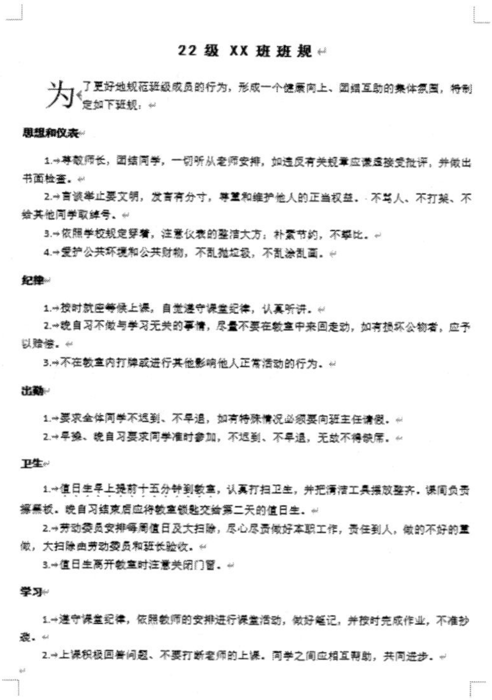

22 级 XX 班班规

为了更好地规范班级成员的行为，形成一个健康向上、团结互助的集体氛围，特制定如下班规：

思想和仪表

1. 尊敬师长，团结同学，一切听从老师安排，如违反有关规章应诚恳接受批评，并做出书面检查。
2. 言谈举止要文明，发言有分寸，尊重和维护他人的正当权益。不骂人、不打架、不给其他同学取绰号。
3. 依照学校规定穿着，注意仪表的整洁大方；朴素节约，不攀比。
4. 爱护公共环境和公共财物，不乱抛垃圾，不乱涂乱画。

纪律

1. 按时就座等候上课，自觉遵守课堂纪律，认真听讲。
2. 晚自习不做与学习无关的事情，尽量不要在教室中来回走动，如有损坏公物者，应予以赔偿。
3. 不在教室内打牌或进行其他影响他人正常活动的行为。

出勤

1. 要求全体同学不迟到、不早退，如有特殊情况必须要向班主任请假。
2. 早操、晚自习要求同学准时参加，不迟到、不早退，无故不得缺席。

卫生

1. 值日生早上提前十五分钟到教室，认真打扫卫生，并把清洁工具摆放整齐。课间负责擦黑板。晚自习结束后应将教室钥匙交给第二天的值日生。
2. 劳动委员安排每周值日及大扫除，尽心尽责做好本职工作，责任到人，做的不好的重做，大扫除由劳动委员和班长验收。
3. 值日生离开教室时注意关闭门窗。

学习

1. 遵守课堂纪律，依照教师的安排进行课堂活动，做好笔记，并按时完成作业，不准抄袭。
2. 上课积极回答问题、不要打断老师的上课。同学之间应相互帮助，共同进步。

图 3-1-1　“班规”效果

任务清单

<table>
<tr><td colspan="2">任务名称</td><td>普通文档的制作</td></tr>
<tr><td colspan="2">任务分析</td><td>我们在工作和学习中经常会遇到排版文档的任务，这就需要用到 Word 文字处理软件来完成。</td></tr>
<tr><td rowspan="2">任务目标</td><td>学习目标</td><td>1. 掌握文档的新建、打开、保存等。
2. 掌握文本的编辑，包括文本的选择、移动、复制、删除、查找与替换等。
3. 掌握撤销与恢复。
4. 掌握格式刷的应用。
5. 掌握首字下沉的应用。
6. 掌握自动编号的应用。</td></tr>
<tr><td>素质目标</td><td>1. 培养学生发现美和创造美的能力，提高学生的审美情趣。
2. 培养学生的软件版权意识。
3. 培养学生独立思考、综合分析问题的能力。
4. 培养学生规则意识，团结协作的精神。</td></tr>
</table>

任务导图

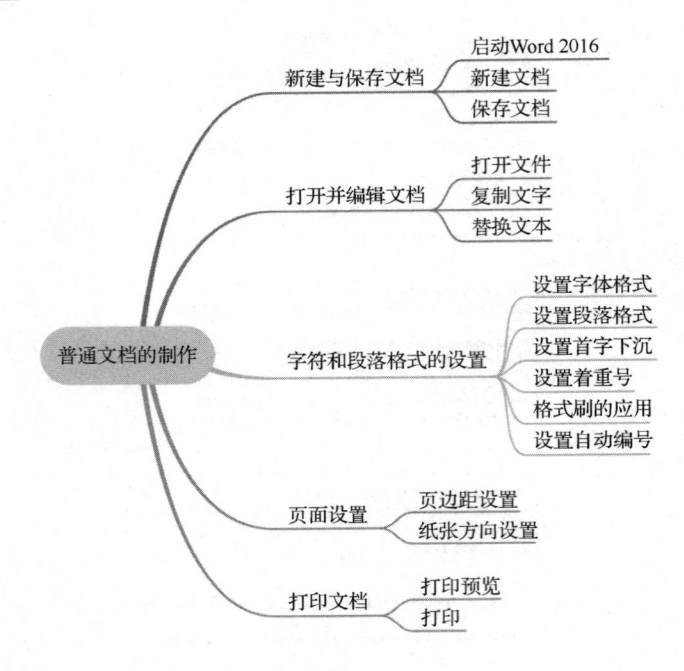

```
                        ┌─ 启动 Word 2016
              新建与保存文档 ─┼─ 新建文档
              │            └─ 保存文档
              │
              │            ┌─ 打开文件
              打开并编辑文档 ─┼─ 复制文字
              │            └─ 替换文本
              │
              │                  ┌─ 设置字体格式
              │                  ├─ 设置段落格式
普通文档的制作 ─┼─ 字符和段落格式的设置 ─┼─ 设置首字下沉
              │                  ├─ 设置着重号
              │                  ├─ 格式刷的应用
              │                  └─ 设置自动编号
              │
              │            ┌─ 页边距设置
              页面设置 ─────┴─ 纸张方向设置
              │
              │            ┌─ 打印预览
              打印文档 ─────┴─ 打印
```

任务实施

子任务一：新建与保存文档

任务要求：新建 Word 文档，并保存在指定位置。

操作步骤

1. 启动 Word 2016

Word 2016 会自动创建一个文件名为"文档 1.docx"的空白文档。用户还可以单击"文件"选项卡，在打开的窗口中选择左侧窗格的"新建"选项，在右侧的窗格中选择"空白文档"选项，即可创建空白文档。按 Ctrl+N 组合键也可以快速创建空白文档。

Word 2016 窗口如图 3-1-2 所示。

2. 保存文档

单击快速访问工具栏中的"保存"按钮，或单击"文件"选项卡，在打开的窗口中选择左侧窗格的"保存"选项，或者按 Ctrl+S 组合键。

如果文档是第一次执行"保存"操作，则会弹出"另存为"对话框，在该对话框中设置保存路径及文件名称，如本例在"另存为"对话框中设置保存位置（桌面）、文件名（"班规.docx"），单击"保存"按钮，如图 3-1-3 所示。

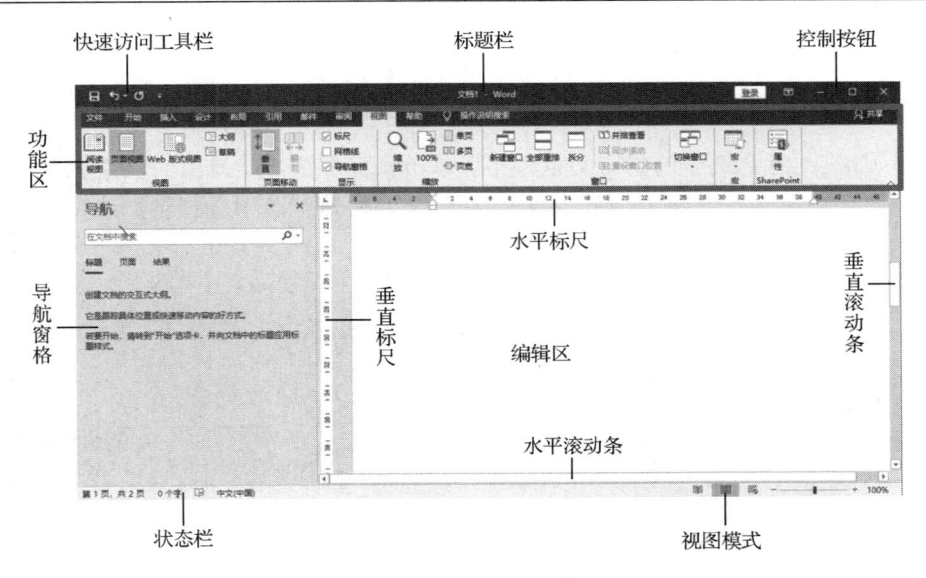

图 3-1-2　Word 2016 窗口

图 3-1-3　"另存为"对话框

子任务二：打开并编辑文档

任务要求：打开"班规文字素材.docx"文件，将其中的内容复制到"班规.docx"中，并完成错别字的替换。

操作步骤

1. 打开文件

打开文件夹"班规"，找到文件"班规文字素材.docx"，直接双击该文件图标打开文件，或者在 Word 程序窗口，单击"文件"选项卡，在打开的窗口中选择左侧窗格的"打开"选项，在"其他位置"双击"这台电脑",从弹出的"打开"对话框中选择需要打开的文件。

2. 复制文字

首先按 Ctrl+A 组合键全选所有文字,然后单击鼠标右键,在弹出的快捷菜单中选择"复制"选项,接着切换到"班规.docx",右击,在弹出的快捷菜单中选择粘贴选项,如图 3-1-4、图 3-1-5 所示。

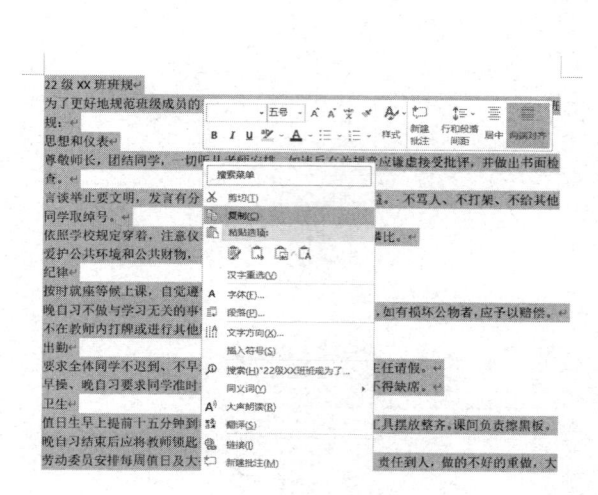

图 3-1-4　复制操作　　　　　　　图 3-1-5　粘贴操作

3. 替换文本

由于在班规中误将"教室"输成了"教师",需要将全文中"教师"替换为"教室"。首先,按 Crtl+A 组合键选中全文,在"开始"选项卡中单击"替换"按钮。在打开的"查找和替换"对话框中设置"查找内容"为"教师",设置"替换为"为"教室"。最后单击"全部替换"按钮,如图 3-1-6 所示。

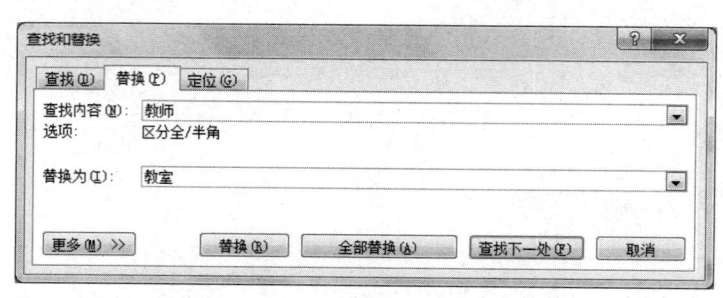

图 3-1-6　"查找和替换"对话框

子任务三:页面设置

任务要求:完成页边距的设置。

操作步骤

单击"布局"选项卡，再单击"页面设置"组中的图标 ，打开"页面设置"对话框。在"页边距"选项卡中，将上、下、左、右边距各设置为 2 厘米，如图 3-1-7 所示，单击"确定"按钮。

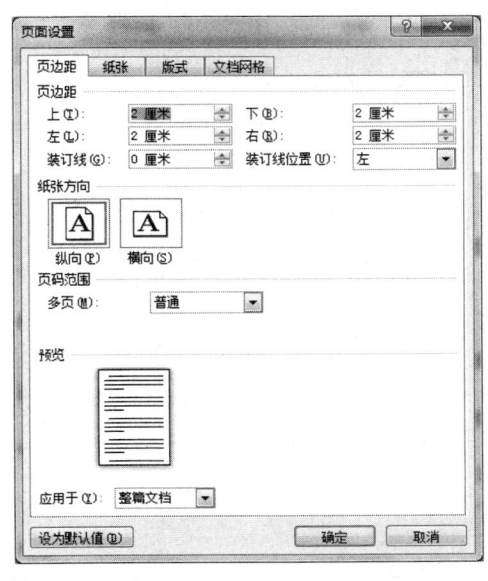

图 3-1-7 "页面设置"对话框

子任务四：字符和段落格式的设置

任务要求：完成标题与正文的字体设置，包含字体、着重号等的设置。完成段落格式设置，包括居中对齐、行距、段前、段后间距、首行缩进、自动编号等设置。完成首字下沉设置。

操作步骤

1. 设置标题字体

选中标题，在"开始"选项卡的"字体"组中，单击启动对话框按钮 （又称为对话框启动器），在弹出的"字体"对话框中，设置字体为"黑体"、字号为"三号"，字形为"加粗"，如图 3-1-8 所示。

切换到"高级"选项卡，在间距下拉列表中选择"加宽"，磅值设为 3 磅，如图 3-1-9 所示，单击"确定"按钮。

2. 设置标题的段落格式

将标题设为居中对齐，段前、段后间距各设为 1 行。选中标题，单击"段落"组的"居中"按钮 。在"开始"选项卡的"段落"组中，单击启动对话框按钮 ，在弹出的"段落"

对话框中，设置段前、段后为 1 行，如图 3-1-10 所示。

图 3-1-8　"字体"对话框

图 3-1-9　"高级"选项卡

3．设置正文格式

选中正文各段，设置字号为"小四号"，首行缩进为 2 字符，行距为 1.3 倍，如图 3-1-11 所示。

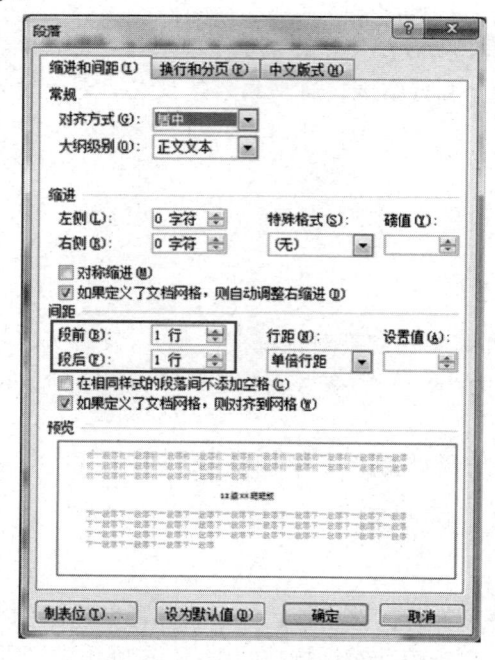

图 3-1-10　设置段前、段后间距

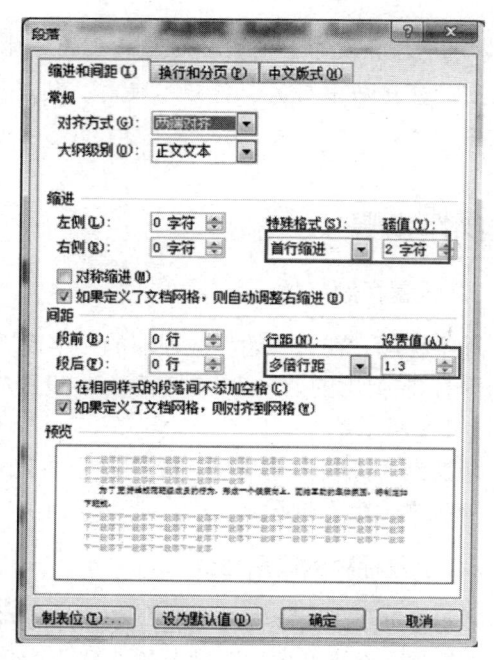

图 3-1-11　设置行距、首行缩进

4．设置"首字下沉"

将光标定在正文第一段的任何位置，在"插入"选项卡中单击"首字下沉"按钮，如图 3-1-12 所示，在下拉菜单中选择"首字下沉选项…"选项。在打开的"首字下沉"对话框中选择"位置"部分的"下沉"，设置下沉行数为 2，距正文为 0.2 厘米。最后单击"确定"按钮，如图 3-1-13 所示。

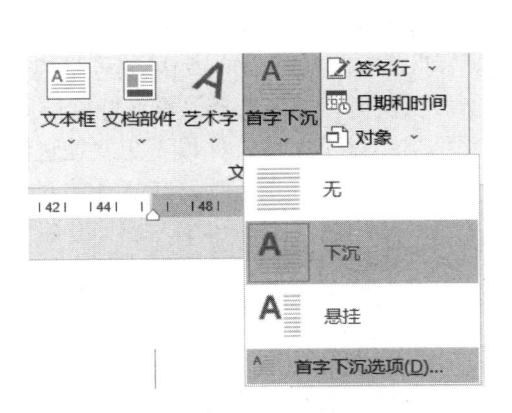

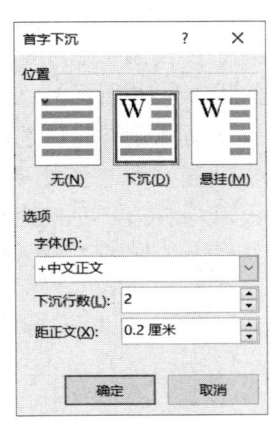

图 3-1-12　插入"首字下沉"　　　　图 3-1-13　"首字下沉"对话框

5．设置着重号

参考样例，选中文字"值日生早上提前十五分钟到教室"，在"开始"选项卡的"字体"组中，单击启动对话框按钮 ，在弹出的"字体"对话框中，选择着重号，如图 3-1-14 所示。

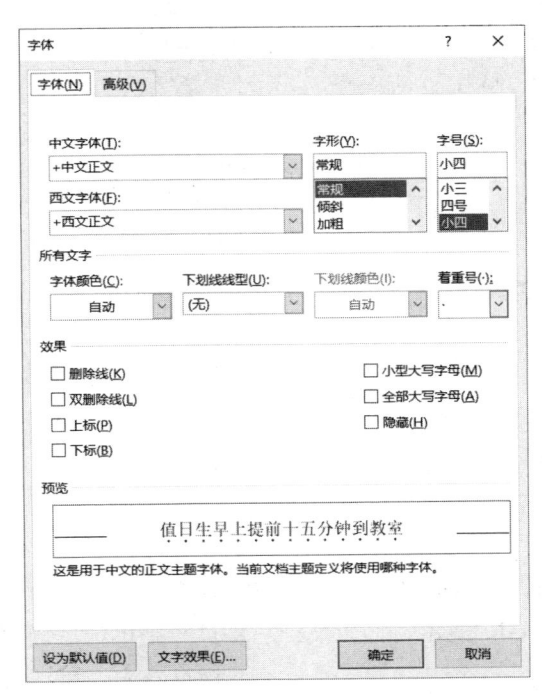

图 3-1-14　设置着重号

6. 使用格式刷

格式刷的作用是可以复制文字或段落的格式。选中文字"思想和仪表"，设置字体为"黑体"，"加粗"，段前、段后各设为 10 磅，然后双击"开始"功能区左侧的 格式刷，接着依次单击"纪律""出勤""卫生""学习"等文字。最后按 Esc 键退出格式刷。

7. 设置自动编号

选中"思想及仪表"后面的四段文字，单击编号旁三角形按钮，在编号库中选择合适的编号样式（如图 3-1-15 所示）。其他段落的编号可以重复以上操作。如果编号是续着之前的段落编号，需要重新开始编，可选中该段，右击，在快捷菜单中选择"重新开始于 1"选项。

自动编号设置好后，会发现这些段落的文字自动做了缩进，如果不想要缩进的效果，可以选中相应段落，右击，在快捷菜单中选择"调整列表缩进"选项，在打开的对话框中将文本缩进设为 0 厘米，如图 3-1-16 所示。

图 3-1-15　设置自动编号　　　　图 3-1-16　调整列表缩进

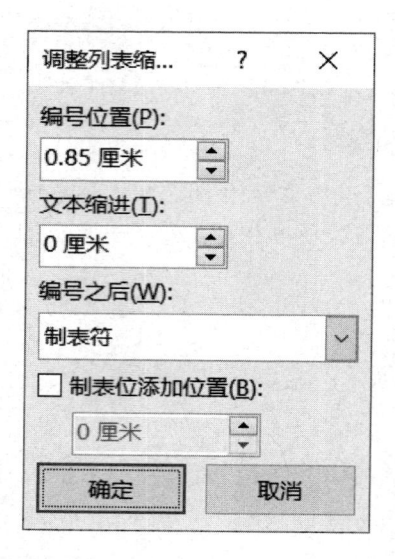

子任务五：打印文档

操作步骤

1. 打印预览

单击"文件"选项卡，在打开的窗口中选择左侧窗格的"打印"选项，在右侧窗格中可以预览打印效果，如图 3-1-17 所示。如果文档有多页，则单击右侧窗格左下角的"上一页"按钮或"下一页"按钮，可查看上一页或下一页的预览效果。在这两个按钮之间的编辑框中输入页码，然后按 Enter 键，可以快速查看该页的预览效果。

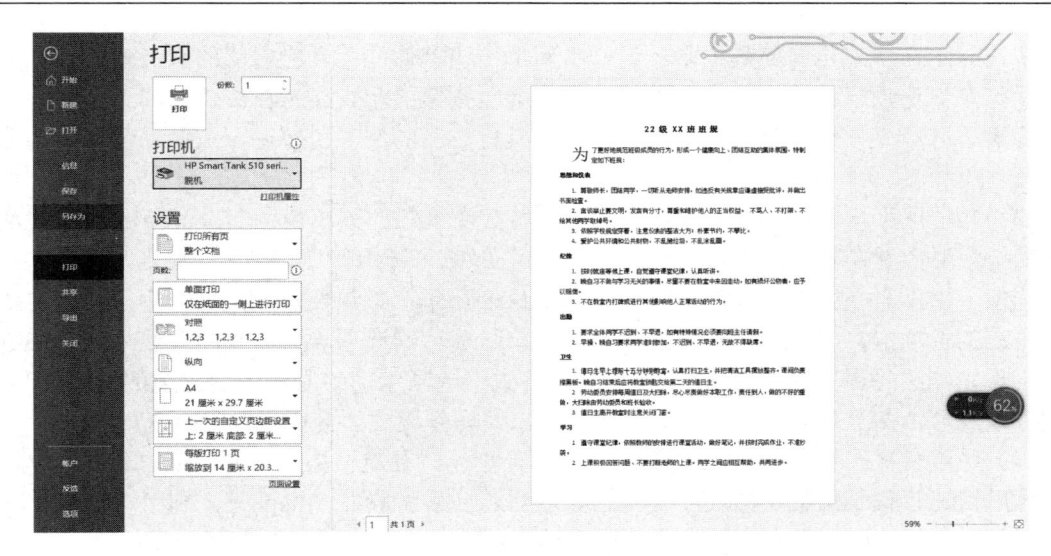

图 3-1-17　打印预览效果

2．打印

在"文件"选项卡中选择左侧窗格的"打印"选项,在"打印机"下拉列表中选择要使用的打印机。在份数框中,可以调整打印份数。单击"打印"按钮,即可打印文档。

知识储备

1．Word 2016 的启动

Word 2016 的启动方法有以下三种。

(1) 双击 Windows 10 桌面上面的 Word 2016 图标,即可启动软件。

(2) 在 Windows 10 桌面左下角的搜索框中输入"word",在筛选结果中选择"word"选项。

(3) 利用已建立的 Word 文档进行启动。Word 2016 窗口如图 3-1-2 所示,主要由标题栏、快速访问工具栏、功能区、导航窗格、编辑区、水平/垂直标尺、状态栏、水平/垂直滚动条、视图模式等部分组成。

2．熟悉 Word 2016 工作界面

(1) 标题栏:标题栏位于窗口的顶端,用于显示当前编辑的文档名、程序名和一些窗口控制按钮。单击标题栏右侧的三个窗口控制按钮,可将窗口最小化、还原、最大化或关闭。右击 Word 2016 窗口的标题栏,会弹出一个快捷菜单,包含控制窗口的多个选项。

(2) 快速访问工具栏:为了便于用户操作,系统提供了快速访问工具栏,主要放置一些在编辑文档时使用频率较高的命令。默认情况下,该工具栏位于"标题栏"的左侧。快速访问工具栏一般显示"保存"、"重复"和"撤销" 按钮。用户可以根据需要自定义快速访问工具栏,具体操作如下:单击快速访问工具栏右侧的倒三角按钮,在展开的下拉列表中选择要向其中添加或删除的选项即可。例如,如果我们想把"打开"按钮放在快速访问工具栏中,则单击快速访问工具栏右侧的倒三角按钮,在展开的下拉列表中选择"打开"选项,可将"打

开"按钮显示在快速访问工具栏中。我们重新单击快速访问工具栏右侧的倒三角按钮，可以看到"打开"选项已被选中，被选中的选项都会以按钮的形式显示在快速访问工具栏中，如果要隐藏"打开"按钮，只需单击快速访问工具栏右侧的倒三角按钮，在要隐藏的选项上单击即可。

（3）功能区：从 Word 2007 开始，功能区替代了以往的菜单栏，Office 2016 将其大部分功能命令分类放置在功能区的各选项卡中，如"文件""开始""插入""布局"等选项卡，在每个选项卡中，命令又被分成若干组，如图 3-1-18 所示，如果要执行某项命令，则先切换至命令所在的选项卡，然后单击对应的按钮即可。除默认的选项卡外，有的选项卡会在特定情况下出现，如选择图片时出现的"图片工具-格式"选项卡；绘制图形后出现的"绘图工具-格式"选项卡，并且选项卡的内容会随所选对象及操作模式的变化而发生改变。

（4）导航窗格：从 Word 2010 开始，Word 新增了"导航窗格"功能，用户通过"导航窗格"可以快速查找长文档中的文字、图形、表格、公式、脚注、批注等。利用"视图"选项卡的"显示"组中的"导航窗格"选项前面的复选框，可以显示或隐藏导航窗格。

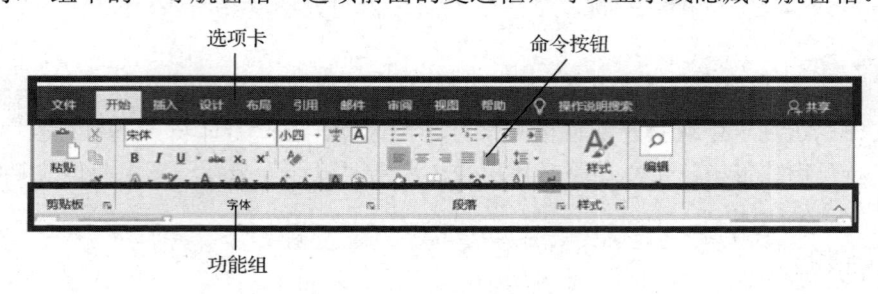

图 3-1-18 功能区

（5）编辑区：在 Word 2016 中，水平标尺下方的空白区域是编辑区，用户可以在该区域内输入文本、插入图片，或者对文档进行编辑、修改和排版等。在编辑区左上角有一个持续闪烁的光标，用于指示当前的编辑位置。

（6）标尺：标尺分为水平标尺和垂直标尺，主要用于确定文档内容在纸张上的位置。利用"视图"选项卡的"显示"组中的"标尺"选项前面的复选框，可以显示或隐藏标尺。

（7）状态栏：状态栏位于 Word 2016 窗口的底部，其左侧显示了当前文档的状态和相关信息，如页码、字数等，右侧显示的是视图模式和视图显示比例，单击"缩小"按钮或向左拖动显示比例滑块，可缩小视图显示比例；单击"放大"按钮或向右拖动显示比例滑块，可放大视图显示比例，如图 3-1-19 所示。

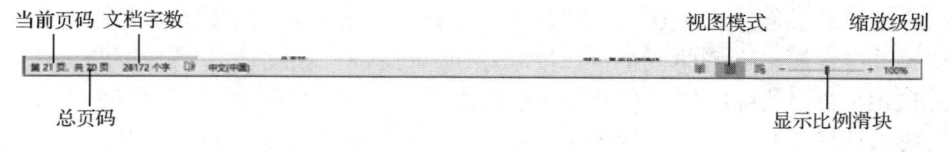

图 3-1-19 状态栏

（8）滚动条：滚动条分为垂直滚动条和水平滚动条。通过上下或左右拖动滚动条，可以浏览文档中位于工作区以外的内容。

3．Word 2016 的视图模式

针对用户在查看和编辑文档时的不同需求，Word 2016 提供了页面视图、阅读视图、Web 版式视图、大纲视图和草稿视图五种视图模式，还提供了导航窗格以便用户快速查看文档的结构。若想切换不同的视图模式，则先切换至"视图"选项卡，然后单击"文档视图"组中的相应按钮，如图 3-1-20 所示，各种文档视图的效果和特点如下。

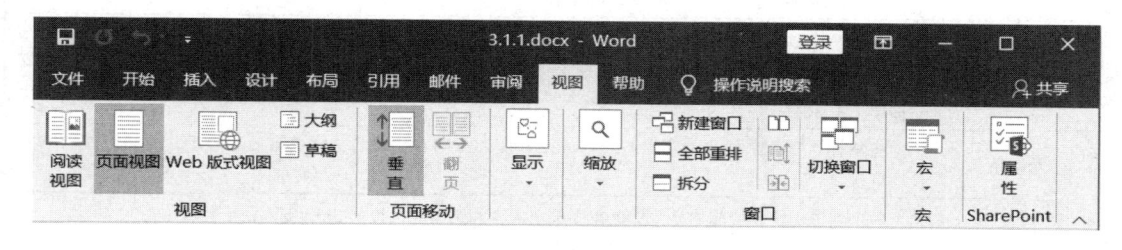

图 3-1-20　切换视图模式

（1）页面视图：页面视图是 Word 2016 的默认视图，其显示效果与打印效果完全一致，是编排文档时最常用的视图。

（2）阅读视图：阅读视图非常适合长文档的阅读。阅读视图不显示文档的页眉和页脚，在该视图下显示的页面也不代表打印时的实际页数。

（3）Web 版式视图：利用 Web 版式视图可以预览 Word 文档在 Web 浏览器中的显示效果。在该视图中，文档中的文本会自动换行以适应窗口的大小，而且文档的所有内容都显示在同一页面中。

（4）大纲视图：大纲视图非常适合编写和修改具有多级标题的长文档。使用大纲视图不仅可以直接编写文档标题、修改文档大纲，还可以很方便地查看文档的结构，以及重新安排文档中标题的次序。

（5）草稿视图：草稿视图可以显示文档中的文本及文本格式，同时简化了文档的页面布局。例如，对文档中的图形、页眉、页脚和页边距不予显示。因此其显示速度快，非常适合在含有大量图片的文档中录入和编辑文字，以及调整文本格式。

4．快捷菜单

在窗口中的不同位置右击后可弹出不同的快捷菜单，这些快捷菜单给操作带来了极大的便利。

5．退出 Word 2016

退出 Word 2016 的方法有很多种，在这里我们介绍常用的四种方法。
方法一：单击 Word 2016 窗口标题栏右上角的"关闭"按钮。
方法二：右击 Word 2016 窗口标题栏，在弹出的快捷菜单中选择"关闭"选项。
方法三：双击 Office 按钮或单击 Office 按钮，在弹出的下拉菜单中选择"关闭"选项。
方法四：按 Alt+F4 组合键。

6．在 Word 2016 中选定文本的方法

在 Word 2016 中选定不同的文本对象，其方法有所差异，详细情况如表 3-1-1 所示。

表 3-1-1　在 Word 2016 中选定文本的方法

选定范围	选定文本或图形的方法
任意数量的文本	将鼠标指针移至要选定内容的起始处，按住鼠标左键不松手并拖动鼠标，当鼠标指针到达要选定内容的结尾处时，释放鼠标左键
一个单词	双击该单词
一行文本	将鼠标指针移至该行的左侧，当鼠标指针变为指向右边的箭头时单击
一个句子	按住 Ctrl 键不松手，然后单击该句中的任何位置
一个段落	将鼠标指针移至该段落的左侧，当鼠标指针变为指向右边的箭头时双击，或者在该段落中的任意位置连续单击 3 次
多个段落	将鼠标指针移至段落的左侧，当鼠标指针变为指向右边的箭头时单击后不松手，并向上或向下拖动鼠标
一大块文本	单击要选定内容的起始处，然后在要选定内容的结尾处，按住 Shift 键不松手并单击
整篇文档	将鼠标指针移至文档中任意文本的左侧，当鼠标指针变为指向右边的箭头时连续单击 3 次
页眉和页脚	在页面视图中双击灰色的页眉或页脚文字。将鼠标指针移至页眉或页脚的左侧，当鼠标指针变为指向右边的箭头时单击
脚注和尾注	将鼠标指针移至文本的左侧，当鼠标指针变为指向右边的箭头时单击
一块垂直文本	按住 Alt 键不松手，然后选定文本
一个图形	单击该图形
连续区域	在要选定内容的起始处单击，按住 Shift 键不松手，将鼠标指针移至要选定内容的结尾处再单击
不相邻的区域	先选定第一个区域，然后按住 Ctrl 键不松手，再选定其他区域
整篇文档	按 Ctrl+A 组合键

选定部分文本后，将选定区域扩展到其他范围的方法如表 3-1-2 所示。

表 3-1-2　将选定区域扩展到其他范围的方法

扩展到其他范围	方　　法
右侧的一个字符	按 Shift+→ 组合键
左侧的一个字符	按 Shift+← 组合键
移至行尾	按 Shift+End 组合键
移至行首	按 Shift+Home 组合键
下一行	按 Shift+↓ 组合键
上一行	按 Shift+↑ 组合键
段尾	按 Ctrl+Shift+↓ 组合键
段首	按 Ctrl+Shift+↑ 组合键
下一屏	按 Shift+Page Down 组合键
上一屏	按 Shift+Page Up 组合键
移至文档开头	按 Ctrl+Shift+Home 组合键
移至文档结尾	按 Ctrl+Shift+End 组合键
窗口结尾	按 Alt+Ctrl+Shift+Page Down 组合键

7. 文档的格式化设置

（1）字符的格式化。字符格式包括字体、字号、粗体、斜体、下画线、边框、底纹、颜色等，这些格式可以利用"开始"选项卡的"字体"组中的按钮实现。

（2）段落的格式化。段落格式包括段落的缩进、段落的间距、段落的对齐方式和段落的首字下沉。段落的缩进、间距和对齐方式可以利用"开始"或"页面布局"选项卡的"段落"组中的按钮实现；段落的首字下沉则利用"插入"选项卡的"文本"组中的"首字下沉"按钮实现。

（3）制表位的设置与使用方法。制表位可以用来设置字符在页面上的对齐（缩进）方式和摆放位置。可以利用水平标尺上的制表符，或者在"开始"选项卡的"段落"组中打开"段落"对话框，利用其中的"制表位"按钮实现相应的功能。

（4）设置项目符号和编号。使用"开始"选项卡的"段落"组中的"项目符号"按钮和"编号"按钮实现相应的功能。

8. 打开文档

按 Ctrl+O 组合键，或单击"文件"选项卡，在打开的窗口中选择左侧窗格的"打开"选项，弹出"打开"对话框，在"文档库"中选择要打开的文档，最后单击"打开"按钮，即可打开所选的文档。

9. 保存文档

保存文档的方法有手动保存和自动保存两种方式。

手动保存文档的方法有以下三种。

方法一，利用"文件"选项卡完成。单击"文件"选项卡，在打开的窗格中选择左侧窗格的"保存"选项。

方法二，按 Ctrl+S 组合键。

方法三，单击快速访问工具栏中的"保存"按钮。

如果文档已被保存，则系统自动将文档的最新内容保存起来。如果文档从未被保存过，则需要指定文件名，相当于"另存为"操作。

如果文档是第一次执行"保存"操作，则会弹出"另存为"对话框，在弹出的"另存为"对话框中设置保存路径及文件名称，单击"保存"按钮即可。

10. 删除文本

编辑文本时，按 BackSpace 键和 Delete 键均可以逐字删除文本。然而，在删除大段文本时应该先选定要删除的文本，再用以下方法进行操作。

（1）按 Delete 键或 BackSpace 键。

（2）选定文本并右击，在弹出的快捷菜单中选择"剪切"选项。

（3）单击"文件"选项卡的"剪贴板"组中的"剪切"按钮 ✂。

11. 撤销/恢复/重复操作

撤销操作指取消"上一步"（或"多步"）操作，使文档恢复到执行该操作前的状态。当执行了撤销操作后，恢复操作用来恢复"上一步"（或"多步"）操作。重复操作指将"上一步"操作再执行一次或多次。

(1) 撤销操作：按 Ctrl+Z 组合键，或者单击快速访问工具栏中的"撤销"按钮。

(2) 重复操作：按 Ctrl+Y 组合键，或者按 F4 键。"恢复"按钮是一个可变按钮，当用户撤销了某些操作时，该按钮变为"恢复"按钮；当用户进行录入文本、编辑文档等操作时，该按钮变为"重复"按钮，允许用户重复执行最近所执行的操作。

12．移动与复制

移动操作和复制操作的区别如下：后者在源位置保留选定的内容，而前者在源位置删除原来的内容。

(1) 近距离移动与复制。移动文本的具体操作步骤如下。

将鼠标指针移至选定的文本上，按住鼠标左键不松手，当鼠标指针的下方出现一个虚线矩形框时移动鼠标，这时在鼠标指针旁边出现一条表示插入点的竖线，当竖线到达目标位置后，释放鼠标左键，选定的文本就被移至目标位置了。

提示：选定要移动的文本后，按住 Ctrl 键不松手，同时移动文本，即可完成复制操作。

(2) 远距离移动与复制。如果文本移动或复制的目标位置与源位置相距较远，则先执行剪切或复制操作将选定的内容转移或复制到剪贴板中，再将其粘贴到目标位置。

① 剪切操作：按 Ctrl+X 组合键，或者按 Shift+Delete 组合键，或者单击"文件"选项卡的"剪贴板"组中的"剪切"按钮，或者单击快捷菜单中的"剪切"按钮。

② 复制操作：按 Ctrl+C 组合键，或者单击"文件"选项卡的"剪贴板"组中的"复制"按钮，或者单击快捷菜单中的"复制"按钮。

③ 粘贴操作：按 Ctrl+V 组合键，或者按 Shift+Insert 组合键，或者单击"文件"选项卡的"剪贴板"组中的"粘贴"按钮，或者单击快捷菜单中的"粘贴"按钮。

当粘贴文本时，会出现一个"粘贴选项"按钮，用户可以单击该按钮，在弹出的快捷菜单中选择合适的选项完成粘贴操作。

各选项的作用如下。

● 保留源格式：保留所粘贴内容的原有格式。
● 合并格式：将所粘贴内容的格式设置为与周围文本相同的格式。
● 仅保留文本：只留下粘贴内容中的文本，并将其设置为目标位置当前的文本格式。

提示：复制后的文本可以粘贴到同一篇文档或其他文档中，甚至可以粘贴到不同的程序中，并且可以粘贴数次。

使用鼠标右键拖动选定的文本到目标位置，释放鼠标右键后会弹出一个快捷菜单，用户可以选择"移动到此位置"选项或"复制到此位置"选项。

13．Office 剪贴板

Word 2016 的剪贴板可以存储最近 24 次复制或剪切后的对象。例如，可以将多个对象（文本、表格、图形或样式等）通过剪切或复制操作放入剪贴板中，然后有选择地粘贴。这些内容可以在 Microsoft Office 系列软件（Word、Excel 等）中通用。使用此功能可以方便地在两个文档之间进行信息交换。

14．设置上标、下标

在文字处理的过程中，经常会输入上标、下标，如 H_2SO_4、$f_x=x_a$ 和 x_2 等。按 Ctrl+Shift+=组合键可设置上标；按 Ctrl+=组合键可设置下标，再次按相应的组合键可将字符恢复到正常状态。

提示：还可以单击"开始"选项卡的"字体"组中的 x² 或 x₂ 按钮，输入上标、下标字符，再次单击相应的按钮可将字符恢复到正常状态。

15．页面设置

页面设置主要包括纸张类型、纸张方向、页边距、文档网格等，可利用"页面布局"选项卡的"页面设置"组中的按钮实现。

16．打印方式

（1）双面打印：如果用户需要将文档打印在纸张的双面上，并且打印机不支持自动双面打印，则在"打印"界面中，单击"设置"区域中的"打印所有页"右侧的倒三角按钮，在弹出的下拉列表中选择"仅打印奇数页"选项。打印完奇数页后，将已单面打印的纸张取出并翻转，再放入打印机的纸盒中，单击"打印所有页"右侧的倒三角按钮，在弹出的下拉列表中选择"仅打印偶数页"选项。

（2）多页打印：如果用户需要在一张纸上打印多页文档，则单击"每版打印 1 页"右侧的倒三角按钮，在弹出的下拉列表中选择每版打印的页数。

（3）缩放打印：如果打印纸张与文档设置的页面大小不同，则单击"每版打印 1 页"右侧的倒三角按钮，在弹出的下拉列表中选择"缩放至纸张大小"选项，并在子列表中选择合适的纸张大小。

任务拓展

请根据实训教程完成"莫言的家庭生活.docx"、"含羞草.docx"编排任务。

任务二　个人简历的制作

任务情境

小明即将大学毕业，他想找一份自己喜欢的工作，因此，他准备使用 Word 2016 制作一份个人简历。

样例图例

个人简历如图 3-2-1 所示。

图 3-2-1　个人简历

任务导图

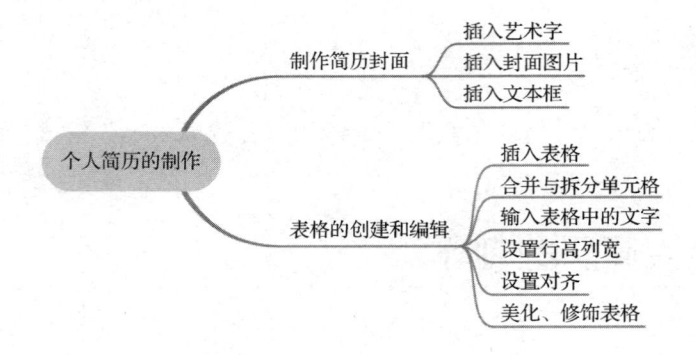

制作简历封面
- 插入艺术字
- 插入封面图片
- 插入文本框

个人简历的制作

表格的创建和编辑
- 插入表格
- 合并与拆分单元格
- 输入表格中的文字
- 设置行高列宽
- 设置对齐
- 美化、修饰表格

任务清单

任务名称	个人简历的制作
任务分析	制作个人简历通常包括个人简历封面的制作以及个人简历表格的制作。封面制作常需要用到艺术字、文本框、图片等。表格制作也是日常工作中经常会碰到的任务，不规则表格的制作是在插入规则表格的基础上，通过合并、拆分单元格等来完成。

续表

任务目标	学习目标	1. 掌握文本框的插入以及文本框格式、文字方向的设置。 2. 掌握艺术字的插入以及艺术字样式的设置。 3. 掌握图片的插入，图片样式、大小以及"环绕文字"方式的设置。 4. 掌握表格的插入，行高、列宽的设置，以及合并、拆分单元格。 5. 掌握表格的美化，包括表格样式、表格边框底纹的设置等。
	素质目标	1. 培养学生发现美和创造美的能力，提高学生的审美情趣。 2. 培养学生的自学能力和获取计算机新知识、新技术的能力。 3. 培养学生独立思考、综合分析问题的能力。 4. 培养学生敬业奉献、精益求精的工匠精神。

任务实施

子任务一：制作简历封面

任务要求：插入艺术字，输入文字内容并对其进行美化，插入相关图片并对其进行大小和环绕方式的设置，插入文本框并对其进行格式设置。

操作步骤

1. 插入艺术字

（1）单击"插入"选项卡的"文本"组中的"艺术字"下方的倒三角按钮，在打开的列表中选择一种艺术字样式，如图 3-2-2 所示。弹出"编辑艺术字文字"对话框，此时在该对话框的"文本"文本框内显示"请在此放置您的文字"，直接输入文字"个人简历"，并将字体格式设置为"楷体""96 磅"。

（2）选定艺术字，单击"艺术字工具-格式"选项卡的"艺术字样式"组中的"形状填充"右侧的倒三角按钮，在展开的下拉列表中选择"渐变"→"其他渐变"选项，打开"设置形状格式"对话框，如图 3-2-3（a）所示。在"文本填充"区域中选中"渐变填充"单选按钮，单击"预设渐变"右侧的倒三角按钮，在弹出的下拉列表中选择"浅色渐变-个性色 1"选项，在"方向"下拉列表中选择"左上到右下"选项，在"颜色"下拉列表中选择"红色"选项。在"阴影"区域中，设置阴影的"距离"为"4 磅"，如图 3-2-3（b）所示。

（3）选定艺术字，单击"艺术字工具-格式"选项卡的"艺术字样式"组中的"文本效果"右侧的倒三角按钮，在打开的下拉列表中选择"转换"选项，在子列表的"弯曲"区域中选择如图 3-2-4 所示的类型。

（4）选定艺术字，单击"艺术字工具-格式"选项卡的"艺术字样式"组中的"文本轮廓"右侧的倒三角按钮，在打开的下拉列表中选择"无轮廓"选项，艺术字效果如图 3-2-5 所示。

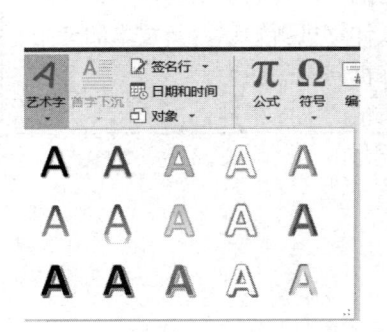

图 3-2-2　选择艺术字样式

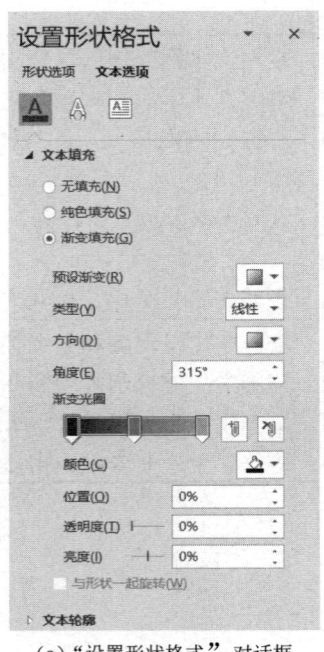

图 3-2-3　设置艺术字形状格式

（a）"设置形状格式"对话框　　（b）设置阴影的"距离"

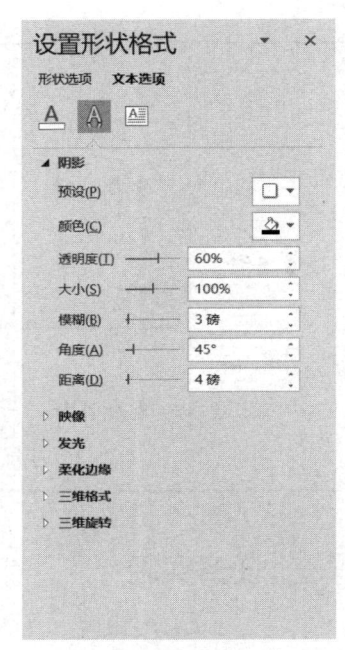

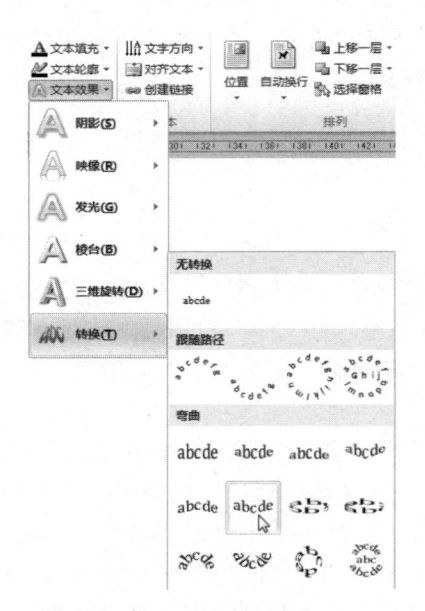

图 3-2-4　设置艺术字文本效果

图 3-2-5　艺术字效果

（5）选定艺术字，在"艺术字工具-格式"选项卡的"大小"组的"高度"文本框中输入"5.87 厘米"，在"宽度"文本框中输入"15.93 厘米"。

（6）选定艺术字，单击"艺术字工具-格式"选项卡的"排列"组中的"环绕文字"右侧的倒三角按钮，在打开的下拉列表中选择"浮于文字上方"选项。

2. 插入封面图片

（1）确认插入封面图片的位置，单击"插入"选项卡的"插图"组中的"图片"按钮，打开"插入图片"对话框，如图 3-2-6 所示，选择相关图片后单击"插入"按钮，即可将图片插入文档中。

图 3-2-6 "插入图片"对话框

（2）单击"图片工具-格式"选项卡，在"大小"组的"高度"和"宽度"文本框中分别输入"13 厘米"和"21 厘米"，也可以单击"大小"组右下角的启动对话框按钮（有时也称为对话框启动器），打开"布局"对话框，切换至"大小"选项卡，设置图片大小，如图 3-2-7 所示。注意，如果想让"高度"和"宽度"互不影响，则应取消"锁定纵横比"复选框的选中状态。

（3）在"图片工具-格式"选项卡中，单击"排列"组中的"环绕文字"下方的倒三角按钮，在打开的下拉列表中选择"衬于文字下方"选项，如图 3-2-8 所示。至此，封面所需的对象全部添加完成。

图 3-2-7 在"布局"对话框中设置图片大小　　图 3-2-8 设置"环绕文字"方式

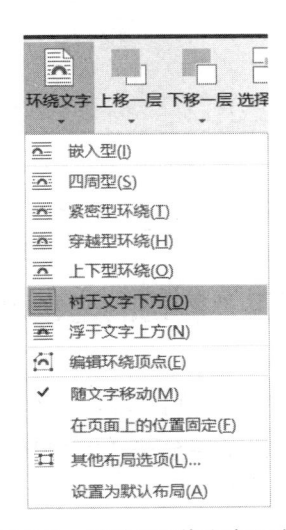

3. 插入文本框

单击"插入"选项卡的"文本"组中的"文本框"按钮，在打开的下拉列表中选择"绘制横排文本框"选项，如图 3-2-9 所示，然后在文档中拖动鼠标，绘制横排文本框。

（1）在文本框中输入文字"姓名""专业""联系电话"，在三个词间按 Enter 键实现换行，并将文字设为宋体，小四号。

（2）将光标定位在文字"姓名"后，切换到"开始"选项卡，单击"字体"分组中的下画线图标 U ，连续按 Space 键输入空白下画线效果。重复此操作，将下画线应用在文字"专业"和"联系电话"后。

（3）将该文本框移至"学校图片.jpg"上时，文本框中的文字变为"黑色"，读者应选定文本框中的文字，将字体颜色设置为"白色"。

（4）调整封面中各对象的位置，封面效果如图 3-2-10 所示。

图 3-2-9　插入横排文本框　　　　　　　　图 3-2-10　封面效果

子任务二：表格的创建和编辑

任务要求：在本项目任务一的文档中插入一个表格并输入标题，设置表格中文字的格式，设置表格的格式，利用合并单元格和拆分单元格功能调整表格的结构，并对表格进行美化、修饰。

操作步骤

1. 输入标题

在文档中输入标题"个人简历表",并将字体格式设置为"黑体""加粗""四号""居中对齐",字符间距设置为"加宽""2 磅",段前间距设置为"6 磅"。

2. 插入表格

单击"插入"选项卡的"表格"组中的"表格"下方的倒三角按钮,在打开的下拉列表中选择"插入表格"选项,打开"插入表格"对话框,如图 3-2-11 所示。

在"插入表格"对话框的"列数"文本框中输入"5",在"行数"文本框中输入"11"(或者单击"列数"和"行数"文本框右边的按钮也可以设置列数与行数),单击"确定"按钮。在第 2 页插入如图 3-2-12 所示的表格。

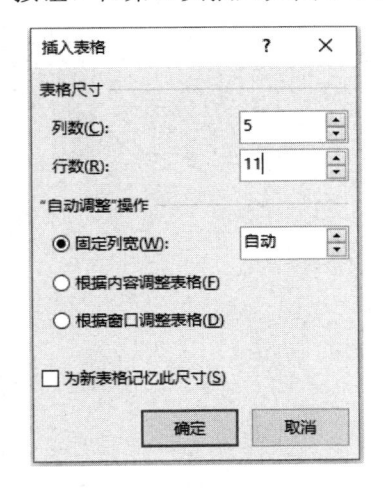

图 3-2-11 "插入表格"对话框   图 3-2-12 插入表格

3. 使用合并单元格与拆分单元格功能调整表格结构

(1) 将光标置于第 1 行、第 3 列的单元格,在"表格工具-布局"选项卡中,单击"合并"组中的"拆分单元格"按钮(或者右击该单元格,在弹出的快捷菜单中选择"拆分单元格"选项),打开"拆分单元格"对话框,如图 3-2-13 所示。在"列数"文本框中输入"2",在"行数"文本框中输入"1",将该单元格拆分成两个单元格(2 列 1 行)。

(2) 使用相同的方法拆分其他单元格。

(3) 选定最右边一列的第 1~6 行单元格,单击"合并"组中的"合并单元格"按钮(或者选定这几个单元格后并右击,在弹出的快捷菜单中选择"合并单元格"选项),将这几个单元格合并成一个单元格。

(4) 使用相同的方法合并其他单元格,效果如图 3-2-14 所示。

4. 输入表格中的文字

如图 3-2-15 所示,在表格中输入相应的文字。

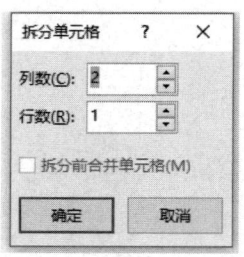

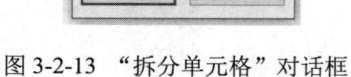

图 3-2-13 "拆分单元格"对话框 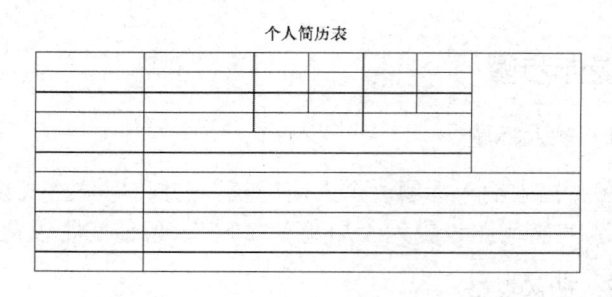　　　图 3-2-14 拆分、合并单元格后的效果

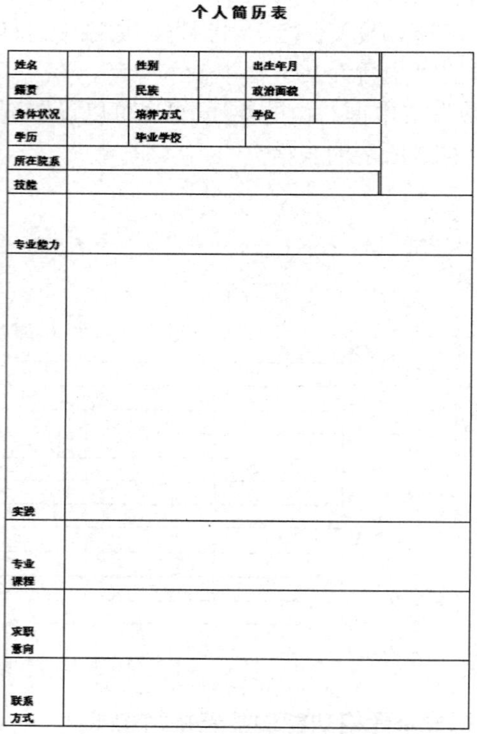

图 3-2-15 输入表格中的文字

5. 设置各单元格的高度与宽度

（1）将鼠标指针放在列与列之间的表格线上，当其变成 ↔ 时，按住鼠标左键不松手，左右拖动即可调整列的宽度。

提示：将鼠标指针放在行与行之间的表格线上，当其变成 ↕ 时，按住鼠标左键不松手，上下拖动即可调整行的高度。

（2）将第 1~6 行单元格的"高度"设置为 0.79cm，将"专业能力"所在行的"高度"设置为 2cm，将"实践"所在行的"高度"设置为 9cm，将最后 3 行单元格的"高度"设置为 2.3cm。

① 选定第 1~6 行所有的单元格。

② 在"表格工具-布局"选项卡中，单击"单元格大小"组右下角的启动对话框按钮，打开"表格属性"对话框。

· 118 ·

③ 切换至"行"选项卡,选中"指定高度"复选框,并在"指定高度"文本框中输入"0.79厘米",在"行高值是"下拉列表中选择"固定值"选项,如图 3-2-16 所示,单击"确定"按钮,完成设置。也可以使用"单元格大小"组中的"表格行高"微调按钮进行设置。

使用相同的方法设置"专业能力"所在行的"高度","实践"所在行的"高度",以及最后 3 行单元格的"高度"。

6．设置格式

将表格中所有的文字设置为"水平居中"。将"照片"二字设置为"竖排且分散对齐"。

（1）单击表格左上角的图标选定整个表格,在"表格工具-布局"选项卡中单击"对齐方式"功能组中的"水平居中"按钮,如图 3-2-17 所示。

（2）选定表格中的"照片"二字,在"表格工具-布局"选项卡中,单击"对齐方式"组中的"文字方向"按钮。也可以右击单元格,在弹出的快捷菜单中选择"文字方向"选项,打开如图 3-2-18 所示的"文字方向-表格单元格"对话框。在该对话框的"方向"区域中选择竖排文字类型,单击"确定"按钮。再单击"开始"选项卡的"段落"组中的"分散对齐"按钮。

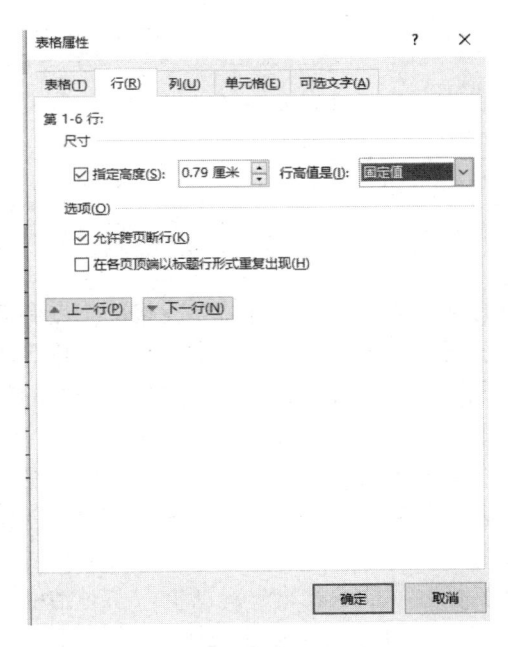

图 3-2-16 "表格属性"对话框

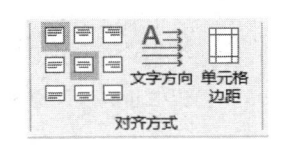

图 3-2-17 设置表格中文字的对齐方式

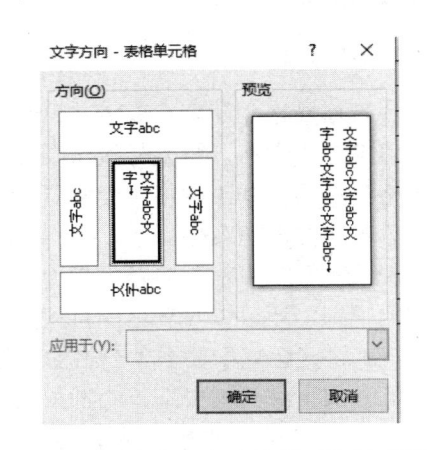

图 3-2-18 "文字方向-表格单元格"对话框

7．美化、修饰表格

将表格的外边框设置为双实线。将第 1 行、第 6 行、第 9 行单元格的图案设置为"20%"的底纹。

（1）选定整个表格。

（2）在"表格工具-设计"选项卡中,单击"边框"功能组右下角的启动对话框按钮,打开"边框和底纹"对话框。

（3）切换至"边框"选项卡,选择"虚框"选项,在"样式"列表中选择双实线,单击

"确定"按钮，如图 3-2-19 所示。

（4）选定第 1 行、第 6 行、第 9 行单元格，根据步骤（2）打开"边框和底纹"对话框。

（5）切换至"底纹"选项卡，在"图案"区域的"样式"下拉列表中选择"20%"选项，如图 3-2-20 所示。

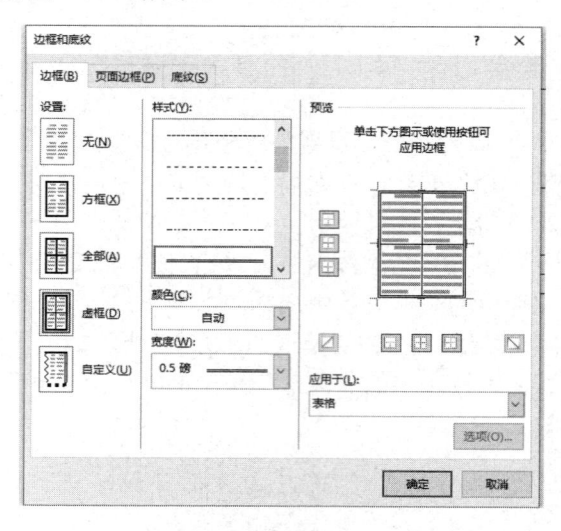

图 3-2-19　"边框和底纹"对话框　　　　　　图 3-2-20　设置底纹

知识储备

1. 表格的创建

（1）用表格网格创建表格。表格网格适合创建行数、列数较少，并且单元格的宽度和高度是标准值的简单表格。将光标置于要插入表格的位置，单击"插入"选项卡的"表格"组中的"表格"按钮，弹出网格，使用鼠标选择行数和列数。此时，将在文档中显示表格的创建效果，单击即可创建表格。

（2）使用"插入表格"对话框创建表格。使用"插入表格"对话框创建表格可以不受行数、列数的限制，还可以对表格的格式进行设置，因此"插入表格"对话框是最常用的创建表格的方法。将光标置于要插入表格的位置，单击"插入"选项卡的"表格"组中的"表格"按钮，在打开的下拉列表中选择"插入表格"选项，打开"插入表格"对话框，在对话框的"行数"和"列数"文本框中设置参数值，单击"确定"按钮，即可创建表格。

（3）绘制表格。使用表格绘制工具可以非常灵活、方便地绘制单元格高度、宽度不规则的复杂表格，以及对现有的表格进行修改。单击"插入"选项卡的"表格"组中的"表格"按钮，在打开的下拉列表中选择"绘制表格"选项，将鼠标指针移至文档编辑窗口中，鼠标指针变为笔状，单击后不松手并拖动鼠标，绘制表格的外边框，然后选择"表格工具-设计"选项卡的"边框"组中的选项，即可绘制复杂的表格。

2. 文本和表格之间的相互转换

（1）将表格转换成文本。在 Word 2016 中，用户可以将表格中的文本转换为由逗号、制表符或其他指定字符分隔的普通文字。首先，在表格中的任意单元格内单击，然后，单击"表格工具-布局"选项卡的"数据"组中的"转换为文本"按钮,打开"表格转换成文本"对话框,选择一种文字分隔符,最后单击"确定"按钮,如图 3-2-21 所示。

(2)将文本转换成表格。在 Word 2016 中,也可以将用段落标记、逗号、制表符或其他特定字符分隔的文本转换成表格。首先,按一定的格式输入文本,并选定文本,然后,单击"插入"选项卡的"表格"组中的"表格"按钮,在打开的下拉列表中选择"文本转换成表格"选项,在打开的"将文字转换成表格"对话框中设置文字分隔位置,如图 3-2-22 所示,最后单击"确定"按钮。

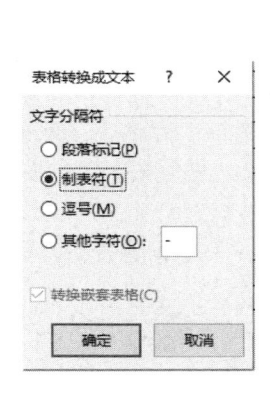

图 3-2-21 "表格转换成文本"对话框 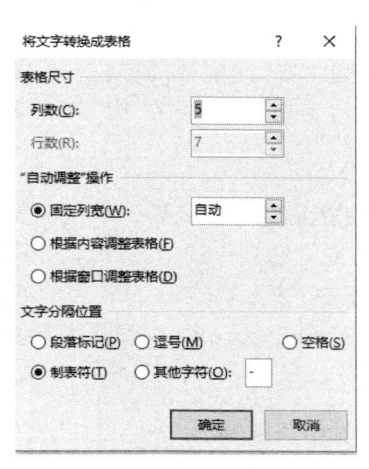　　图 3-2-22 "将文字转换成表格"对话框

3. 绘制斜线表头

制作表格时,有时为了更清楚地标识表格中的内容,往往需要用斜线将表头单元格中的内容按类别分开,这时可以使用直线工具手动绘制斜线。单击"插入"选项卡的"插图"组中的"形状"按钮,在打开的下拉列表中选择"线条"选项,此时的鼠标指针变为笔状,在表头单元格中拖动鼠标,即可绘制斜线。也可以使用"表格工具-设计"选项卡的"边框"组中的"边框样式""笔画粗细"和"笔颜色"按钮设置笔画粗细和笔颜色,单击"边框"组中的"边框"下方的倒三角按钮,在打开的下拉列表中选择"斜下框线"选项,即可在表头单元格中插入斜线。

4. 合并与拆分单元格及表格

合并指把多个单元格(或表格)合并为一个单元格(或表格),拆分则刚好相反,拆分指把一个单元格(或表格)拆分为多个单元格(或表格)。拆分、合并单元格已在前面的案例中讲解过了,下面讲解表格的合并与拆分。

(1)合并表格。将光标移至两个表格中间的空行处,按 Delete 键删除空行即可。

(2)拆分表格。将光标移至待拆分的某一个单元格内,然后单击"表格工具-布局"选项卡的"合并"组中的"拆分表格"按钮即可。

5. 单元格、行、列的添加与删除

(1)添加行、列或单元格。将光标置于要添加行或列的位置的邻近单元格中,单击"表格工具-布局"选项卡的"行和列"组中的"在上方插入"按钮或"在下方插入"按钮,在光

标所在行的上方或下方插入空白行，如图 3-2-23（a）所示。要插入单元格，可先确定光标位置，然后单击"行和列"组右下角的启动对话框按钮，打开"插入单元格"对话框，如图 3-2-23（b）所示，在对话框中选择一种插入方式，即可在光标所在单元格附近插入一个空白单元格。

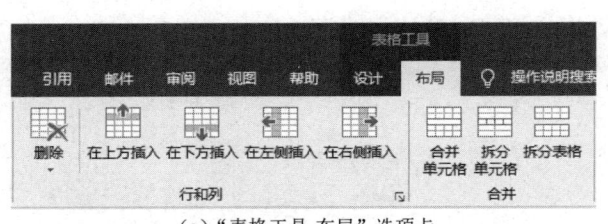

(a)"表格工具-布局"选项卡　　　　(b)"插入单元格"对话框

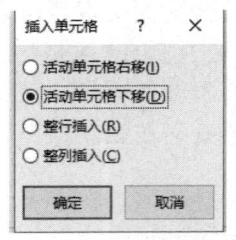

图 3-2-23　添加行、列或单元格

（2）删除单元格、行或列。将光标置于单元格中，或者选定单元格、行或列，然后单击"表格工具-布局"选项卡的"行和列"组中的"删除"下方的倒三角按钮，如图 3-2-23（a）所示，在打开的下拉列表中选择相应的选项即可。

提示：在 Word 2016 中，选定整个表格后，按 Delete 键并不能删除表格，只能删除表格中的内容。

6．防止表格跨页断行

通常，Word 2016 允许表格中行内的文字跨页拆分，然而，这可能导致表格中的内容被拆分到不同的页面上，影响文档的阅读效果。建议使用以下方法防止表格跨页断行。

（1）选定需要处理的表格。

（2）单击"表格工具-布局"选项卡的"表"组中的"属性"按钮，打开"表格属性"对话框，切换至"行"选项卡，取消选中"允许跨页断行"复选框，单击"确定"按钮。

7．表格的整体移动和缩放

整体移动和缩放表格的方法如下。

（1）移动表格：单击表格左上角的十字小方框不松手并拖动鼠标，即可移动表格。

（2）缩放表格：将鼠标指针移至表格右下方的空心小方框上，按住鼠标左键不松手并拖动，即可均匀地缩放表格。

8．在表格中选定文本

（1）选定单元格中的文本。连续 3 次单击单元格，或者将鼠标指针移至单元格内部、文本的左侧，当鼠标指针变成向右倾斜的箭头时，单击即可选定当前单元格中的文本。将鼠标指针移至单元格内部、文本的左侧，当鼠标指针变成向右倾斜的箭头时，然后按住鼠标左键不松手并拖动，可选定多个连续单元格中的文本。

（2）选定一行或多行中的文本。将鼠标指针移至单元格外、行首的左侧，当鼠标指针变成向右倾斜的箭头时，单击即可选定当前行中的文本。将鼠标指针移至表格外、行首的左侧，当鼠标指针变成向右倾斜的箭头时，然后按住鼠标左键不松手并上下拖动，即可选定多行中的文本。

（3）选定一列或多列中的文本。将鼠标指针移至单元格内、列首的上方，当鼠标指针变成向下的箭头时，单击即可选定当前列中的文本。将鼠标指针移至单元格内、列首的上方，当鼠标指针变成向下的箭头时，然后按住鼠标左键不松手并左右拖动，即可选定多列中的文本。

（4）选定整个表格中的文本。将鼠标指针移至表格左上角的控制柄上，当鼠标指针变成十字形状时，单击即可选定整个表格中的文本。按住 Alt 键不松手双击任意单元格中的文本，也可以快速选定整个表格中的文本。

（5）选定不连续的多个单元格、行或列中的文本。在选取一行、一列或一个单元格中的文本后，按住 Ctrl 键不松手，继续单击要选定的行、列或单元格，即可选定不连续的多个单元格、行或列中的文本。

除上述方法外，将光标置于某单元格中，单击"表格工具-布局"选项卡的"表"组中的"选择"按钮，在打开的下拉列表中选择相应的选项，即可选定光标所在的单元格、行、列或整个表格中的文本。

9．应用内置表格样式

Word 2016 提供了 30 多种表格样式，能满足不同用户的需要，无论是新建的空白表格还是已输入数据的表格，都可以通过套用内置表格样式来快速美化。将光标置于表格中的任意位置，在"表格工具-设计"选项卡的"表格样式"组中，打开"样式"列表，选择需要的表格样式即可。

10．为表格中的数据排序

在 Word 2016 中，可以以递增或递减的顺序将表格中的内容按笔画、数字、拼音或日期等关键字进行排序。将光标置于任意单元格中，单击"表格工具-布局"选项卡的"数据"组中的"排序"按钮，如图 3-2-24 所示，打开"排序"对话框，在"主要关键字"下拉列表中选择关键字，在其右侧选择排序方式，单击"确定"按钮。

图 3-2-24　单击"排序"按钮

11．在表格中进行计算

使用 Word 2016 可以对表格中的数据进行一些简单的运算。将光标置于要放置计算结果的单元格中，单击"表格工具-布局"选项卡的"数据"组中的"公式"按钮，打开"公式"对话框，如图 3-2-25 所示。在"公式"文本框中默认显示求和公式，若要对数据进行其他运算，则先删除"公式"文本框中除"="外的内容，然后从"粘贴函数"下拉列表中选择所需的函数，最后在函数右侧的括号内输入要运算的参数值。Word 公式提供的参数有 ABOVE、RIGHT 和 LEFT。ABOVE 表示计算光标上面的所有单元格的数值；RIGHT 表示计算光标右侧的所有单元格的数值；LEFT 表示计算光标左侧的所有单元格的数值。选定的参数区域可以是由连续的单元格组成的矩形区域，如 SUM(A1:B3)，也可以是由分散的单元格组成的不连续区域，如 AVERAGE(A1,B3)。

图 3-2-25　"公式"对话框

删除"公式"文本框中除"="外的内容后，也可以直接输入要参与计算的单元格的名称和运算符，例如，输入"=A1*A4+B5"。

因为表格中的运算结果是以域的形式插入表格中的，所以当参与运算的单元格中的数据发生变化时，公式也会快速地更新计算结果，用户只需单击显示运算结果的单元格，按 F9 键即可更新计算结果。

12．文本框的使用

Word 的文本框是一种可以移动、调整大小的文本容器或图形容器。文本框可用于在页面中放置多块文本，也可用于放置特殊排列方向的文本。

文本框可以像图形对象一样进行处理，例如，可以将文本框与其他图形组合叠放，设置三维效果、阴影、边框类型、形状填充、形状轮廓、背景等。

13．插入图片

在 Word 2016 中，插入的图片有两种源头：一种是计算机中的图片，如我们使用数码设备拍摄的照片或从互联网中下载到本地计算机的图片；另一种是联机图片，在 Word 2016 中，联机图片来自"必应"搜索中的图片，此功能取代了 Office 剪贴图。

（1）联机图片。将光标置于要插入图片的位置，单击"插入"选项卡的"插图"组中的"联机图片"按钮，在"联机图片"窗口的"搜索文字"文本框中输入要插入的图片主题，如关键字"养生"，单击"搜索"按钮，搜索完成后，在搜索结果浏览框中会显示所有符合条件的图片。选择所需的图片，单击"插入"按钮，即可将其插入文档中。

（2）插入外部图片。除插入联机图片外，还可以将保存在计算机中的图片插入文档中。将光标置于要插入图片的位置，单击"插入"选项卡的"插图"组中的"图片"按钮，打开"插入图片"对话框，在对话框左侧的列表中选择图片所在的文件夹，在右侧的界面中选择所需的图片，单击"插入"按钮，即可将其插入文档中。

14．设置图片格式

单击图片，在 Word 的功能区会自动出现"图片工具-格式"选项卡，利用该选项卡可以对插入的图片进行各种编辑操作，如图 3-2-26 所示。

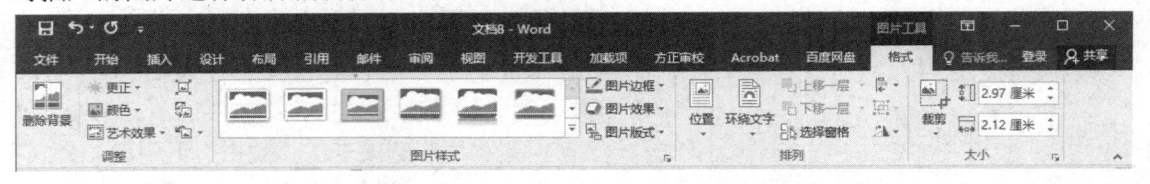

图 3-2-26 "图片工具-格式"选项卡

在该选项卡的"大小"组中，可以调整图片的大小，以及对图片的边缘进行裁剪等。在"排列"组中，"对齐"按钮用于改变图片相对页面的对齐方式；"环绕文字"按钮用于设置图片的环绕文字方式；"旋转"按钮用于设置图片的旋转角度。在"图片样式"组中，可以快速地为图片设置系统内置样式，或者为图片添加边框，设置特殊效果等。在"调整"组中，可以调整图片的亮度、对比度和颜色等。

为图片设置大小、旋转、裁切、亮度、对比度、样式、边框，以及特殊效果等参数后，如果觉得修改后的图片不理想，则可以选中图片，单击"调整"组中的"重设图片"按钮，将图片还原为初始状态。

15．插入超链接

在 Word 2016 中，可以为文档中的内容（网址、文件、图片等）创建超链接，选择要创建超链接的内容，单击"插入"选项卡的"链接"组中的"链接"按钮，在打开的"插入超链接"对话框中指定要链接的内容，完成操作后，单击"确定"按钮。

任务拓展

请根据实训教程完成"教学任务书.docx"、"成绩表.docx"的编排任务。

任务三　制作宣传海报

任务情境

每年九月，院学生会都会招募新成员。今年制作招新海报的任务交给了学生会宣传部的小明同学。小明用 Word 2016 完成了海报的制作。

样例图例

海报效果图如图 3-3-1 所示。

图 3-3-1　海报效果图

任务清单

任务名称	宣传海报的制作
任务分析	海报中往往要运用到背景设置，插入图片、艺术字、文本框、形状、SmartArt 等对象，并调整对象的格式。
任务目标　学习目标	1. 掌握纸张大小的设置。 2. 掌握页面背景的设置。 3. 掌握艺术字样式的设置，包括艺术字文本填充、文本轮廓以及文本效果的设置。 4. 掌握图片的裁剪，图片背景的删除。 5. 掌握形状的插入，形状中文字的编辑，形状样式的设置，包括形状填充、形状轮廓以及形状效果的设置。
素质目标	1. 培养学生发现美和创造美的能力，提高学生的审美情趣。 2. 培养学生的自学能力和获取计算机新知识、新技术的能力。 3. 培养学生独立思考、综合分析问题的能力。 4. 培养学生敬业奉献、精益求精的工匠精神。

任务导图

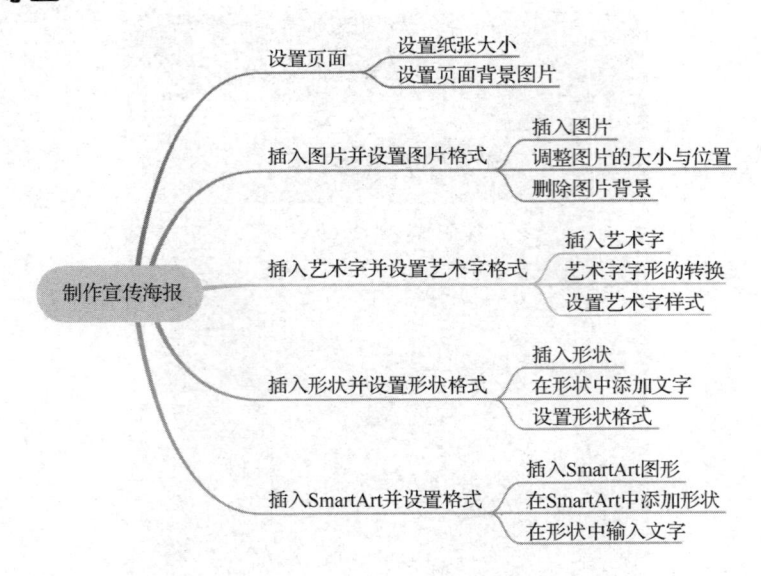

制作宣传海报
- 设置页面
  - 设置纸张大小
  - 设置页面背景图片
- 插入图片并设置图片格式
  - 插入图片
  - 调整图片的大小与位置
  - 删除图片背景
- 插入艺术字并设置艺术字格式
  - 插入艺术字
  - 艺术字字形的转换
  - 设置艺术字样式
- 插入形状并设置形状格式
  - 插入形状
  - 在形状中添加文字
  - 设置形状格式
- 插入SmartArt并设置格式
  - 插入SmartArt图形
  - 在SmartArt中添加形状
  - 在形状中输入文字

任务实施

子任务一：设置页面

任务要求：设置纸张大小为 A3，将页面背景图设为指定图片。

操作步骤

1. 新建文档并设置纸张大小

单击"页面布局"选项卡，单击"页面设置"分组右边的 ，打开"页面设置"对话框，切换到"纸张"选项卡，将纸张大小设置为 A3，如图 3-3-2 所示，单击"确定"按钮。

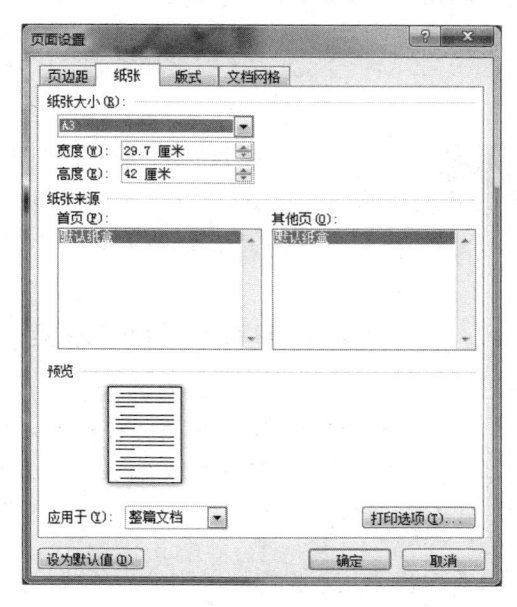

图 3-3-2　纸张大小设置

2. 设置页面背景图片

单击"设计"选项卡，在"页面背景"分组中，单击"页面颜色"→"填充效果"选项（如图 3-3-3 所示），在弹出的"填充效果"对话框中（如图 3-3-4 所示），切换到"图片"选项卡，单击"选择图片"按钮。在弹出的"选择图片"对话框中，选择好背景图片，单击"插入"按钮。

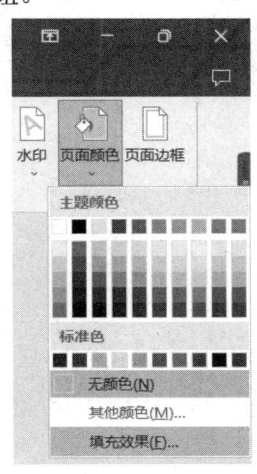

图 3-3-3　设置页面填充效果　　　　图 3-3-4　"图片填充"对话框

子任务二：插入图片并设置图片格式

任务要求：插入指定图片。

操作步骤

1. 插入图片

单击"插入"选项卡→"图片"按钮，在下拉列表中选择"此设备"选项，如图3-3-5所示。在弹出的"插入图片"对话框中，选择素材图片"喇叭.jpg"，单击"插入"按钮。

2. 调整图片的大小与位置

选中刚才插入的图片"喇叭"，单击"图片工具"选项卡，在"排列"分组中找到"环绕文字"，单击，在下拉列表中选择"四周型"选项，如图3-3-6所示。

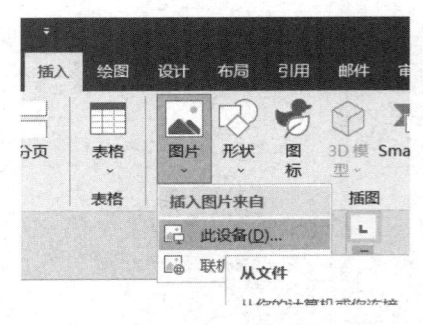

图 3-3-5　插入图片

3. 删除图片背景

插入进来的"喇叭"，带有白色背景，我们可以删除白色背景，使整体效果更好。选中图片，Word窗口的顶端会出现"图片工具"选项卡，单击其中的"删除背景"按钮（见图3-3-7），会出现"背景消除"选项卡，调整图片上的控制点，选好区域，单击"保留更改"按钮，图片的背景就被删除了，如图3-3-8所示。

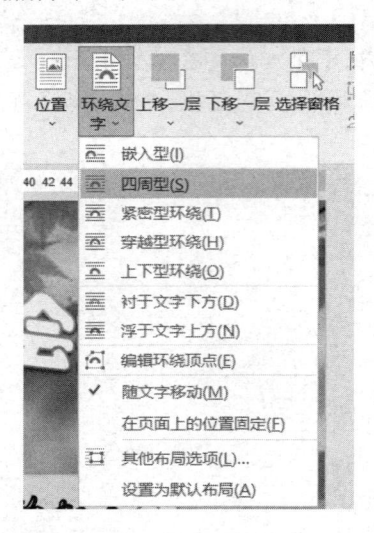

图 3-3-6　设置图片的环绕方式　　　　图 3-3-7　删除图片的背景

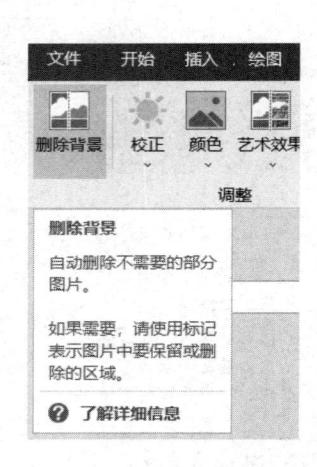

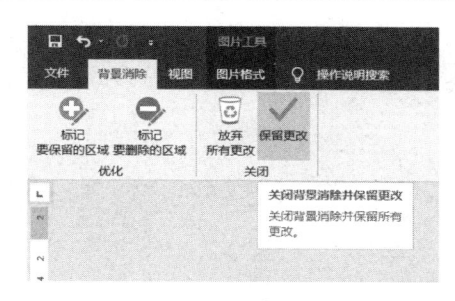

图 3-3-8　删除背景后的图片

子任务三：插入艺术字并设置艺术字格式

任务要求：插入艺术字"院学生会招生啦"，并设置艺术字样式。

操作步骤

1. 插入艺术字

参考样例，在页面上方插入艺术字，单击"插入"选项卡→"艺术字"按钮，在艺术字样式中选择"填充-白色；边框：红色，主题色2"（见图 3-3-9）。内容为"院学生会招新啦"，设置字体为"华文琥珀"、字号为"66磅"。

2. 艺术字字形的转换

选中艺术字，在"绘图工具"选项卡的"艺术字样式"分组中单击"文本效果"下拉按钮中的"转换"选项，单击"波形：下"（见图 3-3-10）。在"文本效果"中，还可以对艺术字阴影、映像、发光、棱台、三维旋转等进行详细设置。

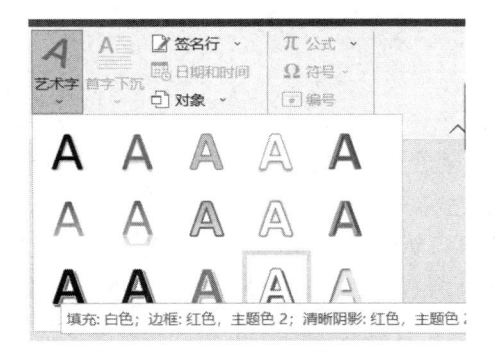

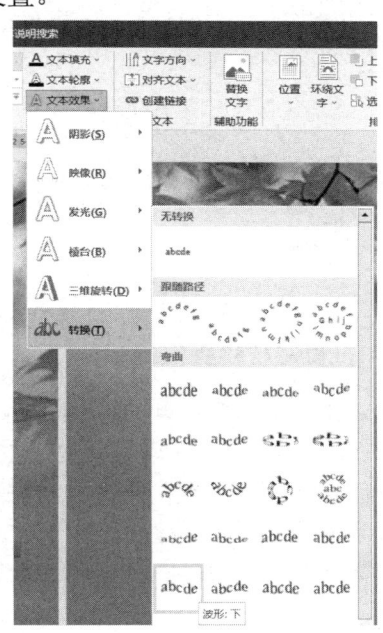

图 3-3-9　选择"艺术字"样式　　　　图 3-3-10　艺术字字形的"转换"

子任务四：插入形状并设置形状格式

任务要求：插入形状并添加文字，将形状填充颜色设为渐变色。

操作步骤

1. 插入形状

参考样例，在"插入"选项卡的"插图"分组中，单击"形状"下拉按钮，选择"星与旗帜"组中的"卷形：水平"按钮，如图3-3-11所示，鼠标形状变为"十"。用鼠标左键拖曳绘制出横卷形，并调整好形状的大小和位置。

2. 在形状中添加文字

选中该形状，右击，在弹出的快捷菜单中选择"添加文字"选项，如图3-3-12所示。在光标处输入文字"我们期待你的加入"，并设置字体为"华文行楷"、字号为"48 磅"、文字颜色为黑色。

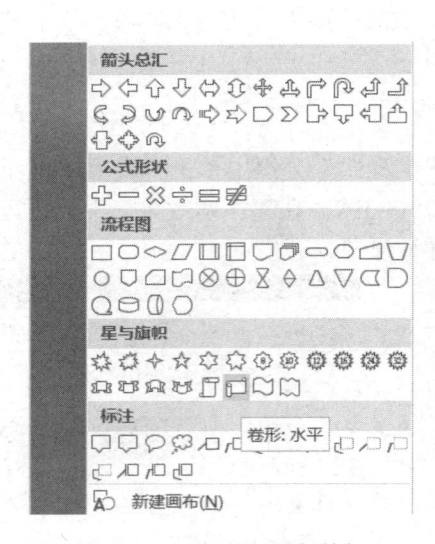

图 3-3-11 "形状"下拉按钮   图 3-3-12 "添加文字"选项

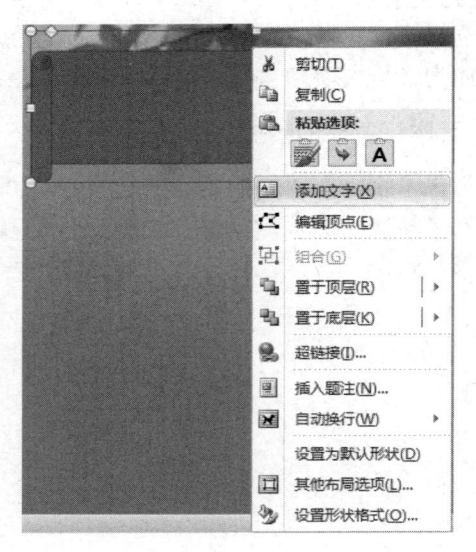

3. 设置形状格式

选中该形状外框，单击"绘图工具"选项卡，在"形状样式"分组中，单击"形状填充"→"渐变"→"其他渐变"，在右侧的"设置形状格式"对话框中，选择"渐变填充"，单击预设颜色下拉按钮，选择"浅色渐变-个性色5"，如图3-3-13所示。

参考样例，按回车键插入若干行，输入文字"招新流程""招新时间"等文字，设置字体为"华文行楷"、字号为"小一"。将落款"院学生会宣传部"及日期设为右对齐。

· 130 ·

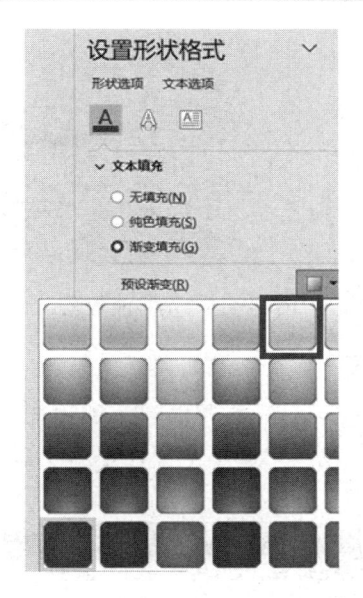

图 3-3-13　设置形状的渐变填充效果

子任务五：插入 SmartArt 并设置格式

任务要求：要求插入 SmartArt 并设置 SmartArt 格式。

操作步骤

1. 插入 SmartArt 图形

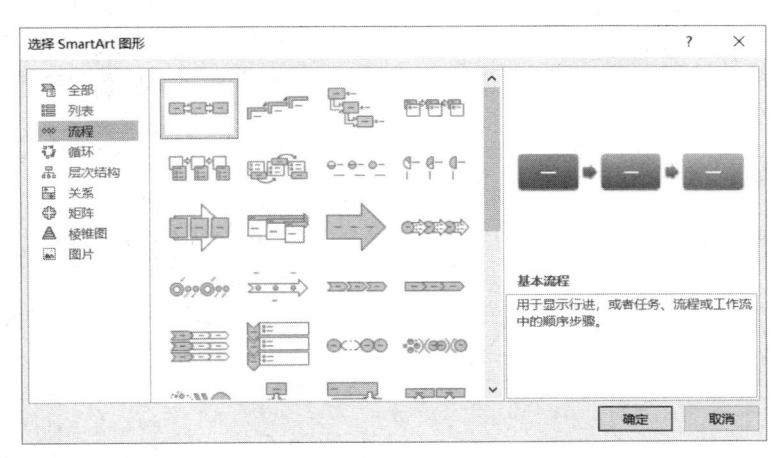

在"招新流程"后按回车键，插入一空行。单击"插入"选项卡→"SmartArt"按钮，弹出"选择 SmartArt 图形"对话框。在对话框左侧选择"流程"，右侧即显示流程图类中包含的各种流程图，单击"基本流程图"（见图 3-3-14），单击"确定"按钮，插入如图 3-3-15 所示的流程图。

图 3-3-14　"选择 SmartArt"对话框

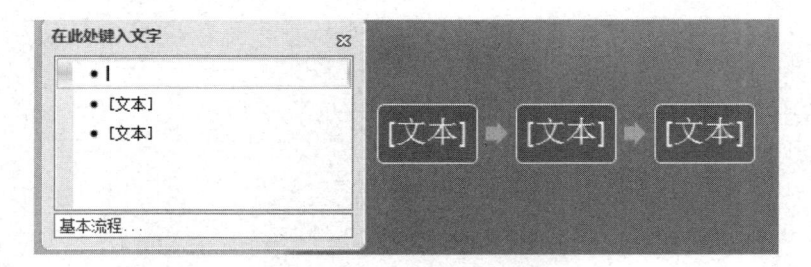

图 3-3-15　基本流程图

2．在 SmartArt 中添加形状

基本流程图默认包括三个矩形框，参考样例，需添加一个矩形框。选中该程图，单击"SmartArt 工具"，在"SmartArt 设计"选项卡中，单击"添加形状"→"在后面添加形状"选项（见图 3-3-16）。

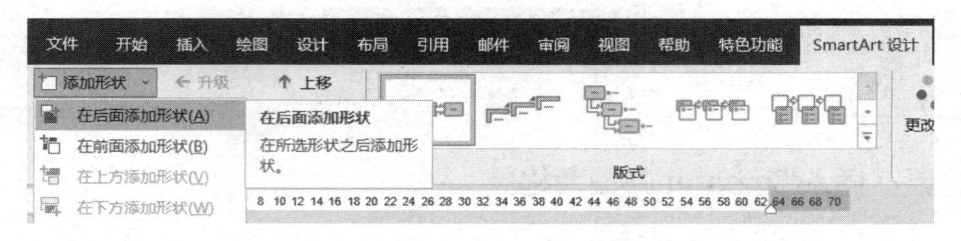

图 3-3-16　在流程图中添加形状

3．在形状中输入文字

在四个矩形框中依次输入"领取报名表""交表至宿管部""面试""公示结果"。设置字体为"宋体"、字号为"20 磅"，并调整四个矩形框的大小。

知识储备

1．调整对象间的叠放次序

在页面上绘制或插入各类对象，每个对象其实都存在于不同的"层"中，只不过这种"层"是透明的，我们看到的就是这些"层"以一定的顺序叠放在一起的最终效果。如需要某一个对象存在于所有对象之上，就必须选中该对象，右击，在弹出的快捷菜单中选择"置于顶层"选项。

2．对象的组合

按住 Shift 键不动，分别用鼠标单击各个对象，选中多个对象后，右击，在弹出的快捷菜单中选择"组合"→"组合"选项。如果需要单独调整或移动其中一个对象，则可以选中已组合的对象，单击鼠标右键，在弹出的快捷菜单中单击"组合"→"取消组合"选项。组合后的对象可作为一个整体移动，或改变大小。

3．图片旋转

选中图片对象，将光标移至图片顶部的 ⟲ ，使用鼠标左键拖曳 ⟲ ，可以旋转图片。

此方法也适用于文本框、艺术字、形状等对象。

4．显示比例的调整

更改文档的显示比例可以使操作更加方便和精确。单击"视图"选项卡，在"缩放"选项组中单击"缩放"按钮，在打开的"缩放"对话框中进行相应设置，如图 3-3-17 所示。

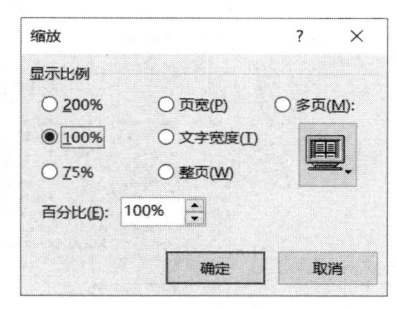

图 3-3-17 "选择 SmartArt 图形"对话框

任务拓展

请根据实训教程完成"促销规划图.docx""组织结构图.docx"的编排任务。

任务四　毕业论文编排

任务情境

小明即将大学毕业，最近忙于毕业论文的写作。按照学校论文编排的要求，他按时完成了论文的写作与排版。

样例图例

毕业论文效果图如图 3-4-1 所示。

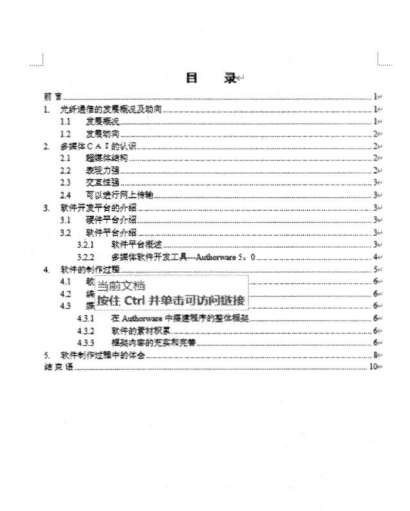

图 3-4-1　毕业论文效果图

图 3-4-1　毕业论文效果图（续）

任务导图

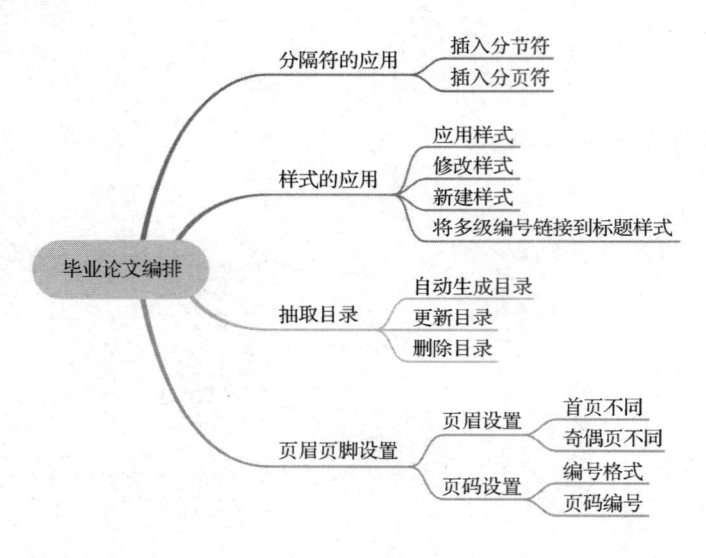

毕业论文编排
- 分隔符的应用
  - 插入分节符
  - 插入分页符
- 样式的应用
  - 应用样式
  - 修改样式
  - 新建样式
  - 将多级编号链接到标题样式
- 抽取目录
  - 自动生成目录
  - 更新目录
  - 删除目录
- 页眉页脚设置
  - 页眉设置
    - 首页不同
    - 奇偶页不同
  - 页码设置
    - 编号格式
    - 页码编号

任务清单

任务名称	毕业论文编排
任务分析	在毕业论文的编排中，通常需要设置论文封面，给各级标题应用不同样式，修改样式的格式，自动生成目录，为奇偶页设置不同的页眉并插入页码。

续表

任务目标	学习目标	1．掌握分隔符的使用，包括分页符，分节符的插入。 2．掌握样式的应用、新建与修改。 3．掌握多级编号的应用。 4．掌握目录的生成与更新。 5．掌握页眉、页脚的设置以及页码格式的设置。
	素质目标	1．培养学生发现美和创造美的能力，提高学生的审美情趣。 2．培养学生的自学能力和获取计算机新知识、新技术的能力。 3．鼓励学生大胆尝试，主动学习。 4．培养学生互帮互助的团队合作精神。 5．培养学生认真的态度、熟练的操作技术、细心的思维。 6．培养学生的软件版权意识。

子任务一：设置论文封面

任务要求：按要求设置论文封面。

操作步骤

（1）打开教学资源包中的"论文（素材）.docx"文件，进行页面设置。在"页眉和页脚工具"选项卡的"选项"组中，选中"首页不同"和"奇偶页不同"复选框。

（2）将光标置于文档的最前面，单击"布局"选项卡的"页面设置"组中的"分隔符"右侧的倒三角按钮，在打开的下拉列表中选择"分节符"中的"下一页"选项，如图 3-4-2 所示，添加用于制作毕业论文封面的空白页。

（3）使用前面介绍的方法，参照教学资源包中的样例文件，制作如图 3-4-3 所示的封面。

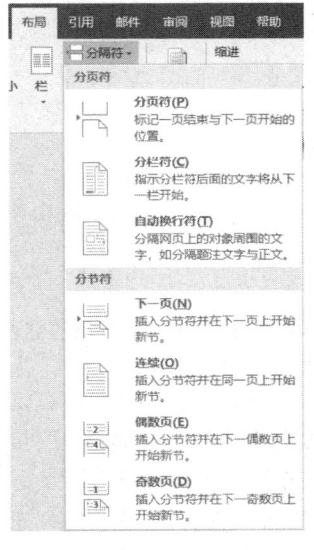

图 3-4-2 选择"下一页"选项　　　图 3-4-3 封面效果

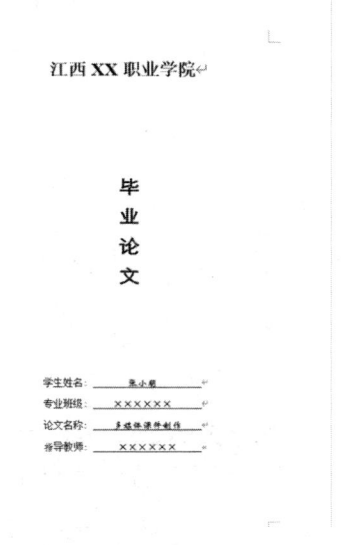

子任务二：样式的应用

任务要求：将论文中不同等级的标题用红色、绿色、蓝色等颜色进行区分，以便应用不同的样式。本任务包括样式的应用、修改和新建等。

操作步骤

1. 应用样式

（1）选择红色的文字，单击"开始"选项卡的"样式"组右下角的启动对话框按钮，打开"样式"下拉列表，如图 3-4-4 所示。

（2）将鼠标指针移至"红色"选项上，单击右侧的倒三角按钮，在打开的下拉列表中选择"选择所有 7 个实例"选项，如图 3-4-5 所示，即可选定文档中的所有红色文字。

（3）选择"样式"下拉列表中的"标题 1"选项，即可为所有红色文字应用"标题 1"样式。

（4）使用相同的方法，将绿色文字设置为"标题 2"样式，将蓝色文字设置为"标题 3"样式。

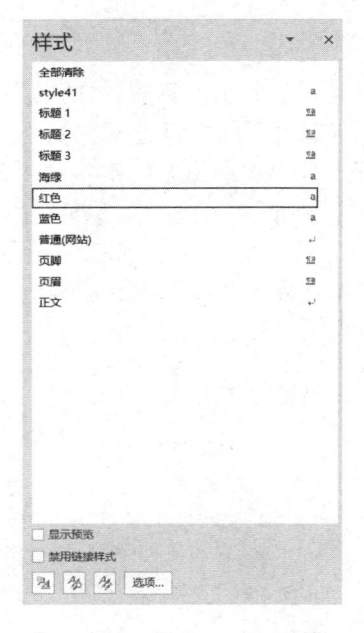

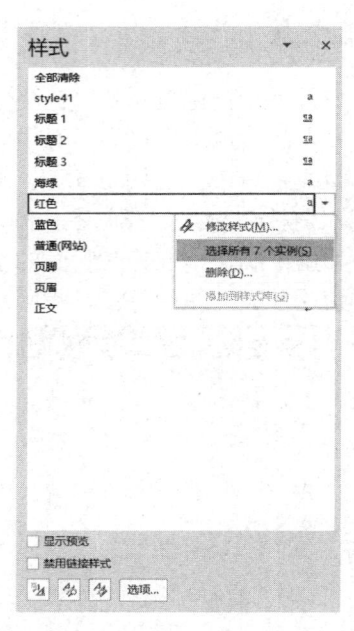

图 3-4-4 "样式"下拉列表　　　　图 3-4-5 选定文档中的所有红色文字

2. 修改样式

根据论文标题格式的要求，将"标题 1"样式的字体格式修改为"黑体""四号""加粗"，将"段前""段后"间距设置为"0.5 行"，将"行距"设置为"多倍行距"。

（1）右击"样式"组的快速样式库中的"标题 1"选项，在弹出的下拉列表中选择"修改"选项，如图 3-4-6 所示，打开"修改样式"对话框，如图 3-4-7 所示。

（2）在对话框中设置字体格式为"黑体""四号""加粗"。

（3）单击对话框底部的"格式"按钮，在弹出的下拉列表中选择"段落"选项。在打开的"段落"对话框中设置"段前""段后"间距为"0.5 行"，"行距"为"多倍行距"，单击"确定"按钮。

（4）使用相同的方法将"标题2"样式的字体格式设置为"楷体""小四号""加粗"，将"段前""段后"间距设置为"8 磅"，将"行距"设置为"单倍行距"。将"标题3"样式的字体格式设置为"黑体""五号""加粗"，将"段前""段后"间距设置为"5 磅"，将"行距"设置为"1.5 倍行距"。

3. 新建样式

新建一个"论文正文"样式，格式要求如下：设置字体格式为"仿宋""五号"，设置"段落"间距为"首行缩进""2 字符"，设置"行距"为"多倍行距"，设置"设置值"为"1.5"。

（1）单击"样式"下拉列表左下角的"新建样式"按钮 ，打开如图3-4-8所示的"根据格式化创建新样式"对话框。

（2）在"名称"文本框中输入"论文正文"，然后在"后续段落样式"下拉列表中选择"论文正文"选项。

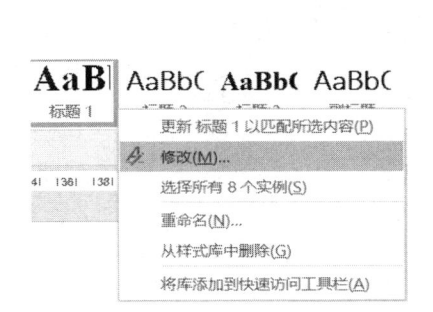

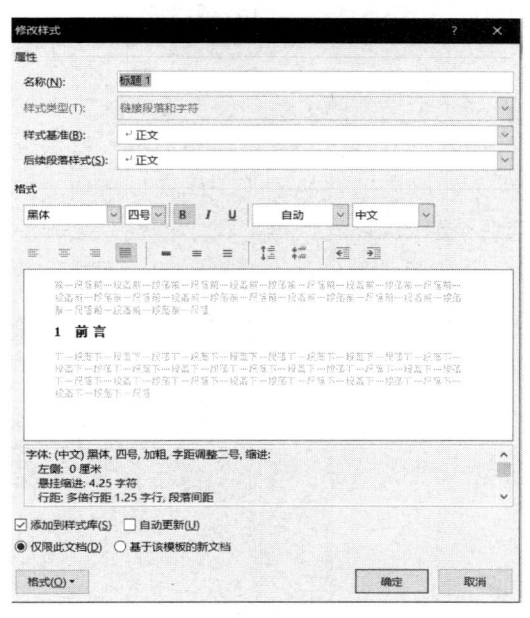

图3-4-6 选择"修改"选项　　　　　　图3-4-7 "修改样式"对话框

（3）在"格式"区域中设置字体格式为"仿宋""五号"。

（4）在"根据格式化创建新样式"对话框中，单击左下角的"格式"按钮，在弹出的下拉列表中选择"段落"选项，打开"段落"对话框。设置"段落"间距为"首行缩进""2 字符"，设置"行距"为"多倍行距"，设置"设置值"为"1.5"，单击"确定"按钮。新建的"论文正文"样式即可显示在样式列表中，如图3-4-9所示。

（5）选择除各级标题外的所有文本，然后在"样式"下拉列表中选择"论文正文"样式，则除各级标题外的所有文本将应用该样式。

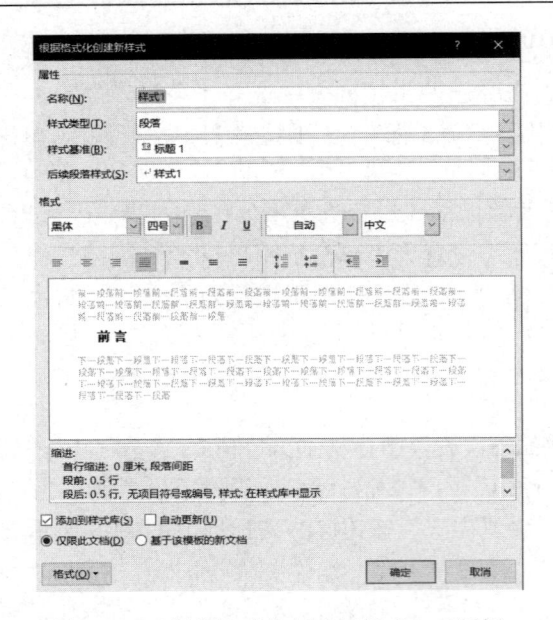

图 3-4-8 "根据格式化创建新样式"对话框　　图 3-4-9 样式列表

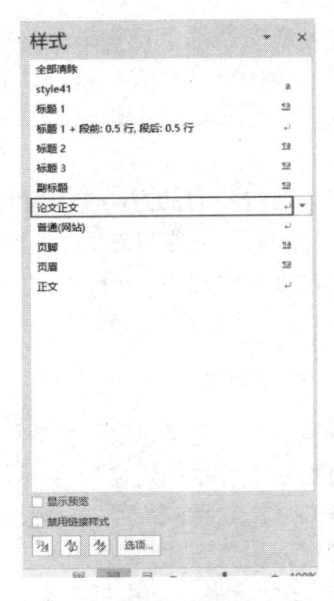

4．将多级编号链接到标题样式

（1）切换至"开始"选项卡，在"段落"组中单击"多级列表"按钮，在打开的下拉列表中选择"定义新的多级列表"选项。

（2）在打开的"定义新多级列表"对话框中单击"更多"按钮，右侧的"将级别链接到样式"下拉列表默认的是"无样式"选项，按照级别，把一级列表链接到标题 1，二级列表链接到标题 2，以此类推，在"位置"区域中设置标题的编号对齐方式及文本缩进位置，如图 3-4-10 所示。最后，将文档中的"前言"和"结束语"前的编号删除。

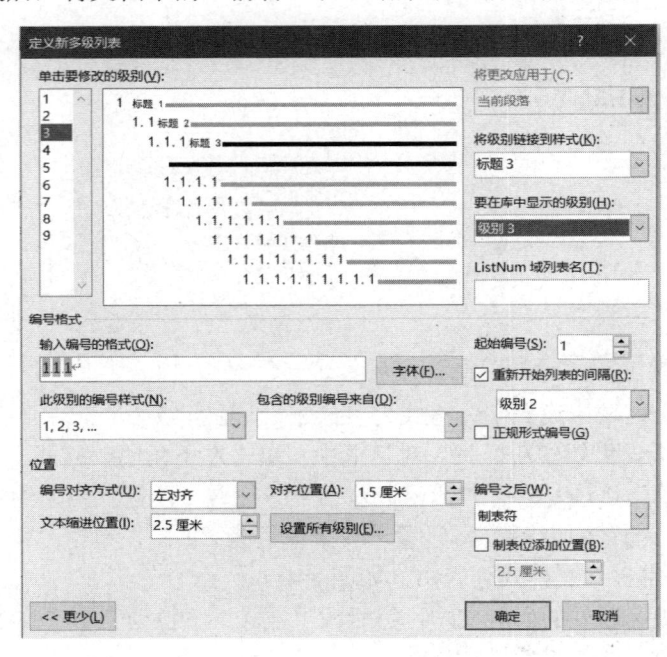

图 3-4-10 "定义新多级列表"对话框

子任务三：抽取目录

📖 **任务要求**：利用 Word 提供的抽取目录功能，自动生成论文的目录。

✏️ **操作步骤**

（1）在封面与正文之间添加一个空白页。

（2）将光标置于空白页的顶端，然后输入"目录"二字，并将其字体格式设置为"黑体""三号""加粗""居中"。

（3）按 Enter 键将光标置于下一行，单击"引用"选项卡的"目录"组中的"目录"按钮，在打开的下拉列表中选择"自定义目录"选项，打开"目录"对话框，如图 3-4-11 所示，进行参数设置。

（4）单击"确定"按钮，自动生成目录，如图 3-4-12 所示。

图 3-4-11　"目录"对话框　　　　　　　　图 3-4-12　生成目录

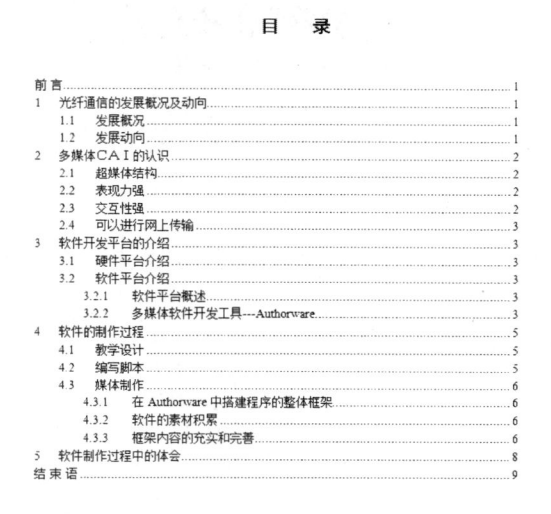

子任务四：添加页码

📖 **任务要求**：为正文设置页码，并在奇、偶页中设置不同的页眉。奇数页的页眉为论文标题"多媒体课件制作"，偶数页的页眉为"江西 XX 职业学院毕业论文"。

✏️ **操作步骤**

1. 页码设置

设置要求：封面和目录没有页码，正文用"1，2，3，…"格式设置页码，首页显示页码，并且页码在页脚的中部。

（1）选择正文首页，在页脚位置双击，进入页脚编辑状态，切换至"页眉页脚工具-设计"选项卡，单击"页眉和页脚"组中的"页码"按钮，在打开的下拉列表中选择"设置页码格式"选项，打开"页码格式"对话框。在"编号格式"下拉列表中选择"1，2，3，…"选项，选中"起始页码"单选按钮，并在后面的文本框中输入"1"，如图3-4-13所示，单击"确定"按钮，完成设置。

（2）单击"页码"按钮，在打开的下拉列表中选择"当前位置"→"普通数字"选项，即可在首页中插入页码，设置页码居中。

（3）切换至"页眉和页脚工具-设计"选项卡，在"导航"组中单击"链接到前一节"按钮，如图3-4-14所示。

（4）单击"导航"组中的"下一条"按钮，转到正文下一页的页脚位置，使"选项"组中的"奇偶页不同"复选框处于非选中状态，再执行操作步骤（2），插入页码。

（5）单击两次"导航"组中的"上一条"按钮，将光标置于目录页的页脚位置，删除页码，即可将封面和目录的页码删除。

（6）单击"关闭"组中的"关闭页眉页脚"按钮。至此，论文页码设计完成。

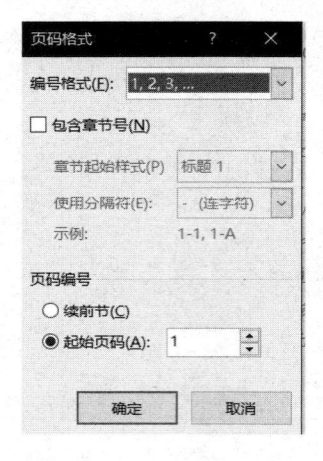

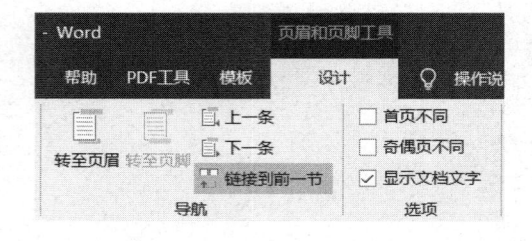

图 3-4-13　"页码格式"对话框　　　　图 3-4-14　单击"链接到前一节"按钮

2．更新目录

在目录上单击，将目录选定，切换至"引用"选项卡，单击"目录"组中的"更新目录"按钮，如图3-4-15所示，打开"更新目录"对话框，如图3-4-16所示。根据实际情况，在对话框中选择更新的类别，单击"确定"按钮，即可自动更新目录中的页码。

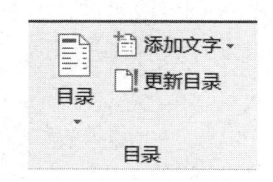

图 3-4-15　单击"更新目录"按钮　　　　图 3-4-16　"更新目录"对话框

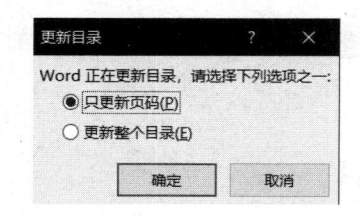

3. 页眉设置

设置正文的页眉和页脚为首页不显示，奇数页的页眉为文档名称（多媒体课件制作）且居中，偶数页的页眉为学生班级且居中。

（1）选择正文所在的节，在文档的页眉位置双击，进入页眉编辑状态。切换至"页眉和页脚工具-设计"选项卡，使"选项"组中的"首页不同"复选框处于非选中状态，"奇偶页不同"复选框处于选中状态，单击"导航"组中的"链接到前一节"按钮。

（2）在正文首页的页眉编辑框中输入"多媒体课件制作"，并使其居中，如图3-4-17所示。

图3-4-17　奇数页的页眉的设计

（3）单击"导航"组中的"下一条"按钮转至第二页，在页眉编辑框中输入"江西XX职业学院毕业论文"，并使其居中，如图3-4-18所示。

图3-4-18　偶数页的页眉的设计

（4）将光标置于页脚，使用前面所介绍的页码设计和插入的方法，根据需要适当调整页码格式。

（5）单击"关闭"组中的"关闭页眉页脚"按钮，完成页眉的设计。

提醒：在"页眉和页脚工具-设计"选项卡中，"链接到前一条"按钮用于在不同的节中设置相同或不同的页眉或页脚。"上一条"按钮用于切换至前一节的页眉或页脚，"下一条"按钮用于切换至后一节的页眉或页脚。

知识储备

1. 插入脚注和尾注

将光标置于要插入对象的位置，切换至"引用"选项卡，单击"脚注"组右下角的启动对话框按钮，打开如图3-4-19所示的"脚注和尾注"对话框。

在此对话框中，可以根据需要设置脚注或尾注的位置、编号格式、起始编号等。

2. 插入题注

在一张图片或一个表格下面添加的注解就是题注。

选中要添加题注的图片或表格，切换至"引用"选项卡，单击"题注"组中的"插入题注"按钮，打开如图3-4-20所示的"题注"对话框，然后在对话框中进行设置。如果添加/删除了图片（或表格），那么已经插入的题注的编号会自动改变。

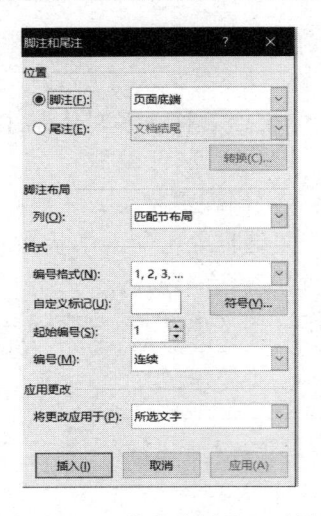

图 3-4-19 "脚注和尾注"对话框　　　　图 3-4-20 "题注"对话框

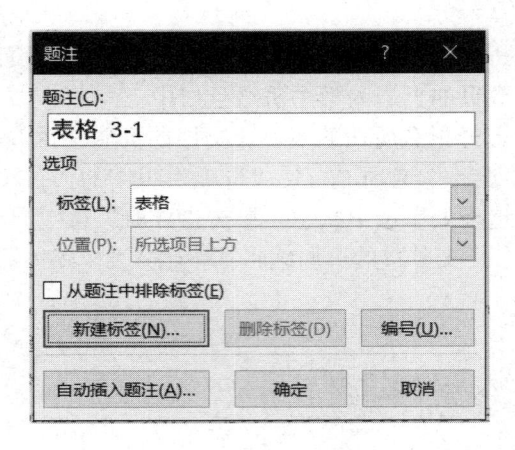

3．交叉引用

如果要在文档中添加"如图×-×所示"的字样，可以利用交叉引用的方法。这种方法可以使一个文档中所有的图表统一编号并自动连号。用户按住 Ctrl 键不松手，单击题注可以访问图表链接。

切换至"引用"选项卡，单击"题注"组中的"交叉引用"按钮，打开如图 3-4-21 所示的"交叉引用"对话框，在"引用哪一个题注"列表框中选择已插入的图片或表格。如果交叉引用的对象需要修改，则选中要修改的对象并右击，在弹出的快捷菜单中选择"更新域"选项即可。

4．插入与编辑公式

利用 Word 2016 提供的公式编辑器可以在文档中插入数学公式。例如，插入如图 3-4-22 示的数学公式。

操作方法如下。

（1）将光标置于需要插入数学公式的位置。

图 3-4-21 "交叉引用"对话框

（2）在"插入"选项卡的"符号"功能组中，单击"公式"右侧的倒三角按钮，在弹出的下拉列表中选择某种计算机内置的数学公式。如果没有用户所需的公式，则可以选择"插入新公式"选项，打开公式编辑器，如图 3-4-23 所示，同时显示"公式工具-设计"选项卡。

$$x_{12} = \frac{-b \pm \sqrt{b^2 - 4ac}}{2a}$$

图 3-4-22 插入数学公式　　　　图 3-4-23 公式编辑器

（3）在公式编辑器中输入公式。

① 在"公式工具-设计"选项卡的"结构"组中，选择"上下标"→"□"选项，在两个编辑框中分别输入"x"和"12"，按→键，移动光标，输入"="。

② 在"公式工具-设计"选项卡的"结构"组中,选择"分数"→"□"选项,在编辑框中输入"-b",在"符号"组中,选择"±"运算符。

③ 在"公式工具-设计"选项卡的"结构"组中,选择"根式"→"√□"选项,在"结构"功能组中,选择"上下标"→"□□"选项,在两个编辑框中分别输入"b"和"2",按→键,移动光标,输入"-4ac"。

④ 将光标置于分母编辑框中,输入"2a",在编辑框外单击,完成公式的输入。

Word 2016 提供了强大的插入功能,可插入的内容非常多,由于篇幅所限,无法在此逐一列举,本书只介绍了一些常用的插入功能。

5. 插入特殊符号

如果要在 Word 文档中输入箭头、方块、几何图形、希腊字母、带声调的拼音等键盘上没有的特殊字符,则可以通过插入特殊符号的方式来实现。首先确定光标位置,然后在"插入"选项卡中,单击"符号"组中的"符号"按钮,在打开的下拉列表中选择需要插入的特殊符号,如图 3-4-24(a)所示。若列表中没有用户所需的符号,则可以选择列表底部的"其他符号"选项,打开"符号"对话框,如图 3-4-24(b)所示。在"字体"下拉列表中选择字体,在其下方的符号区域会显示相应的符号类型,用户可在其中选择需要的符号,单击"插入"按钮,将其插入文档中。例如,在"字体"下拉列表中选择"Wingdings"选项,在其下方的符号区域中可以找到☑符号,该符号在填表时会被经常用到。

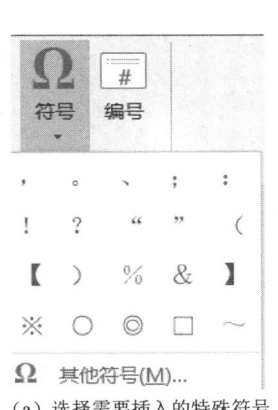

(a)选择需要插入的特殊符号　　　　　　(b)"符号"对话框

图 3-4-24　插入符号

6. 删除页眉和页脚

(1)双击文档首页中的页眉,进入页眉编辑状态。

(2)要删除页眉和页脚,只需在页眉或页脚位置双击,即可进入页眉和页脚的编辑状态,直接删除页眉或页脚的内容。但是,对于多页文档,有时为了避免因删除该节的页眉和页脚而影响下一节的页眉和页脚,应按照如下方法操作:首先单击"页眉和页脚工具-设计"选项卡的"导航"组中的"下一节"按钮跳转至下一节,然后分别将光标置于该节的页眉和页脚区,最后单击"导航"组中的"链接到前一条页眉"按钮,取消页眉和页脚的链接状态。

(3)单击"页眉和页脚工具-设计"选项卡的"导航"组中的"上一节"按钮跳转至上一

节，然后分别单击"页眉和页脚工具-设计"选项卡的"页眉和页脚"组中的"页眉"和"页脚"按钮，在打开的下拉列表中选择"删除页眉"和"删除页脚"选项，将该节中的页眉和页脚删除。

（4）删除页眉后，有可能留下页眉线，为此，可选中页眉线上方的段落标记，然后单击"开始"选项卡的"段落"组中的"边框"右侧的倒三角按钮，在打开的下拉列表中选择"无框线"选项，将页眉线删除。

7. 分页与分节

（1）分页。当文本充满当前页面时，Word 将自动插入一个分页符，并且在当前页面之后生成新的页面。如果需要将同一页面的文本分别放在不同的页面中，则可以插入分页符。首先将光标置于需要分页的位置，然后在"布局"选项卡中，单击"页面设置"组中的"分隔符"按钮，在打开的下拉列表中选择"分页符"选项即可。按 Ctrl+Enter 组合键也可以插入分页符。

此时，在"视图"选项卡的"视图"组中，如果切换至"页面视图"，则会出现一个新的页面，如果切换至"草稿"，则会出现一条贯穿页面的虚线。

如果要删除分页符，则将光标置于分页符之前，按 Delete 键。

（2）分节。分节是文档格式设置的基本单位，在 Windows 的其他文字类应用程序中，系统默认整个文档为一节，在同一节内，各页面的格式完全相同。而在 Word 中，一个文档可以被分为多节，用户可以根据需要为每节的文本单独设置格式。例如，使用分节符将文档进行拆分，然后以节为单位设置不同格式的页眉或页脚。

如果要删除分节符，则将光标置于分节符之前，按 Delete 键。

任务拓展

请根据实训教程完成"Microsoft_Office 图书策划案.docx"的编排任务。

任务五 批量制作邀请函

任务情境

学校 70 周年校庆，校庆的工作量大，小明作为学生会宣传部成员，被抽调到校庆办公室帮助工作。校庆办公室老师要小明为校友录中的校友寄邀请函，小明使用了 Word 中的邮件合并功能，顺利地将所有邀请函打印出来并邮寄。

样例图例

邀请函效果如图 3-5-1 所示。

项目 3　Word 文档的制作及应用

图 3-5-1　邀请函效果图

任务导图

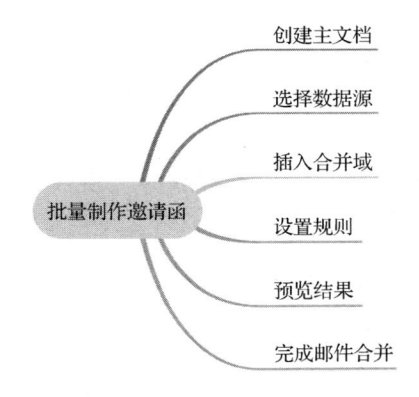

批量制作邀请函
- 创建主文档
- 选择数据源
- 插入合并域
- 设置规则
- 预览结果
- 完成邮件合并

任务清单

任务名称	毕业论文编排
任务分析	如果要批量打印邀请函、信封、贺卡等，可以使用 Word 的邮件合并功能来处理，能极大地提高工作效率。 　　邮件合并，首先建立两个文档：一个 Word 文档包括所有文件共有内容的主文档（例如邀请函的主体内容等）和一个包括变化信息的数据源，通常用 Excel 来存放数据源，然后使用邮件合并功能在主文档中插入要合并的数据源，合并后的 Word 文档，可以批量打印出来，也可以以邮件形式发出。

· 145 ·

续表

任务目标	学习目标	1．了解邮件合并的功能。 2．掌握邮件合并的设置过程。 3．了解邮件合并中规则的设置。
	素质目标	1．培养学生团队、协作精神。 2．培养学生敬业奉献、精益求精的工匠精神。 3．培养学生认真的态度、熟练的操作技术、细心的思维。

子任务一：创建主文档

任务要求：按要求新建文档，将文字素材复制到文档中，并完成基础排版。

操作步骤

1．创建主文档

新建 Word 文件，并保存为“校庆邀请函.docx”。打开“校庆邀请函素材.docx”，将全部文字复制到“校庆邀请函.docx”中。对邀请函进行排版，上、下边距设为 3 厘米，左、右边距设为 3.17 厘米，标题格式设为“黑体”“一号”，正文格式设为“宋体”“三号”，正文首行缩进 2 字符，除最后三段，其余各段设段后 0.5 行。效果如图 3-5-2 所示。

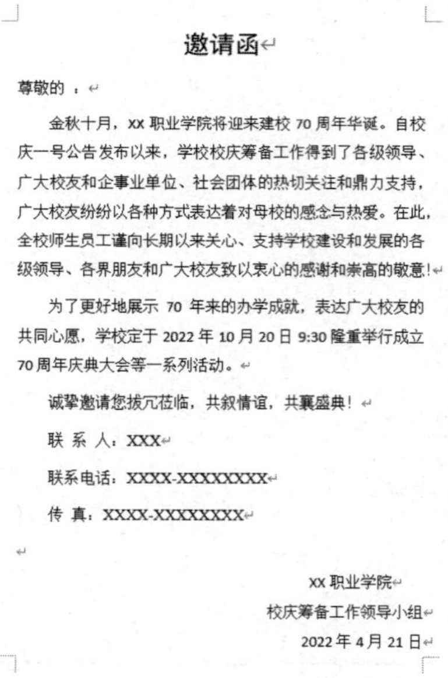

邀请函

尊敬的：

金秋十月，XX 职业学院将迎来建校 70 周年华诞。自校庆一号公告发布以来，学校校庆筹备工作得到了各级领导、广大校友和企事业单位、社会团体的热切关注和鼎力支持，广大校友纷纷以各种方式表达着对母校的感念与热爱。在此，全校师生员工谨向长期以来关心、支持学校建设和发展的各级领导、各界朋友和广大校友致以衷心的感谢和崇高的敬意！

为了更好地展示 70 年来的办学成就，表达广大校友的共同心愿，学校定于 2022 年 10 月 20 日 9:30 隆重举行成立 70 周年庆典大会等一系列活动。

诚挚邀请您拨冗莅临，共叙情谊，共襄盛典！

联 系 人：XXX

联系电话：XXXX-XXXXXXXX

传 真：XXXX-XXXXXXXX

XX 职业学院

校庆筹备工作领导小组

2022 年 4 月 21 日

图 3-5-2　邀请函主文档

子任务二：选择数据源

任务要求：利用素材文件选择数据源。

操作步骤

（1）将光标定位到主文档中，单击“邮件”选项卡，在“开始邮件合并”组中单击“开始邮件合并”右侧的下三角按钮，从弹出的菜单中选择“信函”选项，如图 3-5-3 所示。

（2）在“开始邮件合并”组中，单击“选择联系人”右侧的下三角按钮，从弹出的菜单中选择“使用现有列表”选项，如图 3-5-4 所示。

（3）在弹出的“选择数据源”对话框中，选择数据源文件，也就是素材“校友花名册.xlsx”Excel 工作簿。单击“打开”按钮，弹出“选择表格”对话框，从中选择默认的“Sheet1”工作表，如图 3-5-5 所示。

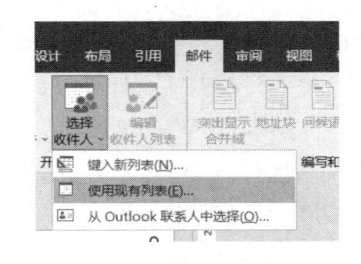

图 3-5-3 "信函"选项　　　　图 3-5-4 "使用现有列表"选项

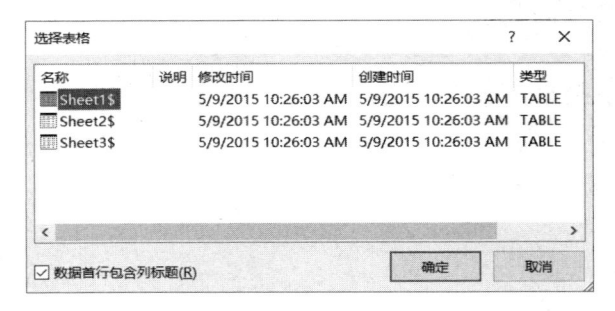

图 3-5-5 选择工作表

子任务三：插入合并域并设置规则

任务要求：在相关位置插入合并域并设置相关规则。

操作步骤

1. 插入合并域

将光标定位于主文档"尊敬的"后面，单击"插入合并域"按钮，如图 3-5-6 所示。然后单击"姓名"项，结果如图 3-5-7 所示。插入的合并域带有书名号，将光标定位在合并域处，会显示灰色域底纹。

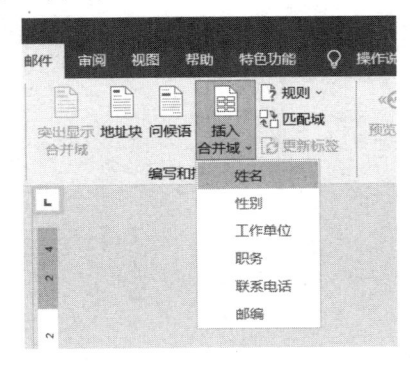

图 3-5-6 插入合并域　　　　图 3-5-7 插入合并域后的效果图

· 147 ·

2. 设置规则

根据实际情况，需要在姓名后面加上"先生/女士"称呼，操作如下：

单击"邮件"选项卡，再单击"编写和插入域"组中的"规则"按钮，在展开的列表中选择"如果…那么…否则"项，打开"插入 Word 域：如果"对话框。在对话框的"域名"下拉列表中选择"性别"，在"比较条件"下拉列表中选择"等于"，在"比较对象"文本框中输入"男"，在"则插入此文字"文本框中输入"先生"，在"否则插入此文字"文本框中输入"女士"，如图 3-5-8 所示。

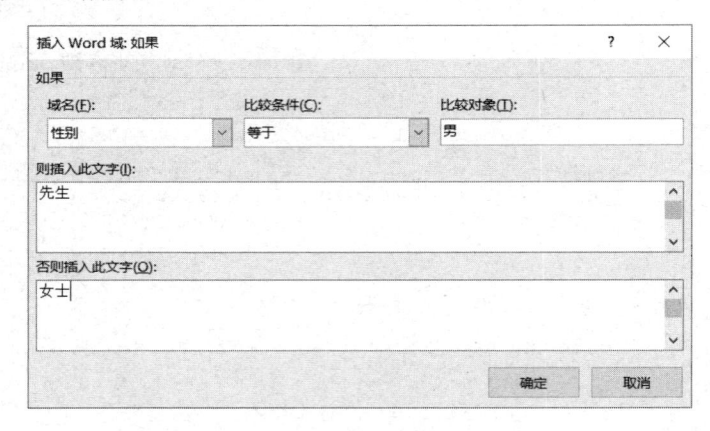

图 3-5-8　设置规则

3. 预览结果

设置好邮件合并后，我们可以在邮件区的预览结果组中，单击"预览结果"按钮进行预览，如图 3-5-9 所示。

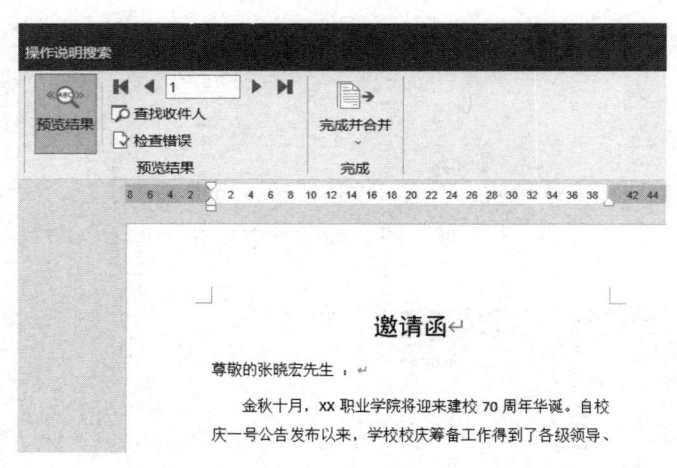

图 3-5-9　预览结果

子任务四：完成邮件合并

任务要求：先预览合并后的效果，清单后完成邮件合并。

操作步骤

（1）如果对预览合并后的效果满意，就可以完成邮件合并的操作了。单击"完成并合并"下拉按钮，在弹出的菜单中，选择"编辑单个文档"选项，如图 3-5-10 所示。

（2）在弹出的"合并到新文档"对话框中，设置合并的范围，如图 3-5-11 所示。

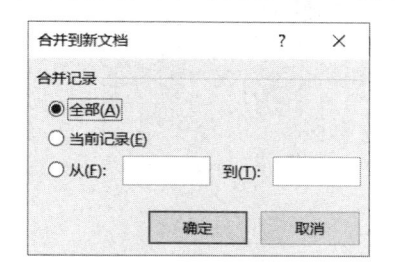

图 3-5-10　选择"编辑单个文档"选项　　　图 3-5-11　"合并到新文档"对话框

（3）分别保存邮件合并生成的文档以及主文档。

知识储备

1．模板的概念

任何 Word 文档都是以模板为基础创建的，模板决定了文档的基本样式。所谓模板，就是指包含段落结构、字体格式和页面布局等元素的样式。当我们创建新文档时，实际上相当于打开了一个名为 Normal.doc 的文件。

（1）制作与应用模板。设置好文档的各元素，包括页面布局、各种样式、自定义的工具栏和菜单等，然后将该文件保存为模板文件，即 .dotx 文件，而在编辑其他文档时就可以加载该模板文件，并使用模板文件中的页面布局、各种样式、自定义的工具栏和菜单了。

（2）操作过程。进入"文件"选项卡，选择"另存为"选项，打开"另存为"对话框。在"文件名"文本框中输入创建好的模板名称，在"保存类型"下拉列表中选择"文档模板（*.dotx）"选项，然后单击"保存"按钮，完成利用文档创建模板的操作。

2．邮件合并及其应用

邮件合并指把一系列信息与一个标准文档合并，从而生成多个文档。合并过程通常涉及两类文档：一类是在合并的过程中保持不变的主文档，另一类是包含变化的信息（如姓名、地址等）的数据源。

（1）数据源文件的类型。邮件合并除可以使用由 Word 创建的数据源外，还可以利用很多文件。例如，Excel 工作簿、Access 数据库、Query 文件、FoxPro 文件、文本文件等都可以作为邮件合并的数据源。只要有这些文件，邮件合并时就无须创建数据源，直接使用这些数据即可。这样做可以共享各种数据，避免重复劳动，从而提高办公效率。

注意：使用 Excel 工作簿时，必须保证数据文件是数据库格式的，即第 1 行必须是字段名，数据行中间不能有空行等。

（2）域代码：IF 域。在邮件合并的过程中，有时要对数据进行判断，获取判断结果。例如，在邀请函中要对客户的性别进行判断，如果是男性，就称其为先生，否则称其为女士，这时就要用到 IF 域。

单击"编写和插入域"组中的"规则"按钮，在打开的下拉列表中选择"如果…那么…否则"选项，打开"插入 Word 域：如果"对话框，在对话框中输入相应的内容即可。

任务拓展

请根据实训教程完成"荣誉证书.docx"的编排任务。

项目 4

Excel 数据管理与分析

当今社会，人们生活在数据的世界里，应用表格对数据进行处理是经常要做的事情。Microsoft Excel 2016（简称 Excel 2016），是 Microsoft Office 2016 办公软件集合中的一款表格处理软件，通过该软件可以快速高效地制作电子表格、处理数据、进行数据统计与分析、辅助决策等。Excel 2016 现已被广泛地应用于管理、统计等众多领域。

任务一　职员基本情况表的编辑与格式化

任务情境

小明在公司人力资源部实习，主管领导需要一份公司员工的“职员基本情况表”，他非常高兴地接下了这个任务，并顺利地完成了表格的制作。

样例图例

“职员基本情况表”效果如图 4-1-1 所示。

职员基本情况表

员工编号	姓名	性别	工作部门	学历	身份证号	参加工作时间	职务	联系电话	Email地址
A-001	杨林	男	董事会	本科	360103****02241245	1983年5月	总经理	138****0235	yanglin@163.com
A-002	李丽	女	董事会	研究生	360205****05251542	1983年4月	总经理	135****2147	lili@126.com
A-003	林明	男	人力资源部	大专	362523****01201452	1985年6月	副经理	138****3320	linming@sina.com
A-004	罗西易	男	行政管理部	本科	362532****06241321	1992年9月	副经理	139****2230	lyx@163.com
A-005	吴笑笑	女	经济管理部	本科	362532****03030721	1992年7月	副经理	135****8117	wxx@yahoo.com.cn
A-006	邓章平	男	法律事务部	大专	362532****02221310	1995年8月	副经理	138****9918	dzp@163.com
A-007	陈水生	男	审计监察部	本科	362532****12125731	1995年7月	副经理	137****0012	css@163.com
A-008	陈登卿	男	生产部	大专	362532****12110642	1994年4月	部门主管	139****6559	chendq@126.com
A-009	宋海平	男	生产部	高中	362532****12110833	1991年2月	技术员	139****5138	shonghp@126.com
A-010	赖振华	男	生产部	中专	362532****11124556	1989年5月	技术员	138****2371	lzh@163.com
A-011	谢克勤	男	生产部	中专	362532****05031129	1995年4月	生产工人	130****5995	xiekq@yahoo.com.cn
A-012	赖卫华	男	生产部	中专	362532****05252130	1990年1月	生产工人	133****2564	lwh11@163.com
A-013	李金祥	男	生产部	中专	362532****08300677	1994年7月	生产工人	138****3512	ljixiang@126.com
A-014	朱广文	男	生产部	中专	352532****04205799	1998年5月	生产工人	130****1878	zgwen@sina.com
A-015	章艳平	男	生产部	中专	362532****12021675	1994年5月	生产工人	136****4833	zangyp@sina.com
A-016	曾佑民	男	生产部	中专	362532****09200494	1992年4月	生产工人	138****5215	zenym@126.com
A-017	李常木	男	生产部	中专	362532****10070676	1999年2月	生产工人	138****2778	licangmu@sina.com
A-018	邱广财	男	生产部	高中	362532****07244569	1993年5月	生产工人	137****0423	qgc1225@126.com
A-019	饶庆祝	男	生产部	中专	362532****07040795	2000年5月	生产工人	133****5215	rqz1111@136.com
A-020	廖盛代	男	生产部	中专	362532****09281368	1997年4月	生产工人	139****6612	miaosd@126.com
A-021	郑小强	男	生产部	中专	362532****09185090	2003年5月	生产工人	135****3125	zxq567@163.com
A-022	吴忠仁	男	生产部	中专	362532****07283462	1997年6月	生产工人	137****0300	wzr@sina.com
A-023	吴贵冬	男	生产部	中专	362532****10134973	1993年9月	生产工人	131****1254	wgd@126.com
A-024	符美玲	女	销售部	大专	362532****12285062	1990年7月	部门主管	138****9945	fml1@163.com
A-025	崔财圣	男	销售部	大专	362532****09285777	1996年3月	销售员	139****1206	ccs556@126.com
A-026	吴克仁	男	销售部	大专	362532****10104890	2003年5月	销售员	139****4410	wkr@yahoo.com.cn
A-027	黄建荣	男	销售部	中专	362532****12067098	2003年7月	销售员	137****1230	hjr0112@126.com
A-028	黄晓萍	女	销售部	中专	362532****11072587	2003年9月	销售员	136****5112	wxp12345@163.com

图 4-1-1 “职员基本情况表”效果

任务清单

任务名称	职员基本情况表的编辑与格式化
任务分析	我们在工作和学习中经常会遇到需要制作表格、输入各类型的数据、美化表格及打印表格的时候，这就需要通过 Excel 电子表格软件来完成。
任务目标 · 学习目标	1. 掌握 Excel 2016 的启动方法，熟悉并使用 Excel 2016 的基本功能。 2. 掌握各种数据的输入方法与技巧。 3. 能熟练设置表格格式。 4. 会保护表格。 5. 熟练掌握保存与打印表格。
任务目标 · 素质目标	1. 培养学生认真负责、精益求精、严肃认真的工匠精神。 2. 培养学生独立思考、综合分析问题的能力。 3. 培养学生的软件版权意识。 4. 了解国产软件，培养学生关心国家发展、参与祖国建设的主人翁意识。

任务导图

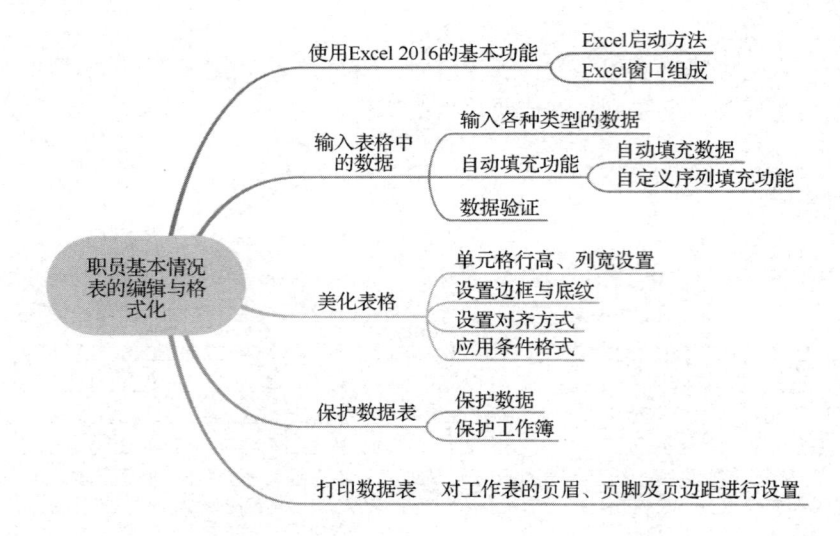

职员基本情况表的编辑与格式化
- 使用Excel 2016的基本功能
  - Excel启动方法
  - Excel窗口组成
- 输入表格中的数据
  - 输入各种类型的数据
  - 自动填充功能
    - 自动填充数据
    - 自定义序列填充功能
  - 数据验证
- 美化表格
  - 单元格行高、列宽设置
  - 设置边框与底纹
  - 设置对齐方式
  - 应用条件格式
- 保护数据表
  - 保护数据
  - 保护工作簿
- 打印数据表 对工作表的页眉、页脚及页边距进行设置

任务实施

子任务一：熟悉 Excel 2016 窗口

任务要求：掌握 Excel 2016 的启动方法，熟悉并使用 Excel 2016 的基本功能。

✎ 操作步骤

1. 启动 Excel 2016

（1）在"开始"菜单中，选择"Excel 2016"选项，启动 Excel 2016。

（2）启动 Excel 2016 后，程序会自动创建一个名为"工作簿 1"的空白工作簿，并自动定位在此工作簿的第一张工作表中。

2. Excel 2016 窗口的组成

Excel 2016 窗口与 Word 2016 窗口有一些相似之处，但也有很多不同之处。例如，Excel 2016 窗口特有的区域有名称框、编辑栏和工作表标签等。Excel 2016 窗口如图 4-1-2 所示。

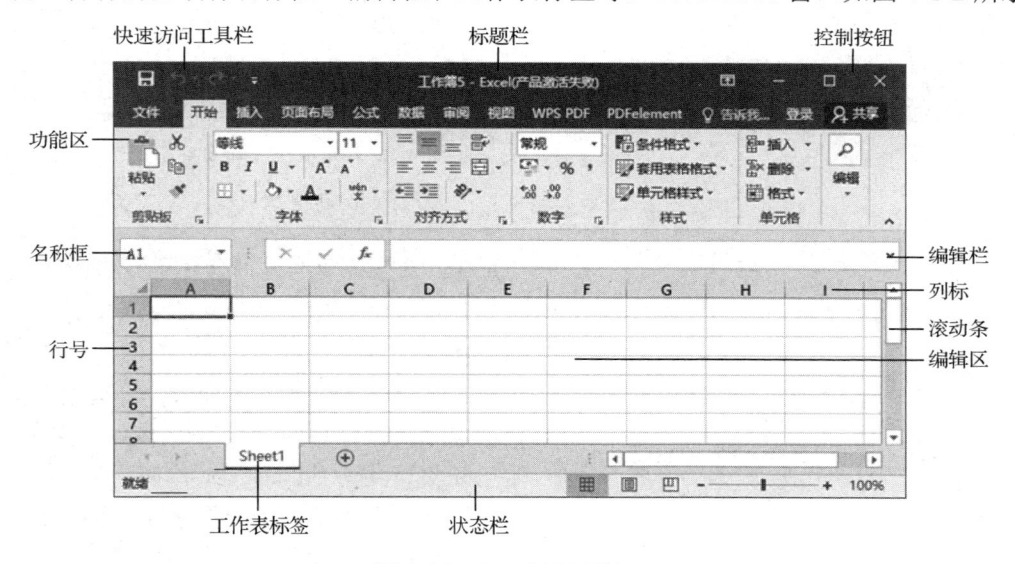

图 4-1-2　Excel 2016 窗口

名称框：显示光标所在单元格的名称。

编辑栏：用于输入和显示单元格中的内容或公式。

工作表标签：在 Excel 2016 窗口的底端有一个工作表标签，如 Sheet1、Sheet2、…，代表工作簿中当前第 1 个工作表、第 2 个工作表、…，单击工作表标签右边的 ⊕ 图标，可以新建工作表。

Excel 2016 的电子表格是二维表格，即以"横坐标"和"纵坐标"绘制网格。其中，每个横、纵坐标相交的网格被称为"单元格"，比如将"第 1 行与第 A 列"交叉的单元格表示为 A1。用户只需单击某个单元格就可以从键盘直接输入数据了。

子任务二：快速、准确地输入各种类型的数据

✐ 任务要求：掌握各种数据的输入方法与技巧。

操作步骤

1. 输入表格标题和表头内容，将表格标题合并后居中

（1）选定 A1 单元格，输入文字"职员基本情况表"。

（2）选定 A2:J2 单元格区域，并分别输入如图 4-3 所示的内容。

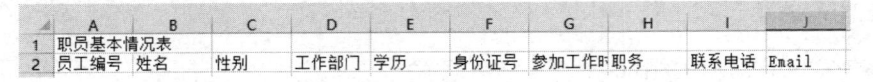

图 4-1-3　输入表格标题和表头内容

（3）选定 A1:J1 单元格区域，单击"开始"选项卡的"对齐方式"组中的"合并后居中"按钮，然后单击"开始"选项卡的"字体"组中的"加粗"按钮，设置字体格式为"宋体""16 磅"，结果如图 4-1-4 所示。

图 4-1-4　表格标题"合并后居中"的效果

2. 将"员工编号""身份证号"和"联系电话"所在列的数字格式设置为"文本"类型

（1）按住 Ctrl 键不松手，单击列标 A、F、I，选定"员工编号""身份证号"和"联系电话"所在的列。

（2）单击"开始"选项卡的"数字"组右下角的启动对话框按钮，打开如图 4-1-5 所示的"设置单元格格式"对话框（或者右击单元格，在弹出的快捷菜单中选择"设置单元格格式"选项，同样可以打开"设置单元格格式"对话框）。

（3）切换到"数字"选项卡，并在"分类"列表中选择"文本"选项，如图 4-1-5 所示，然后单击"确定"按钮。

提示：也可以在"开始"选项卡的"数字"组中的"数字格式"下拉列表中选择"文本"选项。

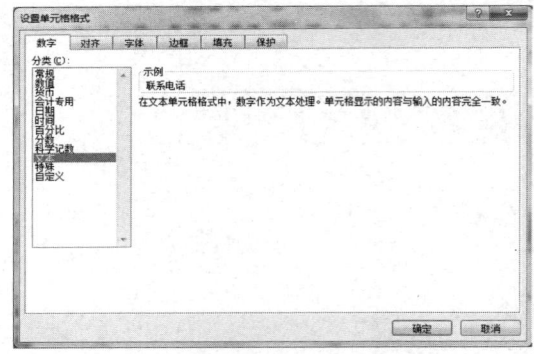

图 4-1-5　"设置单元格格式"对话框

3. 使用自动填充功能输入"员工编号"序列

（1）选定 A3 单元格，然后输入"A-001"。

（2）将鼠标指针置于此单元格的右下角，如图 4-1-6 所示，当鼠标指针变成"＋"形状时，按住鼠标左键不松手并向下拖动，此时鼠标指针所经过的单元格自动被填充，直到 A30 单元格被填充为 A-028 后释放鼠标左键，如图 4-1-7 所示。

图 4-1-6　自动填充编号前

图 4-1-7　自动填充编号后（部分）

4．设置"性别"所在列（C 列）的数据验证为"男，女"的序列类型

（1）选定"性别"所在列（单击 C 列列标）。

（2）单击"数据"选项卡的"数据工具"组中的"数据验证"按钮，打开如图 4-1-8 所示的"数据验证"对话框。

（3）在"设置"选项卡的"允许"下拉列表中选择"序列"选项，如图 4-1-9 所示。

图 4-1-8　"数据验证"对话框　　　　图 4-1-9　选择"序列"选项

（4）在"来源"文本框中输入"男,女"，如图 4-1-10 所示。

提示：在"来源"文本框中，输入的"男,女"中的逗号应为英文逗号，若输入中文逗号则会出错。

（5）切换到"输入信息"选项卡，输入如图 4-1-11 所示的内容。

图 4-1-10　输入序列来源　　　　　　图 4-1-11　"输入信息"选项卡

（6）切换到"出错警告"选项卡，在"样式"下拉列表中选择"停止"选项，或者根据实际情况选择不同的出错警告，从而控制输入者的操作，如图 4-1-12 所示。

（7）单击"确定"按钮，完成数据验证的设置。

（8）选定 C3 单元格，出现如图 4-1-13 所示的提示信息。

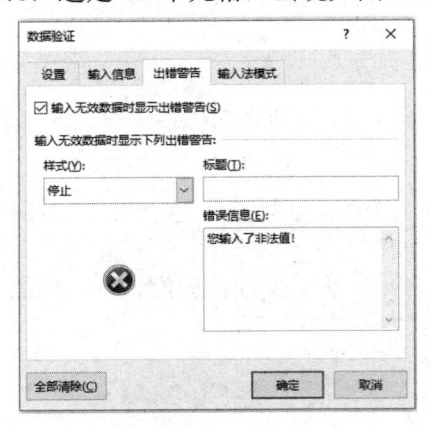

图 4-1-12　"出错警告"选项卡　　　　　　图 4-1-13　显示提示信息

（9）单击 C3 单元格右边的倒三角按钮，即可显示设置的序列，如图 4-1-14 所示，在序列中选择需要的数据。若不按照提示操作而输入其他数据，则会弹出出错警告，如图 4-1-15 所示，此时只需单击"重试"按钮，返回窗口继续操作即可。

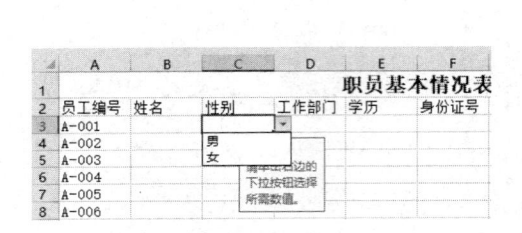

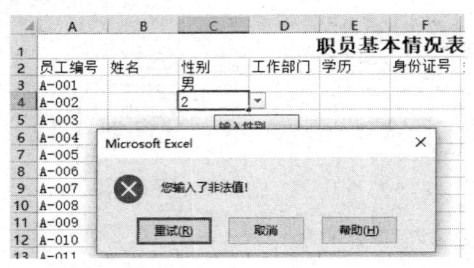

图 4-1-14　选择需要的数据　　　　　图 4-1-15　输入的数据类型有误，弹出出错警告

（10）使用相同的方法设置"工作部门"所在列的数据验证为"董事会,人力资源部,行政管理部,经济管理部,法律事务部,审计监察部,生产部,销售部"序列。设置"职务"所在列的数据验证为"董事长,总经理,副经理,部门主管,技术员,工人,销售员"序列。

5．设置"身份证号"所在列的文本长度等于 18

（1）选定"身份证号"列，单击"数据"选项卡的"数据工具"组中的"数据验证"按钮，打开"数据验证"对话框。

（2）切换到"设置"选项卡，在"允许"下拉列表中选择"文本长度"选项，在"数据"下拉列表中选择"等于"选项，在"长度"文本框中输入"18"，如图 4-1-16 所示。

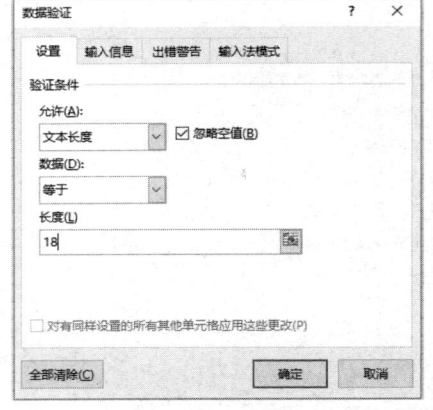

图 4-1-16　设置数据的文本长度为 18

（3）设置“输入信息”为“请在此处输入您 18 位的身份证号！”，设置“出错警告”为“输入的身份证号长度不对，请重新输入！”。

（4）单击“确定”按钮，完成数据验证的设置。

（5）此时，在表格中输入如图 4-1-17 所示的数据。

	A	B	C	D	E	F	G	H	I	J
1	职员基本情况表									
2	员工编号	姓名	性别	工作部门	学历	身份证号	参加工作时间	职务	联系电话	Email
3	A-001	杨林	男	董事会	本科	360103****02241245	2005年5月	总经理	138****0235	yanglin@163.com
4	A-002	李丽	女	董事会	研究生	360205****05251542	2007年4月	总经理	135****2147	lili@126.com
5	A-003	林明	男	人力资源部	大专	362523****01201452	2010年6月	副经理	138****3320	linming@sina.com
6	A-004	罗西易	男	行政管理部	本科	362532****06241321	2009年9月	副经理	139****2230	lyx@163.com
7	A-005	吴笑笑	女	经济管理部	本科	362532****03030721	2007年7月	副经理	135****8117	wxx@yahoo.com.cn
8	A-006	邓章平	男	法律事务部	大专	362532****02221310	2012年8月	副经理	138****9918	dzp@163.com
9	A-007	陈水生	男	审计监察部	本科	362532****12125731	1998年7月	副经理	137****0012	css@163.com
10	A-008	陈登卿	男	生产部	大专	362532****12110642	2001年4月	部门主管	139****6559	chendq@126.com
11	A-009	宋海平	男	生产部	高中	362532****12110833	2010年2月	技术员	139****5138	shonghp@126.com
12	A-010	赖振华	男	生产部	中专	362532****11124556	1997年5月	技术员	138****2371	lzh@163.com
13	A-011	谢克勤	男	生产部	中专	362532****05031129	1995年4月	生产工人	130****5995	xiekq@yahoo.com.cn
14	A-012	赖卫华	男	生产部	中专	362532****05252130	2015年1月	生产工人	133****2564	lwh11@163.com
15	A-013	李金祥	男	生产部	中专	362532****08300677	2013年7月	生产工人	138****3512	ljixiang@126.com
16	A-014	朱广文	男	生产部	中专	352532****04205799	1998年5月	生产工人	130****1878	zgwen@sina.com
17	A-015	章艳平	男	生产部	中专	362532****12021675	2007年5月	生产工人	136****4833	zangyp@sina.com
18	A-016	曾佑民	男	生产部	中专	362532****09200494	2001年4月	生产工人	138****5215	zenym@126.com
19	A-017	李常木	男	生产部	中专	362532****10070676	2010年2月	生产工人	138****2778	licangmu@sina.com
20	A-018	邱广财	男	生产部	高中	362532****07244568	2001年5月	生产工人	137****0423	qgc1225@126.com
21	A-019	饶庆祝	男	生产部	中专	362532****07040795	2002年5月	生产工人	133****5215	rqz1111@136.com
22	A-020	廖盛代	男	生产部	中专	362532****09281368	1997年4月	生产工人	139****6612	miaosd@126.com
23	A-021	郑小强	男	生产部	中专	362532****09185090	2003年5月	生产工人	135****3125	zxq567@163.com
24	A-022	吴忠仁	男	生产部	中专	362532****07283462	2005年6月	生产工人	137****0300	wzr@sina.com
25	A-023	吴贵冬	男	生产部	中专	362532****10134973	2010年9月	生产工人	131****1254	wgd@126.com
26	A-024	符美玲	女	销售部	大专	362532****12285062	2013年7月	部门主管	138****9945	fml1@163.com
27	A-025	崔财圣	男	销售部	大专	362532****09285777	2014年3月	销售员	139****1206	ccs556@126.com
28	A-026	吴克仁	男	销售部	大专	362532****10104890	2010年5月	销售员	139****4410	wkr@yahoo.com.cn
29	A-027	黄建荣	男	销售部	中专	362532****12067098	2017年7月	销售员	137****1230	hjr0112@126.com
30	A-028	黄晓萍	女	销售部	中专	362532****11072587	2015年9月	销售员	136****5112	wxp12345@163.com

图 4-1-17　输入数据

提示：为了提高手动输入的正确率，在输入数据时应坚持如下原则。

原则 1：遇到有规律的数据，应使用自动填充的方法，如本例中的“员工编号”所在列。此方法在水平方向也同样适用。

原则 2：能用数据验证的数据不要直接输入，应先设置数据验证，再进行填充，如本例中的“性别”“工作部门”“学历”等数据。

子任务三：修饰数据格式以增强可读性

任务要求：通过对单元格行高、列宽、字体、边框和图案等内容的设置，修饰数据格式，进一步增强整个表格的可读性与可视性。

操作步骤

1. 设置行高

设置第 1 行（“职员基本情况表”所在行）的行高为“25”。

（1）单击行号 1，选定第 1 行，在“开始”选项卡的“单元格”组的“格式”下拉列表中选择“行高”选项，如图 4-1-18 所示。

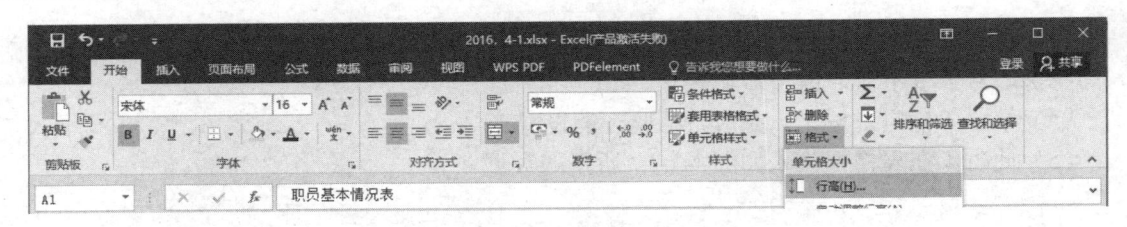

图 4-1-18　选择"行高"选项

（2）在如图 4-19 所示的"行高"对话框中输入"25"。
（3）单击"确定"按钮。

2．设置列宽

将"员工编号"列设置为"最适合的列宽"。
（1）选定"员工编号"所在列（A 列）。

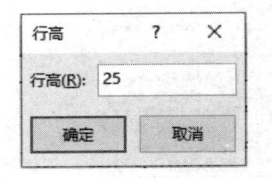

图 4-1-19　"行高"对话框

（2）在"开始"选项卡的"单元格"组的"格式"下拉列表中选择"自动调整列宽"选项。
提示：将鼠标指针放在列与列（A 列和 B 列）之间的分隔线上，当鼠标指针变成 ⇔ 形状时双击，可设置合适的列宽。将鼠标指针放在行与行之间的分隔线上，当鼠标指针变成 ⇕ 形状时双击，可设置合适的行高。
（3）使用相同的方法为其他列设置合适的列宽。

3．设置单元格格式

设置 A2:J2 单元格区域内文字的字体格式为"宋体""加粗""12 磅""白色"，并将单元格填充为灰色。
（1）选定 A2:J2 单元格区域（单击 A2 单元格，然后按住鼠标左键不松手并向右拖动鼠标，直到选中 J2 单元格后释放鼠标左键），单击"开始"选项卡的"字体"组右下角的启动对话框按钮，打开"设置单元格格式"对话框，进入"字体"选项卡，如图 4-1-20 所示。

图 4-1-20　"字体"选项卡

（2）在此选项卡中设置字体格式，在"字体"下拉列表中选择"宋体"选项，在"字形"下拉列表中选择"加粗"选项，在"字号"下拉列表中选择"12"选项，在"颜色"下拉列表中选择"白色"选项,如图 4-1-21 所示。

(3)切换到"填充"选项卡,在该选项卡中选择相应的颜色,如图 4-1-22 所示。

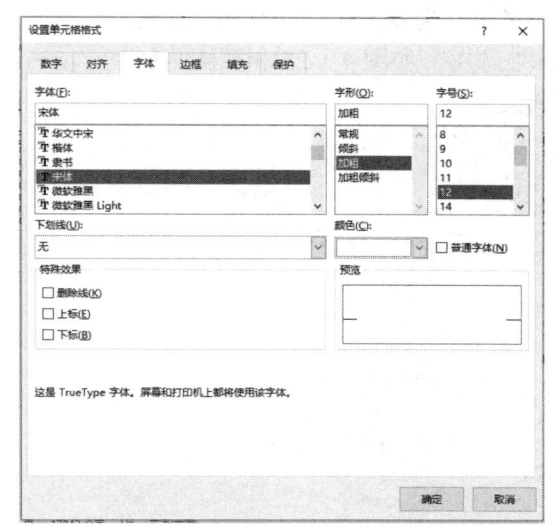

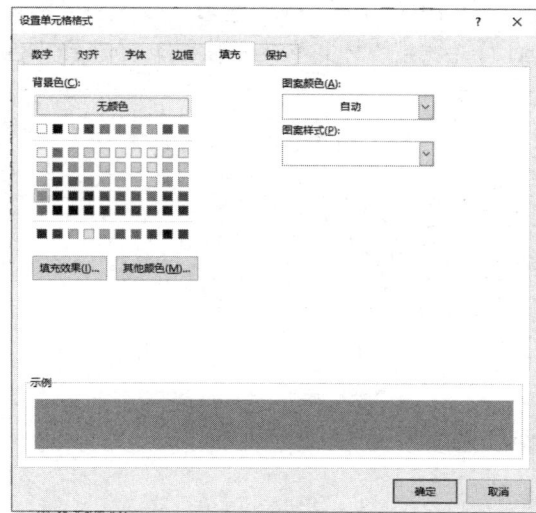

图 4-1-21　设置字体格式　　　　　　图 4-1-22　"填充"选项卡

(4)单击"确定"按钮。

4．设置对齐方式

设置 A2:J30 单元格区域内文字的对齐方式为"水平对齐:居中""垂直对齐:居中",并设置外边框为双实线,内部框线为单实线。

(1)选定 A2:J30 单元格区域,单击"开始"选项卡的"对齐方式"组右下角的启动对话框按钮,打开"设置单元格格式"对话框,分别在"水平对齐"和"垂直对齐"下拉列表中选择"居中"选项(或者单击"开始"选项卡的"对齐方式"组中的"垂直居中"按钮和"文字居中"按钮),如图 4-1-23 和图 4-1-24 所示。

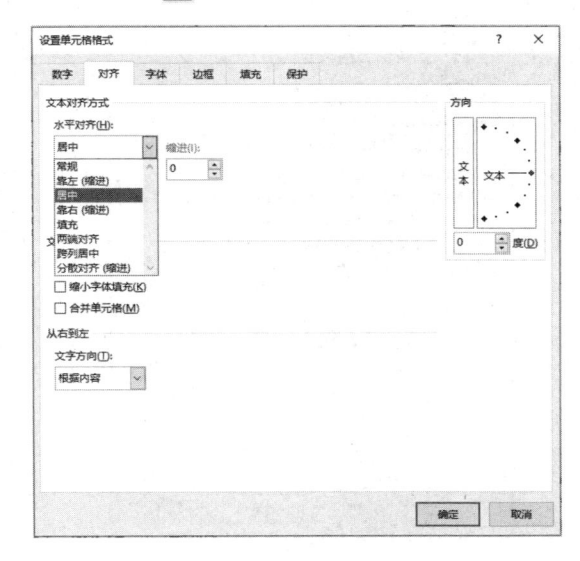

图 4-1-23　水平对齐设置　　　　　　图 4-1-24　垂直对齐设置

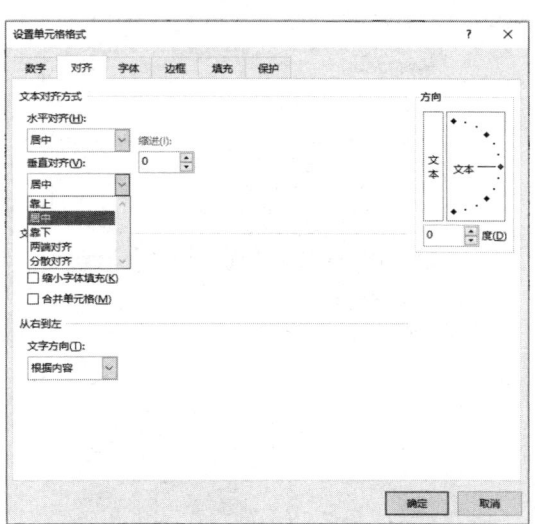

提示：在此选项卡中也可以调整"方向"区域中的指针，以及在"度"文本框中设置参数值，从而调整单元格内文字的旋转角度。

（2）切换到"边框"选项卡，先设置线条"样式"为双实线，并选择"外边框"选项，然后设置线条"样式"为单实线，并选择"内部"选项，如图 4-1-25 和图 4-1-26 所示。

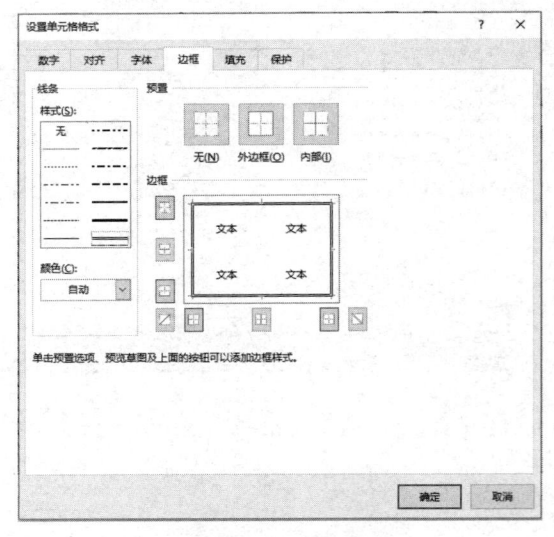

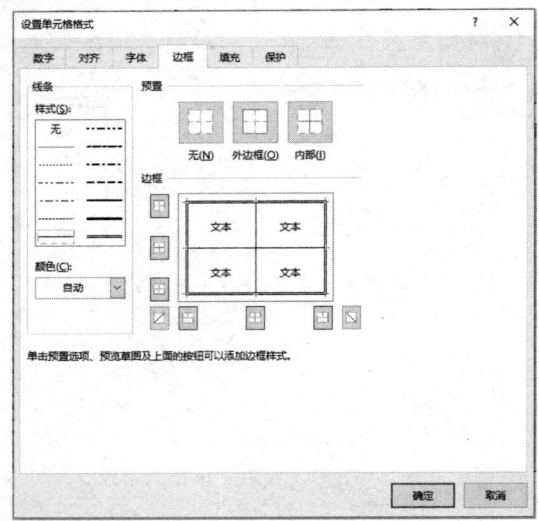

图 4-1-25　外边框线条设置　　　　图 4-1-26　内部线条设置

（3）单击"确定"按钮。

5．使用条件格式设置填充颜色

使用条件格式设置 A2:J30 单元格区域中的偶数行的填充颜色为浅灰色。

（1）选定 A2:J30 单元格区域，在"开始"选项卡的"样式"组中选择"条件格式"→"新建规则"选项，打开"新建格式规则"对话框。在"选择规则类型"下拉列表中选择"使用公式确定要设置格式的单元格"选项，如图 4-1-27 所示，并在下方的文本框中输入公式"=MOD(ROW(),2)=0"，如图 4-1-28 所示。

图 4-1-27　选择规则类型　　　　图 4-1-28　输入公式

提示：输入公式时需在输入法中切换到英文输入状态，否则不能得到正确的结果。

（2）单击"格式"按钮，打开"设置单元格格式"对话框。切换到"填充"选项卡，设置填充颜色为浅灰色，如图 4-1-29 所示。单击"确定"按钮，返回"新建格式规则"对话框，如图 4-1-30 所示。

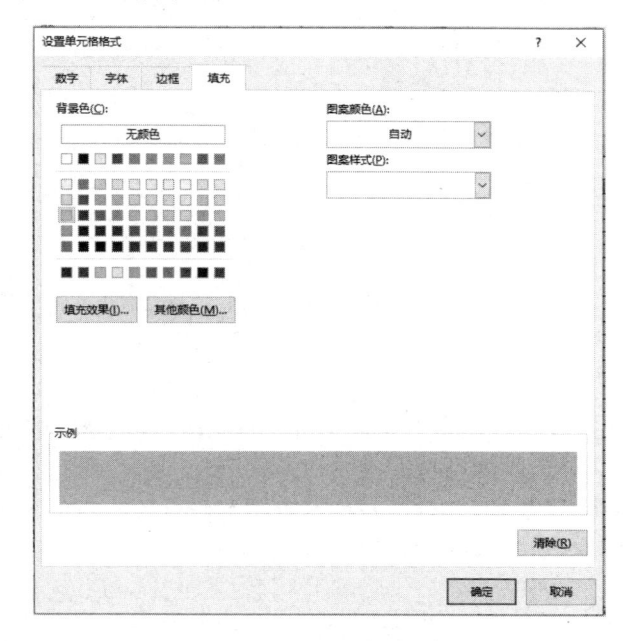

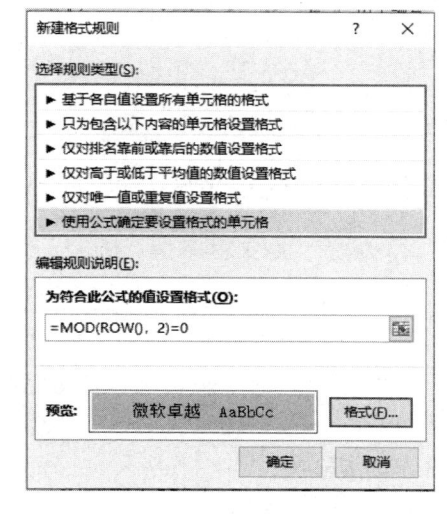

图 4-1-29　设置填充颜色　　　　　图 4-1-30　"新建格式规则"对话框

（3）单击"确定"按钮，完成表格的制作，效果如图 4-1-1 所示。

如果要删除条件，则在"开始"选项卡的"样式"组中选择"条件格式"→"清除规则"选项，即可清除相应的规则。

子任务四：编辑工作表标签与保护表格内的数据

任务要求：通过保护工作表和工作簿实现对表格中的数据的保护。

操作步骤

1. 将 Sheet1 工作表标签的名称改为"职员基本情况表"

（1）单击 Sheet1 工作表标签，在"开始"选项卡的"单元格"组中选择"格式"→"重命名工作表"选项（或者右击工作表标签的名称，在弹出的快捷菜单中选择"重命名"选项），如图 4-1-31 所示。此时，工作表标签呈现反白显示，如图 4-1-32 所示。

（2）输入"职员基本情况表"，按 Enter 键，完成工作表标签的重命名操作，如图 4-1-33 所示。

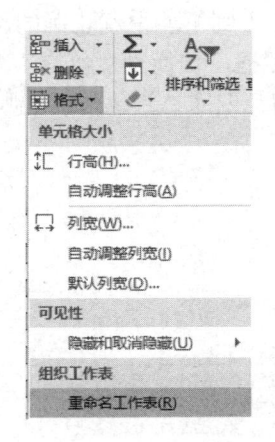

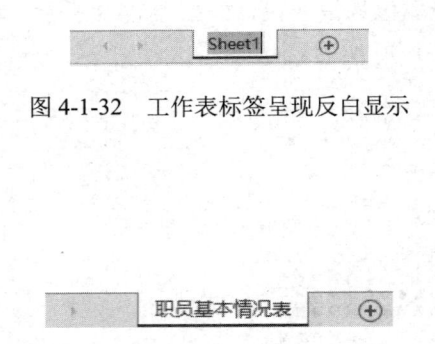

图 4-1-31　选择"重命名工作表"选项　　　图 4-1-33　完成工作表标签的重命名操作

图 4-1-32　工作表标签呈现反白显示

2．保护"职员基本情况表"工作表中的数据

（1）单击"职员基本情况表"工作表标签，在"开始"选项卡的"单元格"组中选择"格式"→"保护工作表"选项，打开"保护工作表"对话框。

（2）在"取消工作表保护时使用的密码"文本框中输入密码，在"允许此工作表的所有用户进行"下拉列表中取消选中"选定锁定单元格"和"选定未锁定的单元格"复选框，如图 4-1-34 所示。

（3）单击"确定"按钮，然后在打开的对话框中再次输入相同的密码，单击"确定"按钮，完成工作表的保护操作。此时，用户已不能对此工作表进行任何操作。

3．保护工作簿

（1）在"审阅"选项卡的"更改"组中单击"保护工作簿"按钮，弹出"保护结构和窗口"对话框，如图 4-1-35 所示。

（2）在该对话框中可根据需要选择保护工作簿的类型，即选中"结构"或"窗口"复选框，然后在"密码"文本框中输入密码，单击"确定"按钮。

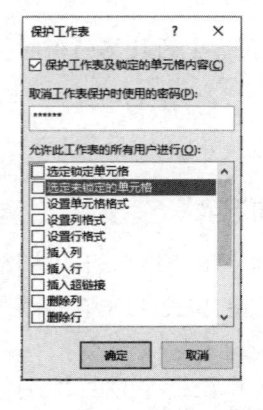

图 4-1-34　"保护工作表"对话框 　　　图 4-1-35　"保护结构和窗口"对话框

（3）弹出"确认密码"对话框，在文本框中输入相同的密码，单击"确定"按钮，完成对工作簿的保护操作。

子任务五：保存"职员基本情况表"

任务要求：在 Excel 2016 中保存文件，设置文件的打开权限密码和修改权限密码。

操作步骤

将本项目完成的工作簿保存到 F 盘中，并命名为"职员基本情况表.xlsx"，同时为此工作簿设置打开权限密码和修改权限密码。

（1）选择"文件"→"另存为"→"浏览"选项，打开"另存为"对话框，按照如图 4-1-36 所示的内容进行设置，然后单击工具栏中的"工具"按钮，在打开的下拉列表中选择"常规选项"选项。

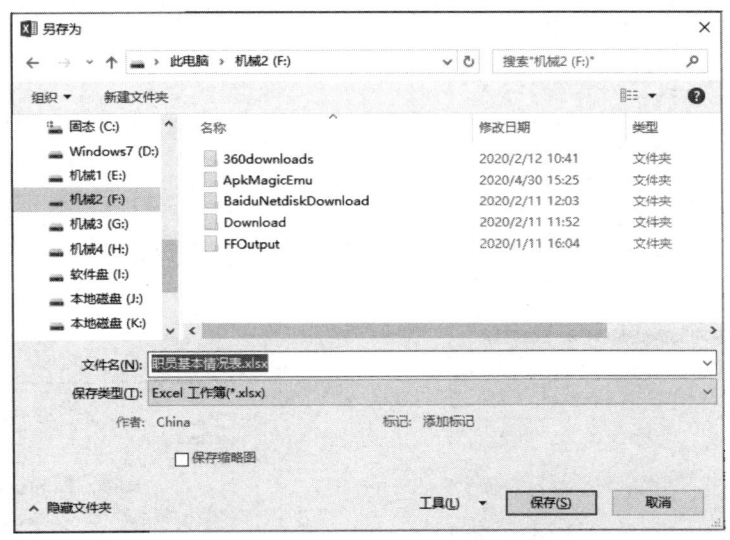

图 4-1-36 "另存为"对话框

（2）打开"常规选项"对话框，如图 4-1-37 所示，在"打开权限密码"文本框和"修改权限密码"文本框中输入密码，并根据需要选中相应的复选框。

（3）单击"确定"按钮，打开"确认密码"对话框，在该对话框中再次输入密码，然后单击"确定"按钮，返回"另存为"对话框，单击"保存"按钮，完成打开权限密码和修改权限密码的设置。

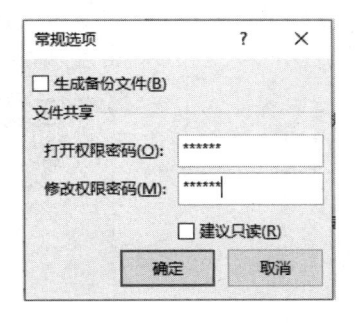

图 4-1-37 "常规选项"对话框

子任务六：打印"职员基本情况表"

任务要求：在打印工作表之前查看打印预览效果，对工作表的页眉、页脚及页边距进行设置，打印超大工作表等。

操作步骤

1. 进行页面设置

设置"职员基本情况表"的"纸张大小"为"A4","方向"为"横向","缩放比例"为"80%";设置页眉为"北京华信科技公司",并将其居中对齐;设置页脚为制表时间和制作人,并将其右对齐。

(1)单击"页面布局"选项卡的"页面设置"组右下角的启动对话框按钮,打开"页面设置"对话框。切换到"页面"选项卡,设置"纸张大小"为"A4","方向"为"横向","缩放比例"为"80%",如图 4-1-38 所示。

(2)切换到"页眉/页脚"选项卡,如图 4-1-39 所示,单击"自定义页眉"按钮,打开"页眉"对话框。将光标置于"中"文本框中并输入"北京华信科技公司",如图 4-1-40 所示,然后单击"确定"按钮,完成自定义页眉设置,返回"页面设置"对话框。

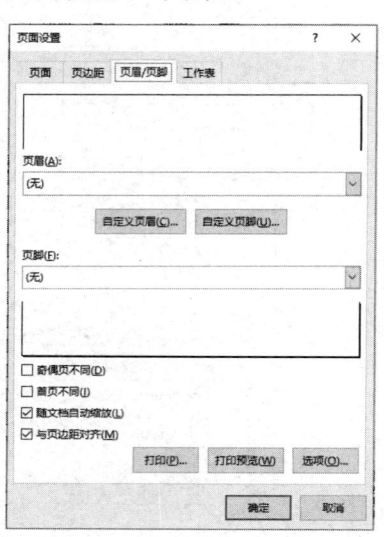

图 4-1-38 "页面"选项卡　　　　　　　图 4-1-39 "页眉/页脚"选项卡

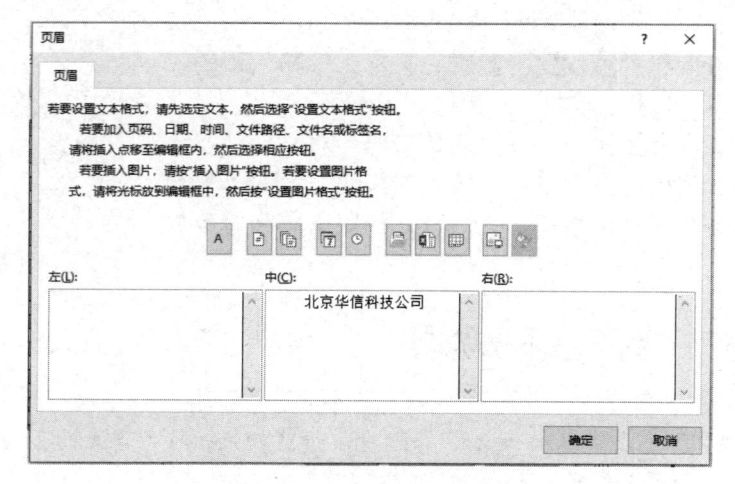

图 4-1-40 "页眉"对话框

项目4　Excel 数据管理与分析

（3）单击"自定义页脚"按钮，打开"页脚"对话框，在"右"文本框中输入如图 4-1-41 所示的内容，然后单击"确定"按钮，完成自定义页脚设置，返回"页面设置"对话框。

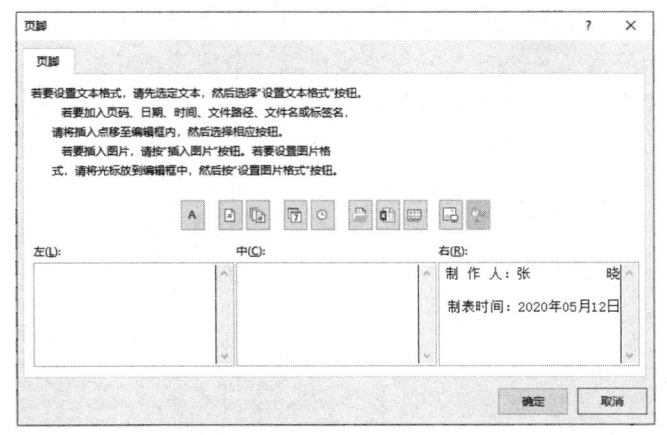

图 4-1-41　"页脚"对话框

（4）单击"确定"按钮，完成此页面的设置。

2．打印预览"职员基本情况表"

（1）选定 A1:J30 单元格区域，单击"页面布局"选项卡的"页面设置"组中的"打印区域"下方的倒三角按钮，在弹出的下拉列表中选择"设置打印区域"选项，即可将所选区域设置为打印区域。

提示：完成此操作前，需要单击"开始"选项卡的"单元格"组中的"格式"下方的倒三角按钮，在弹出的下拉列表中选择"撤销工作表保护"选项，取消工作表的保护状态，否则无法选定单元格区域。

（2）打开"页面设置"对话框，单击"打印预览"按钮，查看打印预览效果，如图 4-1-42 所示。

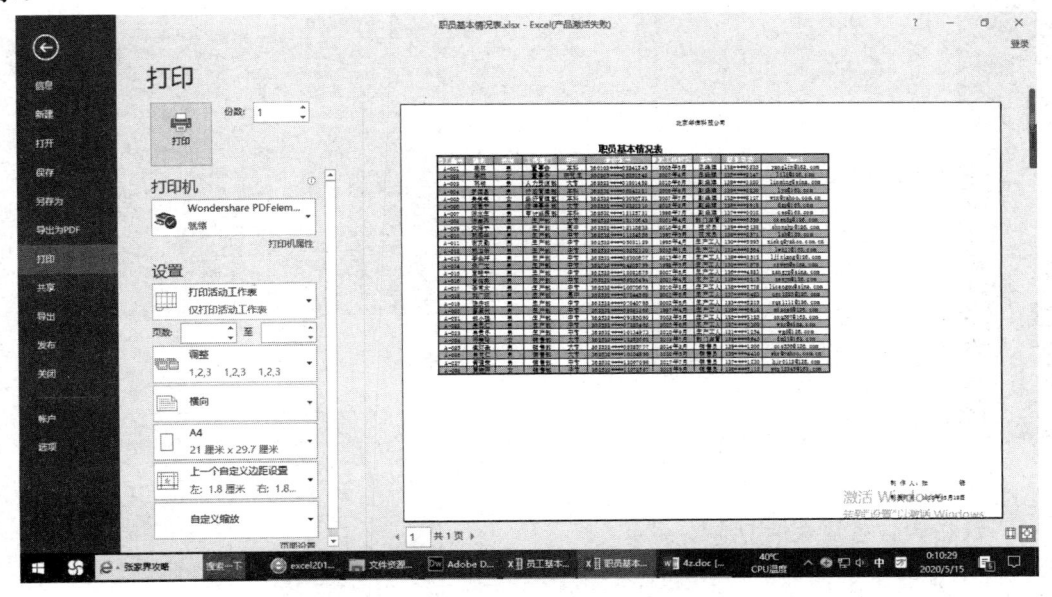

图 4-1-42　查看打印预览效果

· 165 ·

（3）单击"自定义缩放"按钮可调整缩放比例。单击"页面设置"链接可打开"页面设置"对话框。

（4）单击右下角的"显示边距"按钮，可打开页边距设置视图，如图4-1-43所示，此时只需将鼠标指针移至四周的控制点上，当鼠标指针变成 或 形状时，按住鼠标左键不松手并拖动鼠标即可调整页边距和表格的列宽，使表格在打印时位于纸张的中间位置。调整后的效果如图4-1-44所示。

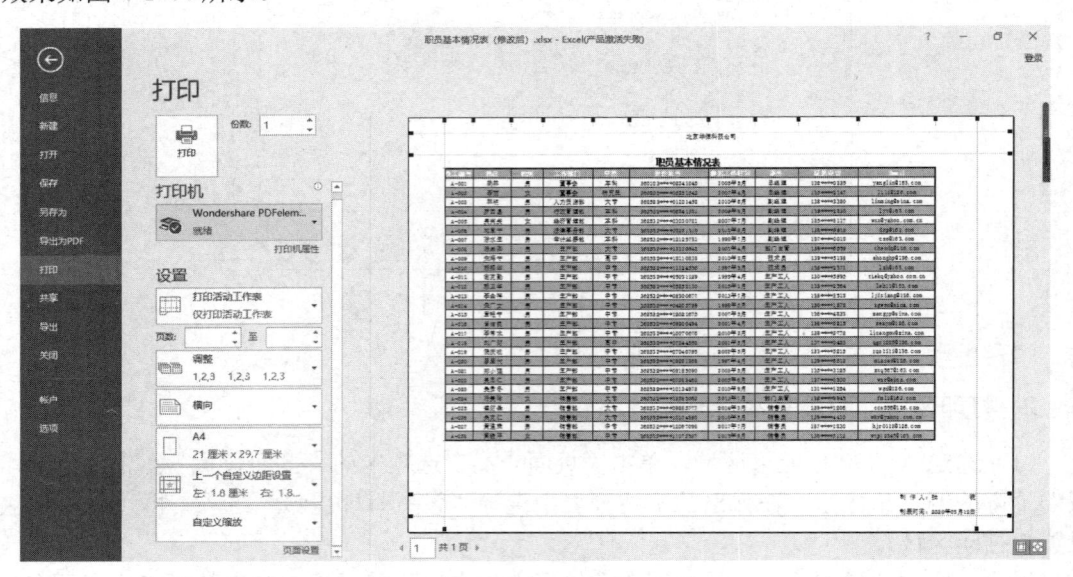

图 4-1-43　页边距设置视图

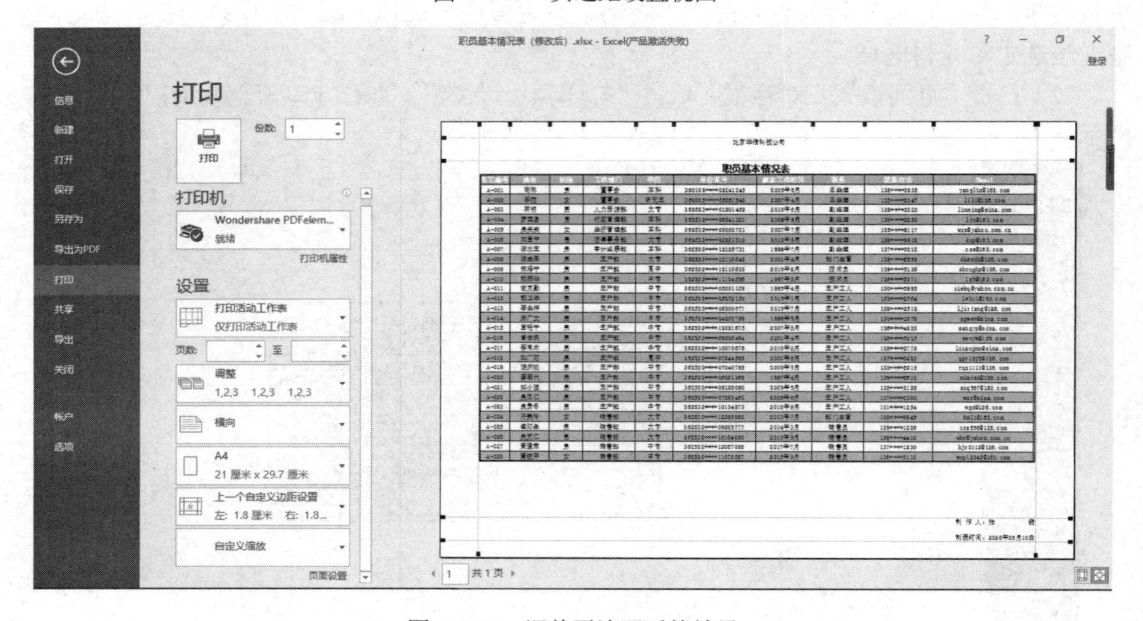

图 4-1-44　调整页边距后的效果

3. 打印"职员基本情况表"

当完成所有的打印设置后，选择"文件"选项卡的"打印"选项，然后单击右边的"打印"按钮，即可打印文件。

知识储备

1．工作簿、工作表和单元格

工作簿是用来存储并处理数据的文件，工作簿名就是文件名。启动 Excel 2016 后，系统会自动创建一个空白工作簿，Excel 2016 自动将其命名为"工作簿1"，其扩展名为".xlsx"。

工作表是工作簿的重要组成部分。它是 Excel 2016 进行组织和管理数据的地方，用户可以在工作表中输入数据、编辑数据、设置数据格式、排序数据和筛选数据等。一个工作簿可以包含多张工作表。Excel 2016 默认提供一张工作表，工作表名为 Sheet1，显示在工作表标签中。

每张工作表由 16384 列和 1048576 行组成，列和行交叉形成的每个网格又被称为一个单元格。每列的列标由 A、B、C…表示，每行的行号由 1、2、3…表示，每个单元格的位置由交叉的列标、行号表示。在每个工作表中，只有一个单元格是当前可操作的单元格，该单元格被称为活动单元格，即界面中带粗绿框的单元格。

2．工作表区域的选定

（1）选定一个单元格。

可直接利用鼠标选定单元格，也可利用按键选定单元格。

（2）选定连续的单元格区域。

① 将鼠标指针移至该区域中的任意一个边角的单元格并选定。

② 按住鼠标左键不松手，朝着对角单元格的方向拖动鼠标，当鼠标指针到达对角单元格时，释放鼠标左键，即可选定鼠标指针所经过的单元格区域。

（3）选定不相邻的矩形单元格区域。

① 选定第 1 个单元格区域。

② 按住 Ctrl 键的同时，选定第 2 个单元格区域。

③ 重复步骤②，将所需的不相邻的单元格区域全部选定，然后释放 Ctrl 键。

（4）选定整行。

选定该行的行号即可。

（5）选定整列。

选定该列的列标即可。

（6）选定整个工作表。

单击工作表左上角的"选定全部工作表"按钮，或者按 Ctrl+A 组合键。

任务拓展

请根据实训教程完成制作"班级基本信息情况表"。

任务二 制作员工工资表——公式与函数的运用

任务情境

临近月末，在企业实习的小明要协助财务人员制作"员工工资表"，员工工资表中有很多项内容需要用公式和函数来计算，下面让我们和小明一起来完成这项任务。

样图样例

"员工工资表"效果如图 4-2-1 所示。

	A	B	K	M	N	O	P	Q	R
1	员工编号	姓名	基本工资	工龄工资	养老保险	医疗保险	失业保险	应发工资	实发工资
2	A-001	杨林	5000.00	500.00	440.00	110.00	55.00	5500.00	4895.00
3	员工编号	姓名	基本工资	工龄工资	养老保险	医疗保险	失业保险	应发工资	实发工资
4	A-002	李丽	5000.00	500.00	440.00	110.00	55.00	5500.00	4895.00
5	员工编号	姓名	基本工资	工龄工资	养老保险	医疗保险	失业保险	应发工资	实发工资
6	A-003	林明	4000.00	300.00	344.00	86.00	43.00	4300.00	3827.00
7	员工编号	姓名	基本工资	工龄工资	养老保险	医疗保险	失业保险	应发工资	实发工资
8	A-004	罗西易	4000.00	300.00	344.00	86.00	43.00	4300.00	3827.00

图 4-2-1 "员工工资表"效果

任务清单

任务名称		员工工资表的公式与函数的运用
任务分析		我们在工作和学习中经常会遇到需要用到 Excel 电子表格软件来完成诸如计算等业务。
任务目标	学习目标	1. 掌握 Excel 中公式与函数的计算方法。 2. 掌握 Excel 中数据导入的方法。 3. 能掌握 VLOOKUP() 的使用方法。 4. 掌握 IF()、YEAR()、NOW() 函数的综合应用。 5. 掌握使用辅助序列和定位制作工资条的方法。
	素质目标	1. 培养学生科技强国的意识和文化自信的信念。 2. 培养学生敬工作严谨认真、精益求精的工匠精神。 3. 培养学生独立思考、综合分析问题的能力。

任务导图

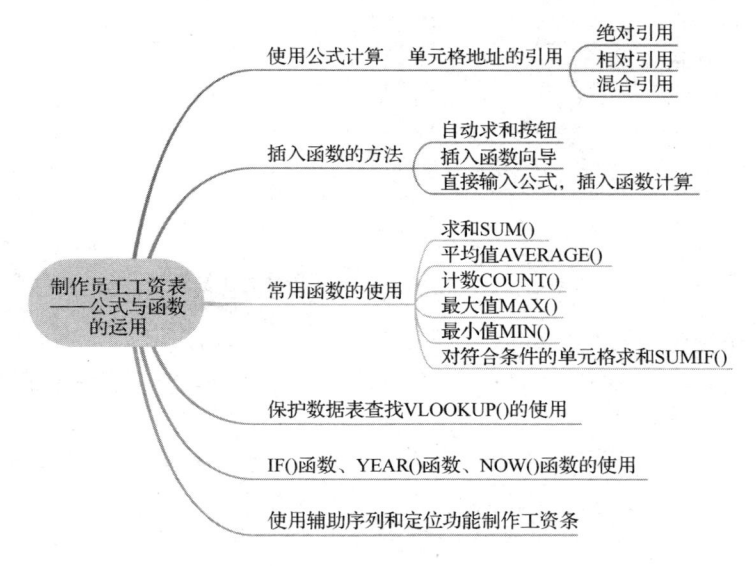

- 制作员工工资表——公式与函数的运用
  - 使用公式计算 —— 单元格地址的引用
    - 绝对引用
    - 相对引用
    - 混合引用
  - 插入函数的方法
    - 自动求和按钮
    - 插入函数向导
    - 直接输入公式，插入函数计算
  - 常用函数的使用
    - 求和SUM()
    - 平均值AVERAGE()
    - 计数COUNT()
    - 最大值MAX()
    - 最小值MIN()
    - 对符合条件的单元格求和SUMIF()
  - 保护数据表查找VLOOKUP()的使用
  - IF()函数、YEAR()函数、NOW()函数的使用
  - 使用辅助序列和定位功能制作工资条

子任务一：制作简单的员工工资表

任务要求：使用公式和 SUM()、AVERAGE()、MAX()、MIN()、SUMIF()等函数统计"员工工资表"中的各项数据。本任务完成后的效果如图 4-2-2 所示。

	A	B	C	D	E	F	G	H	I	J
1	员工工资表									
2	编号	姓名	性别	基本工资	考勤津贴	应发合计	公积金	保险	扣款合计	实发合计
3	1001	李光明	男	930	1328.4	2258.4	225.84	50	275.84	1982.56
4	1002	陈林立	男	540	1250	1790	179	50	229	1561
5	1003	李平民	男	540	1240	1780	178	50	228	1552
6	1004	方小林	男	930	1350	2280	228	50	278	2002
7	1005	张国兵	男	450	1500	1950	195	50	245	1705
8	1006	黄光雨	男	940	1230	2170	217	50	267	1903
9	1007	林芳平	女	940	443	1383	138.3	50	188.3	1194.7
10	1008	李海涛	男	540	320	860	86	50	136	724
11	各项合计			5810	8661.4	14471.4	1447.1	400	1847.14	12624.26
12	各项平均			726.25	1082.675	1808.925	180.89	50	230.8925	1578.033
13	最高工资									2002
14	最低工资									724
15	男员工实发工资合计									11429.56

图 4-2-2 "员工工资表"效果（子任务一）

操作步骤

1. 输入数据

启动 Excel 2016，在 Sheet1 中输入如图 4-2-3 所示的基本内容。

2. 使用公式计算"应发合计""公积金""扣款合计"和"实发合计"

（1）计算"李光明"的"应发合计"：应发合计=基本工资+考勤津贴。
将光标置于 F3 单元格中，并输入公式，如图 4-2-4 所示，然后按 Enter 键。

	A	B	C	D	E	F	G	H	I	J
1	员工工资表									
2	编号	姓名	性别	基本工资	考勤津贴	应发合计	公积金	保险	扣款合计	实发合计
3	1001	李光明	男	930	1328.4			50		
4	1002	陈林立	男	540	1250			50		
5	1003	李平民	男	540	1240			50		
6	1004	方小林	男	930	1350			50		
7	1005	张国兵	男	450	1500			50		
8	1006	黄光雨	男	940	1230			50		
9	1007	林芳平	女	940	443			50		
10	1008	李海涛	男	540	320			50		
11	各项合计									
12	各项平均									
13	最高工资									
14	最低工资									
15	男员工实发工资合计									

图 4-2-3 "员工工资表"的基本内容

（2）计算"李光明"的"公积金"：公积金=应发合计×10%。

将光标置于 G3 单元格中，并输入公式，如图 4-2-5 所示，然后按 Enter 键。

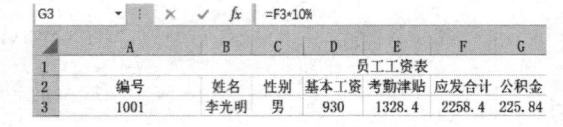

图 4-2-4 "应发合计"计算公式　　　　图 4-2-5 "公积金"计算公式

（3）使用相同的方法计算"李光明"的"扣款合计"和"实发合计"：扣款合计=公积金+保险，实发合计=应发合计-扣款合计。

将光标置于 I3 单元格中，并输入公式"=G3+H3"。

将光标置于 J3 单元格中，并输入公式"=F3-I3"。

（4）使用复制公式的方式，将其他员工的"应发合计""公积金""扣款合计"和"实发合计"填充完整。

选定 F3 单元格，将鼠标指针移至其右下角的填充柄上，当鼠标指针变成✚形状（见图 4-2-6）时，按住鼠标左键不松手并向下拖动鼠标，直到选定 F10 单元格后释放鼠标左键，即可完成"应发合计"的填充。然后，使用相同的方法将其他员工的"公积金""扣款合计"和"实发合计"填充完整。

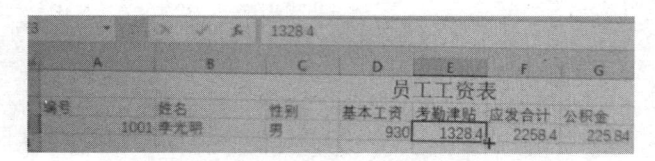

图 4-2-6 将鼠标指针移至填充柄上时的形状

3. 使用自动求和功能插入 SUM()函数并计算"各项合计"

（1）选定 D3:D10 单元格区域，然后单击"常用"工具栏中的"自动求和"按钮 ∑ 自动求和 ▾，则"基本工资"的"各项合计"自动显示在 D11 单元格中。

（2）选定 D11 单元格，将鼠标指针移至其右下角的填充柄上，当鼠标指针变成✚形状时，按住鼠标左键不松手并向右拖动鼠标，直到选定 I11 单元格后释放鼠标左键，即可完成"各项合计"的填充。

提示：如果要计算平均数、最大值或最小值等，可单击"自动求和"按钮右边的倒三角按钮，在打开的下拉列表中选择所需的选项即可。

4．使用函数向导功能插入 AVERAGE()函数并计算"各项平均"

（1）将光标置于 D12 单元格中，然后单击"公式"选项卡的"函数库"组中的"插入函数"按钮 fx，打开"插入函数"对话框，在"或选择类别"下拉列表中选择"常用函数"选项，并在"选择函数"下拉列表中选择"AVERAGE"选项，如图 4-2-7 所示。

（2）单击"确定"按钮，打开"函数参数"对话框，此时，"Number1"文本框自动显示"D3:D11"（D12 单元格上方的单元格），与求平均工资的单元格区域不相符，需将其重新设置为"D3:D10"，如图 4-2-8 所示。

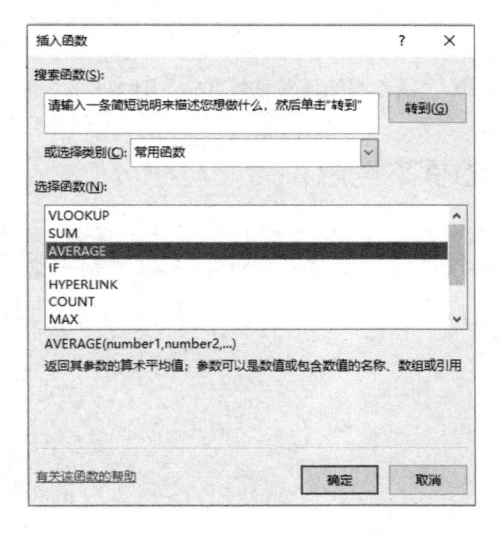

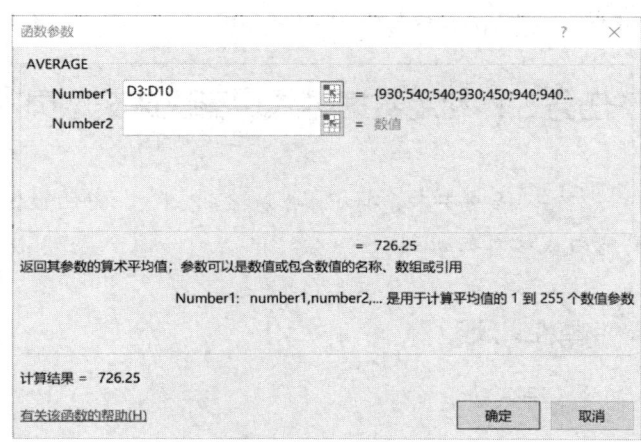

图 4-2-7 "插入函数"对话框　　　　　　图 4-2-8 "函数参数"对话框（求平均）

（3）单击"确定"按钮，计算"基本工资"的"各项平均"。
（4）使用复制公式的方式，将其他员工的"各项平均"填充完整。

5．直接输入公式，插入 MAX()、MIN()函数并计算"最高工资"和"最低工资"

（1）使用 MAX()函数计算"实发合计"的"最高工资"。
将光标置于 J13 单元格中，并输入"=MAX(J3:J10)"，然后按 Enter 键即可。
（2）使用 MIN()函数计算"实发合计"的"最低工资"。
将光标置于 J14 单元格中，并输入"=MIN(J3:J10)"，然后按 Enter 键即可。

6．使用函数向导功能插入 SUMIF 函数计算"男员工实发工资合计"

（1）将光标置于 J15 单元格中，然后单击"公式"选项卡的"函数库"组中的"插入函数"按钮 fx，打开"插入函数"对话框，在"或选择类别"下拉列表中选择"数学与三角函数"选项，并在"选择函数"下拉列表中选择"SUMIF"选项，如图 4-2-9 所示。

（2）单击"确定"按钮，打开"函数参数"对话框，"Range"文本框输入 C3:C10，"Criteria"文本框中输入 C3，"Sum_range"文本框中输入 J3:J10，如图 4-2-10 所示，然后单击"确定"按钮即可。完成后的效果如图 4-2-2 所示。

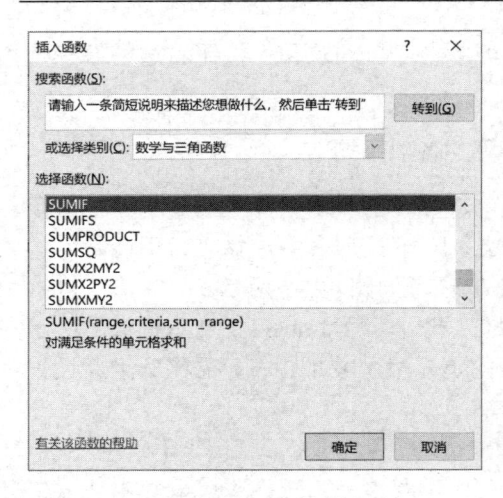

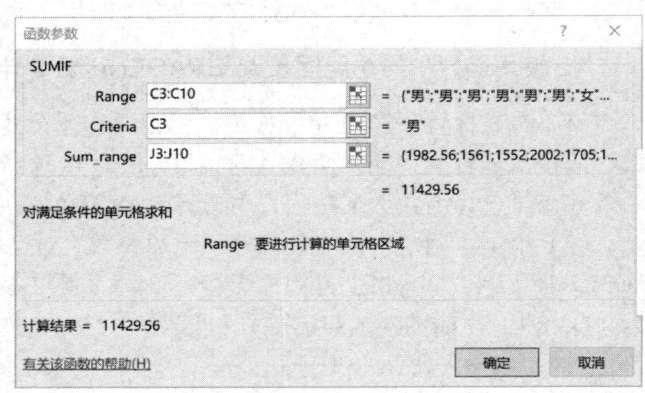

图 4-2-9 "插入函数"对话框(SUMIF)　　　　图 4-2-10 "函数参数"对话框(SUMIF)

子任务二：利用数据导入功能快速获取员工的基本信息

任务要求：将"4-2-2 素材.xlsx"中的数据导入"员工工资表"中，并根据制表需要隐藏或添加行、列。

操作步骤

1. 导入数据

从"4-2-2 素材.xlsx"中将数据导入"员工工资表.xlsx"中。

（1）新建工作簿，单击"数据"选项卡的"连接"组中的"连接"按钮 ，打开"工作簿连接"对话框，如图 4-2-11 所示。

（2）在对话框中单击"添加"按钮，打开"现有连接"对话框，如图 4-2-12 所示。

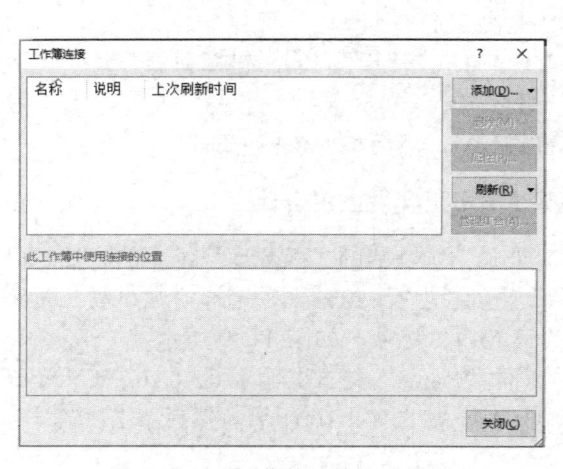

图 4-2-11 "工作簿连接"对话框　　　　图 4-2-12 "现有连接"对话框

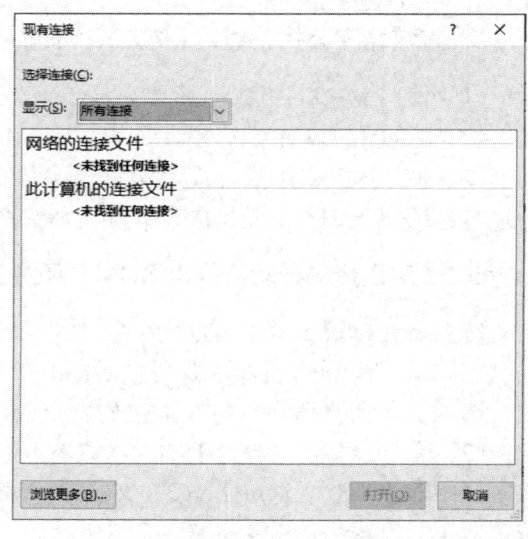

（3）在对话框中单击"浏览更多"按钮，打开"选取数据源"对话框，如图 4-2-13 所示。
（4）在"文件名"右侧的下拉列表中选择 Excel 文件类型，如图 4-2-14 所示。

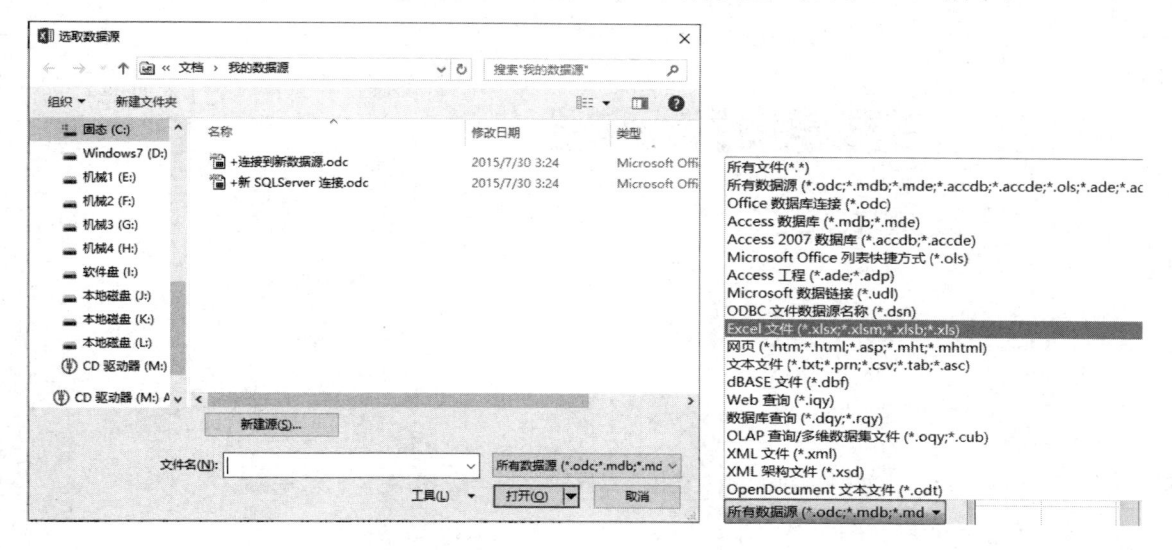

图 4-2-13 "选取数据源"对话框

图 4-2-14 选择 Excel 文件类型

（5）在"选取数据源"对话框中设置路径，找到"4-2-2 素材.xlsx"，然后单击"打开"按钮。打开"选择表格"对话框，在对话框中选择"员工基本情况表$"选项，如图 4-2-15 所示，单击"确定"按钮，完成数据的连接，返回"工作簿连接"对话框，如图 4-2-16 所示，单击"关闭"按钮，关闭此对话框。

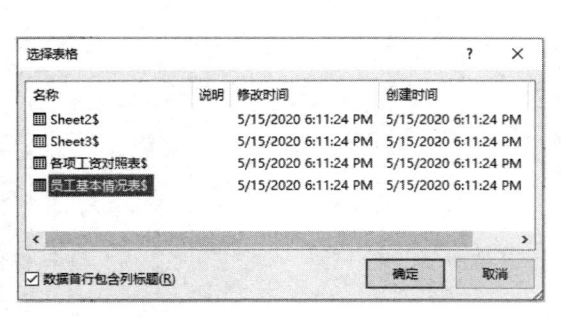

图 4-2-15 "选择表格"对话框

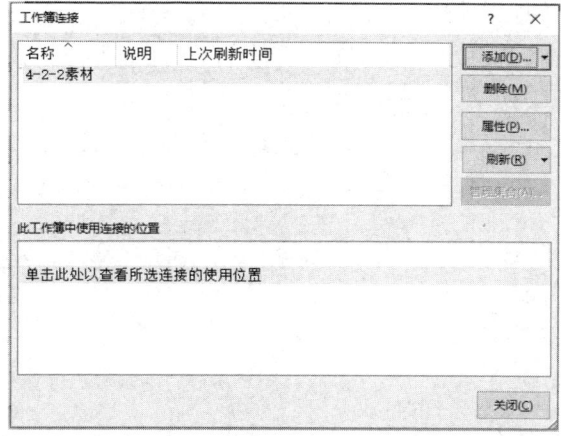

图 4-2-16 添加连接后的"工作簿连接"对话框

（6）单击"数据"选项卡的"获取外部数据"组中的"现有连接"按钮，打开"现有连接"对话框，如图 4-2-17 所示，在该对话框中选择刚才所添加的连接。

（7）在"现有连接"对话框中单击"打开"按钮，打开"导入数据"对话框，如图 4-2-18 所示，单击"确定"按钮，将数据导入新工作簿中。

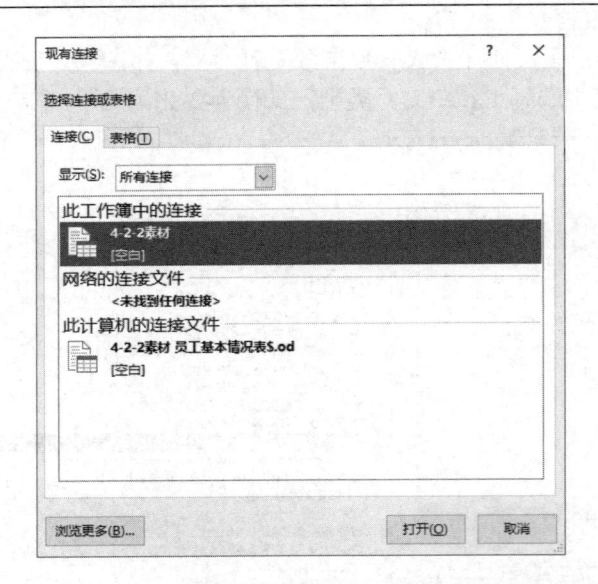

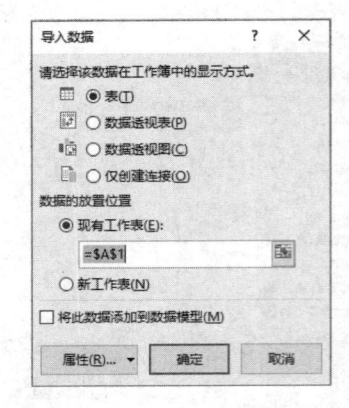

图 4-2-17 添加连接后的"现有连接"对话框　　　图 4-2-18 "导入数据"对话框

（8）将此文件保存为"员工工资表.xlsx"，如图 4-2-19 所示。

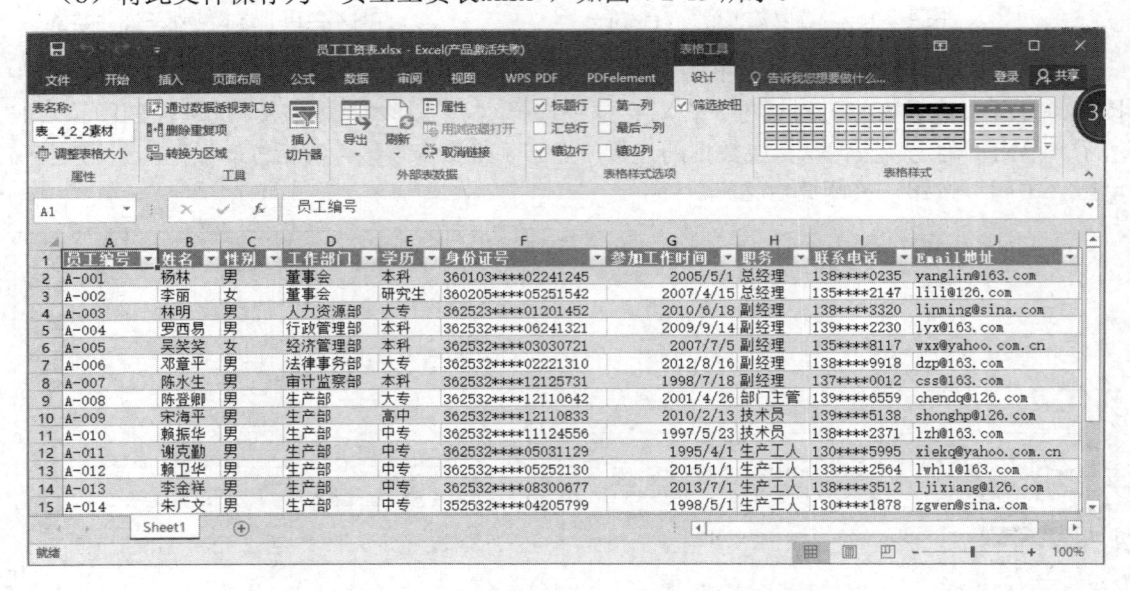

图 4-2-19 导入数据并保存后的"员工工资表.xlsx"

2．清除表中的数据格式

（1）单击"开始"选项卡的"样式"组中的"套用表格格式"右侧的倒三角按钮，在弹出的下拉列表中选择"新建表样式"选项，打开如图 4-2-20 所示的"新建表样式"对话框。表样式的名称默认为"表样式 1"。

（2）在对话框中单击"格式"按钮，打开"设置单元格格式"对话框，并在此对话框中将"边框"的"样式"，以及"填充"的"背景色"均设置为"无"，返回"新建表样式"对话框，单击"确定"按钮，完成表样式的设置。

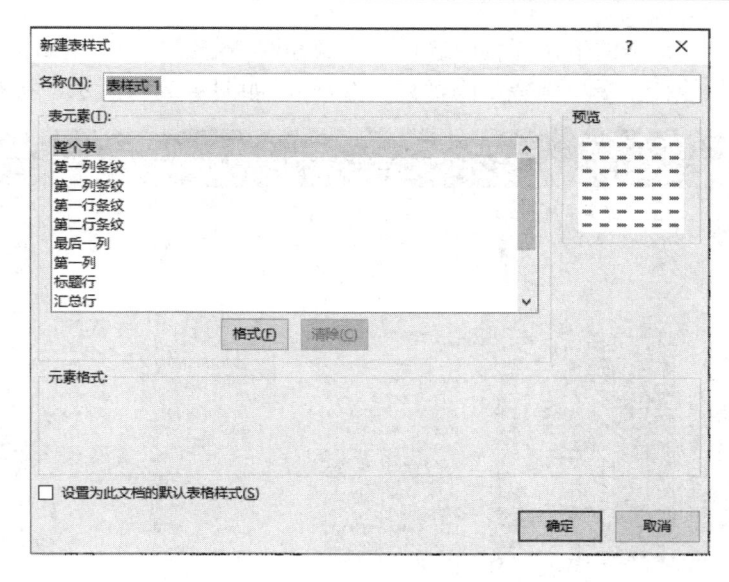

图 4-2-20 "新建表样式"对话框

（3）选定 A1:J29 单元格区域，单击"开始"选项卡的"样式"组中的"套用表格格式"右侧的倒三角按钮，在弹出的下拉列表中选择"表样式 1"选项，即可快速清除原有格式。

（4）选定数据区域中的任意单元格，单击"数据"选项卡的"排序和筛选"组中的"筛选"按钮，即可将筛选标记清除，效果如图 4-2-21 所示。

图 4-2-21　清除格式后的效果

2．隐藏数据

隐藏"性别""工作部门""学历""身份证号""联系电话""Email 地址"列和标题行，并在其右边添加"基本工资""工龄""工龄工资""养老保险""医疗保险""失业保险""应发工资""实发工资"列的标题，调整后的"员工工资表"框架如图 4-2-22 所示。

图 4-2-22　调整后的"员工工资表"框架

（1）选定"性别"所在列（C 列），单击"开始"选项卡的"单元格"组中的"格式"右侧的倒三角按钮,在弹出的下拉列表中选择"隐藏和取消隐藏"→"隐藏列"选项(或者右击 C 列,在弹出的快捷菜单中选择"隐藏列"选项),如图 4-2-23 所示,将 C 列隐藏。

图 4-2-23 选择"隐藏列"选项

(2)使用相同的方法将"工作部门""学历""身份证号""联系电话""Email 地址"列隐藏。

(3)在表头右边添加"基本工资""工龄""工龄工资""养老保险""医疗保险""失业保险""应发工资""实发工资"列的标题。

(4)将"工龄"列的数字类型设置为"数值",并且小数点后保留 0 位;将其他列("基本工资""工龄工资""养老保险""医疗保险""失业保险""应发工资""实发工资"列)的数字类型设置为"数值",并且小数点后保留 2 位。

提示:将单元格的数字类型设置为"数值"的方法与设置为"文本"的方法相同,如果未将"工龄"列的数字类型设置为"数值",则在计算"工龄"时会出错。

子任务三:VLOOKUP()函数

任务要求:使用 VLOOKUP()函数在"各项工资对照表"中的"基本工资对照表"(见表 4-2-1)区域内查找相应职务的基本工资,并将结果放入相应的单元格中。

表 4-2-1 基本工资对照表

职 务	基本工资/元	职 务	基本工资/元
总经理	5000	技术员	2500
副经理	4000	生产工人	2000
部门主管	3200	销售员	2000

操作步骤

1. 选择工作簿并进行设置

(1)在"员工工资表"工作簿中新建"Sheet2",并重命名为"各项工资对照表"。

（2）打开"4-2-2 素材.xlsx"，并将此工作簿的"各项工资对照表"工作表的 A1:I8 单元格区域中的数据复制到"员工工资表"工作簿的"各项工资对照表"工作表的 A1:I8 单元格区域中。

2．定义"基本工资对照表"名称

（1）选定"员工工资表"工作簿的"各项工资对照表"中的 A3:B8 单元格区域。

提示：不选定第 2 行，只选定具体的数据。

（2）单击"公式"选项卡的"定义的名称"组中的"定义名称"按钮，打开"新建名称"对话框，然后将"名称"文本框中的"总经理"删除，并输入"基本工资对照表"，如图 4-2-24 所示。

（3）单击"确定"按钮，完成操作。

（4）单击"公式"选项卡的"定义的名称"组中的"名称管理器"按钮，打开"名称管理器"对话框，如图 4-2-25 所示。

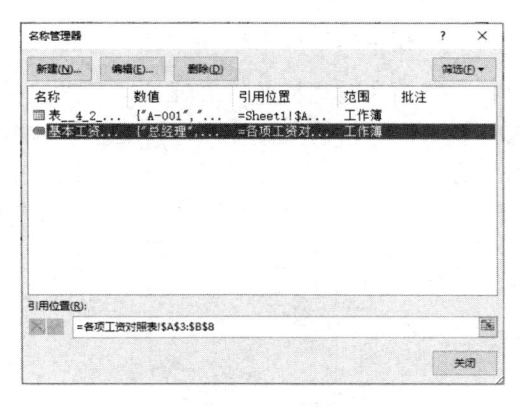

图 4-2-24　"新建名称"对话框　　　　图 4-2-25　"名称管理器"对话框

（5）单击"引用位置"右侧的按钮，对话框变成如图 4-4-26 所示的状态，即可在工作表中重新选定单元格区域，然后单击按钮，返回"名称管理器"对话框。

（6）在"名称管理器"对话框的列表中选择定义的名称，单击"删除"按钮，即可将不需要或定义错误的名称删除。

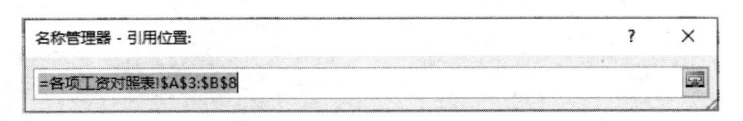

图 4-2-26　重新选定引用位置

3．查找函数 VLOOKUP()的应用

使用查找函数 VLOOKUP()计算总经理"杨林"的"基本工资"，并将结果放入相应的单元格中。

（1）选择"Sheet1"工作表标签，将光标置于 K2 单元格中，单击"公式"选项卡的"函数库"组中的"插入函数"按钮，打开"插入函数"对话框，在"或选择类别"下拉列表中选择"查找与引用"选项，如图 4-2-27 所示。

（2）在"选择函数"下拉列表中选择"VLOOKUP"选项，如图 4-2-28 所示。

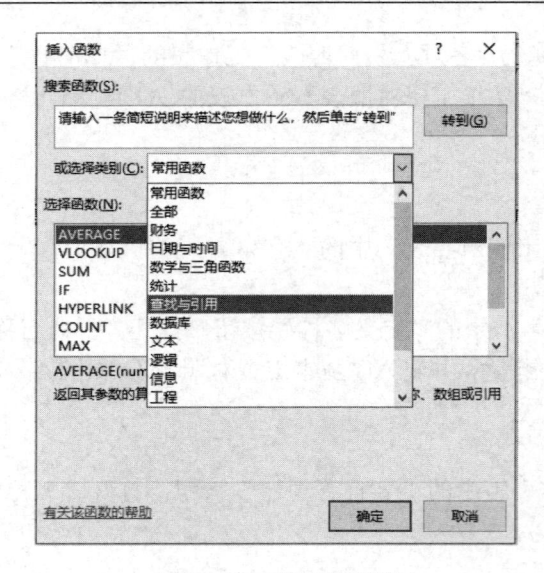

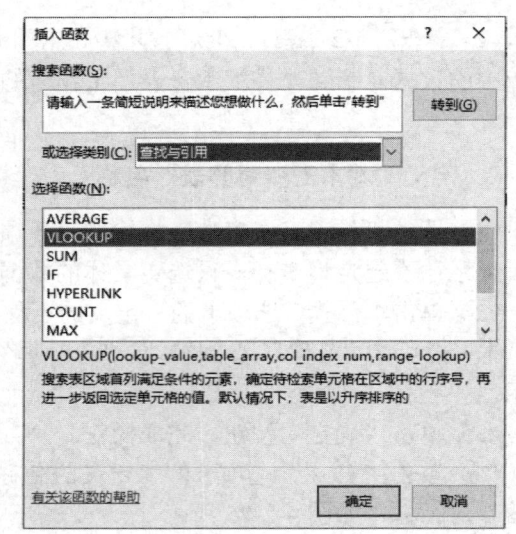

图 4-2-27　选择函数类别　　　　　　图 4-2-28　选择"VLOOKUP"选项

（3）此时，在对话框的下方显示了所选函数的说明。如果需要该函数的帮助信息，则单击"有关该函数的帮助"链接，即可显示该函数的帮助信息。

（4）单击"确定"按钮，打开"函数参数"对话框。在此对话框中设置参数，如图 4-2-29 所示。

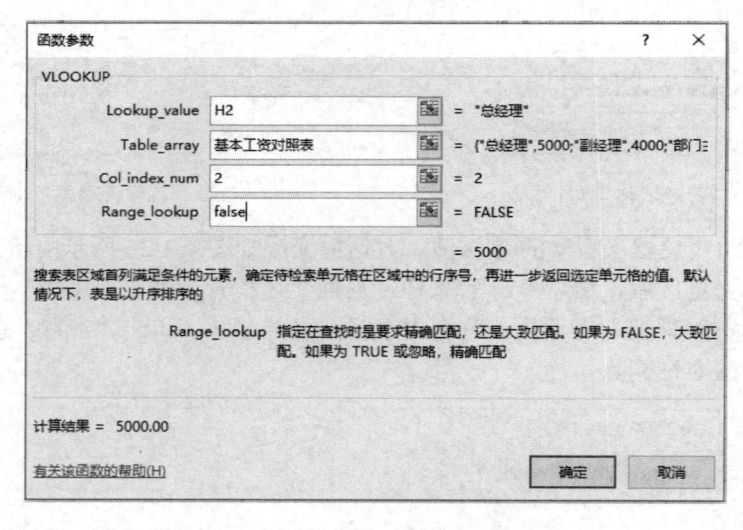

图 4-2-29　"函数参数"对话框（VLOOKUP）

VLOOKUP()函数的使用说明如下。

VLOOKUP()函数用于在表格数组的首列查找数值，并由此返回表格数组当前行中的其他列的数值。VLOOKUP()函数中的"V"表示垂直方向。

语法：VLOOKUP(Lookup_value,Table_array,Col_index_num,Range_lookup)。

- Lookup_value 为需要在表格第 1 列中查找的数值。本例为"杨林"的职务"总经理"所在的 H2 单元格。
- Table_array 为查找的数据区域。本例为前面所定义的"基本工资对照表"。

- Col_index_num 为目标查找数据在被查找数据中的列数，应从左往右数。本例要查找的"总经理"的"基本工资"位于查找数据区域的第 2 列。
- Range_lookup 为逻辑值，用于指定 VLOOKUP()函数查找精确匹配值或近似匹配值。如果为"TRUE"或省略，则返回近似匹配值；如果为"FALSE"，则返回精确匹配值。本例要精确查找，因此输入"FALSE"（注：Excel 不分大小写，图中为小写 false）。

单击"确定"按钮，计算出"杨林"的"基本工资"，并且将结果放入 K3 单元格中，同时在编辑栏中也显示了所应用的函数，如图 4-2-30 所示。

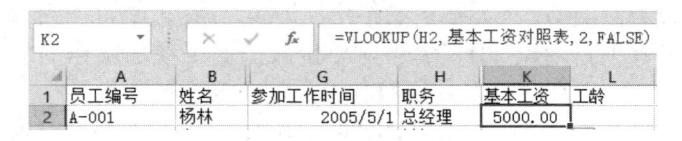

图 4-2-30　计算"杨林"的"基本工资"，并显示应用的函数

提示：在 K2 单元格中计算完成后，可使用复制公式的方式，将该列数据全部自动填充，使数据计算过程更便捷。

子任务四：IF()函数、YEAR()函数和 NOW()函数的综合应用

任务要求：公司为了激发员工的工作热情，使员工不轻易跳槽，决定向每位员工发放工龄工资，即工龄越长，员工的工龄工资越多。具体的工龄工资计算方法如表 4-2-2 所示。

表 4-2-2　工龄工资计算方法

工龄/年	工龄工资/元	工龄/年	工龄工资/元
工龄≥20	600	6≤工龄<12	300
12≤工龄<20	500	工龄<6	150

员工的工龄每年都在发生变化，但员工参加工作的时间是固定不变的。此时，可根据员工参加工作的时间，并且利用 YEAR()函数和 NOW()函数计算出员工当前的工龄，再使用 IF()函数计算其工龄工资，并将结果放入相应的单元格中。

操作步骤

1．YEAR()函数和 NOW()函数的应用

使用 YEAR()函数和 NOW()函数计算"杨林"的工龄，并将结果放入相应的单元格中。
（1）将光标置于 L2 单元格中，并输入如图 4-2-31 所示的公式。

图 4-2-31　计算工龄的公式

YEAR()函数的使用说明如下。
YEAR()函数用于返回年份。
语法：YEAR(serial_number)。
其中，serial_number 是一个日期，即要返回年份的日期。
NOW()函数的使用说明如下。
NOW()函数用于返回当前的日期和时间，不需要任何参数。
- YEAR(NOW())用于返回系统当前的年份。
- YEAR(G2)用于返回 G2 单元格中的年份，即员工参加工作的年份。
- =YEAR(NOW())-YEAR(G2)表示当前年份减去员工参加工作的年份，得到此员工的工龄。

提示："工龄"这一列单元格的数字类型应设置为"数值"，否则显示结果会出错。
（2）按 Enter 键或单击编辑栏左边的 ✓ 按钮即可完成公式的输入。
提示：按 Esc 键或单击编辑栏左边的 ✗ 按钮，则取消输入。

2．IF()函数的应用

使用 IF()函数计算"杨林"的工龄工资。
（1）将光标置于 M2 单元格中，并输入如图 4-2-32 所示的公式。

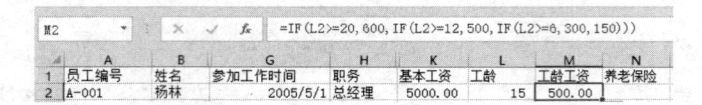

图 4-2-32 计算工龄工资

IF()函数的使用说明如下。
IF()函数用于判断逻辑值，即根据不同的逻辑值（真、假），返回不同的结果。
语法：IF(logical_test，value_if_true，value_if_false)。
- logical_test 表示计算结果为 TRUE 或 FALSE 的任意值或表达式。
- value_if_true 表示 logical_test 为 TRUE 时返回的值。
- value_if_false 表示 logical_test 为 FALSE 时返回的值。

"=IF(L2>=20,600,IF(L2>=12,500，IF(L2>=6,300,150)))"函数表示当工龄大于或等于 20 年时返回 600 元，否则当工龄大于或等于 12 年时返回 500 元；当工龄大于或等于 6 年时返回 300 元，当工龄小于 6 年时返回 150 元。
（2）按 Enter 键或单击编辑栏左边的 ✓ 按钮即可完成公式的输入。

子任务五：使用公式计算"三险"

任务要求：公司要为每位员工缴纳"三险"，即养老保险、医疗保险和失业保险。每种保险的缴纳金额均与员工的工资相关，即以员工工资为基数，然后乘以不同的比例，具体的比例如表 4-2-3 所示。

表 4-2-3 "三险"缴纳比例

以员工工资为基数		
保险类型	企 业	个 人
养老保险	20%	8%
医疗保险	8%	2%
失业保险	2%	1%

操作步骤

1. 计算"杨林"的养老保险,并将结果放入相应的单元格中

将光标置于 N2 单元格中,并输入如图 4-2-33 所示的公式。

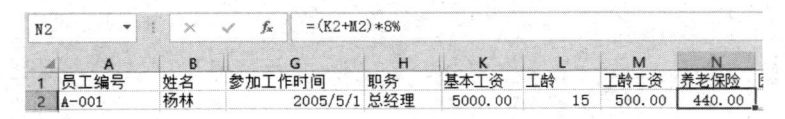

图 4-2-33 计算养老保险的公式

"K2+M2"等于"杨林"的工资总和。

"=(K2+M2)*8%"表示先求出"杨林"的"基本工资"与"工龄工资"的和,再将该和乘以 8%,即"杨林"应缴纳的养老保险的金额。

2. 计算"杨林"的医疗保险和失业保险,并将结果放入相应的单元格中

"杨林"的医疗保险的计算公式为"=(K2+M2)*2%"。

"杨林"的失业保险的计算公式为"=(K2+M2)*1%"。

子任务六:使用公式计算应发工资与实发工资

任务要求:根据前面各项工资的计算结果,使用公式计算"杨林"的应发工资与实发工资。

操作步骤

1. 计算"杨林"的应发工资

应发工资=基本工资+工龄工资。

将光标置于 Q2 单元格中,并输入如图 4-3-34 所示的公式。

图 4-2-34 计算应发工资的公式

2. 计算"杨林"的实发工资

实发工资=应发工资-（养老保险+医疗保险+失业保险）。

首先将员工工资表中不需要出现的"参加工作年月""职务""工龄"列隐藏，将光标置于 R2 单元格中，并输入如图 4-2-35 所示的公式。这时，"杨林"的各项工资已经计算完成，如图 4-2-36 所示。

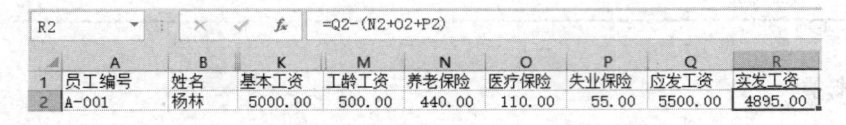

图 4-2-35 计算实发工资的公式

图 4-2-36 计算完成后的结果

子任务七：巧用"辅助序列"和"定位"功能制作工资条

任务要求：在打印工资条时，要求每位员工的工资条上都带有表头。虽然我们可以使用复制、粘贴等操作完成这些工作，但是采用这种方法的最大缺点是，当公司员工较多时，工作量很大且容易出错。在本任务中，我们将使用"辅助序列"和"定位"功能巧妙、快速地制作工资条。

操作步骤

1. 在 S 列和 T 列中添加辅助数据

在 S3 和 T4 单元格中分别输入 1，然后选定 S3:T4 单元格区域，并用自动填充法，将这两列全部填充，如图 4-2-37 所示。

图 4-2-37 自动填充 S 列和 T 列

2. 添加空行

在 S3:T29 单元格区域中的所有空值单元格上方分别添加一个空行，即在每位员工信息所在行的上方分别添加一个空行。

（1）选定 S3:T29 单元格区域，单击"开始"选项卡的"编辑"组中的"查找和选择"下方的倒三角按钮，在弹出的下拉列表中选择"定位条件"选项，打开"定位条件"对话框，选中"空值"单选按钮，如图 4-2-38 所示。

（2）单击"确定"按钮，即可选定 S4:T30 单元格区域中的所有空值单元格。

（3）选择"开始"选项卡的"单元格"组中的"插入"右侧的倒三角按钮，在弹出的下拉列表中选择"插入工作表行"选项，系统会自动在空值单元格上方插入空行，即自动在每位员工信息所在行的上方分别添加一个空行，如图 4-2-39 所示。

（4）删除辅助序列"列 1"和"列 2"。

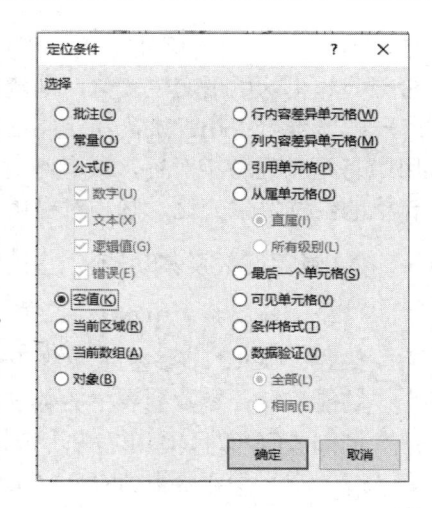

图 4-2-38　"定位条件"对话框

图 4-2-39　自动插入空行

3．在空行中粘贴工资表的表头

（1）选择员工工资表的表头所在的行（第 1 行），单击"开始"选项卡的"剪贴板"组中的"复制"按钮，复制员工工资表的表头。

（2）选定 A3:A55 单元格区域，使用上述方法选定此区域中的空值单元格。

（3）单击工具栏中的"粘贴"按钮，粘贴员工工资表的表头。

删除 S 列和 T 列中的辅助数据，完成后的"员工工资表"效果如图 4-2-1 所示。

知识储备

1．单元格引用及其分类

单元格引用指在公式和函数中使用单元格地址表示单元格中的数据。例如，A1 表示第 A 列与第 1 行交叉的单元格，A1:B5 表示 A1～B5 连续的单元格区域，"A1,B5"则表示 A1 和 B5 两个单元格。

在 Excel 2016 中，根据公式或函数的需要，引用方式有以下 3 种。

（1）相对引用：相对引用指单元格引用会随公式所在单元格位置的变化而改变。例如，复制公式后，公式的引用地址发生了改变。相对引用的格式为用字母表示列，用数字表示行。例如，公式"=8*A5"使用了相对引用。

（2）绝对引用：绝对引用指引用特定位置的单元格。如果公式中的引用是绝对引用，那么复制后的公式的引用地址不会改变。绝对引用的格式为在表示列的字母和表示行的数字之前增加"$"符号。例如,"$A$8"和"$B$3"使用了绝对引用。如果用户在复制公式时,不希望公式中的引用产生变化,则建议使用绝对引用。

（3）混合引用：混合引用指在单元格引用中既有绝对引用,又有相对引用,即在混合引用中有绝对列和相对行,或者绝对行和相对列,如"$B1""D$5"等形式。如果公式所在单元格的位置发生变化,则相对引用会改变,但绝对引用不会改变。

2. 常用函数及其功能

（1）计数函数 COUNT()。

格式：COUNT(参数1,参数2⋯)。

功能：统计参数列表中的数字参数的数量,以及包含数值型数据的单元格的数量。

例如,COUNT(B5:E7)用于统计 B5:E7 单元格区域中的数值型数据的单元格的数量。

（2）求平均值函数 AVERAGE()。

格式：AVERAGE(参数1,参数2⋯)。

功能：计算所有参数的平均值。

例如,AVERAGE (B5:E7)用于计算 B5:E7 单元格区域中所有数据的平均值,AVERAGE (B5,E7)用于计算 B5 和 E7 两个单元格中数据的平均值。

（3）求和函数 SUM()。

格式：SUM (参数1,参数2⋯)。

功能：计算所有参数的和。

例如,SUM (B5:E7)用于计算 B5:E7 单元格区域中所有数据的和,SUM (B5,E7)用于计算 B5 和 E7 两个单元格中数据的和。

（4）求最大值函数 MAX()。

格式：MAX (参数1,参数2⋯)。

功能：计算所有参数的最大值。

例如,MAX (B5:E7)用于计算 B5:E7 单元格区域中所有数据的最大值,MAX(B5,E7)用于计算 B5 和 E7 两个单元格中数据的最大值。

（5）求最小值函数 MIN()。

格式：MIN (参数1,参数2⋯)。

功能：计算所有参数的最小值。

例如,MIN(B5:E7)用于计算 B5:E7 单元格区域中所有数据的最小值,MIN(B5,E7)用于计算 B5 和 E7 两个单元格中数据的最小值。

（6）求余函数 MOD()。

格式：MOD (参数1,参数2)。

功能：求参数1除以参数2（整数）的余数。

例如,MOD (12,5)返回的值为 2。

（7）条件函数 IF()。

格式：IF (条件,值1,值2)。

功能：IF()函数是一个逻辑函数,条件为真时返回值1,条件为假时返回值2。

例如,IF(B2>=50,"Y","N"),当 B2 单元格中的数据大于等于 50 时,返回字符 Y,否则返回字符 N。

任务拓展

请根据实训教程完成制作“学生成绩分析表”。

任务三　奖学金申请表的数据统计与分析

任务情境

学院需要对申请奖学金人员的各项得分进行排序、筛选、分类汇总，并生成图表及数据透视表，方便数据的查看。这项任务交给了在学院实习的小明，面对众多的任务，小明该如何应对呢？

样例图例

筛选数据效果如图 4-3-1 所示，高级筛选数据效果如图 4-3-2 所示，排序效果如图 4-3-3 所示，分类汇总效果如图 4-3-4 所示，图表效果如图 4-3-5 所示，数据透视表效果如图 4-3-6 所示。

	A	B	C	D	E	F	G	H	I	J	K	L
1	2020学年学院奖学金申请人员得分一览表											
2	编	所在专	姓名	性	大学英	思想道德与法	军事理	职业生涯规	程序设计基	平均成	综合测	最后得
6	4	软件技术	颜峻	男	100	82	77	78	84	84	89	85
9	7	市场营销	王浩	男	76	71	93	90	83	83	98	85
13	11	物流	谭志军	男	91	98	88	78	85	88	86	88
15	13	市场营销	黄子豪	男	84	72	75	93	90	83	96	85
18	16	会计	许嘉勇	男	100	98	95	91	99	97	91	96
20	18	计算机应用	李坤	男	83	77	95	83	97	87	98	89
22												
23					性别	男						
24					综合测评	>85						

图 4-3-1　筛选数据效果

	A	B	C	D	E	F	G	H	I	J	K	L
23												
24												
25				性别	大学英语	大学英语						
26				女	>=85	<100						
27												
28	编号	所在专业	姓名	性别	大学英语	思想道德与法治	军事理论	职业生涯规划	程序设计基础	平均成绩	综合测评	最后得分
29	6	计算机应用	江甜甜	女	99	81	100	72	89	88	73	86
30	9	会计	李嘉	女	93	91	89	77	97	89	87	89
31	12	计算机应用	魏杰	女	95	93	78	94	91	90	86	90
32	15	物流	潘美华	女	96	72	71	93	92	85	74	83
33	19	软件技术	梁鑫	女	86	70	93	79	98	85	99	87

图 4-3-2　高级筛选数据效果

2020学年学院奖学金申请人员得分一览表

编号	所在专业	姓名	性别	大学英语	思想道德与法治	军事理论	职业生涯规划	程序设计基础	平均成绩	综合测评	最后得分
16	会计	许嘉男	男	100	98	95	91	99	97	91	96
3	计算机应用	姚洋洋	女	83	100	94	85	93	91	82	90
12	计算机应用	戴杰	女	95	93	78	94	91	90	86	90
9	会计	李嘉	女	93	91	89	77	97	89	87	89
18	计算机应用	李坤	男	83	77	95	83	97	87	98	89
1	物流	张晓	女	90	79	90	100	96	91	70	88
11	物流	谭志军	男	91	98	88	78	85	88	86	88
19	软件技术	梁鑫	女	86	70	93	79	98	85	99	87
17	市场营销	吴小莉	女	70	100	75	95	88	86	92	87
6	计算机应用	江甜甜	女	99	81	100	72	89	88	73	86
2	市场营销	杨景峰	男	80	70	87	97	94	86	82	85
4	软件技术	颜峻	男	100	82	77	78	84	84	89	85
7	市场营销	王浩	男	76	71	93	90	83	83	98	85
13	市场营销	黄子豪	男	84	72	75	93	90	83	96	85
15	物流	潘美华	女	96	72	71	93	92	85	74	83
14	软件技术	李承伟	男	98	90	70	81	74	83	83	83
8	物流	周超	男	80	82	80	76	95	83	72	81
5	会计	闵小琴	女	79	73	75	99	71	79	83	80
10	软件技术	周天宇	男	84	72	71	77	72	75	76	75

图 4-3-3　排序效果

2020学年学院奖学金申请人员得分一览表

编号	所在专业	姓名	性别	大学英语	思想道德与法治	军事理论	职业生涯规划	程序设计基础	平均成绩	综合测评	最后得分
	会计 平均值								88	87	88
	计算机应用 平均值								89	85	88
	软件技术 平均值								82	87	83
	市场营销 平均值								84	92	85
	物流 平均值								87	76	85
	总计 平均值								86	85	86

使用分类汇总功能分别统计各专业平均成绩、综合测评及最后得分三项的平均分

图 4-3-4　分类汇总效果

各专业综合测评平均值

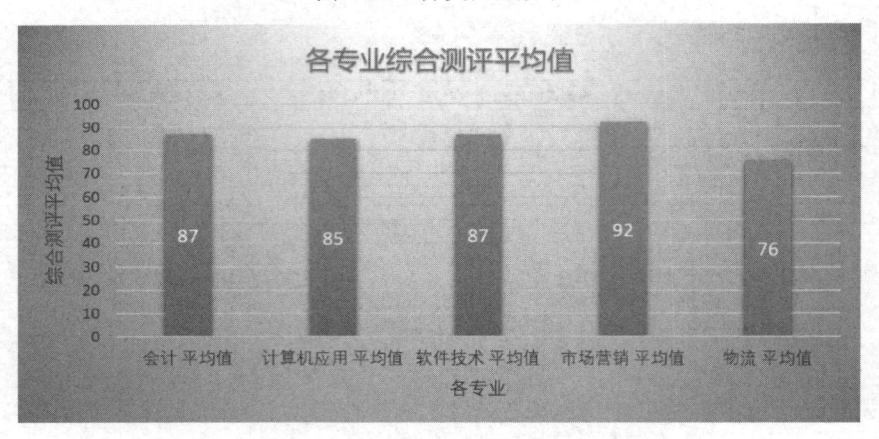

会计 平均值	计算机应用 平均值	软件技术 平均值	市场营销 平均值	物流 平均值
87	85	87	92	76

图 4-3-5　图表效果

性别	男			
行标签	平均值项:平均成绩	平均值项:综合测评	平均值项:最后得分	
会计	97	91	96	
计算机应用	87	98	89	
软件技术	81	83	81	
市场营销	84	92	85	
物流	87	76	86	
总计	85	86	85	

图 4-3-6　数据透视表效果

在制作此项目之前，将教学资源包中的"学院奖学金申请人员得分一览表.xlsx"工作簿中的"学院奖学金申请人员得分一览表"工作表复制 6 份，并分别重命名为"筛选""高级筛选""排序""分类汇总""图表"和"数据透视表"，工作表标签如图 4-3-7 所示。

| 学院奖学金申请人员得分一览表 | 筛选 | 高级筛选 | 排序 | 分类汇总 | 图表 | 数据透视表 |

图 4-3-7　工作表标签

任务清单

任务名称	奖学金申请表的数据统计与分析
任务分析	我们在工作和学习中经常需要对表格中的数据进行查看分析及处理，掌握 Excel2016 的筛选、高级筛选、排序、分类汇总、创建图表、数据透视表等的使用，可以快速获取我们需要的数据及提高我们的工作效率。
任务目标 — 学习目标	1．掌握数据统计的基本功能，包括筛选、高级筛选、排序。 2．掌握分类汇总的使用，并利用图表查看、分析数据。 3．制作数据透视表。
任务目标 — 素质目标	1．培养学生发现美和创造美的能力，提高学生的审美情趣。 2．培养学习独立思考、综合分析问题的能力。 3．培养学生认真的态度、熟练的操作技术、细心的思维。 4．培养学生的软件版权意识，了解国产软件，提升民族自豪感，增进文化自信。

任务导图

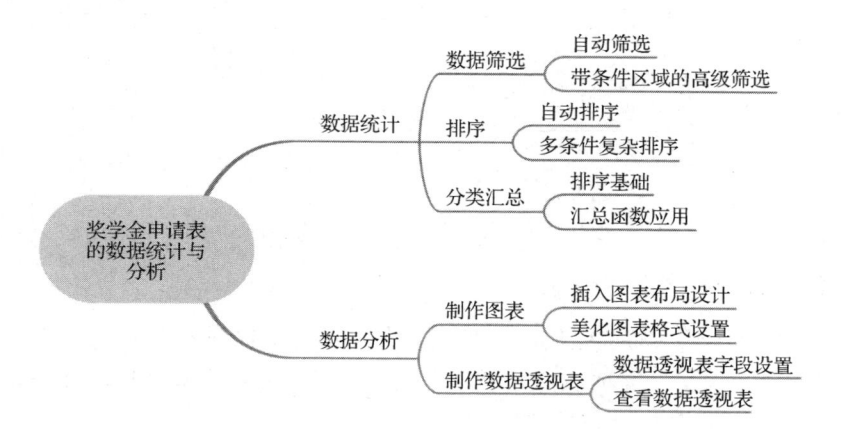

奖学金申请表的数据统计与分析
- 数据统计
  - 数据筛选
    - 自动筛选
    - 带条件区域的高级筛选
  - 排序
    - 自动排序
    - 多条件复杂排序
  - 分类汇总
    - 排序基础
    - 汇总函数应用
- 数据分析
  - 制作图表
    - 插入图表布局设计
    - 美化图表格式设置
  - 制作数据透视表
    - 数据透视表字段设置
    - 查看数据透视表

任务实施

子任务一：使用筛选功能显示符合要求的数据

任务要求：使用自动筛选功能将"筛选"工作表中性别为"男"且综合测评大于 85 的记录筛选出来。

操作步骤

1. 使用自动筛选功能筛选性别为"男"的记录

（1）切换至"筛选"工作表，并将光标置于需要筛选数据的任意单元格内。

（2）单击"数据"选项卡的"排序和筛选"组中的"筛选"按钮，这时就会在数据区域中的每个列标题处出现倒三角按钮。

（3）单击"性别"右侧的倒三角按钮，在弹出的下拉列表中取消选中"全选"复选框，再选中"男"复选框，如图 4-3-8 所示，即可将"男"的记录显示出来，如图 4-3-9 所示。

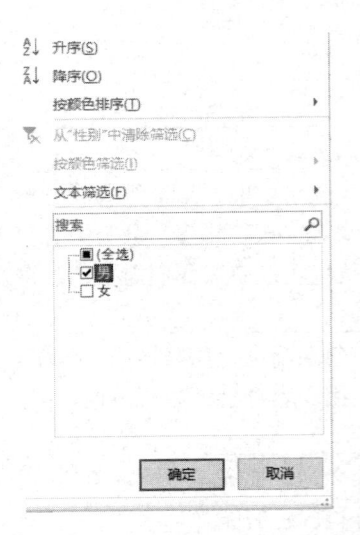

图 4-3-8　筛选性别为"男"的记录

图 4-3-9　显示性别为"男"的记录

2. 筛选出综合测评大于 85 的记录

（1）单击"综合测评"右侧的倒三角按钮，在弹出的下拉列表中选择"数字筛选"选项，并在子菜单中选择"大于"选项，打开"自定义自动筛选方式"对话框。在对话框中设置条件，即数量大于"85"，如图 4-3-10 所示。

（2）单击"确定"按钮，结果如图 4-3-1 所示。

提示：如果想清除自动筛选，只需单击"数据"选项卡的"排序和筛选"组中的"清除"按钮，即可将所有数据显示出来。

项目4 Excel 数据管理与分析

图 4-3-10 设置条件，即数量大于"85"

任务要求：使用高级筛选功能将"高级筛选"工作表中性别为"女"且大学英语成绩大于等于 85 小于 100 的记录筛选出来。

操作步骤

1. 在数据下方空白区域设置高级筛选的条件

（1）切换至"高级筛选"工作表，依次在 D25、E25、F25 单元格中，分别输入字段名"性别""大学英语""大学英语"，然后在 D26、E26、F26 单元格中，分别输入筛选条件"女"">=85""<100"。

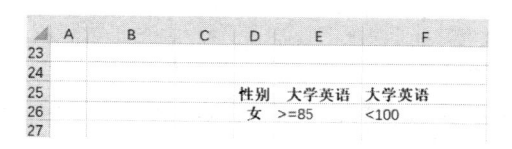

图 4-3-11 在单元格中输入高级筛选的条件

2. 打开高级筛选窗口，设置列表区域和条件区域，完成高级筛选

（1）选中数据区域 A2：L21，单击"数据"选项卡的"排序和筛选"组中的"高级"按钮，打开"高级筛选"对话框，如图 4-3-12 所示。设置方式为"将筛选结果复制到其他位置"，然后单击条件区域右侧的按钮，用鼠标拖动选中 D25：F26 的条件范围，单击"关闭"按钮，返回"高级筛选"对话框，再单击"复制到"右侧的按钮，选中 A28 单元格，如图 4-4-13 所示，单击"确定"按钮，效果如图 4-3-14 所示。

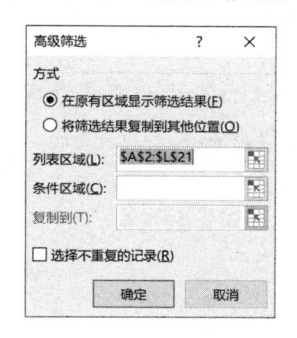

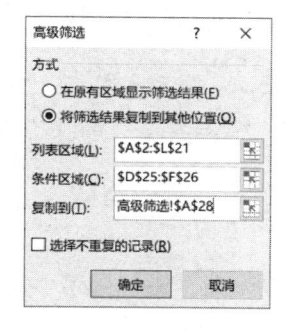

图 4-3-12 "高级筛选"对话框　　图 4-3-13 设置列表区域、条件区域及复制到的地址

· 189 ·

	A	B	C	D	E	F	G	H	I	J	K	L
23												
24												
25				性别	大学英语	大学英语						
26				女	>=85	<100						
27												
28	编号	所在专业	姓名	性别	大学英语	思想道德与法治	军事理论	职业生涯规划	程序设计基础	平均成绩	综合测评	最后得分
29	6	计算机应用	江甜甜	女	99	81	100	72	89	88	73	86
30	9	会计	李蕊	女	93	91	89	77	97	89	87	89
31	12	计算机应用	魏杰	女	95	93	78	94	91	90	86	90
32	15	物流	潘美华	女	96	72	71	93	92	85	74	83
33	19	软件技术	梁鑫	女	86	70	93	79	98	85	99	87

图 4-3-14 高级筛选效果

子任务二：对数据进行排序，并使用分类汇总功能分组统计数据

任务要求：使用排序功能对"排序"工作表中的"最后得分"进行降序显示。

操作步骤

1. 对"最后得分"进行"降序"排序

（1）切换至"排序"工作表，并将光标置于需要排序数据的任意单元格内。

（2）单击"数据"选项卡的"排序和筛选"组中的"排序"按钮，打开"排序"对话框，如图 4-3-15 所示，在"主要关键字"下拉列表中选择"最后得分"选项，在"次序"下拉列表中选择"降序"选项。

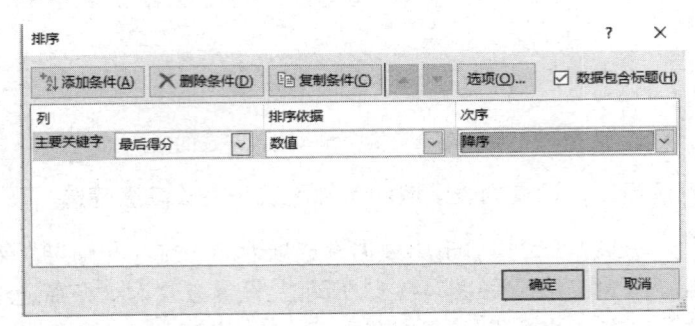

图 4-3-15 "排序"对话框

（3）单击"确定"按钮，结果如图 4-3-3 所示。

提示：如果想清除这种排序，只需按"编号"重新排序即可。

任务要求：使用分类汇总功能在"分类汇总"工作表中分别统计各专业的"平均成绩""综合测评""最后得分"的平均值，并将数据明细隐藏起来。

操作步骤

1. 对"所在专业"进行排序

切换至"分类汇总"工作表，按"所在专业"进行排序（升序、降序均可）。

2. 对"所在专业"分类统计"平均成绩""综合测评""最后得分"的平均值

（1）使用分类汇总功能分组统计各专业的"平均成绩""综合测评""最后得分"的平均值。

将光标置于需分类汇总的任意单元格内，单击"数据"选项卡的"分级显示"组中的"分类汇总"按钮，打开"分类汇总"对话框。设置"分类字段"为"所在专业"，"汇总方式"为"平均值"，"选定汇总项"为"平均成绩""综合测评""最后得分"，如图 4-3-16 所示。

（2）单击"确定"按钮，结果如图 4-3-17 所示。

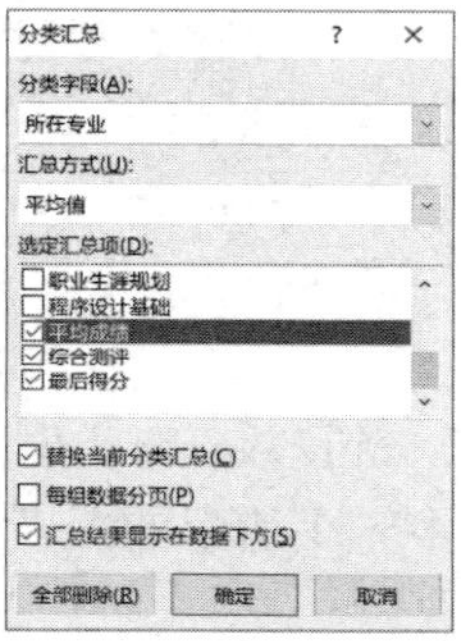

图 4-3-16 "分类汇总"对话框

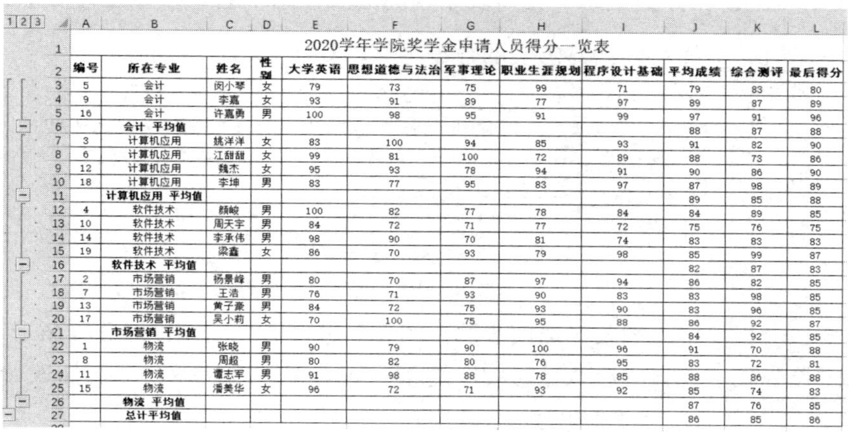

图 4-3-17 分类汇总结果

3. 隐藏数据明细

（1）此时，只需单击数据左上角的 1 2 3 按钮，即可将相应级别的数据全部显示出来或隐藏起来。例如，单击 2 按钮可将 3 级数据明细全部隐藏，如图 4-3-18 所示，再次单击 3 按钮可将 3 级数据明细全部显示出来。

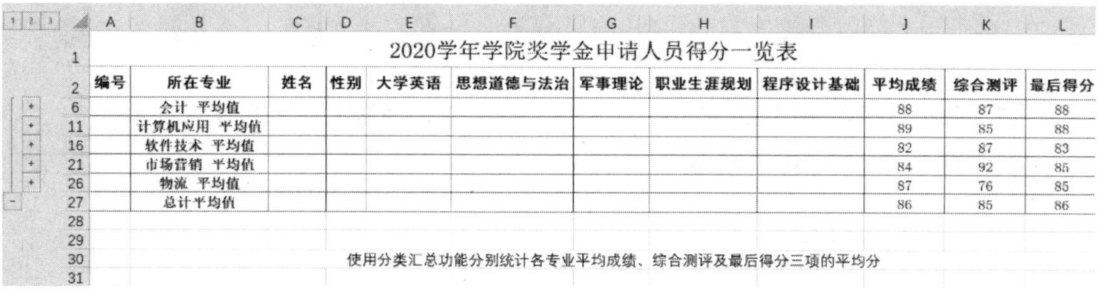

图 4-3-18 将 3 级数据明细全部隐藏

提示：此时单击数据左边的 + 或 - 按钮可以显示或隐藏其右边对应的数据。如果想清除分类汇总，只需重新打开"分类汇总"对话框，然后在对话框中单击"全部删除"按钮即可。

子任务三：利用图表查看数据

任务要求：利用图表在"分类汇总"工作表中查看各专业的"综合测评"的平均值，并对图表进行美化。

操作步骤

1. 在"分类汇总"工作表中创建图表，用于查看各专业的"综合测评"的平均值

（1）选择需要创建图表的数据区域，如图 4-3-19 所示。

图 4-3-19　选择需要创建图表的数据区域

（2）单击"插入"选项卡的"图表"组中的"插入柱形图或条形图"按钮，在弹出的下拉列表中选择"簇状柱形图"选项，如图 4-3-20 所示，即可插入如图 4-3-21 所示的图表。

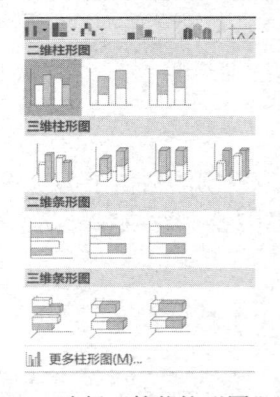

图 4-3-20　选择"簇状柱形图"选项 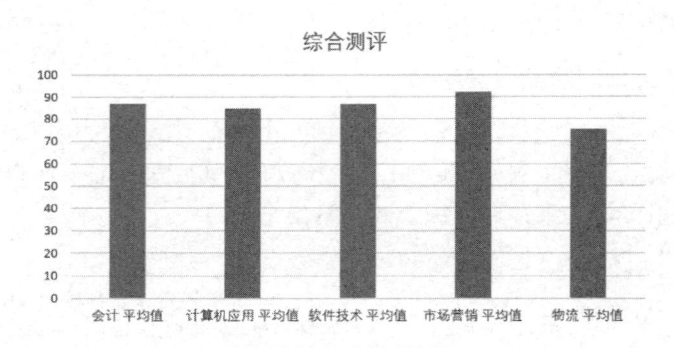　　　　　图 4-3-21　插入图表

（3）选定图表标题"综合测评"，如图 4-3-22 所示。

输入新的图表标题"各专业综合测评平均值"，如图 4-3-23 所示。

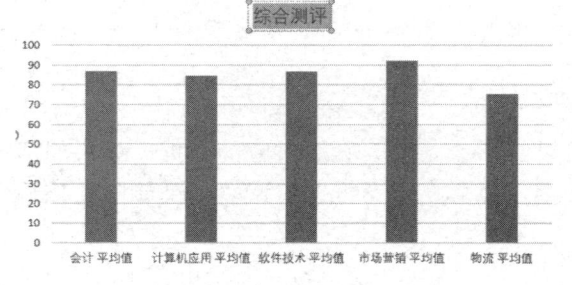

图 4-3-22　选定图表标题"综合测评" 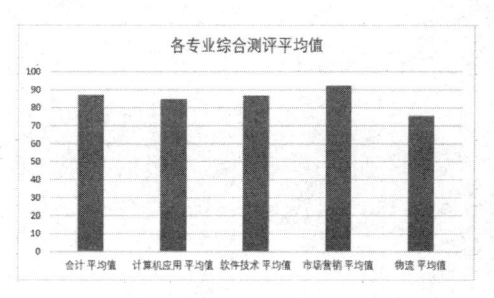　　　图 4-3-23　输入新的图表标题"各专业综合测评平均值"

（4）切换至"图表工具-设计"选项卡，在"图表布局"组中单击"添加图表元素"按钮，在弹出的下拉列表中选择"轴标题"→"主要横坐标轴"选项，如图 4-3-24 所示，即可插入坐标轴标题，然后在横坐标轴标题中输入"各专业"，如图 4-3-25 所示。

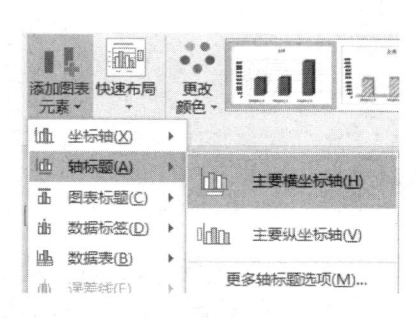

图 4-3-24　选择"主要横坐标轴"选项 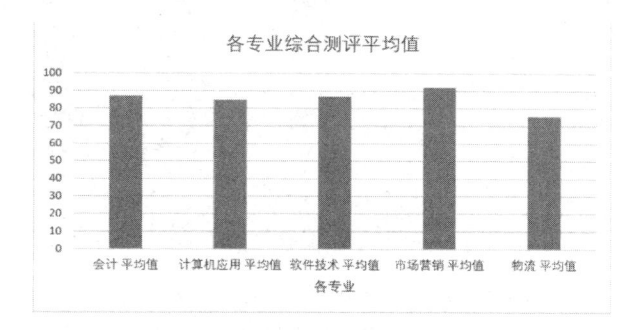　　　　图 4-3-25　在横坐标轴标题中输入"各专业"

（5）切换至"图表工具-设计"选项卡，在"图表布局"组中单击"添加图表元素"按钮，在弹出的下拉列表中选择"轴标题"→"主要纵坐标轴"选项，然后在纵坐标轴标题中输入"综合测评平均值"，如图 4-3-26 所示。

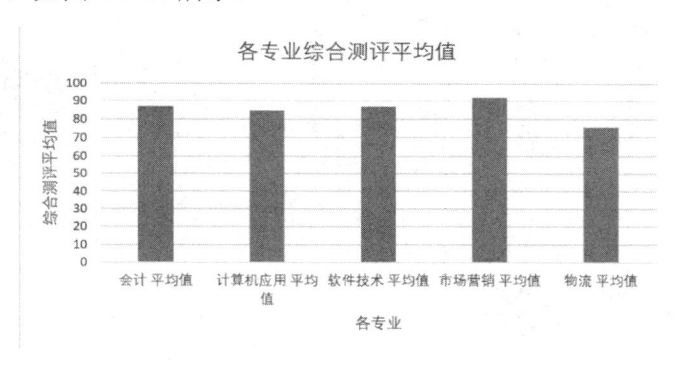

图 4-3-26　在纵坐标轴标题中输入"综合测评平均值"

提示：图表与 Word 中的图形对象一样，选定后可调整大小，可进行复制、移动、删除等操作，操作方法与 Word 中的图形对象的操作方法相同。

2．对图表进行美化

（1）选中图表标题，字体设置为"微软雅黑"，单击"图表工具-格式"选项卡，如图 4-3-27 所示。在"艺术字样式"组中，选择"填充-蓝色，着色1，阴影"样式，如图 4-3-28、图 4-3-29 所示。

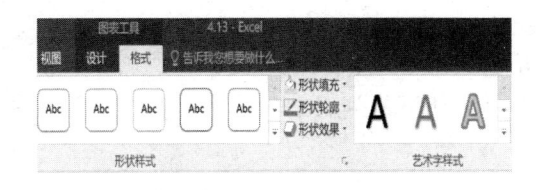

图 4-3-27　图表工具-格式选项卡 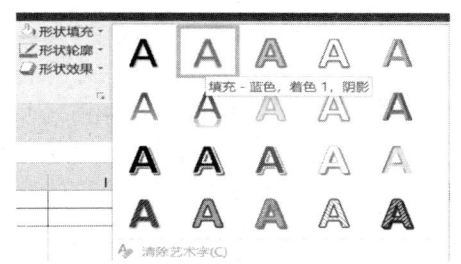　　　　图 4-3-28　为图表标题设置艺术字样式

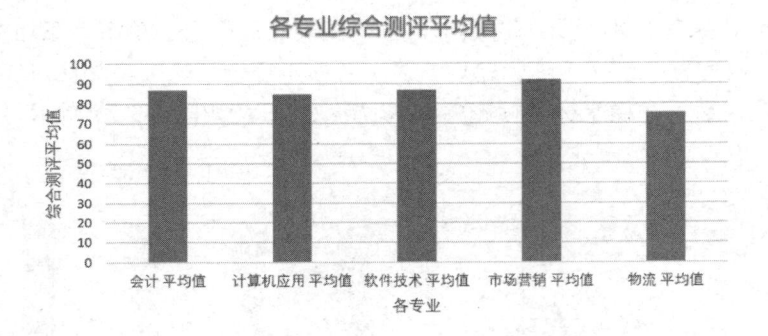

图 4-3-29　图表标题设置格式

（2）选中系列"综合测评"，如图 4-3-30 所示，单击"图表工具-格式"选项卡，如图 4-3-31 所示，在"形状样式"组中，选择"强烈效果-橙色，强调颜色 2"样式，如图 4-3-32、图 4-3-33 所示。

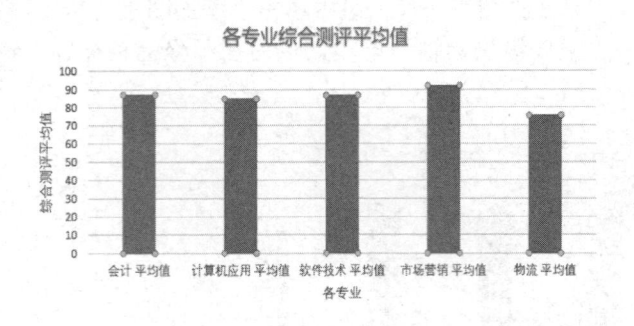

图 4-3-30　选中系列"综合测评"　　　　　　图 4-3-31　形状样式组

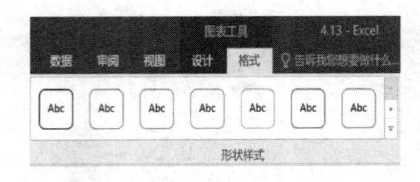

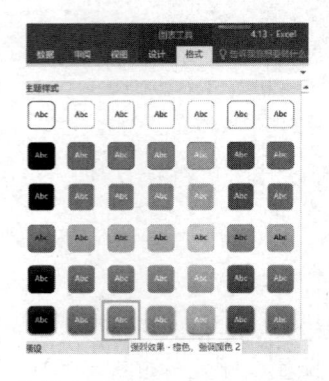

图 4-3-32　选择"强烈效果-橙色，强调颜色 2"样式　　　图 4-3-33　系列"综合测评"效果

（3）选中图表区，在图表区中右击，在弹出的快捷菜单中选择"设置图表区域格式"选项。在打开的"设置图表区格式"对话框中，填充选择"渐变填充"，在预设渐变中，选择"顶部聚光灯-个性色 6"，如图 4-3-34 所示。效果如图 4-3-35 所示。

（4）选中系列"综合测评"，如图 4-3-36 所示，单击"图表工具-设计"选项卡，在"图表布局"组中，单击"添加图表元素"按钮，在弹出的下拉列表中，选择"数据标签"中的"居中"。效果如图 4-3-37、图 4-3-38 所示。

项目 4　Excel 数据管理与分析

图 4-3-34　选择"顶部聚光灯-个性色 6"样式

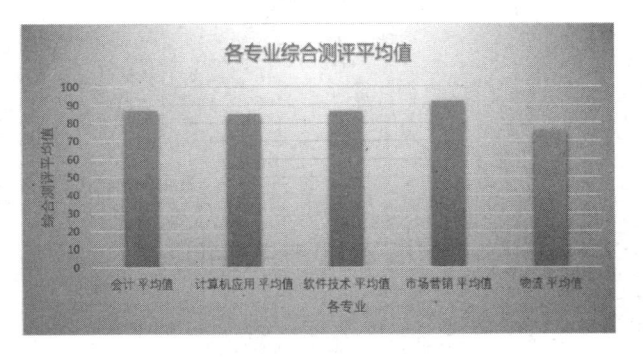

图 4-3-35　图表区格式效果

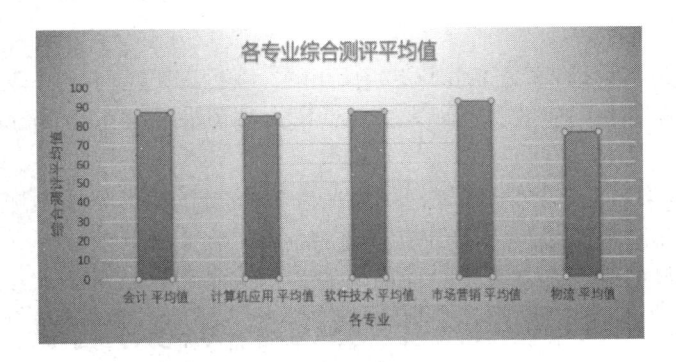

图 4-3-36　图表区格式效果

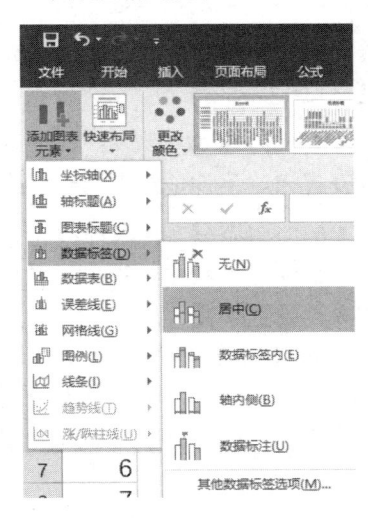

图 4-3-37　图表区格式

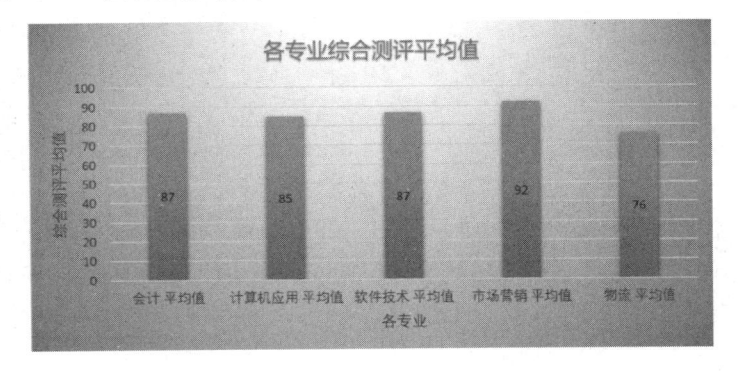

图 4-3-38　图表区格式效果

（5）选中"数据标签"，将字体颜色设置为白色，字体大小设置为 10，效果如图 4-3-39 所示。

• 195 •

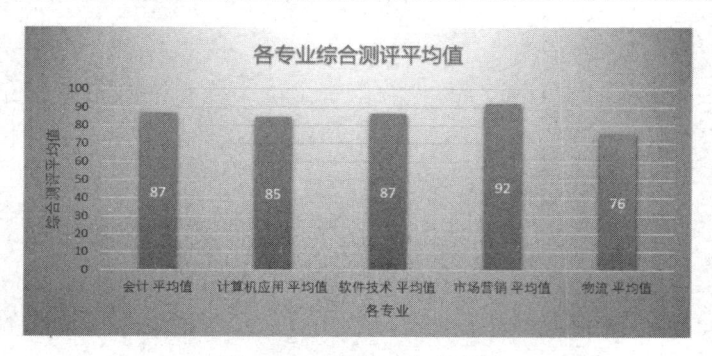

图 4-3-39　图表区格式效果

子任务四：数据透视表的使用

任务要求：使用数据透视表功能在"2020 学年学院奖学金申请人员得分一览表"中获取不同角度的信息。

操作步骤

1. 将"数据透视表"工作表的筛选器设置为"性别"，行字段设置为"所在专业""姓名"，值设置为"平均成绩""综合测评""最后得分"

（1）切换至"数据透视表"工作表，将光标置于数据区域中，单击"插入"选项卡的"表格"组中的"数据透视表"按钮，打开"创建数据透视表"对话框，按照如图 4-3-40 所示的内容设置参数。

提示："创建数据透视表"对话框将自动选择表/区域，如果所选表/区域的单元格引用地址不正确，则可以单击其右侧的按钮，然后在工作表中重新选择区域。

（2）单击"确定"按钮，打开"数据透视表字段"对话框，如图 4-3-41 所示。

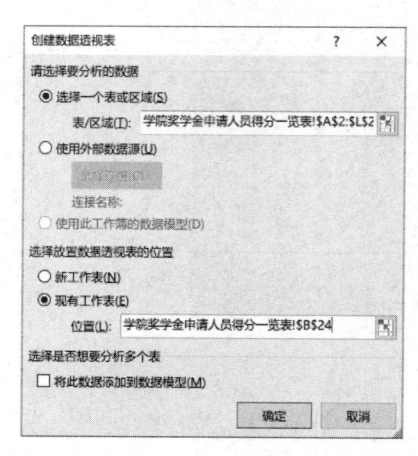

图 4-3-40　"创建数据透视表"对话框 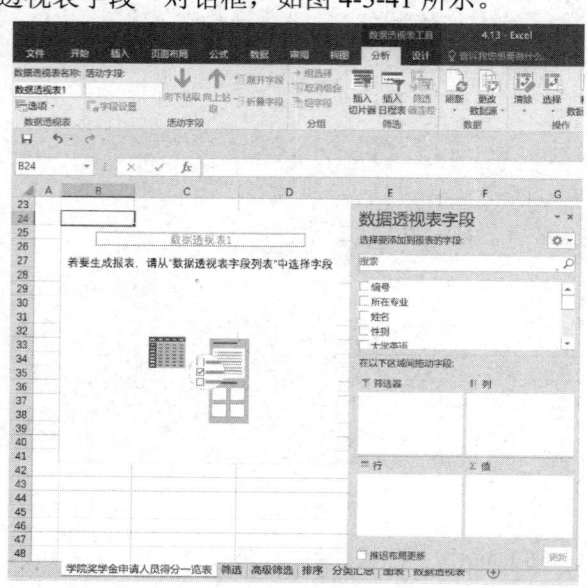　　　　图 4-3-41　"数据透视表字段"对话框

（3）选中"性别"字段前面的复选框，当鼠标指针变成形状时，将该字段拖入"筛选器"区域中，如图4-3-42所示。

（4）使用相同的方法将"所在专业""姓名"字段拖入"行"区域中，将"平均成绩""综合测评""最后得分"字段拖入"值"区域中，结果如图4-3-43所示。至此，数据透视表已制作完成。

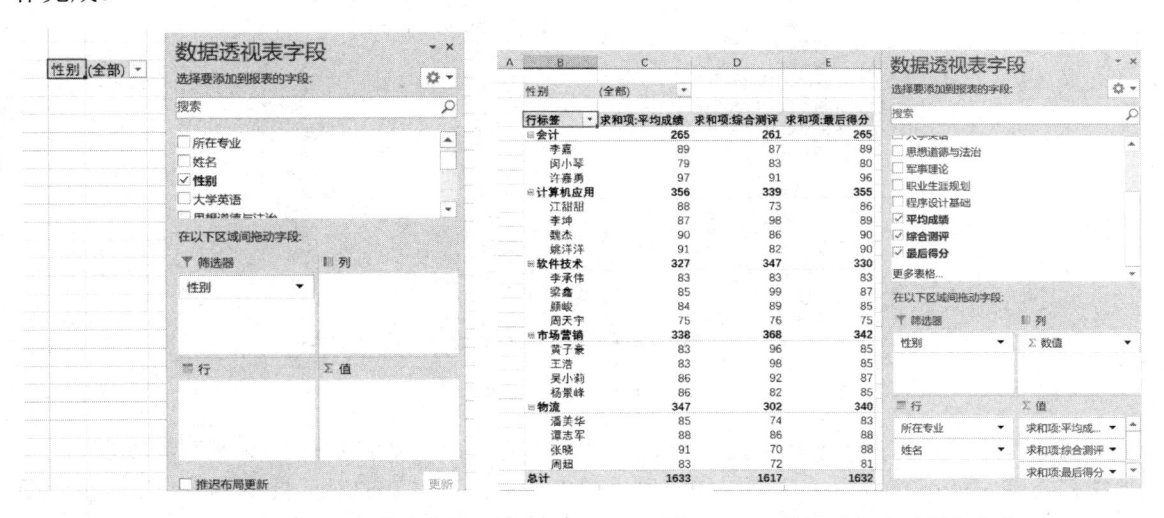

图4-3-42　将"性别"字段拖入"筛选器"区域中　　　图4-3-43　数据透视表已制作完成

2．将"数据透视表"工作表中的平均成绩、综合测评、最后得分三项值设置为"平均值项"，并将平均值小数位数设置为0

（1）单击"数据透视表段"对话框的"值"区域中的"求和项 平均成绩"右边的倒三角按钮，在弹出的下拉列表中选择"值字段设置"选项，如图4-3-44所示。在打开的"值字段设置"对话框中将值字段汇总方式改为"平均值"，如图4-3-45所示，单击"确定"按钮，使用相同的方法，再将"综合测评""最后得分"的值字段汇总方式改为"平均值"。效果如图4-3-46所示。

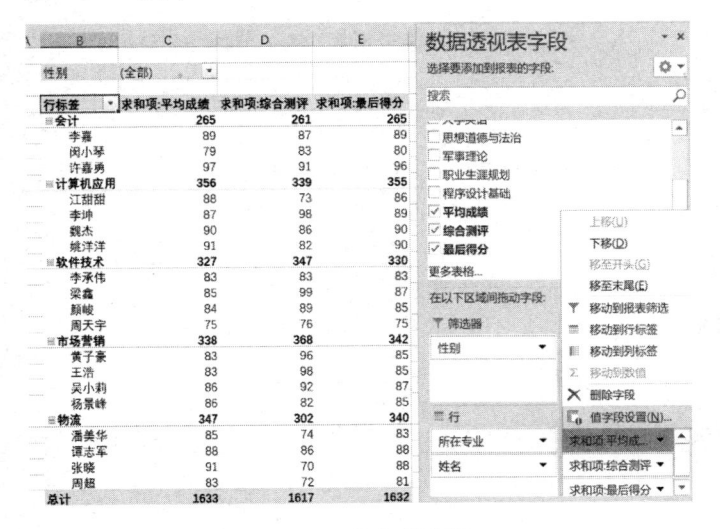

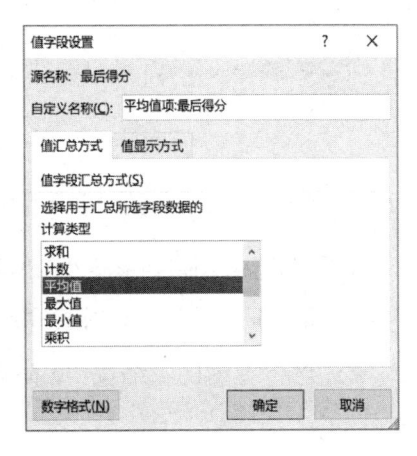

图4-3-44　值字段设置　　　　　　　　　　图4-3-45　汇总方式改为"平均值"

行标签	平均值项:平均成绩	平均值项:综合测评	平均值项:最后得分
⊟会计	88.33333333	87	88.33333333
李嘉	89	87	89
闵小琴	79	83	80
许嘉勇	97	91	96
⊟计算机应用	89	84.75	88.75
江甜甜	88	73	86
李坤	87	98	89
魏杰	90	86	90
姚洋洋	91	82	90
⊟软件技术	81.75	86.75	82.5
李承伟	83	83	83
梁鑫	85	99	87
颜峻	84	89	85
周天宇	75	76	75
⊟市场营销	84.5	92	85.5
黄子豪	83	96	85
王浩	83	98	85
吴小莉	86	92	87
杨景峰	86	82	85
⊟物流	86.75	75.5	85
潘美华	85	74	83
谭志军	88	86	88
张晓	91	70	88
周超	83	72	81
总计	85.94736842	85.10526316	85.89473684

图 4-3-46　值字段设置

（2）单击"数据透视表段"对话框的"值"区域中的"求和项 平均成绩"右边的倒三角按钮，在弹出的下拉列表中选择"值字段设置"选项，在打开的对话框中单击左下角的"数字格式"按钮，如图 4-3-47 所示。在打开的"设置单元格格式"对话框中，"分类"选择"数值"，将小数位数设为"0"，如图 4-3-48 所示。使用相同的方法，将综合测评、最后得分的小数位数设置为 0，效果如图 4-3-49 所示。

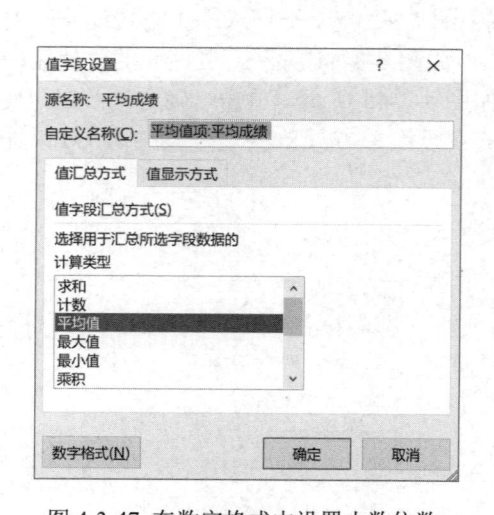

图 4-3-47　在数字格式中设置小数位数 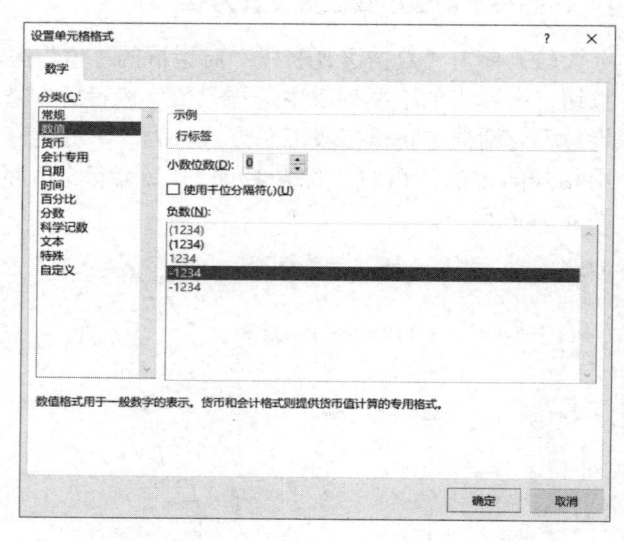　　　　图 4-3-48　设置小数位数为 0

3. 将数据透视表中行标签中的"姓名"收缩隐藏，只显示"所在专业"

单击各专业前的收缩按钮，隐藏姓名，如图 4-3-50 所示。行标签一列只显示各专业数据，效果如图 4-3-51 所示。

行标签	平均值项:平均成绩	平均值项:综合测评	平均值项:最后得分
⊟会计			
李嘉	89	87	89
闵小琴	79	83	80
许嘉勇	97	91	96
⊟计算机应用			
江甜甜	88	73	86
李坤	87	98	89
魏杰	90	86	90
姚洋洋	91	82	90
⊟软件技术			
李承伟	83	83	83
梁鑫	85	99	87
颜峻	84	89	85
周天宇	75	76	75
⊟市场营销			
黄子豪	83	96	85
王浩	83	98	85
吴小莉	86	92	87
杨景峰	86	82	85
⊟物流			
潘美华	85	74	83
谭志军	88	86	88
张晓	91	70	88
周超	83	72	81
总计	86	85	86

图 4-3-49　小数位数设置为 0 效果

性别	(全部)		
行标签	平均值项:平均成绩	平均值项:综合测评	平均值项:最后得分
⊞会计	88	87	88
⊞计算机应用	89	85	88
⊞软件技术	82	87	83
⊞市场营销	84	92	85
⊞物流	87	76	85
总计	86	85	86

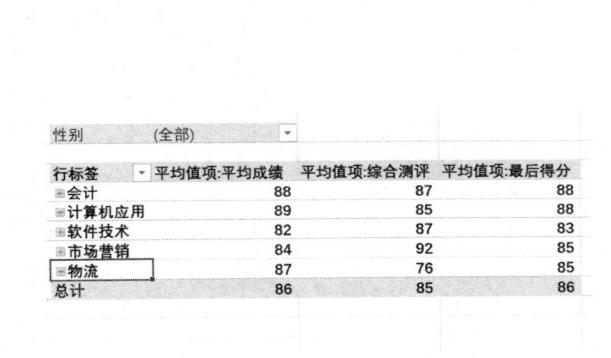

图 4-3-50　单击各专业前的收缩按钮

行标签	平均值项:平均成绩	平均值项:综合测评	平均值项:最后得分
⊟会计			
李嘉	89	87	89
闵小琴	79	83	80
许嘉勇	97	91	96
⊟计算机应用			
江甜甜	88	73	86
李坤	87	98	89
魏杰	90	86	90
姚洋洋	91	82	90
⊟软件技术			
李承伟	83	83	83
梁鑫	85	99	87
颜峻	84	89	85
周天宇	75	76	75
⊟市场营销			
黄子豪	83	96	85
王浩	83	98	85
吴小莉	86	92	87
杨景峰	86	82	85
⊟物流			
潘美华	85	74	83
谭志军	88	86	88
张晓	91	70	88
周超	83	72	81
总计	86	85	86

图 4-3-51　行标签只显示各专业数据

4. 在数据透视表中，查看各专业性别为"男"的数据

单击"性别"右侧的倒三角按钮，在弹出的下拉列表中只选中"男"复选框，如图 4-3-52 所示，单击"确定"按钮，查看"男生"的记录，如图 4-3-53 所示。

性别	男		
行标签	平均值项:平均成绩	平均值项:综合测评	平均值项:最后得分
⊞会计	97	91	96
⊞计算机应用	87	98	89
⊞软件技术	81	83	81
⊞市场营销	84	92	85
⊞物流	87	76	86
总计	85	86	85

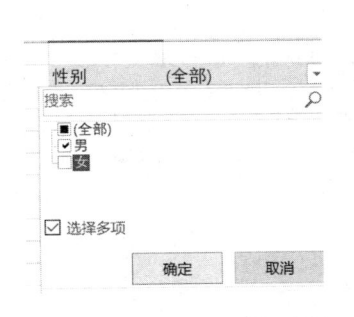

图 4-3-52　选中"男"复选框　　　　图 4-3-53　查看各专业性别为"男"的数据

提示：如果想删除数据透视表中的某个字段，只需在"数据透视表字段"对话框的"选择要添加到报表的字段"区域中取消选中相应字段的复选框即可。

知识储备

1．筛选及其分类

筛选指在电子表格中选定符合一定条件的数据，并将数据显示出来，不符合一定条件的数据则被隐藏。筛选分为自动筛选和高级筛选两种。

2．Excel 2016 默认的排序方法

按升序排序时，Excel 2016 使用如下次序（倒序则正好相反）。
- 数字从最小的负数到最大的正数进行排序。
- 文本及包含数字的文本按"0～9，A～Z"的次序排序。
- 在逻辑值中，FALSE 排在 TRUE 之前。
- 所有错误值的优先级相同。
- 空格始终排在最后。

任务拓展

请根据实训教程完成制作"报名情况登记表"。

项目 5

演示文稿的制作

PowerPoint 是 Office 办公软件集合中的一款演示文稿制作软件。使用 PowerPoint 创建的文件被称为演示文稿，演示文稿可以通过计算机屏幕或投影机播放，主要用于学术交流、产品介绍、工作汇报和各类培训等。演示文稿中的每页被称为幻灯片。因为 PowerPoint 2003 及更早版本所生成的文件的文件名为*.ppt（PowerPoint 2010 之后版本所生成的文件的文件名为*.pptx），所以我们通常将演示文稿简称 PPT。在本项目中，我们将介绍 PowerPoint 2016 的使用方法及应用。

任务一　新员工培训演示文稿的制作

情境导入

人力资源部要对新招收的员工进行岗前培训，领导安排小明使用 PowerPoint 2016 制作新员工培训的演示文稿。

样例图例

新员工培训演示文稿如图 5-1-1 所示。

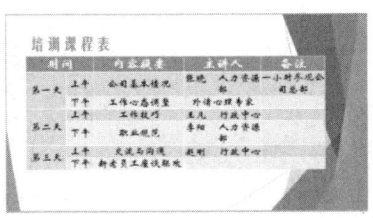

图 5-1-1　新员工培训演示文稿

任务清单

任务名称	新员工培训演示文稿的制作
任务分析	在学习、工作中经常需要完成产品介绍、汇报及培训等演示文稿，需要使用演示文稿的设计主题、幻灯片编辑、放映幻灯片等功能完成演示文稿的制作，同学们要多多实践才能掌握演示文稿的使用。
任务目标 学习目标	1. 掌握 PowPoint 2016 的启动方法，熟悉新建演示文稿的过程。 2. 掌握 PowPoint 2016 各窗口功能区域的功能及基本操作。 3. 掌握演示文稿的主题的使用。 4. 掌握幻灯片的编辑操作。 5. 掌握幻灯片动画的设置。 6. 掌握幻灯片的放映及保存功能。
素质目标	1. 鼓励学生大胆尝试，主动学习 2. 培养学生的软件版权意识，了解国产软件，提升民族自豪感，增进文化自信。 3. 培养学生正确的职业素养认知和职业规范。 4. 培养学生发现美和创造美的能力，提高学生的审美情趣。 5. 培养学生的自学能力和获取计算机新知识、新技术的能力。

任务导图

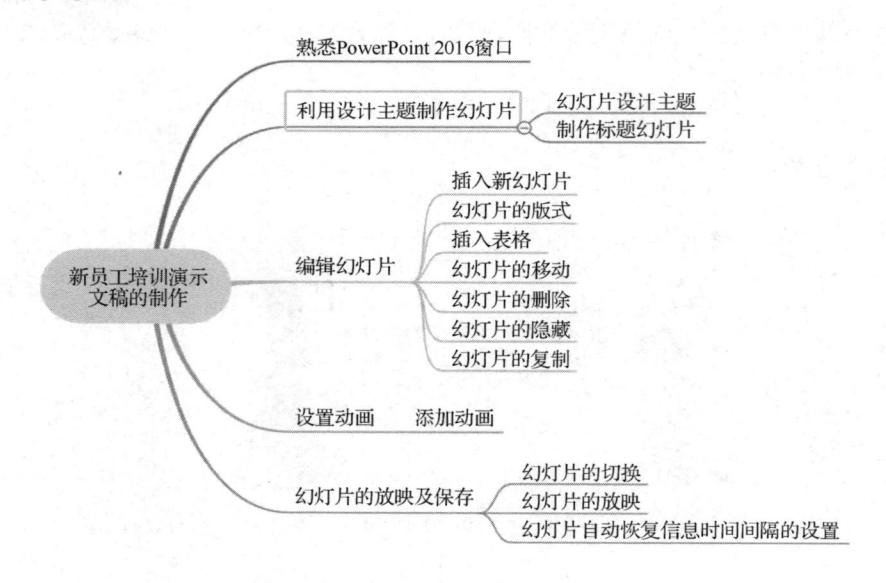

新员工培训演示文稿的制作
- 熟悉PowerPoint 2016窗口
- 利用设计主题制作幻灯片
  - 幻灯片设计主题
  - 制作标题幻灯片
- 编辑幻灯片
  - 插入新幻灯片
  - 幻灯片的版式
  - 插入表格
  - 幻灯片的移动
  - 幻灯片的删除
  - 幻灯片的隐藏
  - 幻灯片的复制
- 设置动画 添加动画
- 幻灯片的放映及保存
  - 幻灯片的切换
  - 幻灯片的放映
  - 幻灯片自动恢复信息时间间隔的设置

任务实施

子任务一：熟悉 PowerPoint 2016 窗口

任务要求：掌握 PowerPoint 2016 的启动方法，熟悉新建演示文稿的过程，了解 PowerPoint 2016 窗口中各功能区域的名称。

执行"开始"→"PowerPoint 2016"菜单命令，启动 PowerPoint 2016。第一次进入 PowerPoint 2016 时，工作界面会展示若干演示文稿的模板，用户可以选择"空白演示文稿"选项，新建演示文稿。

此外，用户进入 PowerPoint 2016 后，也可以执行"文件"→"新建"→"空白演示文稿"菜单命令，新建演示文稿。PowerPoint 2016 窗口如图 5-1-2 所示。

图 5-1-2　PowerPoint 2016 窗口

子任务二：利用设计主题制作幻灯片

任务要求：了解幻灯片设计主题的作用，并运用设计主题制作一张标题幻灯片。

操作步骤

1. 幻灯片设计主题

单击"设计"选项卡的"主题"组中的"其他"按钮，打开主题列表，如图 5-1-3 所示，当鼠标指针指向某个主题时，会显示该主题的名称。

选择"平面"主题，将所选主题应用于所有幻灯片上。如果只想将某个主题应用于部分幻灯片上，则先在幻灯片缩略图窗格中选定部分幻灯片，然后在主题列表中的某个主题上右击，在弹出的快捷菜单中选择"应用于选定幻灯片"选项，如图5-1-4所示。

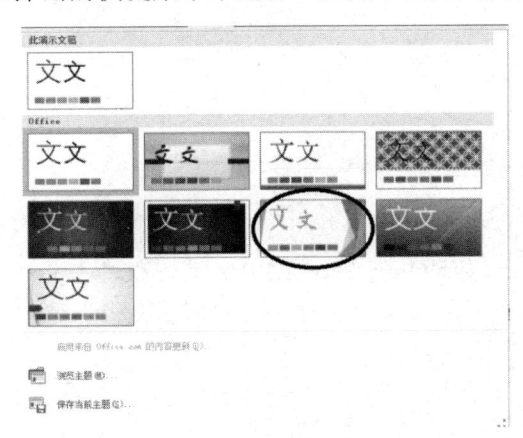

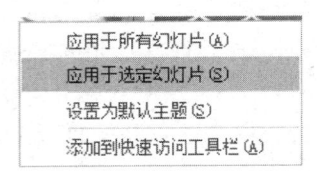

图 5-1-3　主题列表　　　　　　　　图 5-1-4　选择"应用于选定幻灯片"选项

提示：幻灯片设计主题是一类特殊的演示文稿，提供了很多特殊效果（如阴影、反射、三维效果等）。在演示文稿中使用的每个设计主题包括一个幻灯片母版和一组特定版式。如果在同一演示文稿中使用多个设计主题，那么演示文稿将拥有多个幻灯片母版和多组版式。另外，还可以选择主题列表中的"启用来自 Office.com 的内容更新"选项，进入官网下载更多设计主题。PowerPoint 2016 还增加了变体功能，即一个设计主题可以有多种颜色的风格。

2．制作标题幻灯片

通常，第1张幻灯片用于展示标题，故被称为"标题幻灯片"，如图5-1-5所示。

在"单击此处添加标题"占位符中输入"欢迎加入某某科技有限公司"，在"单击此处添加副标题"占位符中输入"2023年第四期新员工入职培训"，如图5-1-6所示。

图 5-1-5　标题幻灯片　　　　　　　图 5-1-6　输入内容后的标题幻灯片

子任务三：编辑幻灯片

任务要求：掌握插入、删除、移动幻灯片的方法，了解幻灯片版式的作用，掌握在幻灯片中插入表格的方法。

操作步骤

1. 插入新幻灯片

单击"开始"选项卡的"幻灯片"组中的"新建幻灯片"按钮，插入一张新幻灯片，如图 5-1-7 所示。

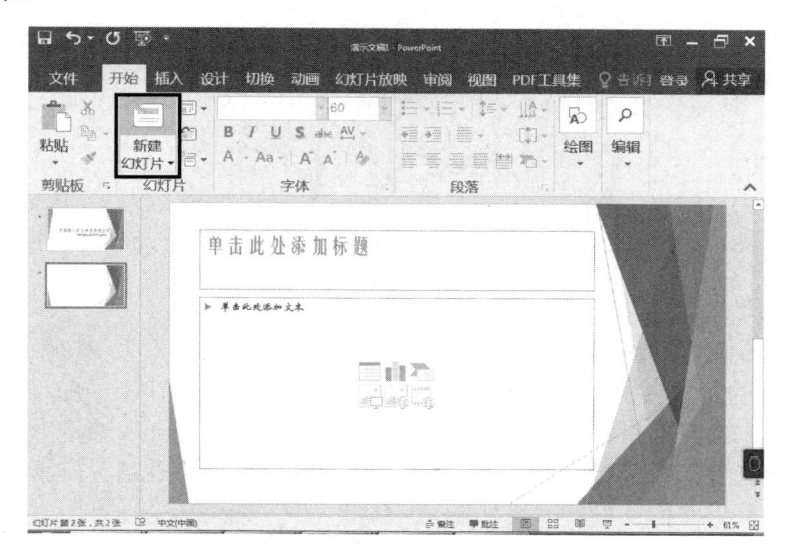

图 5-1-7　插入新幻灯片

每次单击"新建幻灯片"按钮，只插入一张新幻灯片。如果要删除幻灯片，则右击要删除的幻灯片，在弹出的快捷菜单中选择"删除幻灯片"选项，或者选定要删除的幻灯片，按 Delete 键将其删除。

2. 幻灯片的版式

单击"开始"选项卡的"幻灯片"组中的"版式"按钮，打开版式列表，如图 5-1-8 所示，版式列表包括标题幻灯片、标题和内容、节标题等 11 种版式。这些版式是由各种占位符组成的，用户可根据需要进行选择。此外，用户也可以在空白演示文稿中设计版式。

此处选择"标题和内容"版式（新建幻灯片默认的版式），在"单击此处添加标题"占位符中输入"公司情况介绍"，在"单击此处添加文本"占位符中输入如下内容。
- 公司历史。
- 公司组织架构。
- 公司政策与福利。
- 公司相关程序、绩效考核。
- 公司各部门功能介绍。

占位符会根据输入的内容调整字号并自动添加项目符号，如图 5-1-9 所示。

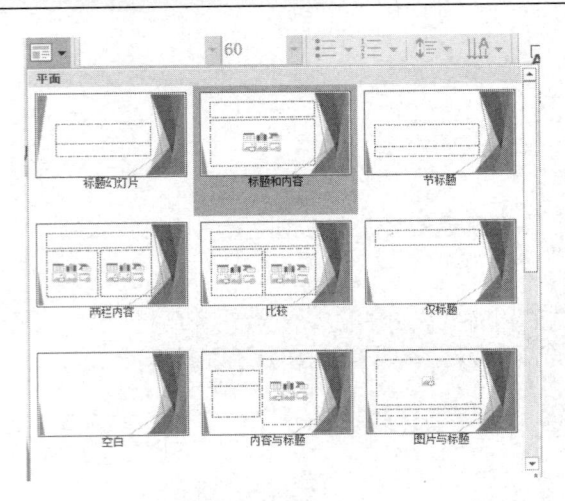

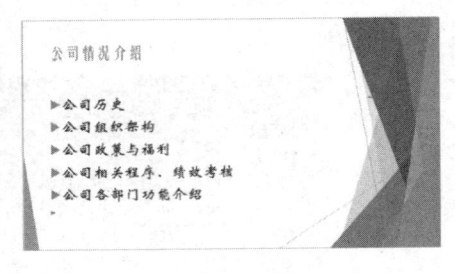

图 5-1-8　版式列表　　　　　　　　图 5-1-9　"公司情况介绍"幻灯片

3. 插入表格

插入一张幻灯片，如图 5-1-10 所示。在"单击此处添加标题"占位符中输入"培训课程表"。双击幻灯片中的 图标，或者单击"插入"选项卡的"表格"组中的"表格"右侧的倒三角按钮，在弹出的下拉列表中选择"插入表格"选项，打开"插入表格"对话框。在对话框中设置"行数"为 7，"列数"为 5，如图 5-1-11 所示，单击"确定"按钮。

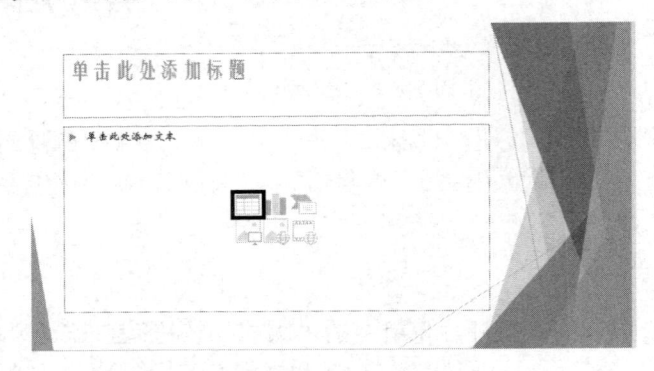

图 5-1-10　插入一张幻灯片

按照如图 5-1-12 所示的内容输入表格中的文字，将表头文字的字体格式设置为"宋体""28 磅""加粗""居中"，将表格中其他文字的字体格式设置为"宋体""18 磅""居中"。

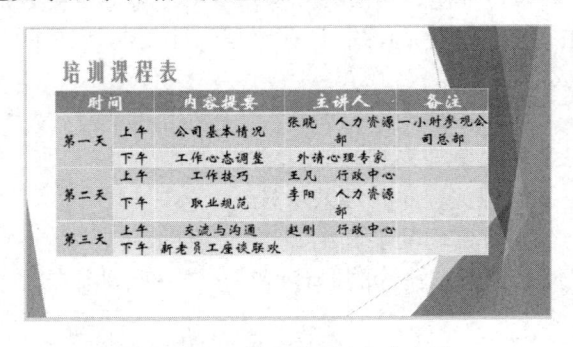

图 5-1-11　"插入表格"对话框　　　　　图 5-1-12　"培训课程表"幻灯片

4. 幻灯片的移动

在幻灯片缩略图窗格中选定"培训课程表"幻灯片，按住鼠标左键不松手，将其拖动到"公司情况介绍"幻灯片之前，然后释放鼠标左键。在幻灯片浏览视图中也可以进行相同的操作。

5. 幻灯片的删除

删除幻灯片的操作比较简单，最常用的方法是在幻灯片/大纲窗格的"幻灯片"选项卡中选择要删除的幻灯片，直接按 Delete 键即可。也可以对要删除的幻灯片右击，在弹出的快捷菜单中选择"删除幻灯片"选项。

6. 幻灯片的隐藏

有时候希望放映时某几张幻灯片不被播放，但是又不想删除这些幻灯片，那么可以将这些幻灯片隐藏起来，操作步骤如下：

（1）切换到幻灯片浏览视图或普通视图，选择要隐藏的幻灯片。

（2）打开"幻灯片放映"选项卡，选择"隐藏幻灯片"命令，或者直接右击幻灯片，在弹出的快捷菜单中选择"隐藏幻灯片"选项。

被隐藏的幻灯片旁边会显示隐藏幻灯片图标 ，该图标中的数字是幻灯片编号。

7. 幻灯片的复制

常用的方法有两种：

（1）在幻灯片/大纲窗格的"幻灯片"选项卡中选中要复制的幻灯片，按住 Ctrl 键的同时按住鼠标左键并拖动到合适的位置，释放鼠标左键即将幻灯片复制到了目标位置。

（2）在需要复制的幻灯片上右击，在弹出的快捷菜单中选择"复制幻灯片"选项即可在当前选中的幻灯片下方插入一张相同的幻灯片

子任务四：设置动画

任务要求：为了使演示文稿更具有吸引力，可以对幻灯片中的内容设置动画。

操作步骤

1. 添加动画

（1）选定标题幻灯片（第 1 张幻灯片）中的主标题"占位符"，在"动画"选项卡的"动画"组中，单击右侧的倒三角按钮，弹出动画列表，如图 5-1-13 所示。选择"进入"→"擦除"选项，单击"效果选项"下方的倒三角按钮，在弹出的下拉列表中选择"自左侧"选项，如图 5-1-14 所示。

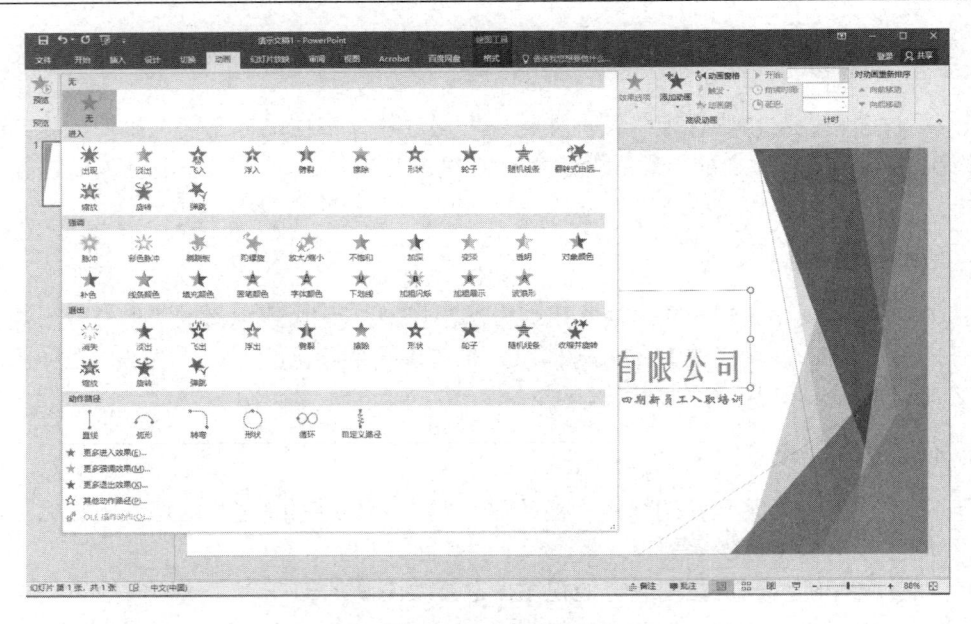

图 5-1-13　动画列表

每设置一次动画，幻灯片将自动演示一遍动画效果，如果想再次观看动画效果，可单击"动画"选项卡的"预览"组中的"预览"按钮。

使用同样的方法为副标题添加"弹跳"类型的进入动画。

（2）选中主标题和副标题，单击"动画"选项卡的"高级动画"组中的"添加动画"按钮，在弹出的下拉列表中选择"强调"→"彩色脉冲"选项。

2．设置动画自动播放并观看播放效果

（1）单击"高级动画"组中的"动画窗格"按钮，屏幕右侧出现"动画窗格"对话框。选中最后两个强调动画，单击倒三角按钮，选择"计时"选项，如图 5-1-15 所示。在弹出的对话框的"重复"下拉列表中选择"3"选项，单击"确定"按钮，完成动画自动播放的设置，如图 5-1-16 所示。

在"动画窗格"对话框中，共有 4 个动画效果。"1～3"代表刚刚插入的动画效果。因为"强调"→"彩色脉冲"动画是选中主标题和副标题设置的，所以"3"包含了两个动画效果。单击主标题"占位符"，则"动画窗格"对话框里的"1"和"3"中的第一个动画效果被选中，说明主标题包含了两个动画效果。单击"动画窗格"对话框中的"2"，则在"动画"组中显示"擦除"动画效果，接下来，在"动画"选项卡的"计时"组中单击"开始"右侧的倒三角按钮，在弹出的下拉列表中选择"与上一动画同时"选项，将"持续时间"设置为"02.00"。同样单击"动画窗格"对话框中的"3"，将"开始"设置为"与上一动画同时"，将"持续时间"设置为"02.00"，如图 5-1-17 所示。

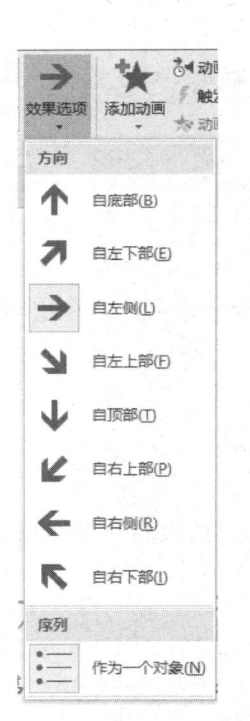

图 5-1-14　选择"自左则"选项

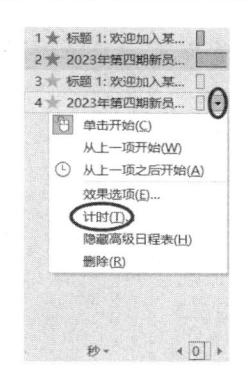

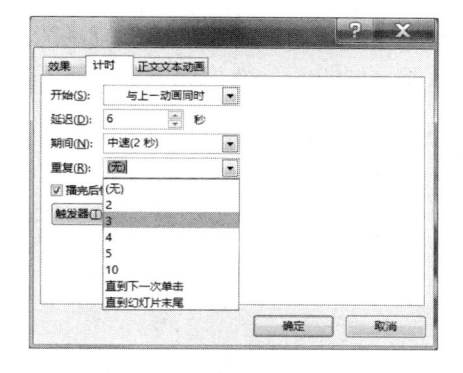

图 5-1-15 "动画窗格"对话框   图 5-1-16 设置"重复"参数值

（2）将四个动画效果的"延迟"参数分别设置为"02.00""04.00""06.00""08.00"，设置完成后的"动画窗格"对话框如图 5-1-18 所示。

（3）单击"动画窗格"对话框上方的"播放"按钮 ▶ Play All ，可以观看动画的播放效果。

对幻灯片的文本、图片、形状、表格等其他对象都可以设置动画效果，从而让演示文稿更吸引观众。

图 5-1-17 动画计时设置   图 5-1-18 动画延迟设置

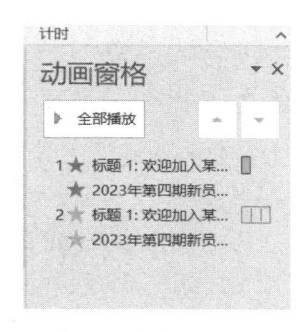

子任务五：幻灯片的放映及保存

任务要求：掌握切换幻灯片、放映幻灯片、添加墨迹注释的方法，掌握幻灯片自动恢复信息时间间隔的设置方法。

操作步骤

1. 幻灯片的切换

选定第 1 张幻灯片，在"切换"选项卡的"切换到此幻灯片"组中的"切换"列表内选择"擦除"选项，单击"效果选项"下方的倒三角按钮，在弹出的下拉列表中选择"自底部"选项，如图 5-1-19 所示。每当选择切换方式后，编辑区中的幻灯片会自动播放切换效果，如需重复观看效果，可单击"预览"组中的"预览"按钮。

在"计时"组的"声音"下拉列表中选择"鼓掌"选项，设置"持续时间"为"02.00"，单击"全部应用"按钮，为所有幻灯片应用同一种切换方式，在换片方式区域中选中"单击鼠标时"复选框，如图5-1-20所示。

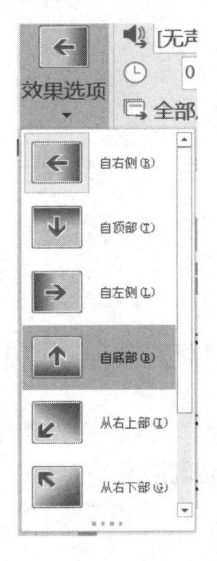

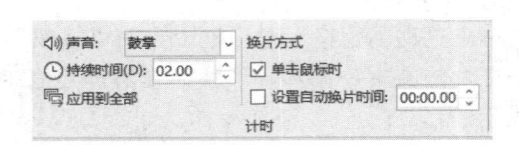

图5-1-19 选择"自底部"选项　　　　　图5-1-20 "切换"选项卡的"计时"组

2. 幻灯片放映

（1）切换至"幻灯片放映"选项卡，单击"从头开始"按钮（或者按F5键），即可从第1张幻灯片开始放映。

（2）放映幻灯片时按PageUp或PageDown键（或者右击幻灯片中的任意位置，在弹出的快捷菜单中选择"上一张"或"下一张"选项），可以切换到上一张或下一张幻灯片。

（3）放映幻灯片时，右击幻灯片中的任意位置，在弹出的快捷菜单中选择"显示演示者视图"选项。在演示期间，演示者可以看到演示者备注，而观众则只能看到幻灯片的放映视图，如图5-1-21所示。若要切换至上一张或下一张幻灯片，则单击"上一张"或"下一张"按钮。若要查看演示文稿中的所有幻灯片，则单击"查看所有幻灯片"按钮。

单击"笔和激光笔工具"按钮，在弹出的下拉列表中选择合适的画笔类型，鼠标指针变为相应的画笔形状，便可在幻灯片上添加墨迹注释，如图5-1-22所示。

图5-1-21 显示演示者视图　　　　　图5-1-22 在幻灯片上添加墨迹注释

注释完成后按Esc键，鼠标指针恢复原状。结束放映时会弹出"是否保留墨迹注释"对话框，单击"保存"按钮，则墨迹注释被保存在幻灯片上。为了不影响幻灯片的美观，此处单击"放弃"按钮。

3．幻灯片自动恢复信息时间间隔的设置

在"文件"选项卡中选择"选项"选项，弹出"PowerPoint 选项"对话框，如图 5-1-23 所示，选择"保存"选项，在"保存演示文稿"区域中选中"保存自动恢复信息时间间隔"复选框，设置时间间隔为"5"分钟，即每隔 5 分钟系统将自动保存演示文稿。

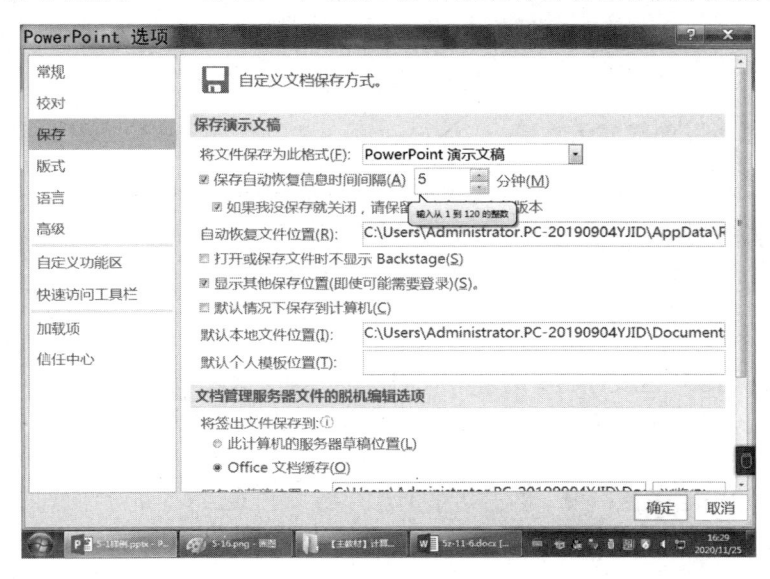

图 5-1-23 "PowerPoint 选项"对话框

提示：制作演示文稿时，版式风格要尽量统一，文字与标点符号的使用要规范，语句的书写要完整。为了让观众记住演示者要表达的思想，应提炼演示文稿中的各级标题，从而使每张幻灯片的主题更加鲜明。

知识储备

1．窗口中的部分功能区域

（1）幻灯片编辑区：幻灯片编辑区是窗口中面积最大的区域，用来显示演示文稿中出现的幻灯片，用户可以在其中输入文本、绘制标准图形、创建图画、添加颜色、插入对象等。中间带有虚线边框的区域被称为"占位符"，虚线框内部往往有"单击此处添加标题"之类的提示语，在"占位符"内单击后，提示语会自动消失，光标会被置于其中，用户可以输入文本或插入图片、表格等。

（2）视图模式：视图模式位于窗口底部，单击不同的视图模式按钮，便能以不同的方式查看演示文稿。

普通视图：普通视图是 PowerPoint 的默认视图，打开一个演示文稿，看到的就是普通视图。使用普通视图可以编辑或设计演示文稿。普通视图的切换按钮是 ▦ 。

幻灯片浏览视图：单击 ▦ 按钮，可以切换至幻灯片浏览视图，这时幻灯片以缩略图方式

· 211 ·

显示在同一窗口中。用户可以很方便地对幻灯片进行复制、移动和删除操作，但不能编辑或修改幻灯片的内容。

幻灯片放映视图：单击 🖳 按钮，可以切换至幻灯片放映视图，此时放映幻灯片是从当前幻灯片开始的。

阅读视图：阅读视图用于查看放映状态下的演示文稿。使用阅读视图时，只显示简单的控件以便审阅演示文稿，如果想修改演示文稿，则可以随时从阅读视图切换到其他视图。阅读视图的切换按钮是 🖽。

此外，在视图模式左侧有一个"备注"按钮，单击该按钮后，显示"备注"窗格，用户可以输入演讲者备注。拖动"备注"窗格的灰色边框可以调整其大小。

2．使用"模板"创建演示文稿

（1）在 PowerPoint 中，在"文件"选项卡中选择"新建"选项。

（2）在"搜索联机模板和主题"文本框中输入关键字或短语，并按 Enter 键。

（3）选择所需的模板，等待模板下载完成后，单击"创建"按钮。

3．其他插入幻灯片的方式

（1）单击"开始"选项卡的"幻灯片"组中的"新建幻灯片"按钮。

（2）在某张幻灯片中，单击最后一个"占位符"，再按 Ctrl+Enter 组合键。

（3）按 Ctrl+M 组合键。

（4）在幻灯片缩略图窗格中，单击某张幻灯片后按 Enter 键，即可在这张幻灯片后插入一张新幻灯片。

（5）在幻灯片缩略图窗格中，单击两张幻灯片的衔接处，这时在衔接处会出现一条横线，按 Enter 键，即可在两张幻灯片之间插入一张新幻灯片。

任务拓展

请完成实训教程实践中的练习。

任务二　演示文稿的高级制作

情境导入

最近，某高校旅游商务系旅游管理专业要举办一次以"江西好风光"旅游演讲比赛。小红同学想参加此次比赛，因为要面向所有老师演讲汇报，所以小红向小明同学求救。在小明同学的帮助下，小红同学利用 PowerPoint 2016 的很多高级功能完成了此次演示文稿的制作，并获得了第一名的好成绩。

样例图例

美化后的演示文稿如图 5-2-1 所示。

图 5-2-1　美化后的演示文稿

任务清单

任务名称		演示文稿的高级制作
任务分析		在工作中经常要按照使用场景来设计 PPT，通过利用插入图片、母版、图表、插入音频、超链接及添加动画等功能美化演示文稿，让整个演示文稿更加有说服力及美观。
任务目标	学习目标	1．掌握增加幻灯片，插入图片、音频文件、艺术字。 2．掌握利用母版设计演示文稿。 3．掌握设置超链接。 4．掌握设置自定义动画。 5．掌握自定义放映，打包幻灯片功能。
	素质目标	1．培养学生热爱祖国大好河山的情感，培养学生科技强国的意识和文化自信的信念。 2．培养学生"对党忠诚，为民至上，顾全大局，团结一心"的红色精神。 3．培养学生发现美和创造美的能力，提高学生的审美情趣。 4．培养学生团队协作，敬业奉献、精益求精的工匠精神。 5．鼓励学生主动学习，大胆尝试，勇于攀登的责任感和使命感。

任务导图

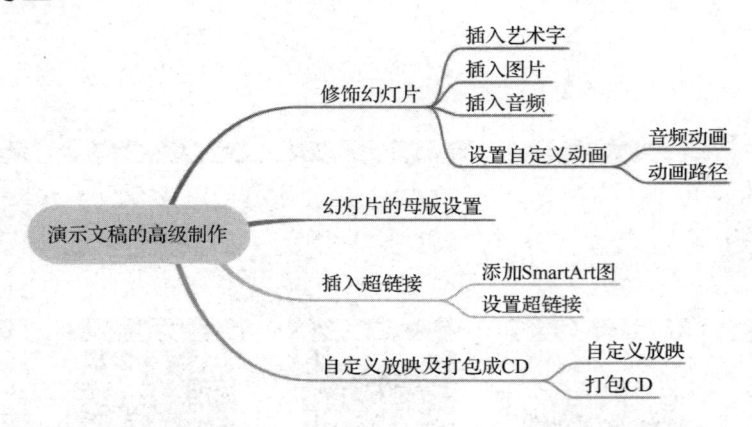

演示文稿的高级制作
- 修饰幻灯片
  - 插入艺术字
  - 插入图片
  - 插入音频
  - 设置自定义动画
    - 音频动画
    - 动画路径
- 幻灯片的母版设置
- 插入超链接
  - 添加SmartArt图
  - 设置超链接
- 自定义放映及打包成CD
  - 自定义放映
  - 打包CD

任务实施

子任务一：修饰幻灯片

任务要求：创建演示文稿"龙虎山欢迎您"，设置封面幻灯片，插入艺术字，插入音频，并且设置自定义动画。

操作步骤

1. 插入艺术字

（1）单击"文件"按钮，选择左侧窗格中的"保存"选项，在"另存为"对话框中将文件以"龙虎山欢迎您"命名并保存在指定位置，文件后缀为".pptx"。

（2）将光标定位于第 1 张标题幻灯片的主标题栏，单击"插入"选项卡下"文本"组中的"艺术字"按钮，选择合适的样式，如图 5-2-2 所示。输入"龙虎山欢迎您"字样。

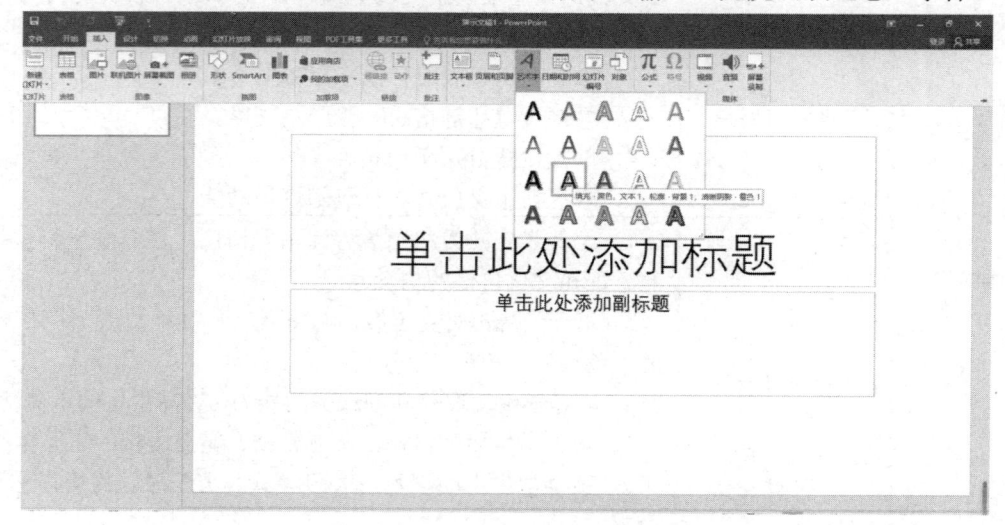

图 5-2-2　艺术字样式

（3）选中艺术字"龙虎山欢迎您"，在"绘图工具"选项卡的"格式"中的"艺术字样式"组中，选择"文本效果"按钮，在弹出的子菜单中选择"转换"选项，在弹出的下拉框中选择"波形 2"，调整合适的大小和位置，如图 5-2-3 所示。

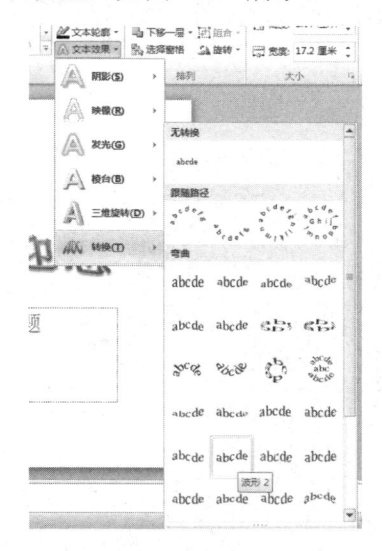

图 5-2-3　转换的艺术字样式

（4）键入副标题"旅游管理系　小红"，设置字体为"宋体"，字号为"32"，颜色均为"红色"，左对齐。

2．插入图片

单击"插入"选项卡中的"图片"按钮，插入外部素材文件"风景 1"，调整其大小适合于幻灯片版面。右击图片，在弹出的快捷菜单中选择"置于底层"选项，效果如图 5-2-4 所示。

图 5-2-4　插入图片效果图

3．插入音频

（1）单击"插入"选项卡的"媒体"组中的"音频"按钮，在弹出的下拉列表中选择"PC 上的音频"选项，插入素材文件"渔光曲.MP3"，幻灯片出现音频图标如图 5-2-5 所示。

（2）设置的背景音乐可以连续滚动播放。选中音频图标，单击"音频工具"的"播放"

选项卡，在"音频选项"组中单击"开始"下方的"跨幻灯片播放"复选框，选择"放映时隐藏""循环播放，直到停止"，如图 5-2-6 所示。

图 5-2-5　插入音频图

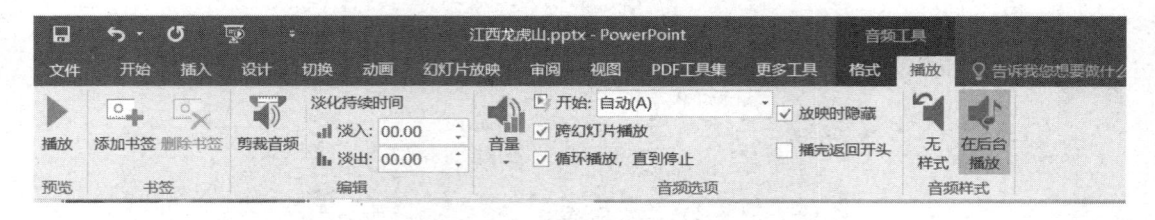

图 5-2-6　设置的背景音乐图

4．设置自定义动画

对主标题和副标题设置自定义动画。基本操作步骤参考任务一中设置动画章节内容，本部分内容主要讲解音频动画和动画路径操作步骤。

（1）音频动画，在本例中如果预期只想为第 1 到第 5 张幻灯片添加某背景音乐，则可以按下面的方法实现：

选定幻灯片上的音频图标，单击"动画"选项卡"高级动画"组中的"动画窗格"按钮，右侧会出现"动画窗格"任务窗格，在音频文件对象右边的下拉按钮上单击并选择"效果选项"选项如图 5-2-7 所示。在弹出的"播放音频"对话框的"停止播放"选项区中选择"在 x

张幻灯片后"单选按钮，输入数字3，如图5-2-8所示，这里的数字是指需要播放背景音乐的幻灯片数量，最后单击"确定"按钮。

图 5-2-7　设置音频动画

（2）动画路径，本例中使用"动作路径"来扩展副标题的动画效果。动作路径是一种不可见的轨迹，可以将幻灯片上的图片、文本或形状等项目放在动作路径上，使它们沿着动作路径运动。例如，可以通过其实现图片以一个手绘的线路进入或退出幻灯片。

为某个对象添加"动作路径"动画效果的方法与添加预设动画效果的方式相似，本例中选中副标题后，在"动画"选项卡"动画"组中的"动作路径"下面选择一个爱心路径。如果选择了预设的动作路径，如"线条""弧线""转弯""形状"或"循环"等，则所选路径会以虚线的形式出现在选定对象之上如图5-2-9所示。

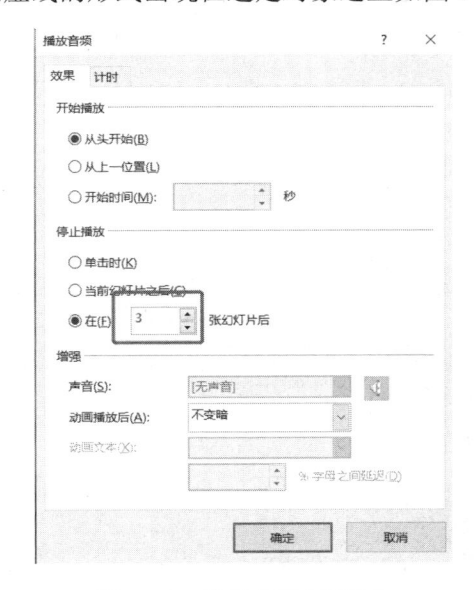

图 5-2-8　设置音频动画播放　　　　　　图 5-2-9　添加自定义路径

知识储备

1．插入媒体资源

在制作幻灯片时，可以插入影片和声音。声音的来源有多种，可以是网络上的在线影片或声音，也可以是用户在计算机中保存的或者自己制作的影片或声音等。

插入影片，单击"插入"选项卡的"媒体"组中的"视频"按钮，在弹出的下拉列表中选择"联机视频"选项，跳转到网络上查找需要使用的影片，然后单击所需影片，即可将其插入幻灯片中，最后调整影片的大小及位置即可。

2．插入文件中的影片

在幻灯片中可以插入外部的影片，包括 Windows 视频文件、影片文件及 GIF 动画等。

（1）单击"插入"选项卡的"媒体"选项组中的"视频"按钮，在弹出的下拉列表中选择"PC 上的视频"选项，如图 5-2-10 所示。

（2）弹出"插入视频文件"对话框如图 5-2-11 所示，选择影片文件，单击"插入"按钮，所选择的影片就会直接应用到当前幻灯片中，如图 5-2-12 所示。

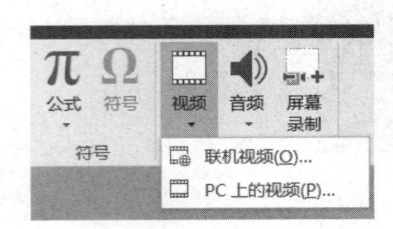

图 5-2-10　视频选项

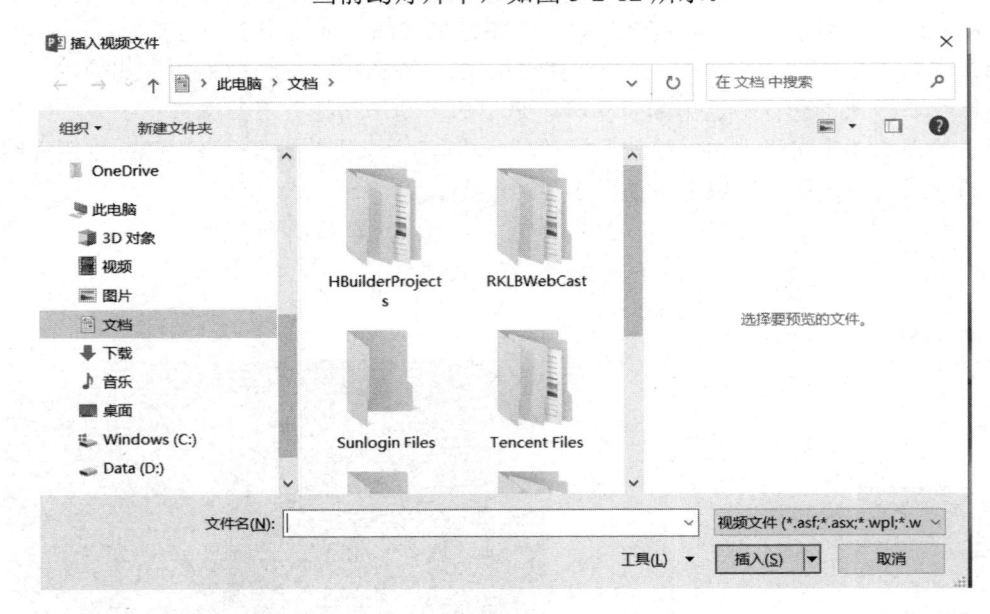

图 5-2-11　"插入视频文件"对话框

3．动画效果类型

在 PPT 的动画效果列表中有以下四种动画效果。

（1）进入效果：设置对象以某种效果进入幻灯片，例如，从边缘飞入幻灯片。

（2）强调效果：对已经进入幻灯片的对象，设置其变化方式，如让页面中的文字加粗闪烁。

图 5-2-12　插入影片

（3）退出效果：设置对象以某种方式退出幻灯片，例如，使对象飞出幻灯片。
（4）动作路径效果：设置对象的运动路径，例如，让对象沿着星形或圆形图案移动。

子任务二：幻灯片的母版设置

任务要求：掌握通过设置母版，让整个演示文稿具备统一风格。

操作步骤

（1）切换到"开始"选项卡，在"幻灯片"组中单击"新建幻灯片"下方的下拉按钮，在弹出的下拉列表中选择"标题和内容"选项，反复建立约 20 张幻灯片。

（2）选取第二张幻灯片，在"标题栏"中键入"龙虎山的由来"，设置字体格式为"宋体，44 号，加粗，居中"；在"内容栏"中键入相应的素材内容，设置字体格式为"宋体，28 号，项目符号"。

（3）下面开始页面的设计。切换到"视图"选项卡，在"母版视图"组中单击"幻灯片母版"按钮，系统自动切换到"幻灯片母版"选项卡。

在幻灯片母版视图的左窗格中显示了一个母版"幻灯片母版"，其下属又分了多个版式，如图 5-2-13 所示。

> **注意事项**
> 需要同版式的幻灯片有相同的背景图片，相同背景格式，固定位置、相同图案的图标的情况，应该在母版视图中进行设置。

（4）选中"幻灯片母版"，切换到"插入"选项卡，在"图像"组中单击"图片"按钮，选择要插入的图片，并适当调整图片的位置，如图 5-2-14 所示。

（5）单击该图片，自动切换到"图片工具"的"格式"选项卡，在"调整"组中单击"颜色"按钮，自动弹出下拉框。在下拉框中选择"重新着色"下的"冲蚀"选项，如图 5-2-15 所示。右击图片，在弹出的快捷菜单中选择"置于底层"选项。

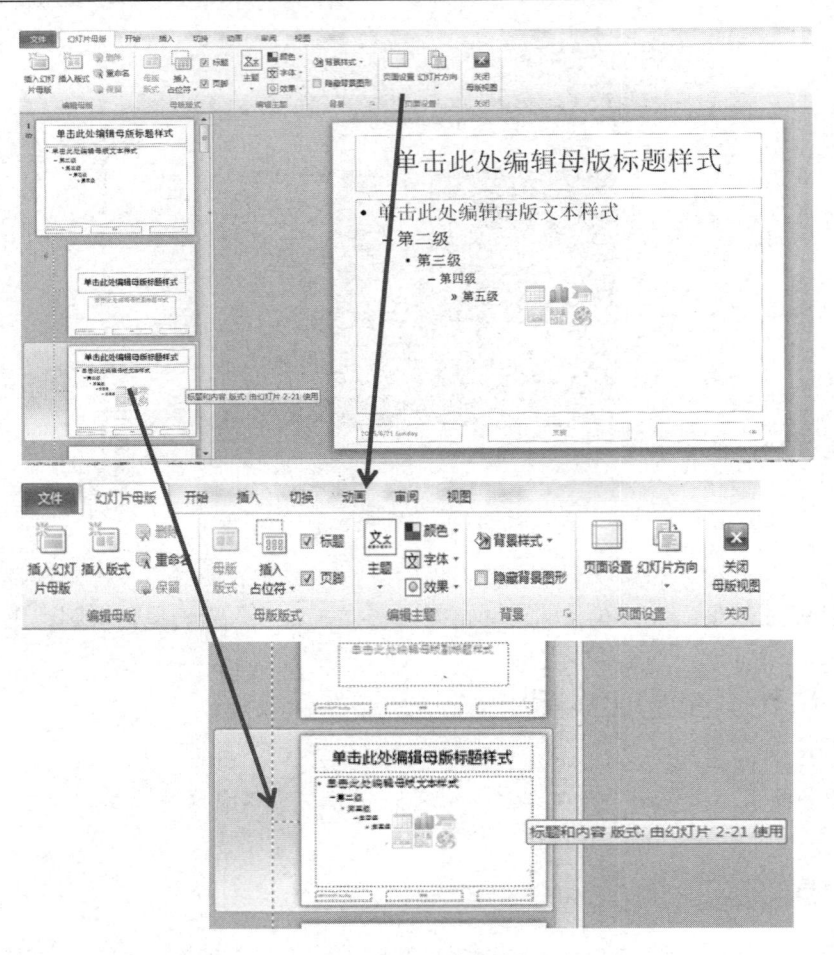

图 5-2-13 母版视图

图 5-2-14 母版中插入背景图片

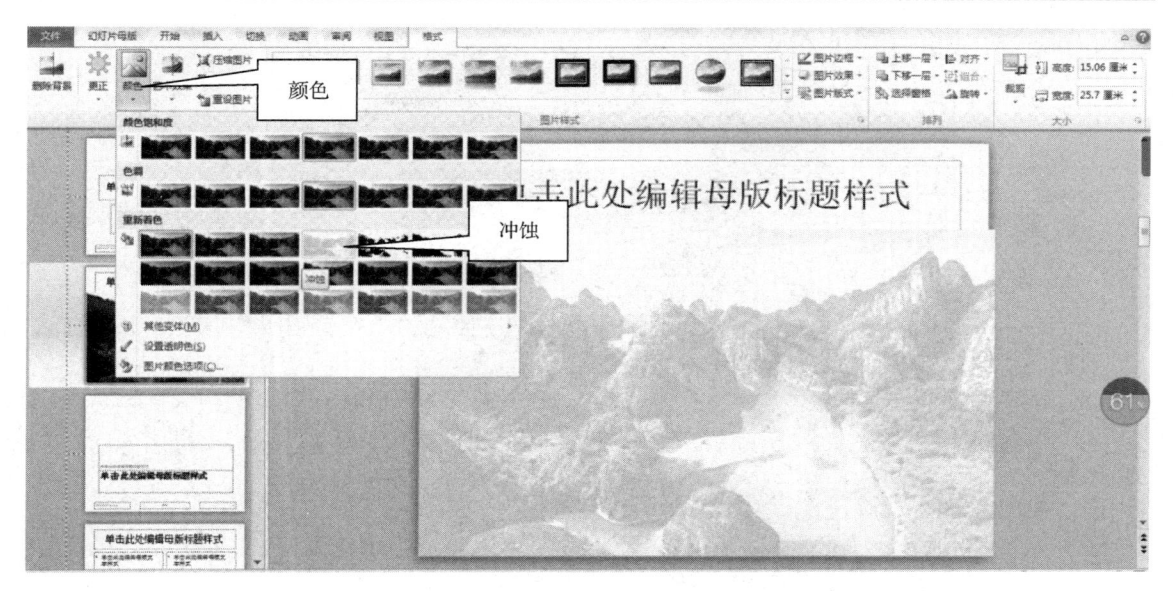

图 5-2-15 "冲蚀"选项

（6）选择"幻灯片母版"，在"编辑主题"组中，单击"主题"按钮，在弹出的下拉列表中选择"波形"主题。然后单击"颜色"按钮，在弹出的下拉列表中选择"行云流水"配色方案，如图 5-2-16 所示。

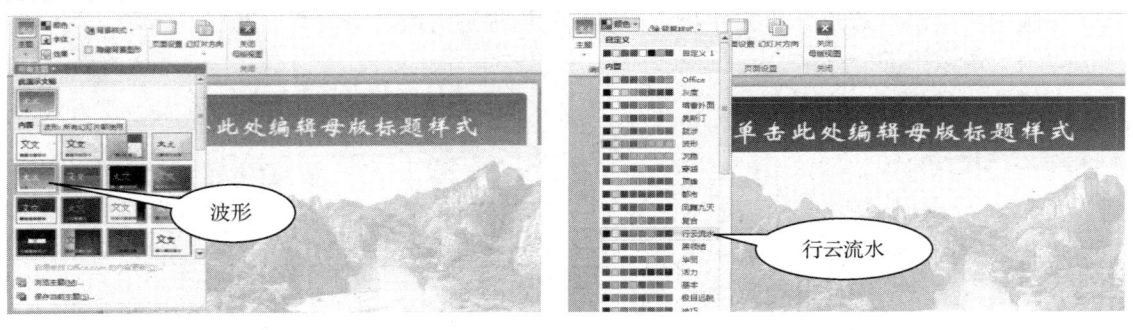

图 5-2-16 设置主题的效果

（7）插入幻灯片编号。选择"幻灯片母版"，切换到"插入"选项卡，在"文本"组中单击"幻灯片编号"按钮，弹出"页眉和页脚"对话框。切换到"幻灯片"选项卡，将"幻灯片编号"复选框选中，如图 5-2-17 所示，并单击"全部应用"按钮。

（8）设置完毕后，切换到"幻灯片母版"选项卡，单击"关闭母版视图"按钮，可查看到第 2～21 张幻灯片都已按照母版进行了修改如图 5-2-18 所示。

图 5-2-17 设置幻灯片编号

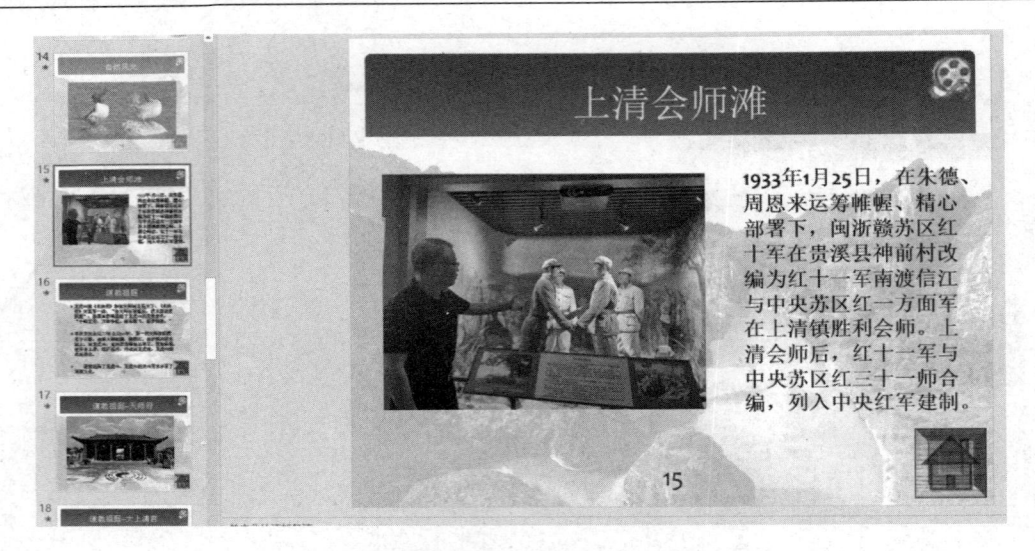

图 5-2-18　设置完母版背景的效果

知识储备

1. 母版

母版同样也决定着幻灯片的外观，一般分为幻灯片母版、讲义母版和备注母版，其中幻灯片母版是最常用的一种。

2. 幻灯片母版

使用幻灯片母版，可以为幻灯片添加标题、文本、背景图片、颜色主题、动画，修改页眉、页脚等，快速制作出属于自己的幻灯片。可以将母版的背景设置为纯色、渐变或图片等效果。它主要用于控制演示文稿中所有幻灯片的外观。在母版中对占位符的位置、大小和字体等格式进行更改后，会自动应用于所有的幻灯片。

3. 讲义母版

讲义母版可以将多张幻灯片显示在一张幻灯片中，便于预览和打印输出。设置讲义母版的具体操作步骤如下。

（1）单击"视图"选项卡的"母版视图"组中的"讲义母版"按钮。

（2）单击"插入"选项卡的"文本"组中的"页眉和页脚"按钮，在弹出的"页眉和页脚"对话框中选择"备注和讲义"选项卡，为当前讲义母版添加页眉和页脚，然后单击"全部应用"按钮，如图 5-2-19 所示。

（3）新添加的页眉和页脚就会显示在编辑窗口中，如图 5-2-20 所示。

4. 备注母版

备注母版主要用于显示幻灯片中的备注，可以是图片、图表或表格等。设置备注母版的具体操作步骤如下。

（1）在打开的 PowerPoint 2016 中，单击"视图"选项卡的"母版视图"组中的"备注母版"按钮。

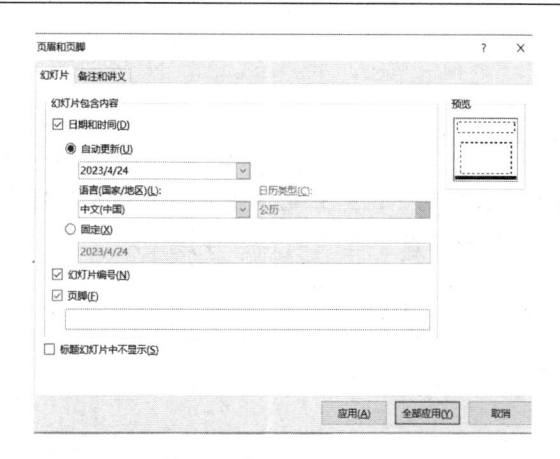

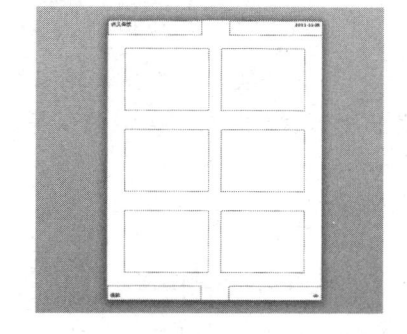

图 5-2-19 "页眉和页脚"对话框　　　　图 5-2-20 讲义母版

（2）选择备注文本区的文本，在弹出的菜单中，用户可以设置文字的大小、颜色和字体等。

（3）设置完成后，单击"备注母版"选项卡中的"关闭母版视图"按钮，返回普通视图。在"备注"窗口中可以输入要备注的内容，如图 5-2-21 所示。

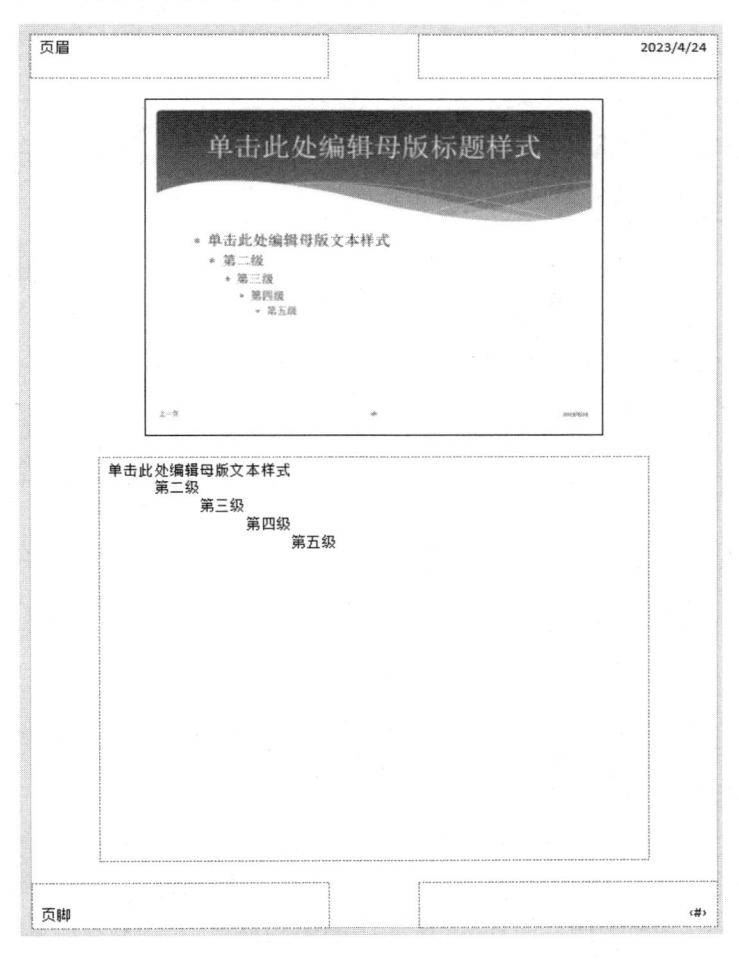

图 5-2-21 "备注"窗口

· 223 ·

子任务三：插入超链接

任务要求：根据素材完善后面的 20 多张幻灯片，并且制作导航页，插入超链接，制作出幻灯片之间的交互效果，并且插入龙虎山的音乐风光片的网址，可链接网页。

操作步骤

1. 添加 SmartArt 图

（1）在第 4 张幻灯片中制作导航页。切换到"插入"选项卡，在"插图"组中单击"SmartArt"按钮如图 5-2-22 所示，在弹出的对话框中选择"层次结构"→"组织结构图"并插入，如图 5-2-23 所示。

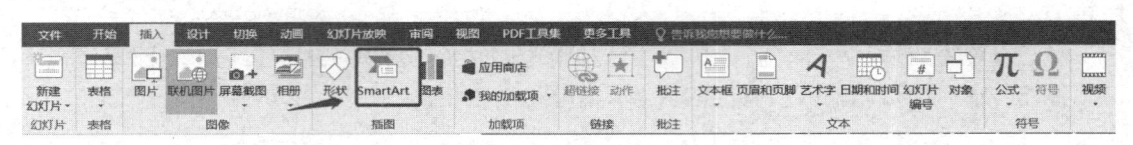

图 5-2-22 "SmartArt"按钮

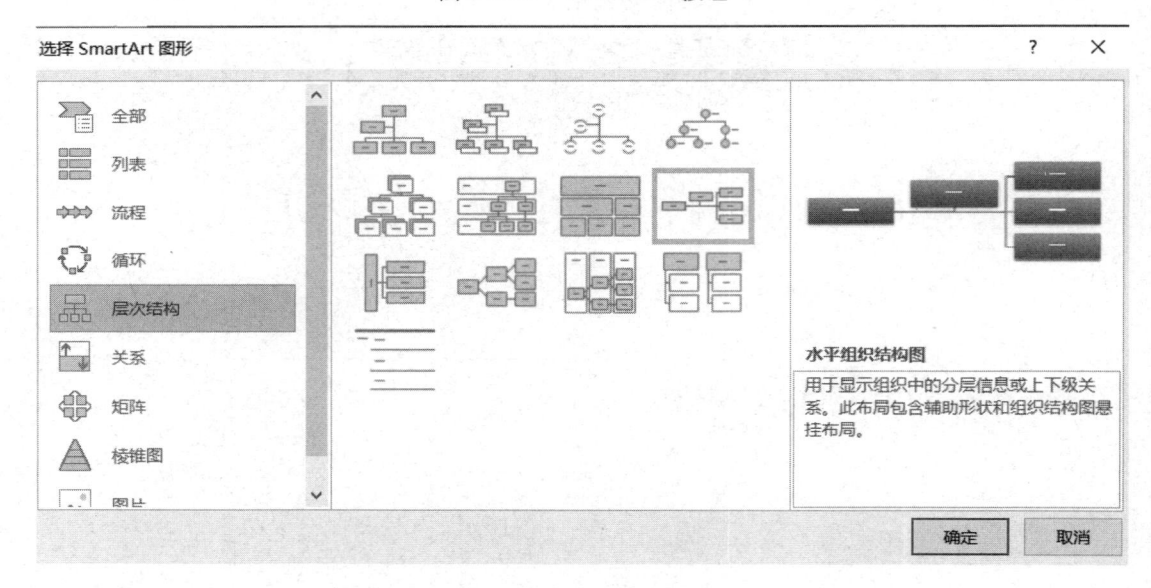

图 5-2-23 插入组织结构图

（2）添加组织结构图的分支形状如图 5-2-24 所示，输入文字内容，并适当调整图片的位置。

2. 设置超链接

（1）设置超链接。选中导航中的"地质公园"文字，切换到"插入"选项卡，在"链接"组中单击"超链接"按钮。在弹出的"插入超链接"对话框中选择"本文档中的位置"，找到要链接的有关"地质公园"的首页幻灯片"世界自然……"。预览后单击"确定"按钮，如图 5-2-25 所示。

· 224 ·

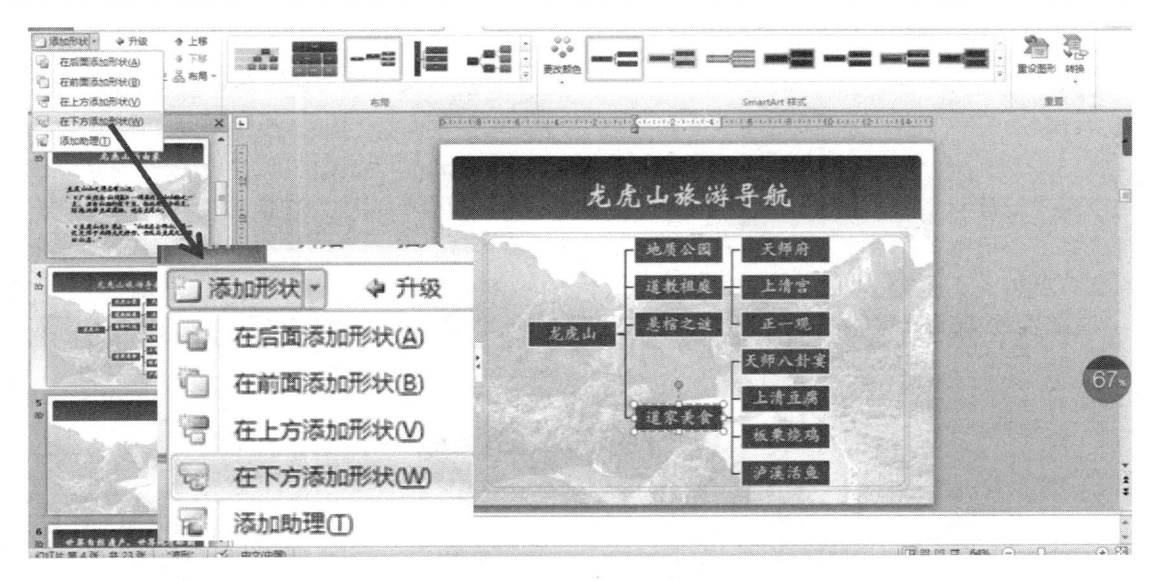

图 5-2-24　完成组织结构图

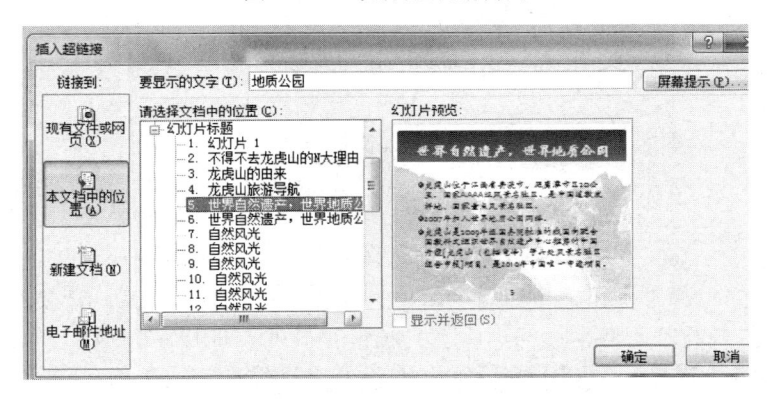

图 5-2-25　插入超链接

（2）同样对"道教祖庭""悬棺之谜""道家美食"等进行超链接设置，可查看到幻灯片进行了修改，超链接的文字颜色都发生了改变。如果觉得颜色不合适，可到"幻灯片母版视图"中去修改。效果如图 5-2-26 所示。

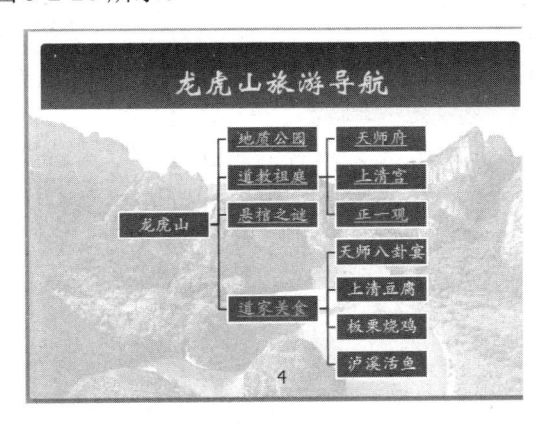

图 5-2-26　完成超级链接的组织结构图

· 225 ·

② 注意事项

为了使幻灯片有交互作用，一般也要设置返回主页的链接，可以使用动作按钮来实现此功能。但如果是每张幻灯片都要设置，则应该在"母版视图"中选择合适的版式来应用动作按钮。

（3）切换到"视图"选项卡，在"母版视图"组中单击"幻灯片母版"按钮，系统自动切换到"幻灯片母版"选项卡。单击编辑过的"标题和内容"版式，切换到"插入"选项卡，在"插图"组中单击"形状"按钮，在弹出的子菜单中选择"动作按钮"的"第一张"，在幻灯片中调整大小位置插入，如图 5-2-27 所示。

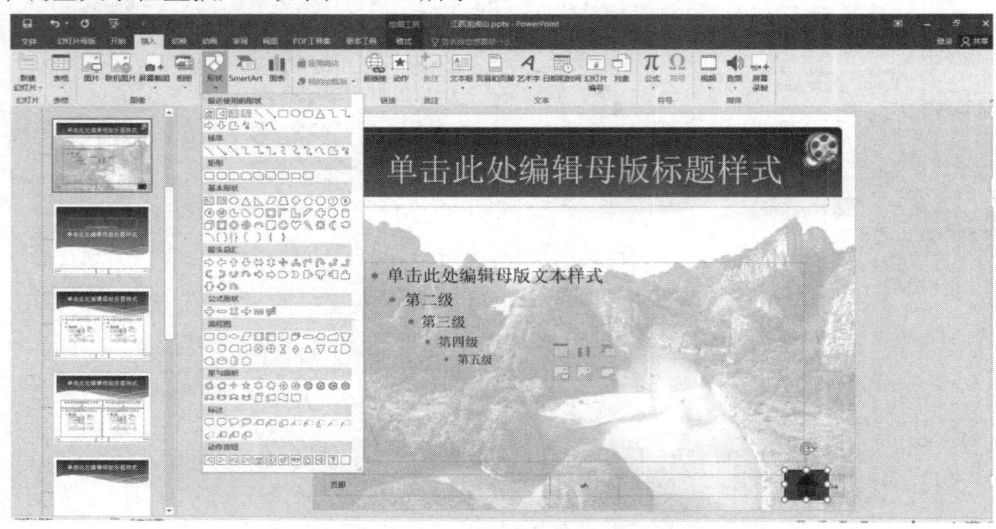

图 5-2-27　插入动作按钮图

（3）在自动弹出的"操作设置"对话框中，将"超链接到"选项由"第一张幻灯片"改为"幻灯片"，在新的对话框中选择导航页为超链接到的幻灯片，如图 5-2-28 所示。

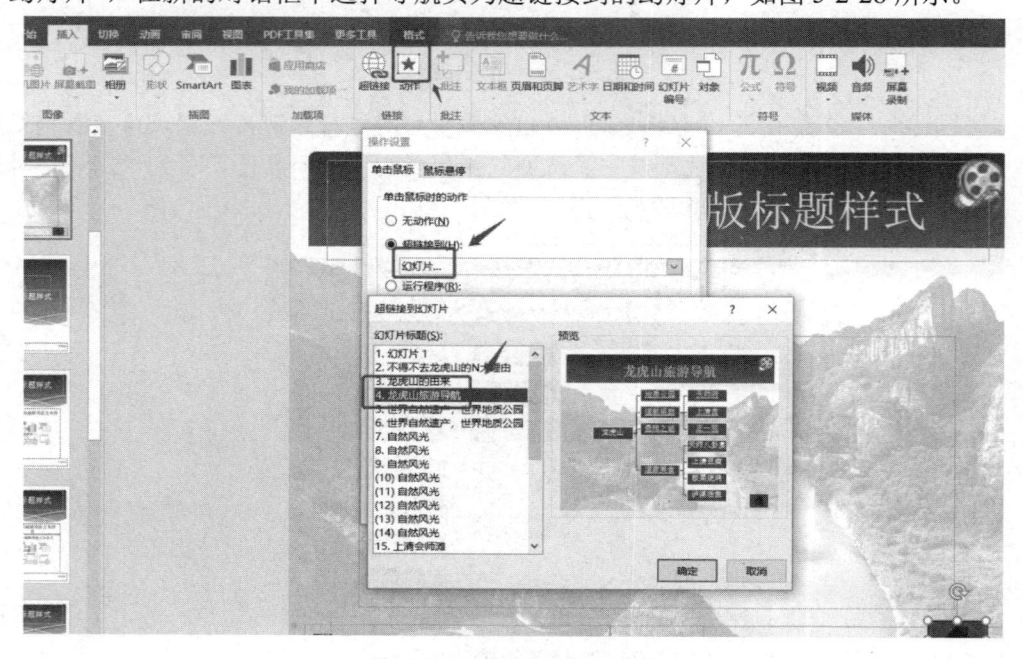

图 5-2-28　设置动作按钮图

（4）单击主页动作按钮，设置格式，并在幻灯片中调整大小位置。

（5）在母版的右上角再插入一个视频图标，准备链接龙虎山的音乐风光片的网址，设置超链接网页。选中图标右击，在弹出的快捷菜单中选择"超链接"选项或者在"插入"选项卡下"链接"组中单击"超链接"按钮。在弹出的"插入超链接"对话框中，在"地址"框中输入网址，确定即可，如图 5-2-29 所示。

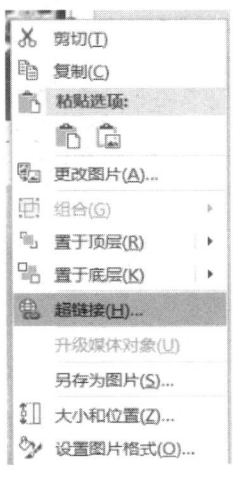

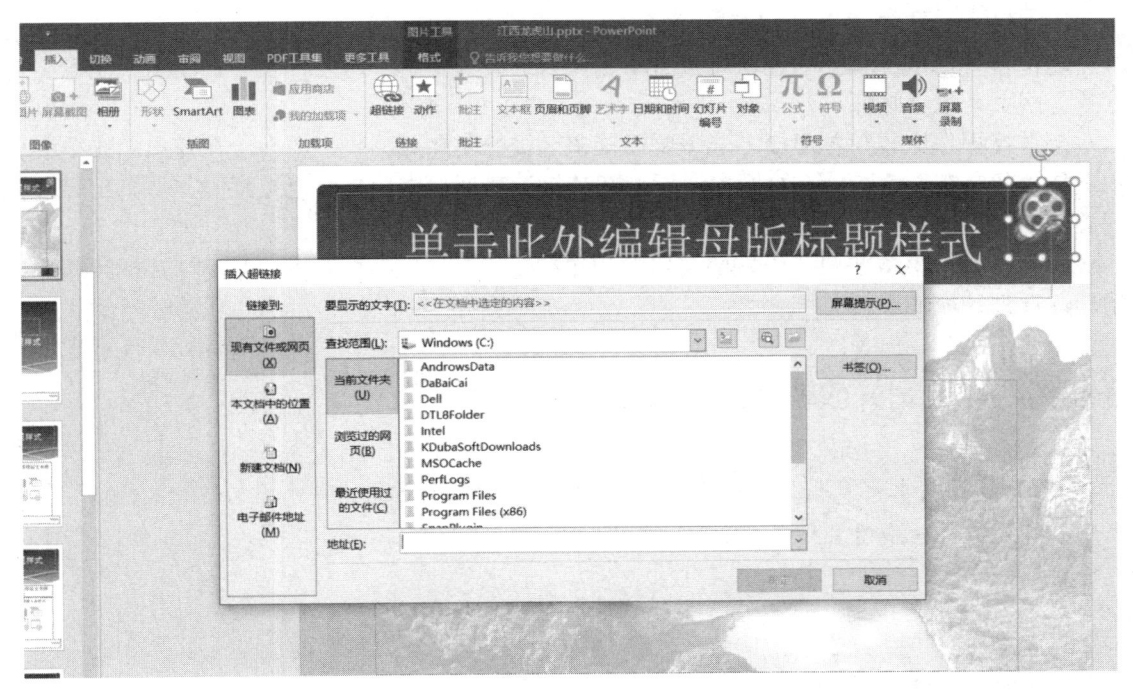

（a）

（b）

图 5-2-29　设置动作按钮图

（6）在母版中插入动作按钮和视频图标后，所有幻灯片效果如图 5-2-30 所示。

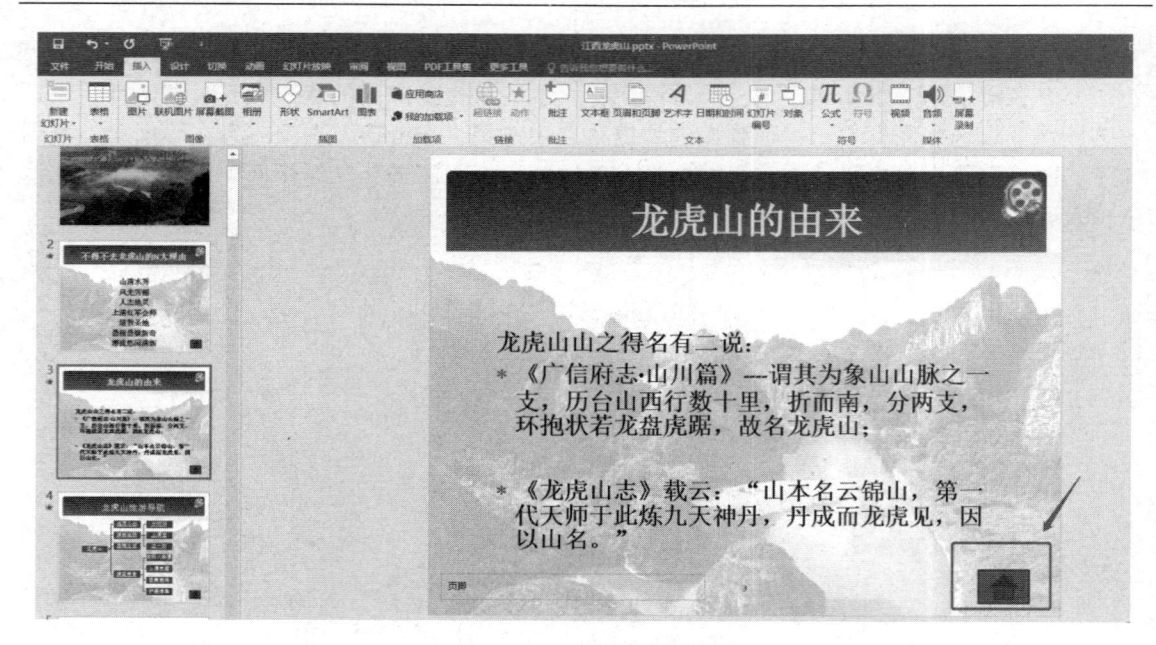

图 5-2-30 设置动作按钮图

知识储备

超链接可以从屏幕上的任何对象启动,可以链接到文本、对象、表格、图表或图像、幻灯片、网页、电子邮件等。

超链接操作比较简单便捷。选中要设置超链接的文字或图片,右击,在弹出的快捷菜单中选择"超链接"选项,在打开的"插入超链接"对话框中设置要链接到的文件、幻灯片、网页的 URL、电子邮件地址等,最后单击"确定"按钮。

PowerPoint 2016 提供了一些最常用的动作按钮,例如,换页到下一张幻灯片或跳转到起始幻灯片进行放映等。

子任务四:自定义放映及打包成 CD

任务要求:掌握设置自定义放映和幻灯片放映的方式,有效控制幻灯片的播放。完成相关设置后打包演示文稿成 CD。

操作步骤

1. 自定义放映

(1)因为有关"自然风光"的幻灯片较多,怕放映时间过长,只想播放前三张,所以要自定义设置幻灯片,放映部分幻灯片。

单击"幻灯片放映"选项卡的"开始放映幻灯片"组中的"自定义幻灯片放映"按钮,在弹出的下拉菜单中选择"自定义放映"选项,弹出"自定义放映"对话框,如图 5-2-31(a)

所示。单击"新建"按钮,弹出"定义自定义放映"对话框,选择需要放映的幻灯片,单击"添加"按钮,然后单击"确定"按钮即可创建自定义放映列表,如图 5-2-31(b)所示。

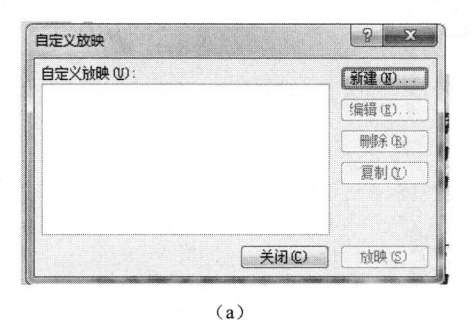

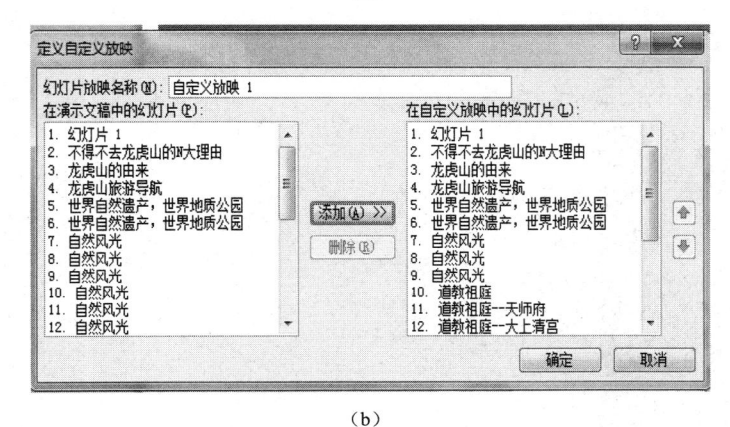

(a)

(b)

图 5-2-31　设置自定义放映图

(2)单击"幻灯片放映"选项卡的"设置"选项组中的"设置放映方式"按钮。在弹出的对话框中的"自定义放映"下拉框中选择"自定义放映 1",这样,放映时没选中的"自然风光"幻灯片就不会播放了,如图 5-2-32 所示。

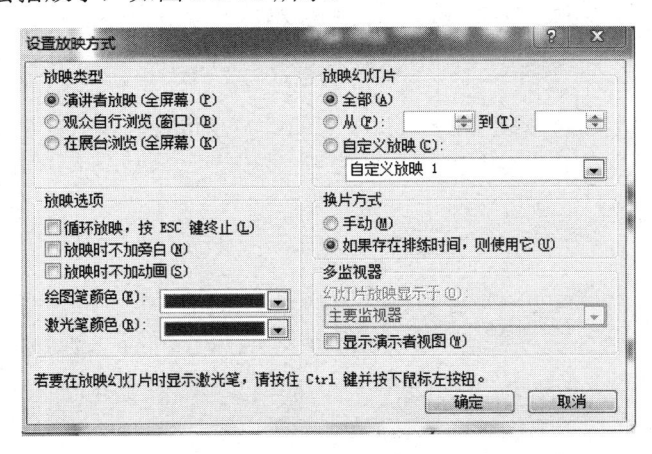

图 5-2-32　设置放映方式图

(3)单击"幻灯片放映"选项卡的"开放映幻灯片"组中的"从头开始"按钮,或者按快捷键 F5,如图 5-2-33 所示,即可播放。

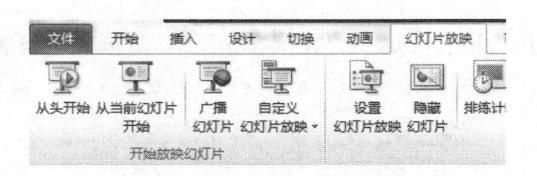

图 5-2-33 "从头开始"按钮

③ 注意事项

"从头开始"放映的快捷键是 F5；"从当前的幻灯片开始"放映的快捷键是 Shift+F5，或者可以直接单击状态栏上的 按钮。

2. 打包 CD

（1）单击"文件"选项卡的"导出"按钮，在弹出的界面中选择"将演示文稿打包成 CD"按钮，如图 5-2-34 所示，显示打包成 CD 选项。

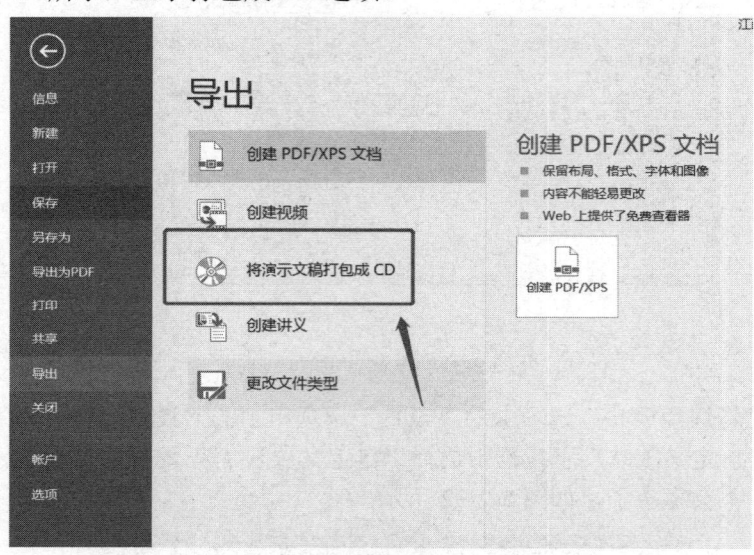

图 5-2-34 "将演示文稿打包成 CD"按钮

（2）单击"打包成 CD"按钮，弹出"打包成 CD"对话框。单击"复制到文件夹"按钮，在弹出的对话框中，设置文件夹名称和存储位置，如图 5-2-35 所示。

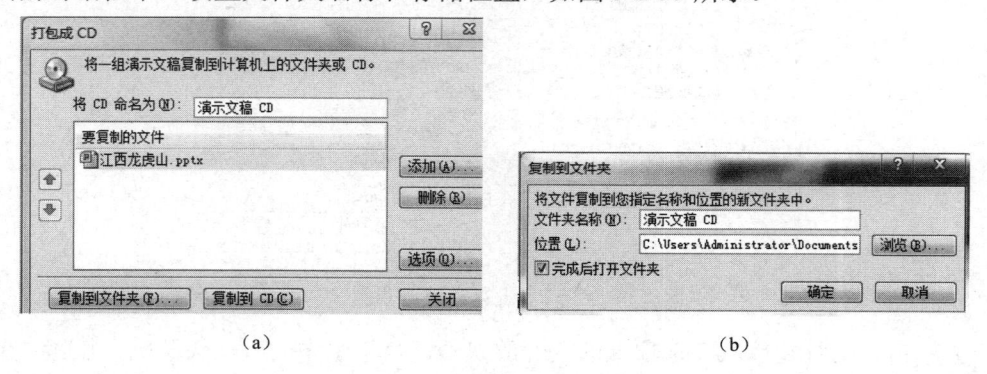

(a)   (b)

图 5-2-35 打包成 CD 操作图

（3）弹出窗口，询问是否包含建立的文件等，单击"是"按钮确定，如图 5-2-36 所示。

图 5-2-36　询问窗口图

（4）系统开始将演示文稿打包成 CD。结果文件夹如图 5-2-37 所示。

图 5-2-37　打包 CD 结果图。

知识储备

1. 设置幻灯片的放映方法

用户可以根据实际需要，设置幻灯片的放映方式，如普通手动放映、自动放映、自定义放映和排练计时放映等。

（1）默认情况下，幻灯片的放映方式为普通手动放映。所以，一般来说普通手动放映是不需要设置的，直接放映幻灯片即可。

（2）利用 PowerPoint 的"自定义幻灯片放映"功能，可以自定义设置幻灯片，可以放映部分幻灯片，也可以不按次序来定义放映，如放映"1,3,5,7……"又或者"9,4,6,8……"。

（3）设置放映方式。图 5-2-38 所示为"设置放映方式"对话框，该对话框中各个选项区域的含义如下。

- 放映类型：用于设置放映的操作对象，包括演讲者放映、观众自行浏览和在展台浏览。
- 放映选项：用于设置是否循环放映、旁白和动画的添加，以及设置笔触的颜色。
- 放映幻灯片：用于设置具体播放的幻灯片。
- 换片方式：用于设置换片方式，包括手动换片和自动换片两种换片方式。

（4）使用排练计时。在公共场合演示时需要掌握好演示的时间，为此需要测定幻灯片放映时的停留时间，具体的操作步骤如下。

- 单击"幻灯片放映"选项卡"设置"组中的"排练计时"按钮，如图 5-2-39 所示。
- 系统会自动切换到放映模式，并弹出"录制"对话框，在"录制"对话框中会自动计算出当前幻灯片的排练时间，时间的单位为秒，如图 5-2-40 所示。

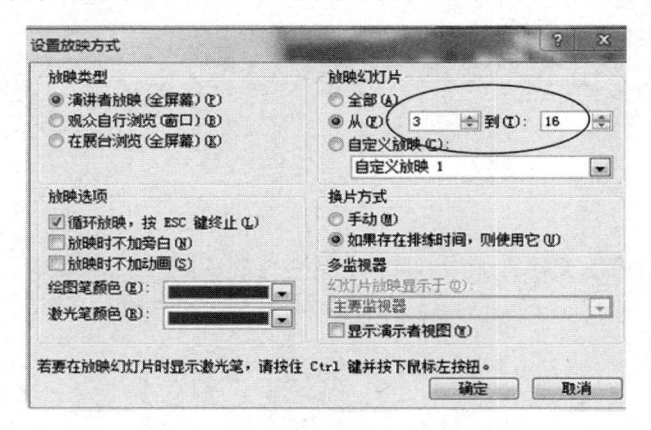

图 5-2-38 "设置放映方式"对话框

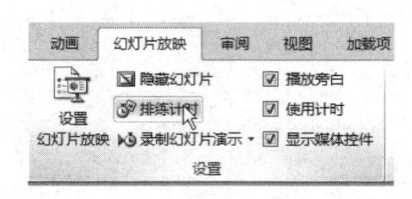

图 5-2-39 "排练计时"按钮　　　　图 5-2-40 "录制"对话框

- 排练完成，系统会弹出"Microsoft PowerPoint"对话框，显示当前幻灯片放映的总时间。单击"是"按钮，即可完成幻灯片的排练计时，如图 5-2-41 所示。

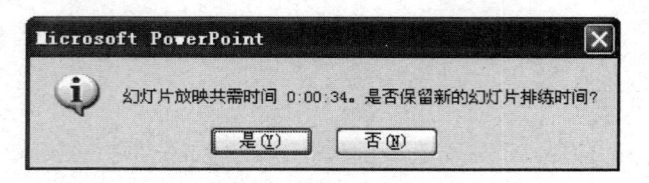

图 5-2-41 "Microsoft PowerPoint"对话框

2. 隐藏幻灯片

选中要被隐藏的幻灯片，可以有多个。单击"幻灯片放映"选项卡的"设置"组中的"隐藏幻灯片"按钮，选中的幻灯片被隐藏，如图 5-2-42 所示。

隐藏幻灯片作用是，在播放幻灯片的时候，被隐藏的幻灯片不会被播放。当这个开关键再次被单击后，取消隐藏。

3. 演示文稿的打印

（1）切换到"设计"选项卡，单击"页面设置"组中的"页面设置"按钮，此时打开"页面设置"对话框，如图 5-2-43 所示，确定纸张的大小、要打印的幻灯片的编号范围和幻灯片内容的打印方向，单击"确定"按钮。

（2）打印。要打印幻灯片，单击"文件"按钮，在左侧窗格中选择"打印"选项，右侧显示"打印"的相关设置项，如图 5-2-44 所示。

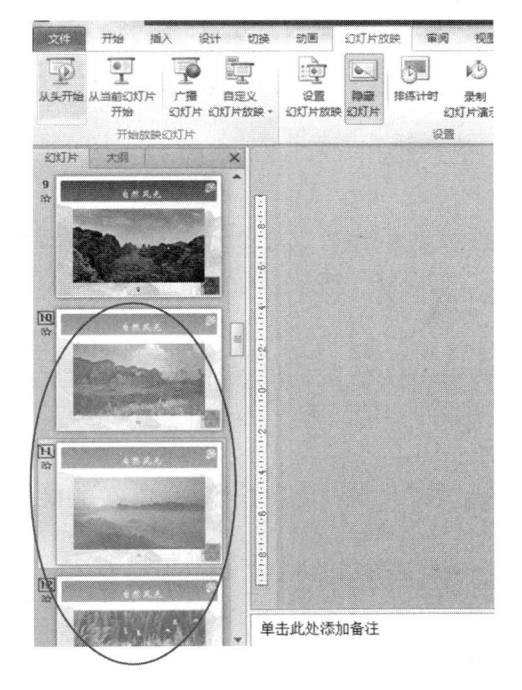

图 5-2-42 被隐藏的幻灯片　　　　　　　图 5-2-43 "页面设置"对话框

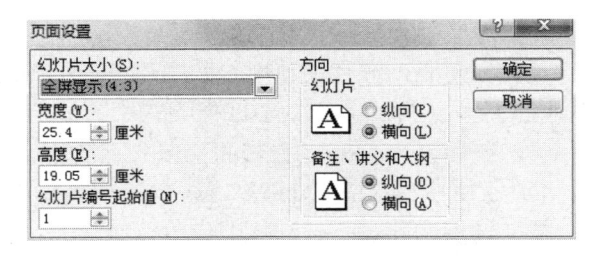

图 5-2-44 "打印"设置

可以选择幻灯片的打印范围，如可以打印 1,3,5,7,9 页；确定"打印版式"选择了"整页幻灯片"选项，指出是否需要按比例缩小幻灯片以符合纸张大小，而不是按屏幕上的比例，以及是否需要打印出幻灯片的边框等。在窗口最右侧预览区可以清楚地看到将要打印出来的幻灯片的外观。此外，还可以查看打印机是否支持彩色打印，如果支持，就能选择以彩色打印。

· 233 ·

4．使用 PowerPoint 设计器

设计器是 PowerPoint 2016 新增的功能之一，设计器能够根据用户提供的内容自动生成多种多样的建议，这些建议取决于幻灯片的内容，设计器将自动缩放、裁剪图像，最大程度地增强重要内容的视觉冲击。

在 PowerPoint 中，插入图片或表格，单击"设计"选项卡的"设计器"组中的"设计灵感"按钮，打开"设计理念"列表，如图 5-2-45 所示。选择合适的设计，软件会将其自动应用到当前的幻灯片中。

如果想使用设计器生成设计版面，则在使用 PowerPoint 2016 的前提下，确保满足以下五项要求。

① 计算机已连接互联网。

② 在每张幻灯片中使用一张图片（图片格式可以是.JPG、.PNG、.GIF 或.BMP），并确保图片的大小超过 200 像素×200 像素。

③ 使用 PowerPoint 自带的主题（不能使用自定义主题或从其他位置下载的主题）。

④ 幻灯片应用了"标题"或"标题+内容"的版式。

⑤ 请勿在同一张幻灯片上使用任何其他对象或形状作为图片。

5．变体

"变体"是 PowerPoint 2016 新增的功能之一，当用户选择任意一个 PowerPoint 自带的主题后，软件可以提供多种主题变换形式，包括颜色、字体、效果、背景格式，如图 5-2-46 所示。

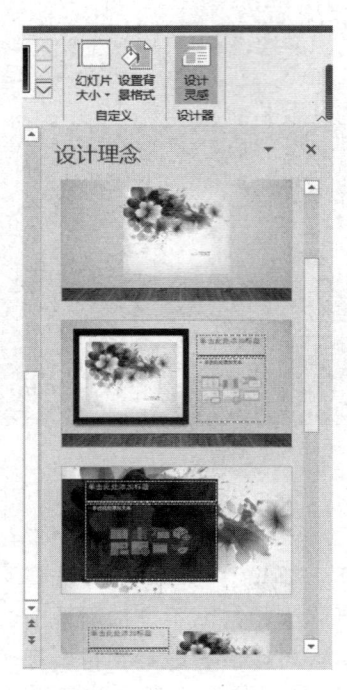

图 5-2-45 "设计理念"列表　　　　图 5-2-46 "变体"列表

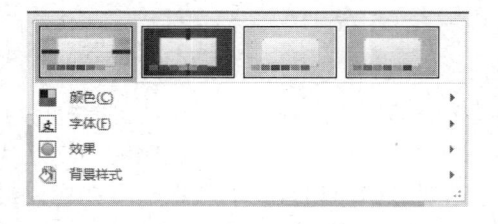

3. 排练计时

幻灯片放映有两种方式，即手动放映和自动放映。在设置自动放映前，要先设置排练计时。

（1）单击"幻灯片放映"选项卡的"设置"组中的"排练计时"按钮，幻灯片开始放映，同时弹出"录制"对话框进行计时，如图 5-2-47 所示。在放映过程中，可以根据演示内容，通过鼠标控制放映时间，放映完毕后，弹出对话框，显示放映的时间，如图 5-2-48 所示。

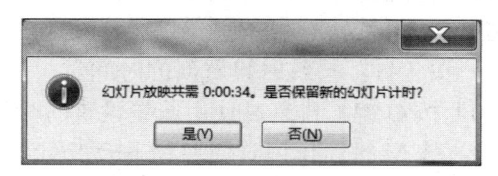

图 5-2-47　"录制"对话框　　　　　图 5-2-48　显示放映的时间

（2）单击"是"按钮，保存排练计时，返回"幻灯片浏览"视图，在每张幻灯片的下方都标有排练计时。

（3）单击"幻灯片放映"选项卡的"设置"组中的"设置幻灯片放映"按钮，打开"设置放映方式"对话框如图 5-2-49 所示，在"换片方式"区域中选中"如果存在排练时间，则使用它"单选按钮。

（4）单击"幻灯片放映"选项卡的"开始放映幻灯片"组中的"从头开始"按钮，幻灯片将自动播放。

4. 幻灯片放映控制快捷键

PowerPoint 在全屏模式下进行演示时，用户控制幻灯片放映的方式包括右键快捷菜单和放映按钮。其实，用户还可以使用专门控制幻灯片放映的快捷键。

（1）按 N 键、Enter 键、PageDown 键、→键、↓键或空格键：执行下一个动画或切换到下一张幻灯片。

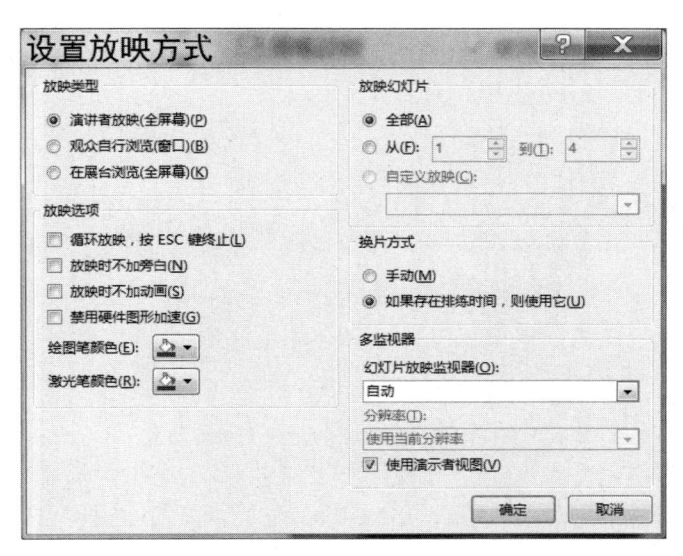

图 5-2-49　"设置放映方式"对话框

（2）按 P 键、PageUp 键、←键、↑键或 Backspace 键：执行上一个动画或返回上一张幻灯片。

（3）按 B 键或. 键：黑屏或从黑屏返回幻灯片放映。

（4）按 W 或，键：白屏或从白屏返回幻灯片放映。

（5）按 S 或+键：停止或重新启动幻灯片自动放映。

（6）按 Esc 键、Ctrl+Break 组合键或-键（连字符）：退出幻灯片放映。

（7）按 E 键：擦除屏幕上的注释。

（8）按 H 键：播放下一张隐藏幻灯片。

（9）按 T 键：排练时设置新的时间。

（10）按 O 键：排练时使用原先设置的时间。

（11）按 M 键：排练时切换到下一张幻灯片。

（12）同时按住鼠标左键和鼠标右键几秒：返回第 1 张幻灯片。

（13）按 Ctrl+P 组合键：重新显示隐藏的鼠标指针或将鼠标指针变成绘图笔形状。

（14）按 Ctrl+A 组合键：重新显示隐藏的鼠标指针或将鼠标指针变成箭头形状。

（15）按 Ctrl+H 组合键：立即隐藏鼠标指针和按钮。

（16）按 Ctrl+U 组合键：在 15 秒内隐藏鼠标指针和按钮。

（17）按 Shift+F10 组合键（相当于右击）：显示右键快捷菜单。

（18）按 Tab 键：转到幻灯片上的第 1 个或下一个超链接。

（19）按 Shift+Tab 组合键：转到幻灯片上的最后一个或上一个超链接。

任务拓展

请根据实训教程完成相关练习。

项目 6

网络基础应用与信息检索

互联网是广域网、局域网及计算机按照一定的通信协议组成的国际计算机网络。互联网是将两台或两台以上的计算机终端、客户端、服务端通过计算机信息技术的手段互相联系起来的结果。通过互联网，人们可以与远方的朋友相互发送邮件、共同完成一项工作、共同娱乐等。

任务一 设置 IP 地址并浏览网页

情境导入

小明是公司新进员工，公司为他配备了一台计算机，现要对计算机进行设置，并将该计算机连入公司的局域网，从而进行上网，收、发电子邮件等操作。

任务清单

任务名称		设置 IP 地址并浏览网页
任务分析		在学习和工作中，有时需要设置网络 IP 地址，才能进行网络信息浏览和搜索，此时，就需要懂得网络 IP 地址的设置，同时，需要掌握网页的浏览，使用搜索引擎查找自己所需的信息，并会使用语音助手小娜打开相应的软件和功能。
任务目标	学习目标	1. 学会 IP 地址的设置。 2. 掌握网页的浏览。 3. 学会搜索引擎的使用。 4. 学会浏览器设置无干扰阅读。
	素质目标	1. 了解相关网络法律法规，增强学生文明法治意识。 2. 了解信息安全相关技术、信息安全面临的常见问题。 3. 了解常用网络安全设备的功能和部署方式。 4. 培养学生的自学能力和获取计算机新知识、新技术的能力。 5. 鼓励学生大胆尝试，主动学习。 6. 培养学生的软件版权意识。

任务导图

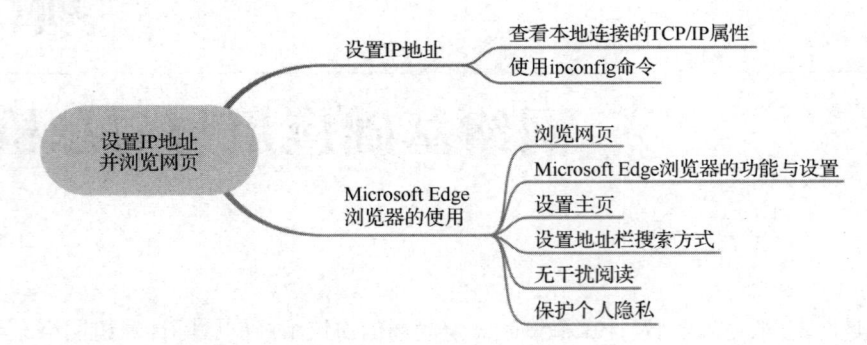

- 设置IP地址并浏览网页
  - 设置IP地址
    - 查看本地连接的TCP/IP属性
    - 使用ipconfig命令
  - Microsoft Edge 浏览器的使用
    - 浏览网页
    - Microsoft Edge浏览器的功能与设置
    - 设置主页
    - 设置地址栏搜索方式
    - 无干扰阅读
    - 保护个人隐私

任务实施

子任务一：设置 IP 地址

任务要求：查看并设置本地连接的 TCP/IP 属性，了解各项内容的含义和局域网的基本组成原理，掌握在局域网环境中进行计算机之间的互相查找，以及共享其他计算机上的文件资源的方法。

操作步骤

1. 查看本地连接的 TCP/IP 属性

（1）右击桌面上的"网络"图标，在弹出的快捷菜单中选择"属性"选项，打开"网络和共享中心"窗口。

（2）选择"以太网"选项，在打开的窗口中单击"属性"按钮，打开如图 6-1-1 所示的对话框。

（3）选中"Internet 协议版本 4（TCP/IPv4）"复选框，单击"属性"按钮，打开如图 6-1-2 所示的对话框。如果计算机使用的是静态 IP 地址，则会看到 IP 地址、子网掩码、默认网关和 DNS 服务器地址等信息。

2. 使用 ipconfig 命令

如果计算机使用的是调制解调器（MODEM）、ADSL 拨号上网，或者在局域网中使用 DHCP 服务器动态分配 IP 地址，则应该在"Internet 协议版本 4（TCP/IPv4 属性）"对话框中选中"自动获得 IP 地址"单选按钮。不过此时本地连接的 TCP/IP 属性是无法用上述方法查看的，应当在"命令提示符"窗口中使用 ipconfig 命令对 TCP/IP 属性进行设置。

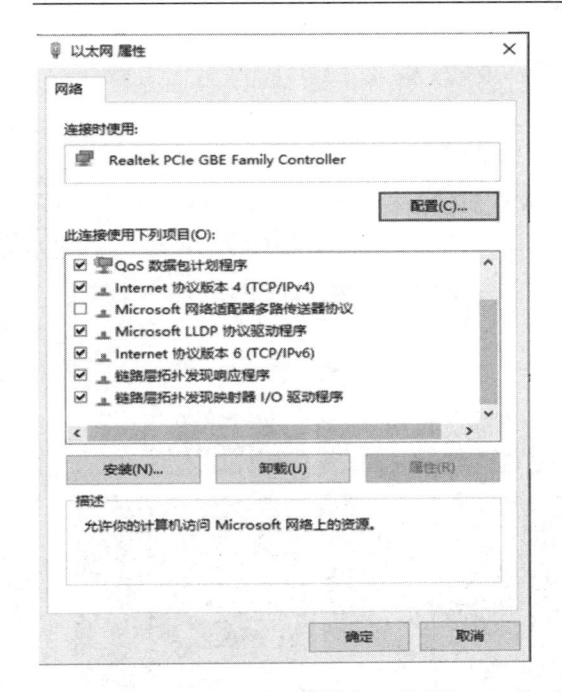

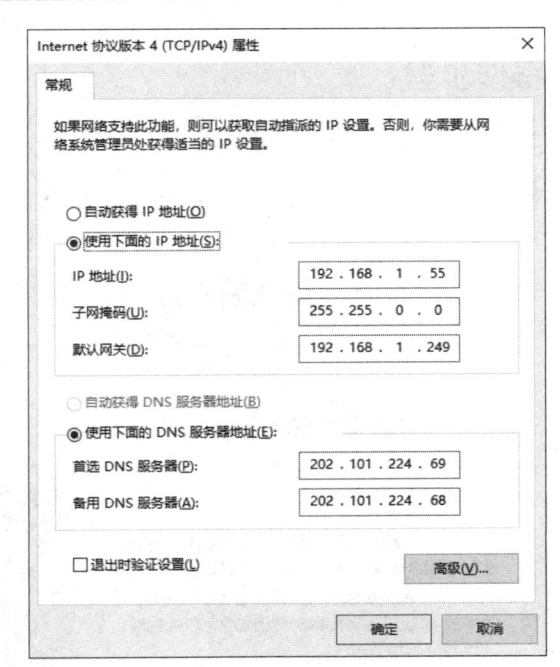

图 6-1-1 "以太网 属性"对话框　　图 6-1-2 "Internet 协议版本 4（TCP/IPv4）属性"对话框

（1）同时按 Windows+R 组合键，在打开的"运行"对话框中输入"CMD"后按 Enter 键，打开"命令提示符"窗口。

（2）输入"ipconfig /all"后按 Enter 键，显示结果如图 6-1-3 所示。

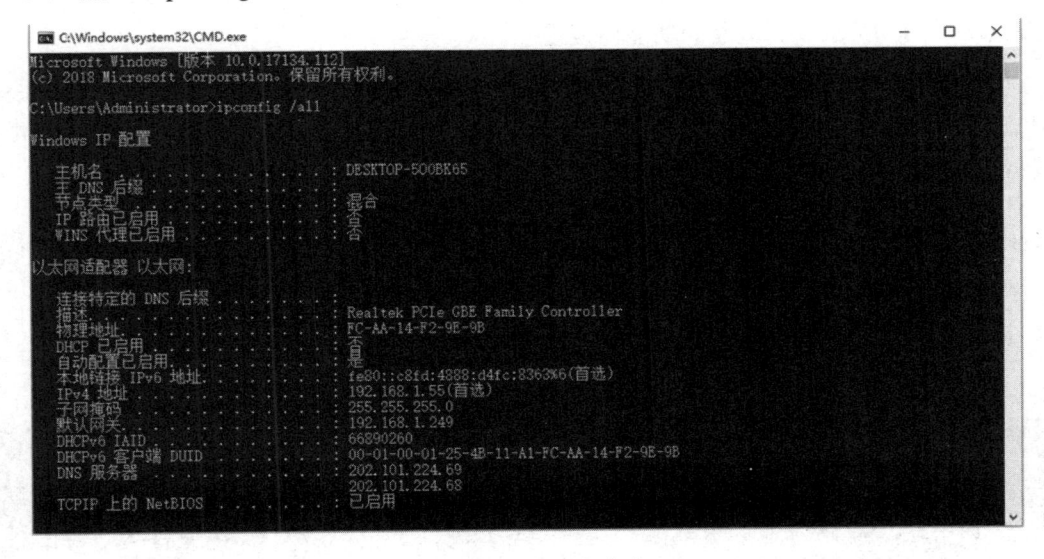

图 6-1-3　ipconfig 命令

子任务二：使用 Microsoft Edge 浏览器

任务要求：使用 Microsoft Edge 浏览器浏览网站、搜索资料，并在该浏览器中设置主页和地址栏搜索方式。了解无干扰阅读等功能。

操作步骤

1. 浏览网页

执行"开始"→"Microsoft Edge"菜单命令，或者在任务栏中单击"Microsoft Edge"图标，打开 Microsoft Edge 浏览器，在地址栏中输入网址，网页如图 6-1-4 所示。

图 6-1-4　使用 Microsoft Edge 浏览器浏览网页

2. Microsoft Edge 浏览器的功能与设置

Microsoft Edge 浏览器采用了简单整洁的界面设计风格，看上去现代感十足，Microsoft Edge 浏览器也是 Windows 10 默认的浏览器。例如，我们单击 QQ 面板上的"QQ 空间"图标，系统将自动打开 Microsoft Edge 浏览器显示"QQ 空间"。

Microsoft Edge 浏览器的主界面主要由标签栏、功能栏和浏览区组成。

在标签栏中，显示了当前打开的网页标签，单击"新建标签页"按钮便可新建一个标签页，如图 6-1-5 所示。

图 6-1-5　新建标签页

单击功能栏右侧的"…"按钮，在弹出的菜单中选择"设置"选项，在打开的"设置"对话框中选择"开始、主页和新建标签页"选项，如图 6-1-6 所示。

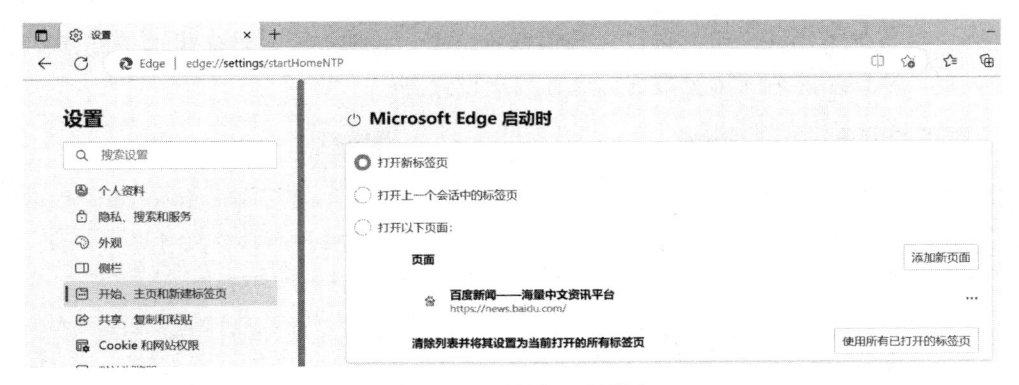

图 6-1-6 "设置"对话框

功能栏包括"开始""前进""刷新""收藏""阅读列表""历史""添加笔记""共享"等按钮，如图 6-1-7 所示。

图 6-1-7 功能栏中的按钮（部分）

单击功能栏右侧的"…"按钮，在弹出的菜单中选择"设置"选项，如图 6-1-8 所示。

图 6-1-8 选择"设置"选项

· 241 ·

打开"设置"对话框，用户可以对浏览器的主题、收藏夹栏、默认主页、阅读视图风格等进行设置，并且还能清除浏览数据，进行高级设置等。

3．主页的设置

用户可以根据需要设置 Microsoft Edge 浏览器的默认主页。打开 Microsoft Edge 浏览器的"设置"对话框，选择"开始、主页和新建标签页"选项，再选择右边"打开以下页面"选项，并在下方的文本框中输入要设置的主页的网址即可，如图 6-1-9 所示。

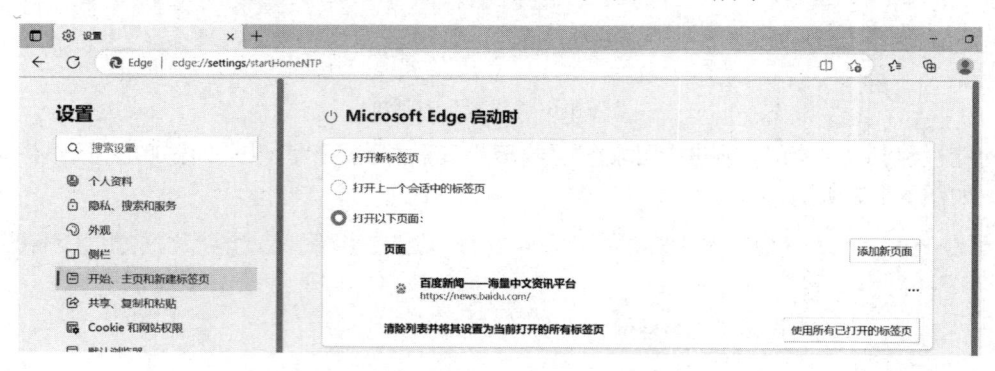

图 6-1-9　设置默认主页

4．设置地址栏搜索方式

在 Microsoft Edge 浏览器的地址栏中可以输入访问的网址，也可以输入要搜索的关键词或内容，默认的搜索引擎为必应，另外，Microsoft Edge 浏览器也提供了百度搜索引擎，用户可以根据需要进行修改。

在"设置"对话框左侧的列表中，选择"隐私、搜索和服务"选项，在右边区域，找到"地址栏和搜索"并单击，如图 6-1-10 所示，在新的弹框中找到"地址栏中使用的搜索引擎"并选为"百度"即可，如图 6-1-11 所示，重启浏览器。设置完成后，在地址栏中输入关键词，按 Enter 键，即可显示搜索结果，如图 6-1-12 所示。

图 6-1-10　更改地址栏搜索方式

项目6　网络基础应用与信息检索

图 6-1-11　设置百度为默认搜索引擎

图 6-1-12　显示搜索结果

5. 无干扰阅读

Microsoft Edge 浏览器提供了无干扰阅读功能，即使用阅读器模式浏览网页。阅读器模式是一种特殊的查看方式，开启阅读器模式后，浏览器可以自动识别和屏蔽与网页无关的干扰内容，如广告等，以便读者专注地阅读。

开启阅读器模式的方法很简单，在网址的最前面加"read:"即可开启阅读器模式。如图 6-1-13 所示为未进入阅读器模式之前，右边有广告推广，干扰阅读。

在网址前面加了"read:"后，开启阅读器模式，浏览器会给用户提供一个最佳的排版视图，将多页内容合并到同一页中，整个页面非常干净，像图书页面一样，如图 6-1-14 所示。

· 243 ·

图 6-1-13　未进入阅读器模式

图 6-1-14　阅读视图

6. 保护个人隐私

Microsoft Edge 浏览器支持无痕浏览，即 InPrivate 浏览。如果开启该功能，则当用户在浏览完网页并关闭浏览器窗口后，浏览器会自动删除浏览记录，不留下任何痕迹。

单击功能栏右侧的"…"按钮，在弹出的菜单中选择"新建 InPrivate 窗口"选项，打开一个新的浏览器窗口，如图 6-1-15 所示，用户便可进行无痕浏览。

此外，用户也可以在"设置"对话框的左侧列表中选择"隐私、搜索和服务"选项，如

· 244 ·

图 6-1-16 所示，单击"选择要清除的内容"按钮，弹出"清除浏览数据"对话框，选择要清除的内容，单击"立即清除"按钮。

图 6-1-15　无痕浏览

图 6-1-16　清除浏览数据

知识储备

1. IP 地址概述

（1）IP 地址的表示方法。IP 地址由 32 位（bit）二进制数组成，即 IP 地址占 4 字节。通常用"点分十进制"表示法，其要点如下：每 8 位二进制数为 1 组，每组用 1 个十进制数表示（0～255），每组之间用小数点"."隔开。例如，二进制数表示的 IP 地址为"11001010 01110000 00000000 00010010"，用"点分十进制"表示法，可写为"202.112.0.18"。

（2）IP 地址的特性。IP 地址有以下特性：IP 地址必须唯一；每台连入 Internet 的计算机都依靠 IP 地址来互相区分、相互联系；网络设备根据 IP 地址帮助用户找到目的端；IP 地址由统一的组织负责分配，任何个人都不能随便使用。

（3）IP 地址的分类。IP 地址是层次性的地址，分为网络地址和主机地址两部分。处于同一网络内的各主机，其 IP 地址中的网络地址部分是相同的，主机地址部分则标识了该网络中的某个具体节点，如工作站、服务器、路由器等。

IP 地址分为 5 类：A 类、B 类、C 类、D 类和 E 类。其中 A 类、B 类、C 类地址是主机地址，D 类地址为组播地址，E 类地址保留给将来使用，如图 6-1-17 所示。

A 类地址的第 1 个数字的取值范围是 0～127，网络地址空间占 7 位，主机地址空间占 24 位。A 类地址可提供的最大主机数是 $2^{24}-2=16777214$。A 类地址适用于拥有大量主机的大型网络。

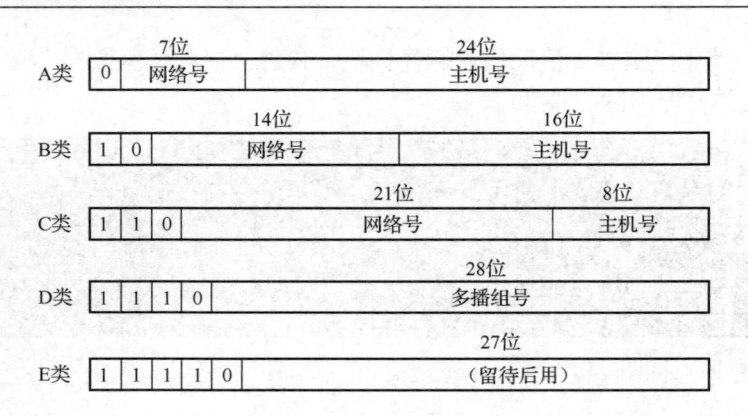

A类	0	7位 网络号	24位 主机号	
B类	1 0	14位 网络号	16位 主机号
C类	1 1 0	21位 网络号	8位 主机号
D类	1 1 1 0	28位 多播组号
E类	1 1 1 1 0	27位 （留待后用）

图 6-1-17　IP 地址分类

B 类地址的第 1 个数字的取值范围是 128～191，网络地址空间占 14 位，主机地址空间占 16 位。B 类地址的每个网络的最大主机数是 $2^{16}-2=65534$，B 类地址一般用于中等规模的网络。

C 类地址的第 1 个数字的取值范围是 192～223，网络地址空间占 21 位，主机地址空间占 8 位。C 类地址的每个网络的最大主机数是 $2^8-2=254$，C 类地址一般用于规模较小的局域网。

（4）子网掩码。IP 地址通常和子网掩码一起使用。子网掩码有两个作用，一是与 IP 地址进行"与"运算，得出网络号；二是用于划分子网。

子网掩码的设定必须遵循一定的规则。与 IP 地址相同，子网掩码的长度也是 32 位，左边是网络位，用二进制数字"1"表示；右边是主机位，用二进制数字"0"表示。IP 地址 "192.168.1.1" 所对应的子网掩码为 "255.255.255.0"，即 IP 地址为 11000000.10101000. 00000001.00000001，子网掩码为 11111111.11111111.11111111.00000000。

子网掩码中的 24 个"1"，代表与此对应的 IP 地址左边的 24 位是网络号；子网掩码中的 8 个"0"，代表与此对应的 IP 地址右边的 8 位是主机号。这样，子网掩码就确定了在一个 IP 地址的 32 位二进制数字中，哪些是网络号，哪些是主机号。这对于采用 TCP/IP 的网络来说非常重要，只有通过子网掩码，才能表明一台主机所在的子网与其他子网的关系，使网络正常工作。

提示：由于网络的迅速发展，已有协议（IPv4）所规定的 IP 地址已不能满足用户的需要，而 IPv6 采用 128 位地址长度，几乎可以不受限制地提供地址，IPv6 将成为新一代的网络协议标准。

（5）默认网关。默认网关用于 TCP/IP 协议的配置项，是一个可直接到达的 IP 路由器的 IP 地址。配置默认网关可以在 IP 路由表中创建一个默认路径。

（6）DNS 服务器。DNS 服务器指域名系统或域名服务，域名系统为 Internet 上的主机分配域名地址和 IP 地址。

2．计算机网络连接设备

（1）网络适配器。网络适配器又被称为网卡或网络接口卡（Network Interface Card，NIC），是帮助计算机连接网络的设备。平常所说的网卡就是将计算机和 LAN 连接的网络适配器。网卡插在计算机主板的插槽中，负责将用户要传递的数据转换为网络上其他设备能够识别的格式，然后通过网络介质传输。它的主要技术参数为带宽、总线方式、电气接口方式等。它的基本功能为从并行到串行的数据转换、包的装配和拆装、网络存/取控制、数据缓存和网络信号。

（2）调制解调器（MODEM）。调制解调器是一种计算机硬件，它能把计算机的数字信号翻译成可沿普通电话线传输的脉冲信号，而这些脉冲信号又可以被线路另一端的另一个调制解调器接收，并翻译成计算机可懂的语言。这一简单的过程完成了两台计算机之间的通信。

（3）网络传输介质。网络传输介质是网络中发送方与接收方之间的物理通路，它对网络的数据通信具有一定的影响。常用的传输介质有双绞线、同轴电缆、光纤、无线传输媒介等。

（4）中继器（Repeater）。中继器是网络物理层上面的连接设备，适用于完全相同的两类网络的连接，其主要功能是通过对数据信号的重新发送或转发来扩大网络传输的距离。中继器是对信号进行再生和还原的网络设备，属于 OSI 模型的物理层设备。

（5）集线器（Hub）。Hub 是"中心"的意思，集线器的主要功能是对接收到的信号进行再生、整形和放大，以扩大网络的传输距离，同时把所有节点集中在以它为中心的节点上。它工作于 OSI 模型的第一层，即"物理层"。集线器与网卡、网线等传输介质一样，属于局域网中的基础设备。采用 CSMA/CD（载波监听多路访问/冲突检测）访问方式。

（6）交换机（Switch）。交换机是一种用于电信号转发的网络设备，它可以为接入交换机的任意两个网络节点提供独享的电信号通路。最常见的交换机是以太网交换机，其他交换机还有电话语音交换机、光纤交换机等。

（7）路由器（Router）。路由器是连接 Internet 中各局域网和广域网的设备，它会根据信道的情况自动选择和设定路由，以最佳路径按先后顺序发送信号。路由器是互联网的枢纽。目前，路由器已被广泛用于各行各业。路由器在各种骨干网内部的连接、骨干网与骨干网之间的连接、骨干网与互联网之间的连接中起到了重要作用。

（8）网关（Gateway）。网关又被称为网间连接器、协议转换器。网关用于在传输层上实现网络连接，是比较复杂的网络连接设备。需要说明的是，网关仅用于两个高层协议不同的网络的连接。网关既可以用于广域网连接，也可以用于局域网连接。网关是一种充当转换重任的计算机系统或设备，相当于一个翻译器，作用在两种使用不同的通信协议、数据格式、语言、体系结构的系统之间。网关与网桥有所不同，网桥仅仅简单地传输信息，而网关对收到的信息要重新打包，以适应目的系统的需求。同时，网关也可以提供过滤和安全功能，大多数网关运行在 OSI 七层协议的顶层——应用层。

（9）网桥（Bridge）。网桥像一个聪明的中继器，中继器从一个网络电缆里接收信号，然后将其放大，并送入下一个电缆。相比较而言，网桥对传来的信息更敏锐。

网桥将两个相似的网络连接起来，并对网络数据的流通进行管理。它工作于数据链路层，不但能扩展网络的距离和范围，而且能提高网络的性能、可靠性和安全性。例如，网络 1 和网络 2 通过网桥连接后，网桥接收网络 1 发送的数据包，检查数据包中的地址，如果地址属于网络 1，则放弃数据包；相反，如果地址属于网络 2，则继续将数据包发送给网络 2。这样，可利用网桥隔离信息，将网络划分成多个网段，然后隔离出安全网段，防止其他网段内的用户非法访问。由于网络的分段，各网段相对独立，一个网段的故障不会影响另一个网段的运行。

网桥可以由专门的硬件设备构成，也可以由计算机加装网桥软件构成。如果在计算机中加装网桥软件，则要为计算机安装多个网络适配器（网卡）。

3. 计算机网络协议

（1）网络协议的概念。计算机之间信息的交换必须按照通信双方预先约定好的规则来进行，这些约定和规则被称为协议（Protocol）。

TCP/IP（Transmission Control Protocol/Internet Protocol，传输控制协议/Internet 协议）是一种网络通信协议，它规范了网络上的所有通信设备，尤其是一个主机与另一个主机之间的数据往来格式及传输方式。TCP/IP 是互联网的基础协议，也是一种数据打包和寻址的标准方法。在数据传输过程中可以形象地将其理解为两个信封，TCP 和 IP 就像信封，要传递的信息被划分成若干段，每一段信息被塞入一个 TCP 信封，并在该信封的封面上记录分段信息，再将 TCP 信封塞入 IP 大信封，发送到网络上。在接收端，一个 TCP 软件包收集信封，抽出数据，按发送前的顺序还原，并加以校验，若发现差错，则 TCP 会要求重发。因此，TCP/IP 在互联网中几乎可以无差错地传送数据。对普通用户来说，并不需要了解网络协议的整个结构，仅需了解 IP 的地址格式，即可与世界各地的计算机进行网络通信。

（2）OSI 模型。OSI 模型，即开放式系统互联通信参考模型，它将整个计算机网络分成 7 层，较低层通过层间接口向较高层提供服务。在层间接口中定义了服务请求的方式及完成服务后返回的确认事项和动作，如图 6-1-18 所示。

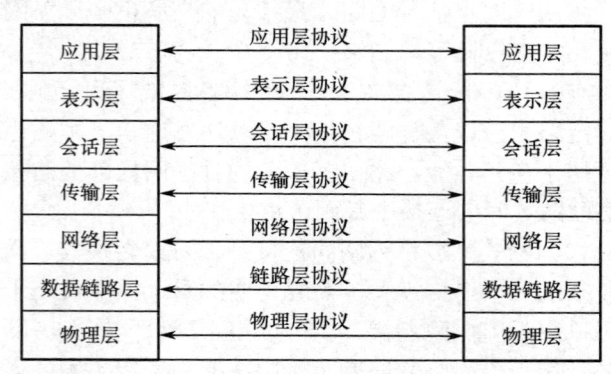

应用层	←应用层协议→	应用层
表示层	←表示层协议→	表示层
会话层	←会话协议→	会话层
传输层	←传输层协议→	传输层
网络层	←网络层协议→	网络层
数据链路层	←链路层协议→	数据链路层
物理层	←物理层协议→	物理层

图 6-1-18　OSI 模型

任务拓展

请根据实训教程完成"Microsoft Edge 浏览器的设置""搜索引擎""QQ 聊天软件"任务。

任务二　收发电子邮件

情境导入

小明在工作中经常需要使用电子邮件发送文件及与他人进行交流。本任务将介绍如何收发电子邮件。

任务清单

任务名称	收发电子邮件
任务分析	在学习和工作中，经常会通过邮箱进行交流、文件的收发，掌握邮件的信息的发送以及文件的发送，是非常有必要的。
任务目标 学习目标	1. 学会邮箱的注册。 2. 学会邮箱的登录。 3. 学会邮件信息及文件的发送。 4. 学会查看收到的邮件。
素质目标	1. 培养认真负责的工作态度和严谨细致的工作作风。 2. 培养自主学习意识。 3. 了解国产软件，提升民族自豪感，增进文化自信。 4. 培养热爱祖国、为国争光的坚定信念。

任务导图

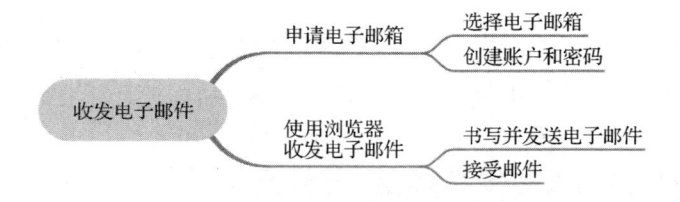

```
                    申请电子邮箱 ── 选择电子邮箱
                              └── 创建账户和密码
收发电子邮件 ──
                    使用浏览器   ── 书写并发送电子邮件
                    收发电子邮件 └── 接受邮件
```

任务实施

子任务一：Outlook 电子邮箱的使用

任务要求：了解电子邮件，会使用 Outlook 收发电子邮件以及查看电子邮件。

操作步骤

1. 申请电子邮箱

（1）电子邮箱的选择。在注册电子邮箱之前，我们需要明白使用电子邮箱的目的，并根据自己的需要有针对性地选择电子邮箱。如果我们经常和国外的客户联系，那么建议使用国外的电子邮箱，如 Gmail 电子邮箱、MSN 电子邮箱、Yahoo 电子邮箱等；如果我们想把邮箱当作网络硬盘使用，经常存放一些图片资料等，那么就选择存储量大的电子邮箱，如 Gmail 电子邮箱、Yahoo 电子邮箱、网易 163 电子邮箱、网易 126 电子邮箱、QQ 电子邮箱、Outlook 等。我们先介绍客户端电子邮箱 Outlook。

（2）在 Windows10 中申请 Outlook 邮箱。单击 Windows 10 "开始"菜单，在键盘中输入"邮件"，找到后单击打开，如图 6-2-1 所示。

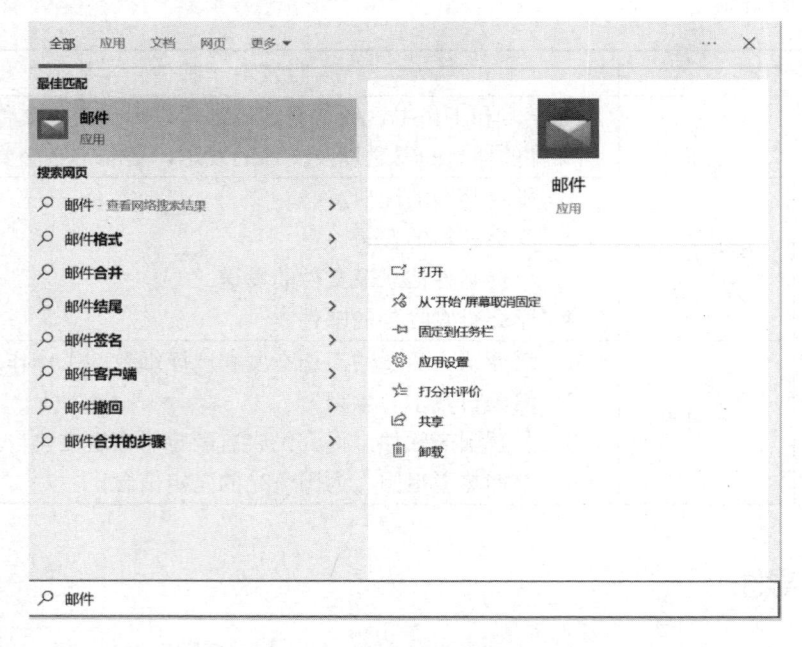

图 6-2-1　Windows 10 搜索邮件

在弹出的界面中单击"创建免费账户"按钮，并单击"同意并继续"按钮，执行下一步，如图 6-2-2 所示。

图 6-2-2　用户注册页面

在弹出的账户注册界面横线上，填写自定义的账户名，账户名必须以英文字母开头，大小写敏感，完成后单击"下一步"按钮，继续在横线上方填写用户名密码，然后单击"下一步"按钮，如图 6-2-3 所示。

在弹出的界面中选择"国家/地区"和"出生日期"，单击"下一步"按钮，切换的界面上显示的信息确认无误后，单击"下一步"按钮，当弹出此界面时，表示注册成功！如图 6-2-4 所示。

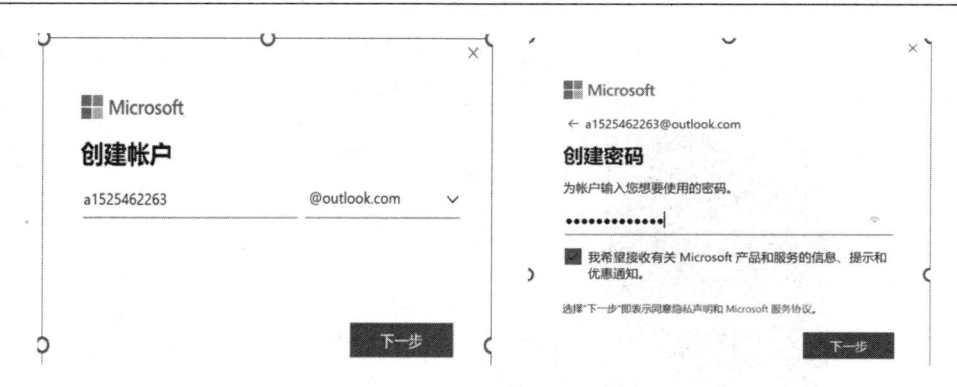

图 6-2-3　用户注册填写界面

图 6-2-4　电子邮箱注册成功

2．使用 Outlook 收发电子邮件

（1）书写并发送电子邮件。使用刚刚申请的账号登录电子邮箱，如图 6-2-5 所示。在电子邮件管理页面中单击"新邮件"按钮，在"收件人"文本框中输入收件人的电子

· 251 ·

邮箱地址，在"主题"文本框中输入电子邮件的主题，再单击主题下面的空白处，开始编写电子邮件的内容，当内容编写完成后，单击"发送"按钮，如图 6-2-6 所示。

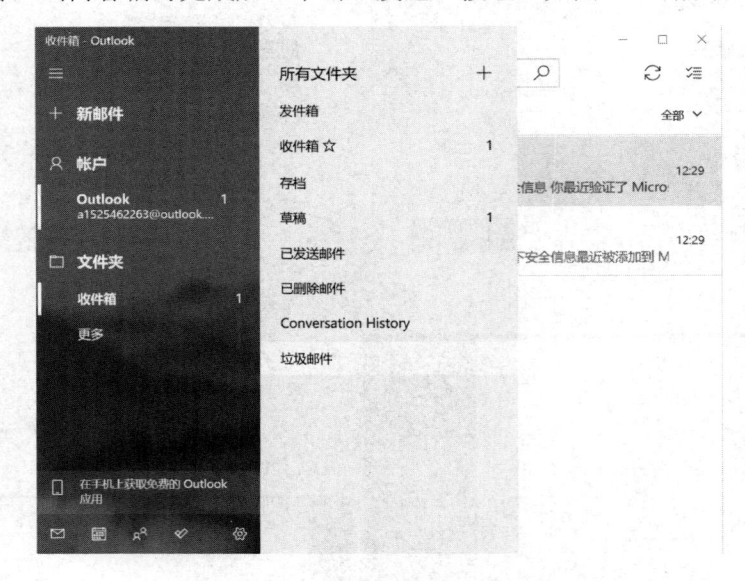

图 6-2-5　登录电子邮箱

(a)

(b)

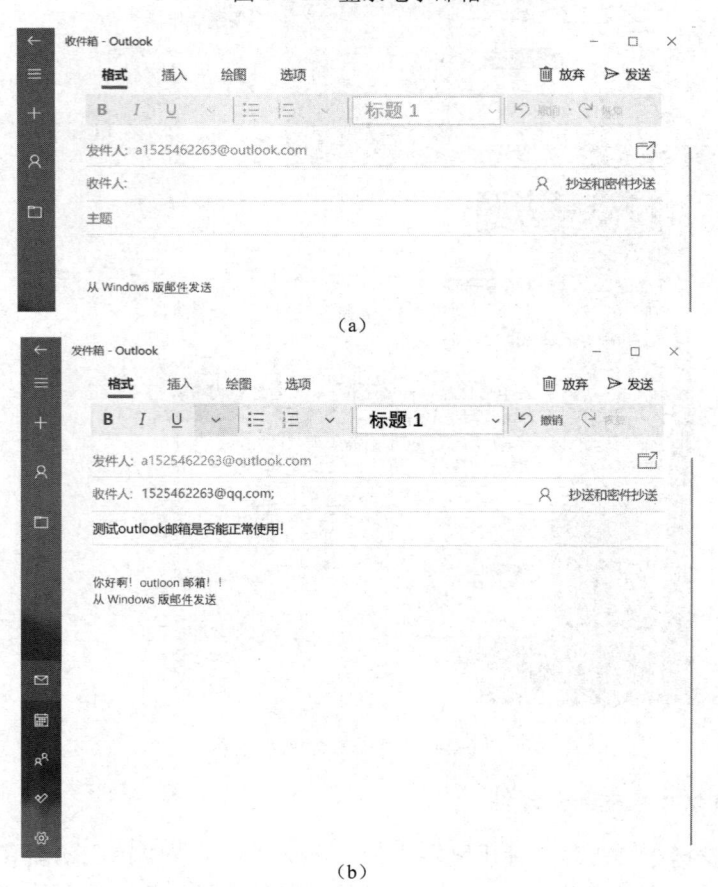

图 6-2-6　发送电子邮件

发送附件的方法：单击标题栏的"插入"，下面有"文件""表格""图片""链接""表情符号"选项，选择"文件"选项，如图 6-2-7 所示。

(a)

(b)

图 6-2-7　在弹出的窗口中选择要添加的文件

在打开的对话框中，选择相关文件，单击"打开"按钮，上传附件，附件上传完毕，单击"发送"按钮发送电子邮件，电子邮件发送成功后，在"已发送邮件"中会有如图 6-2-8 所示的提示信息。

图 6-2-8　发送成功提示信息

（2）接收邮件。登录电子邮箱之后，在电子邮箱管理页面即可接收并查看电子邮件。单击"收件箱"按钮，电子邮箱会接收最近收到的电子邮件，并自动打开"收件箱"窗格。用户可以在"收件箱"列表中查看所有收到的电子邮件，如图6-2-9所示。

图6-2-9 "收件箱"列表

单击需要查看的电子邮件，在打开的页面中即可查看电子邮件的内容，如图6-2-10所示。

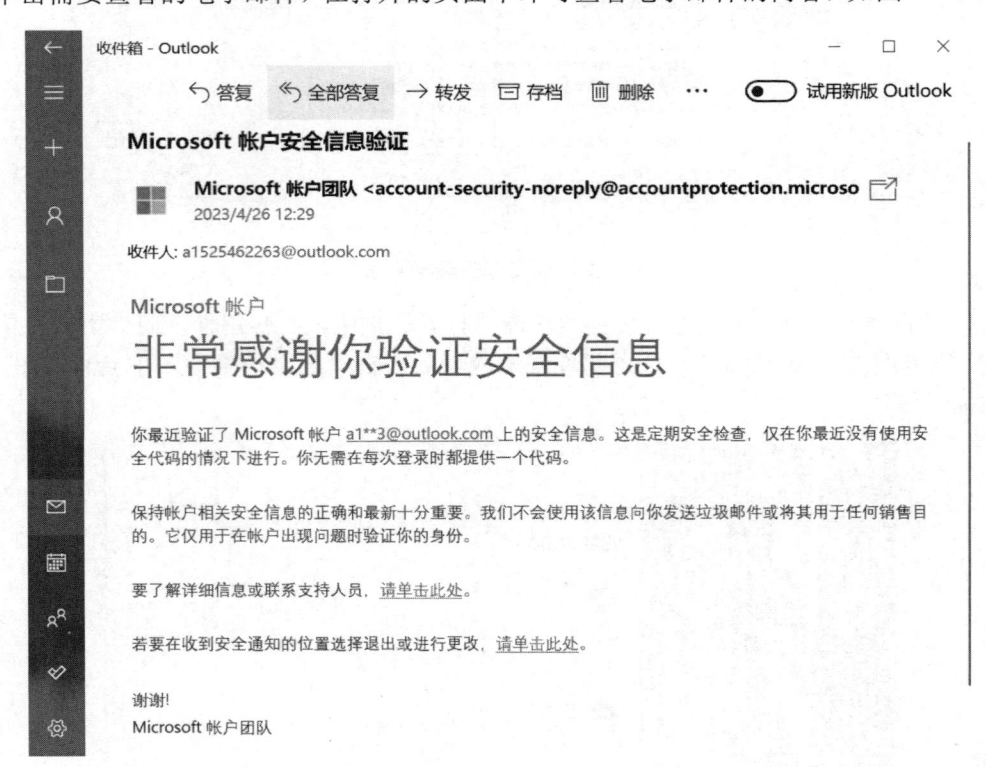

图6-2-10 查看电子邮件的内容

如果要立即回复电子邮件，可以单击"答复"按钮。

子任务二：网页电子邮箱的使用

任务要求：了解网页电子邮件，会使用网页收发电子邮件。

操作步骤

1. 申请电子邮箱

在浏览器中输入网易 163 电子邮箱的网址，按 Enter 键，打开网易 163 电子邮箱的网站首页，如图 6-2-11 所示，申请账户的步骤与 Outlook 邮箱申请账户相似，单击"注册网易邮箱"按钮，便可以打开电子邮箱注册页面，根据提示输入邮箱地址、密码、手机号码等注册信息，单击"立即注册"按钮，将看到注册的结果，显示电子邮箱注册成功。

图 6-2-11　网易 163 电子邮箱的网站首页

2. 使用浏览器收发电子邮件

（1）书写并发送电子邮件。

下面以网易 163 电子邮箱为例，介绍书写电子邮件的方法。

使用刚刚申请的账号登录电子邮箱，如图 6-2-12 所示。

图 6-2-12　登录电子邮箱

在电子邮件管理页面中单击"写信"按钮,在"收件人"文本框中输入收件人的电子邮箱地址,在"主题"文本框中输入电子邮件的主题,在"内容"文本框中输入电子邮件的内容,在"发件人"文本框中可以设置自己的签名,如图 6-2-13 所示。

图 6-2-13　发送电子邮件

发送附件的方法:单击"主题"文本框下方的"添加附件"按钮,弹出"打开"对话框,选择要添加的文件,如图 6-2-14 所示。

图 6-2-14　添加附件

单击"打开"按钮,上传附件,附件上传完毕,单击"发送"按钮发送电子邮件,电子邮件发送成功后会有如图 6-2-15 所示的提示信息。

图 6-2-15　发送成功提示信息

(2)接收邮件。

登录电子邮箱之后,在电子邮箱管理页面即可接收并查看电子邮件。单击"收信"按钮,电子邮箱会接收最近收到的电子邮件,并自动打开"收件箱"窗格。用户可以在"收件箱"列表中查看所有收到的电子邮件,如图 6-2-16 所示。

图 6-2-16 "收件箱"列表

单击需要查看的电子邮件,在打开的页面中即可查看电子邮件的内容,如图 6-2-17 所示。

图 6-2-17 查看电子邮件的内容

如果要立即回复电子邮件,可以单击"回复"按钮。

知识储备

电子邮件是一种利用计算机网络传送电子信件的方式。利用计算机网络收发电子邮件,可以不受时间和地域的限制,实现信息的快速传输。

电子邮件具有以下几个特点。

(1)可以同时向多个收件人发送同一消息。

(2)可以将文字、图片及声音等多种类型的对象集成在电子邮件中,电子邮件比手写信件更加生动、美观。

(3)不需要通信双方的真实身份,只要有一个电子邮箱地址,就可以随时随地进行信息传输。

(4)可以发送信息给其他用户,如手机用户等。

如同邮局的信箱一样,收发电子邮件的用户需要有一个电子邮箱,该电子邮箱实际上是在计算机网络中建立的一块专门的存储空间,以便接收和发送电子邮件。电子邮箱地址具有特定的格式,由被字符@分隔开的两部分组成,即用户名@邮箱服务器域名或 IP 地址。

其中,用户名是申请电子邮箱时设定的账户名称,由字母、数字、下画线等字符组成;邮箱服务器域名或 IP 地址则是在申请电子邮箱时由 ISP 提供的。例如,在 hanlilei123@yahoo.com.cn 中,"hanlilei123123"为用户名,@可读为"at","yahoo.com.cn"为邮箱服务器。从邮箱服务器中可以看出,该用户是在"雅虎中国"上注册的。值得说明的是,一般情况下,电子邮件并没有保存在用户自己的主机上,而是保存在所注册的电子邮箱的服务器上。如图 6-2-18 所示为电子邮件的收发原理。

```
发件人 → SMTP服务器 —SMTP→ POP3服务器 → 收件人
```

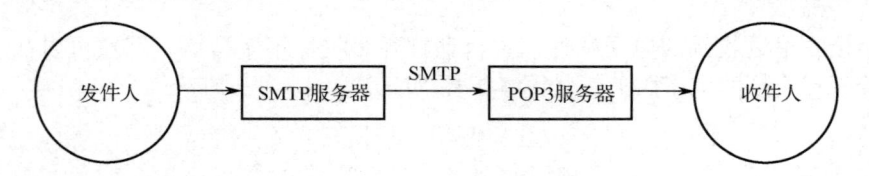

图 6-2-18　电子邮件的收发原理

在图 6-2-18 中，发件人通过主机将电子邮件写入 SMTP 服务器。SMTP 服务器负责保存用户的电子邮件，并根据简单邮件传输协议（Simple Mail Transfer Protocol，SMTP）发送邮件，而接收邮件的 POP3 服务器，根据邮局协议（Post Office Protocol，POP3 是该协议的第 3 版）接收邮件。当收件人要读取电子邮件时，可以直接在 POP3 服务器中获取电子邮件，并可将电子邮件保存到主机上。

任务拓展

请根据实训教程完成"电子邮件""新浪微博"任务。

任务三　信息检索

情境导入

班主任给小明安排了一个任务，需要去网上查找与当代职业教育的工匠精神内涵的相关文章信息，搜集下来打包整理，工作内容涉及信息检索，需要掌握和学习信息检索的方式。

任务清单

任务名称	信息检索任务
任务分析	在学习和工作中，经常会需要进行信息收集，在海量的信息中，通过信息检索的方式，可以过滤掉大量无用的信息数据，提高信息收集的效率，掌握信息检索是很有必要的。
任务目标　学习目标	1．了解信息检索的基本概念和基本流程，理解信息检索给人们带来的便利。 2．熟悉常用的搜索引擎、社交媒体。 3．熟悉常用的中文学术信息资源检索系统。 4．掌握信息检索的基本步骤。 5．充分利用和掌握有效的信息资源，扩大知识视野，学好专业知识和技能。 6．学会使用搜索引擎、社交媒体、中文学术信息资源检索系统，获取新知识，提高自我学习能力和创新能力。

续表

任务目标	素质目标	1．培养学生的自学能力和获取计算机新知识、新技术的能力。 2．鼓励学生大胆尝试，主动学习。 3．培养学生敬业奉献、精益求精的工匠精神。 4．培养软件版权意识。 5．培养学生认真的态度、熟练的操作技术、细心的思维是制作文档的思政目标。

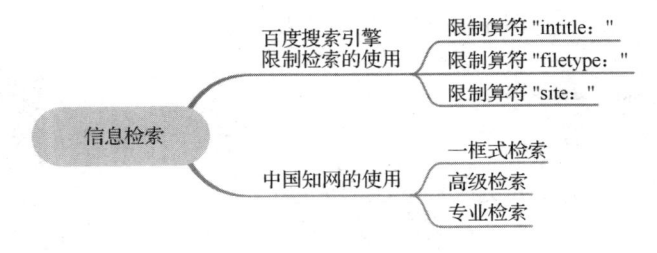

任务导图

```
                          ┌─ 百度搜索引擎   ┬─ 限制算符 "intitle："
                          │  限制检索的使用  ├─ 限制算符 "filetype："
                          │                └─ 限制算符 "site："
          信息检索 ───────┤
                          │                ┌─ 一框式检索
                          └─ 中国知网的使用 ┼─ 高级检索
                                           └─ 专业检索
```

任务实施

子任务一：百度搜索引擎限制检索的使用

任务要求：了解限制检索的概念和作用，掌握基本的限制符使用方法。

操作步骤

限制检索全称是限制字段检索，它是一种通过限制算符来限制检索范围，达到优化检索结果、提高检索效率等目的的信息检索方法。

限制检索在各种检索系统中的应用都十分广泛。同样，不同检索系统中的限制算符也不尽相同。下面介绍3种常见的限制算符及其用法。

（1）限制算符"intitle："。该限制算符表示搜索结果标题中必须包含"intitle："后的检索词。例如，某用户要完成关于"红色文化"调研报告，他在百度中搜索关键词"红色文化"后，出现了约1亿条搜索结果，若直接使用这些信息，则该用户需要在信息筛选上耗费大量时间，如图6-3-1所示。

为了提高检索效率，可以利用限制算符"intitle："将检索词修改为检索式"红色文化 intitle：湖湘"，此时搜索结果约15.6万条，如图6-3-2所示。

（2）限制算符"filetype："。该限制算符表示搜索结果只能是"filetype："后规定的文件格式。例如，某用户需要参考"中国农村电子商务发展报告"中的数据，他在百度中搜索关键词"中国农村电子商务发展报告"后，出现了约2660万条各种类型的搜索结果，如图6-3-3所示。

图 6-3-1　直接检索结果（红色文化）

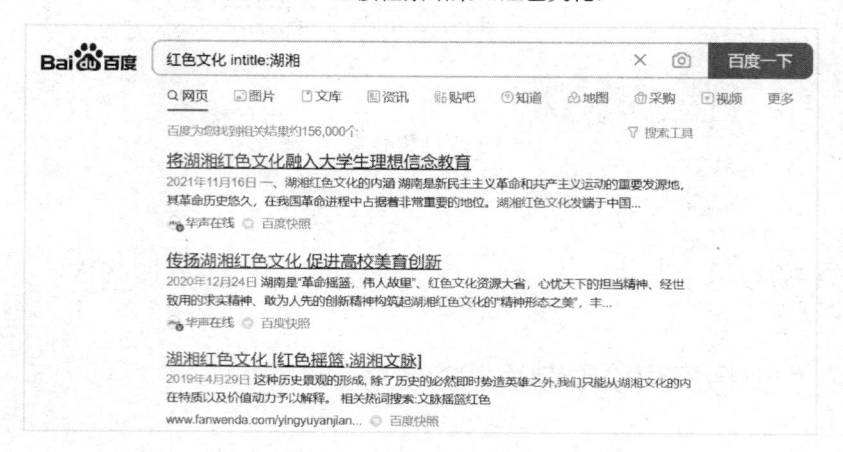

图 6-3-2　使用限制算符"intitle："后的检索结果

图 6-3-3　直接检索的结果（中国农村电子商务发展报告）

由于官方发布的报告为 PDF 文档，于是利用限制算符"filetype："将检索词修改为检索式"中国农村电子商务发展报告 filetype：PDF"，此时搜索结果约 25.6 万条，且这些结果均为 PDF 文档，如图 6-3-4 所示。

图 6-3-4　使用限定算符"filetype："后的检索结果

（3）限制算符"site："。该限制算符表示搜索结果只能来自"site："后的站点。例如，用户希望了解"电商扶贫"取得的成果，他在百度中输入搜索关键词"电商扶贫"，出现了约 6310 万条来自全网的搜索结果，如图 6-3-5 所示。

图 6-3-5　直接检索的结果（电商扶贫）

为了优化检索结果，提高信息的权威性和可靠性，利用限制算符"site："将检索词修改为检索式"电商扶贫 site：cctv.com"，使搜索结果中只保留来自央视网的网页，如图 6-3-6 所示。

图 6-3-6　使用限定算符"site："后的检索结果

子任务二：中国知网（CNKI）使用

（1）一框式检索。进入中国知网首页，首先看到的是中国知网一个检索框（一框式检索：选择检索字段+输入检索词）。这种检索一共分为3类，分别是文献检索、知识元检索和引文检索，大家可以根据自己的需求进行选择使用。

具体方法：选择主题、关键词、全文、作者、作者单位等（推荐"主题"检索）检索字段，如图6-3-7所示，然后在检索框下方进行单个或多个数据库的选择，最后在检索框中直接输入检索词，单击搜索按钮。

检索入口：中国知网首页文献检索框。

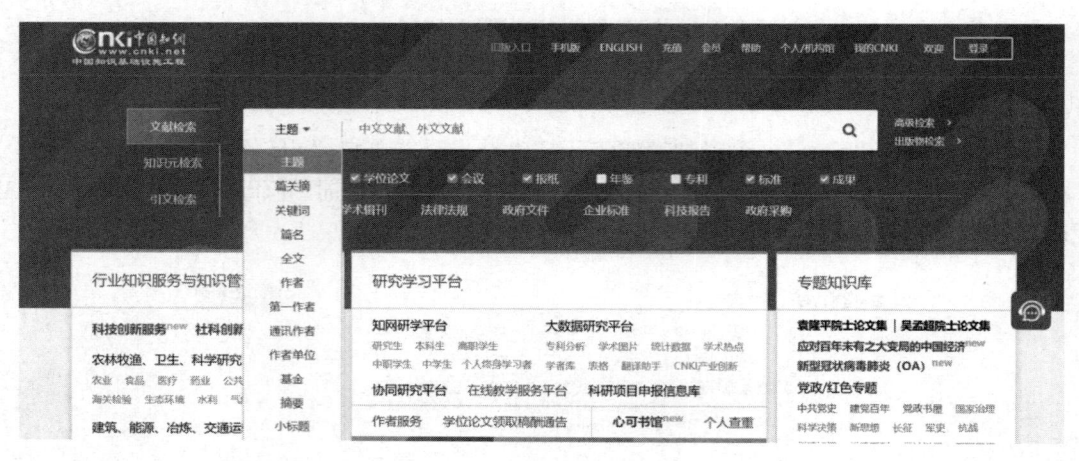

图 6-3-7　中国知网首页

检索结果：检索结果的排列顺序有相关度、发表时间、被引、下载和综合5个选项，检索结果界面显示的记录条数可以选择10、20或50，检索结果显示可以是列表模式也可以是详情模式，两种显示模式可以相互切换。同时，对检索结果可以按照学科、发表年度、基金、研究层次、作者和机构进行分组浏览，如图6-3-8所示。检索结果的全文提供CAJ格式、PDF格式下载，也提供HTML格式浏览和手机阅读。

图 6-3-8　中国知网检索结果

这种检索方式的优点是非常便捷，能够获取全面而海量的文献资源，但查询结果有很大的冗余。如果在检索结果中进行二次检索或配合高级检索可以大大提高查准率。

一次检索后可能会有很多用户所不期望的记录，用户可在第一次检索的基础之上进行二次检索。二次检索只是在上次检索结果的范围内进行检索，这样可以逐步缩小检索范围，使查询结果越来越靠近自己想要的结果。

（2）高级检索。利用高级检索系统能进行快速有效的组合查询，优点是查询结果冗余少、命中率高。对于命中率要求高的查询，建议使用该检索系统。

高级检索可以同时设定多个检索字段，输入多个检索词，根据布尔逻辑（OR、AND、NOT 三种关系）在检索中对更多检索词之间进行关系限定——"或含、并含、不含"三种关系，就会获取到更精准、更小范围的检索结果。

具体方法：在上方的检索条件输入区，可以单击检索框后的 +/- 按钮来添加或删除检索项，同时可自由选择检索项（主题、全文、作者……）、检索项间的逻辑关系（AND、OR、NOT）、检索词匹配方式（精准、模糊）。在下方的检索控制区可以通过条件筛选、时间选择等，对检索结果进行范围控制。同时，可以在检索框的左侧和右上方（上方）进行文献分类和跨库选择（检索设置），右侧是检索推荐/引导区，有助于文献的检全检准，优化检索结果，如图 6-3-9 所示。

检索入口：在中国知网新首页一框式检索右侧选择"高级检索"。

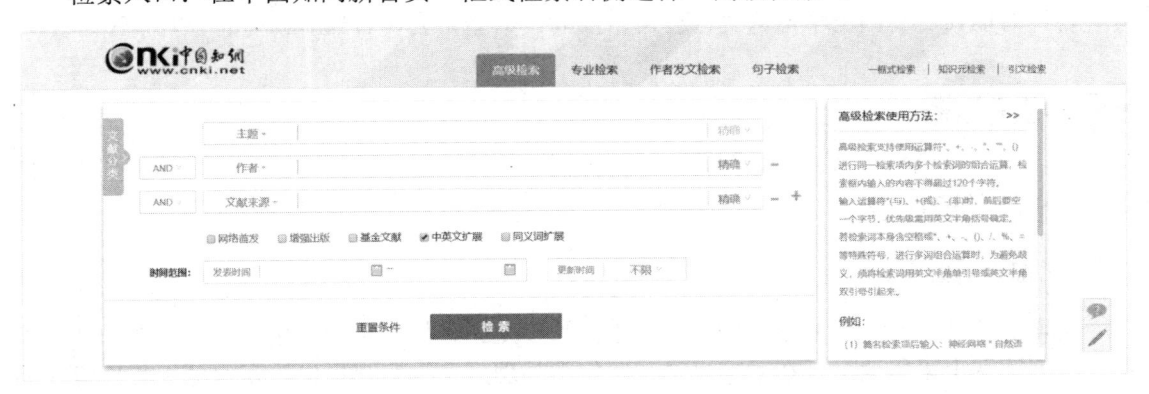

图 6-3-9 中国知网高级检索

要使用高级检索的话，先要将关键词进行拆分，对检索词的模糊词、同义词等也进行检索。除了关键词，还可以对作者、发表时间、文献来源与支持基金这些限定条件进行同一层次的筛选，确保检索结果最后符合你所查找的文献。

（3）专业检索。专业检索比高级检索功能更强大，主要用于图书情报专业人员查新、信息分析等工作，允许用户按自己需要来组合逻辑表达式进行更精确的检索，但需要检索人员根据系统的检索语法使用运算符和检索词构造检索式进行检索，适用于熟练掌握检索技术的专业检索人员。

具体方法：在专业检索页面的右侧，提供了可检索字段、示例。另外在进行专业检索时只需要按空格键，就会弹出检索字段，输入关键词后再按空格键，就会弹出逻辑关系词，检索起来十分方便，如图 6-3-10 所示。

检索入口：在高级检索页面上方可切换专业检索。

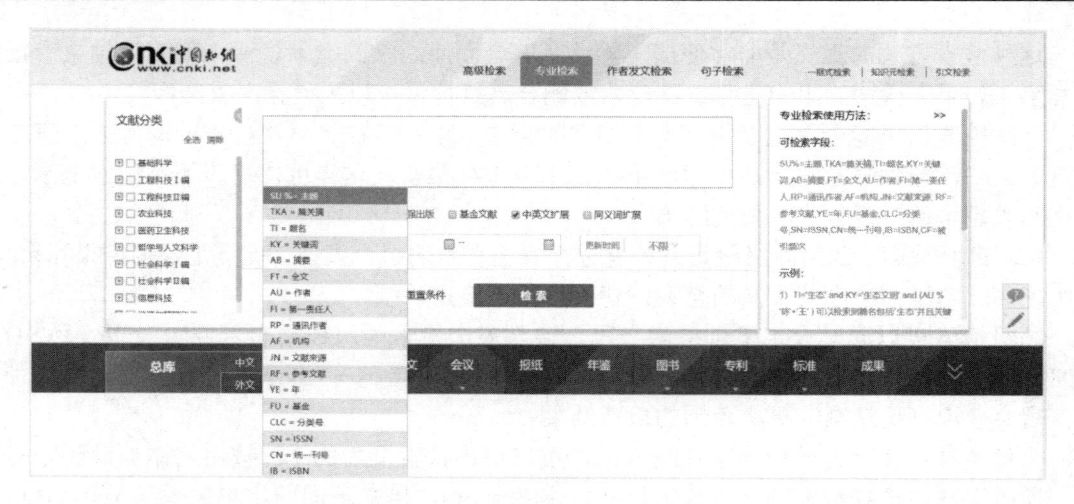

图 6-3-10 中国知网专业检索

此外，除了以上三种检索，中国知网还提供了作者发文检索、句子检索、出版物检索。作者发文检索通过输入作者姓名及其单位信息，即可检索某作者发表的文献，操作与高级检索基本相同。句子检索是通过输入两个检索词，在全文范围内查找同时包含这两个词的句子，找到有关事实的问题答案，不支持空检，同句、同段检索时必须输入两个检索词。出版物检索主要针对期刊、博硕士学位论文、会议、报纸、年鉴和工具书等出版物的导航系统。

知识储备

一、搜索引擎概述

1. 搜索引擎定义

搜索引擎是信息时代最重要的信息检索工具，是指根据一定的策略、运用特定的计算机程序从互联网上采集信息，在对信息进行组织和处理后，为用户提供检索服务，将检索的相关信息展示给用户的系统。

2. 搜索引擎发展历程

搜索引擎是伴随互联网的发展而产生和发展的，互联网已成为人们学习、工作和生活中不可缺少的平台，几乎每个人上网都会使用搜索引擎。根据搜索引擎不同时期的研究重点和服务性能，将其发展分为三个阶段。

（1）第一阶段起始于 1994 年，以 Yahoo!、Alta Vista 和 Infoseek 为代表。这个时期的搜索引擎一般索引都少于 100 万个网页，一般不重新搜集网页并刷新索引，而且其检索速度非常慢，在实现技术上也基本沿用较为成熟的传统检索技术，相当于利用一些已有的技术实现信息检索在互联网的应用。

（2）第二阶段起始于 1998 年，以 Google 为代表。处于这个阶段的搜索引擎大多采用分布式方案来提高数据库规模、响应速度和用户数量，并且只专注于做后台技术的提供者，在服务模式上不断创新，竞价排名和图形图像以及 MP3 的搜索引擎便是这个阶段的产物。

（3）第三阶段起始于 2000 年，以 Google、Baidu、Yahoo!等搜索引擎为代表。这个阶段是搜索引擎空前繁荣的时期，主要特点是索引数据库的规模大、出现主题检索和地域搜索、能够实现一定程度上的智能化和可视化检索、检索结果相关度评价成为研究的特点。这一阶段的发展为搜索引擎拓展了生长空间，同时提高了搜索的质量和效率。

3．搜索引擎工作原理

搜索引擎一般主要由搜索器、索引器、检索器和用户接口 4 部分构成。其工作原理是：首先，搜索器根据一定的搜集策略在互联网上抓取网页信息，然后由索引器对搜集回来的网页信息进行分析，抽取索引项，用于表示文档以及生成文档库的索引表，形成索引数据库。用户通过检索接口输入相关的查询请求，索引接口对用户的查询请求进行分析和转换，由检索工具到索引数据库中进行查找和匹配，最后将符合要求的文档按相关性程度的高低进行排序，形成结果列表，并通过用户接口将检索结果列表返回给用户。

4．搜索引擎的分类

搜索方式是搜索引擎的一个关键环节，大致可分为 4 种：全文搜索引擎、元搜索引擎、垂直搜索引擎和目录搜索引擎，它们各有特点并适用于不同的搜索环境。所以，灵活选用搜索方式是提高搜索引擎性能的重要途径。

（1）全文搜索引擎。全文搜索引擎是利用爬虫程序抓取互联网上所有相关文章予以索引的搜索方式，一般网络用户适用于全文搜索引擎。这种搜索方式方便、简洁，并容易获得所有相关信息，但搜索到的信息过于庞杂，因此用户需要逐一浏览并甄别出所需信息。尤其在用户没有明确检索意图的情况下，这种搜索方式非常有效。全文搜索引擎国内著名的有百度（Baidu），国外则有 Google。它们从互联网上提取各个网站的信息（以网页的文字为主），建立起数据库，并能检索与用户查询条件相匹配的记录，按一定的排列顺序返回结果。

（2）元搜索引擎。元搜索引擎接收用户查询请求后，同时在多个搜索引擎上搜索，并将结果返回给用户，适用于广泛、准确地收集信息，它是基于多个搜索引擎结果并对之整合处理的二次搜索方式。元搜索引擎的出现有利于各基本搜索引擎间的优势互补，而且有利于对基本搜索方式进行全局控制，引导全文搜索引擎的持续改善。著名的元搜索引擎有 360 搜索、infoSpace、Dogpile、Vivisimo 等，在搜索结果排列方面，有的直接按来源排列搜索结果，如 Dogpile，有的则按自定的规则将结果重新排列组合，如 Vivisimo。

（3）垂直搜索引擎。垂直搜索引擎是对某一特定行业内数据进行快速检索的一种专业搜索方式，适用于有明确搜索意图情况下进行的检索。例如，用户购买机票、火车票、汽车票时，或想要浏览网络视频资源时，或想要学习各类网络课程时，都可以直接选用行业内专用搜索引擎，以准确、迅速地获得相关信息。

（4）目录搜索引擎。目录搜索引擎是依赖人工收集处理数据并置于分类目录链接下的搜索方式，是指在对网站内信息整合处理并分目录呈现给用户，但其缺点在于用户需预先了解本网站的内容，并熟悉其主要模块构成。它虽然有搜索引擎功能，但严格意义上不能称为真正的搜索引擎。用户完全不需要依靠关键词查询，只是按照分类目录找到所需要的信息。总而观之，目录搜索方式的适应范围非常有限，且需要较高的人工成本来支持维护。在目录索引中，国内具有代表性的有新浪、搜狐、网易分类目录。其他著名的还有 Open Directory Project（DMOZ）、LookSmart、About 等。

5. 常见的搜索引擎

（1）百度搜索。百度搜索是全球最大的中文搜索引擎。1999 年由李彦宏、徐勇于美国硅谷创建，2000 年回国发展。"百度"二字源于宋朝词人辛弃疾的《青玉案》诗句："众里寻他千百度"，象征着百度对中文信息检索技术的执着追求。百度有一些特色功能，如百度学术、百度文库、百度百科、百度知道、百度经验等，受到很多用户的欢迎。百度搜索主页如图 6-3-11 所示。

图 6-3-11　百度搜索主页

（2）搜狗搜索。搜狗搜索是中国领先的中文搜索引擎。它于 2004 年推出，2005 年收购图行天下并开始增加地图搜索服务，2013 年并入腾讯 SOSO，2015 年与知乎深度合作，2016 年推出明医搜索、英文搜索和学术搜索等垂直搜索频道。搜狗搜索主页如图 6-3-12 所示。

图 6-3-12　搜狗搜索主页

（3）360 搜索。360 搜索，属于元搜索引擎。它通过一个统一的用户界面帮助用户在多个搜索引擎中选择和利用合适的搜索引擎来实现检索操作，是对分布于网络的多种检索工具的全局控制机制。360 搜索主页如图 6-3-13 所示。

图 6-3-13　360 搜索主页

（4）谷歌搜索。谷歌搜索是谷歌公司的主要产品，也是世界上最大的搜索引擎之一，由两名斯坦福大学的理学博士生拉里·佩奇和谢尔盖·布林在 1996 年建立。除了搜索网页外，谷歌搜索还提供搜索图片、新闻组、新闻网页、地图、影片的服务。谷歌搜索主页如图 6-3-14 所示。

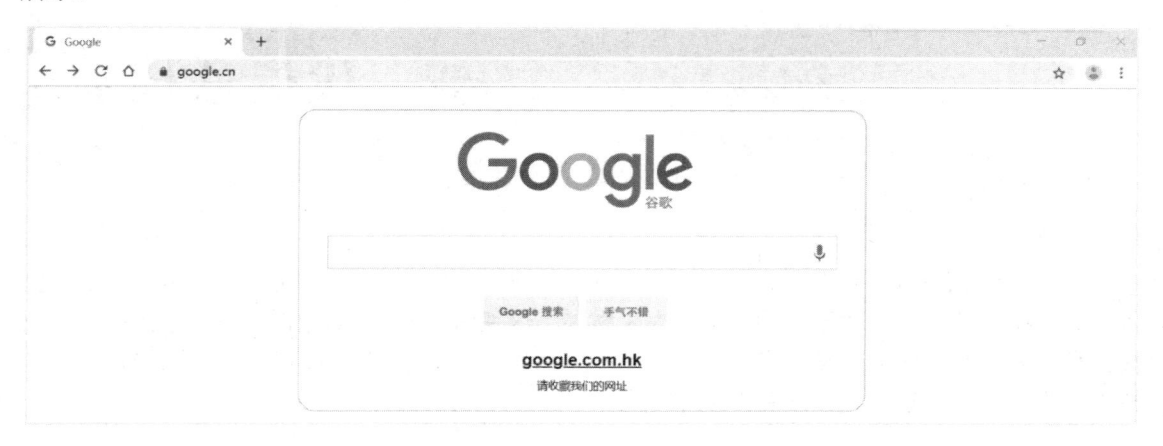

图 6-3-14　谷歌搜索主页

二、中国知网

中国知网即中国知识基础设施（CNKI）工程。CNKI 工程是清华大学、同方股份有限公司于 1999 年 6 月发起，以全面打通知识生产、传播、扩散与利用各环节信息通道，打造支持全国各行业知识创新、学习和应用的交流合作平台为总目标，以实现全社会知识资源传播共享与增值利用为目标的信息化建设项目。CNKI 工程集团经过多年努力，采用自主开发并具有国际领先水平的数字图书馆技术，建成了世界上全文信息量规模最大的"CNKI 数字图书馆"，并正式启动建设《中国知识资源总库》及 CNKI 网格资源共享平台，通过产业化运作，为全社会知识资源高效共享提供最丰富的知识信息资源和最有效的知识传播与数字化学习平台。

如今的中国知网已经发展成为全球最大的中文学术资源数据库，收录了 95% 以上正式出版的中文学术资源，包括期刊、学位论文、会议论文、报纸、工具书、年鉴、专利、标准、国学、法律、海外文献资料等多种文献类型，且中国知网可实现跨库检索服务，为全网教师、学生和科研人员提供多种学术信息资源的一站式检索、导航、统计和可视化等服务。CNKI 推出的中文系列数据库主要有《中国期刊全文数据库》《中国重要报纸全文数据库》《中国博硕士学位论文全文数据库》《国内外重要会议论文全文数据库》等。

任务拓展

请根据实训教程完成"利用维普考试服务平台检索全国计算机等级考试"任务。

项目 7 新一代信息技术

　　新一代信息技术产业是国家加快培育和发展的七大战略性新兴产业之一。新一代信息技术主要包括云计算、大数据、物联网、人工智能、区块链、5G移动通信、量子信息等。新一代信息技术涵盖技术多、应用范围广，与传统行业结合的空间大，在经济发展和产业结构调整中的带动作用将远远超出本行业的范畴。

情境导入

　　学院请来了校外专家到图书馆报告厅做关于新一代信息技术的知识讲座，讲述新一代信息技术都有哪些代表技术，对人们的日常生活有什么影响等。小明同学非常珍惜这个拓宽视野的机会，与同学欣然前往。

任务清单

任务名称		新一代信息技术概述
任务分析		学习新一代信息技术的代表技术，这些技术各有各的特点及产业应用领域。
任务目标	学习目标	1. 了解大数据技术的发展与特点及产业应用领域。 2. 了解人工智能技术的发展与特点及产业应用领域。 3. 了解云计算技术的发展与特点及产业应用领域。 4. 了解区块链技术的发展与特点及产业应用领域。 5. 了解物联网技术的发展与特点及产业应用领域。 6. 了解量子信息的发展与特点及产业应用领域。 7. 了解新一代信息技术的典型应用的发展与特点及产业应用领域。
	素质目标	1. 培养认真负责的工作态度和严谨细致的工作作风。 2. 培养学生科技强国的意识和文化自信的信念。 3. 培养学生热爱祖国、勇于攀登的责任感和使命感。

项目7　新一代信息技术

任务导图

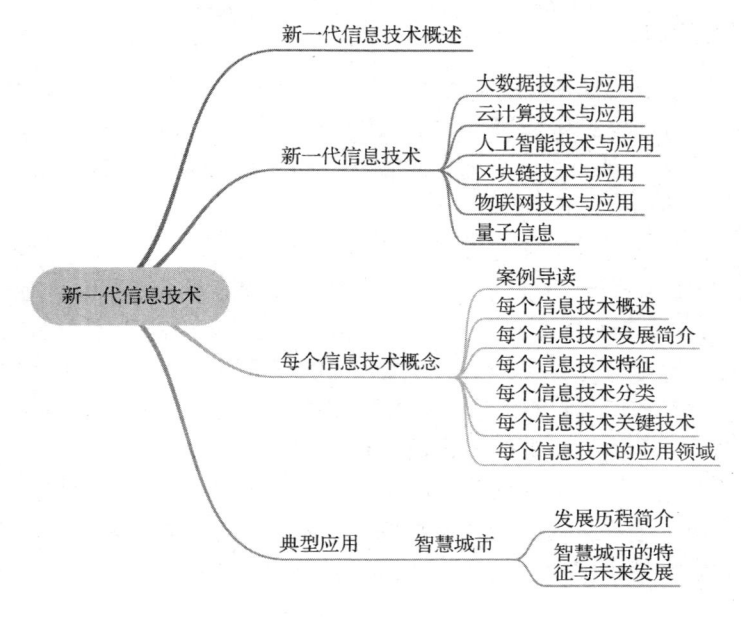

```
                        ┌─ 新一代信息技术概述
                        │
                        │                    ┌─ 大数据技术与应用
                        │                    ├─ 云计算技术与应用
                        ├─ 新一代信息技术 ───┤─ 人工智能技术与应用
                        │                    ├─ 区块链技术与应用
                        │                    ├─ 物联网技术与应用
                        │                    └─ 量子信息
    新一代信息技术 ─────┤
                        │                    ┌─ 案例导读
                        │                    ├─ 每个信息技术概述
                        │                    ├─ 每个信息技术发展简介
                        ├─ 每个信息技术概念 ─┤─ 每个信息技术特征
                        │                    ├─ 每个信息技术分类
                        │                    ├─ 每个信息技术关键技术
                        │                    └─ 每个信息技术的应用领域
                        │
                        └─ 典型应用 ─ 智慧城市 ┬─ 发展历程简介
                                               └─ 智慧城市的特征与未来发展
```

任务实施

任务要求：新一代信息技术的代表技术，这些技术的概念、特点及产业应用领域等。

任务一　大数据技术与应用

情境导入（网络新闻）

大数据可视化技术为企业提供决策支持服务

我国房地产市场经过多年发展，伴随着土地价格的不断攀升以及国家坚持落实"房子是用来住的，不是用来炒的策略"，房地产市场从早年遍地黄金时代，到了充满竞争的白银时代，同时房地产行业资金投入大，融资难，投入周期长，受市场和政策影响大等特点，加剧了房企的经营风险和运营难度。因此，房企需要构建数据化的经营能力，提升运营效率，随时了解自身的现金流状态和情况，来有效防范经营风险。而大数据平台的大数据可视化分析技术可以为企业的经营决策提供决策支持服务。

数据分析是大数据处理的核心，但是用户往往更关心结果的展示。如果分析结果正确，可视化技术能够迅速和有效地简化与提炼数据流，帮助用户交互筛选大量的数据，有助于用户更快更好地从复杂数据中得到新的发现。大数据技术用形象的图形方式向用户展示结果，已作为最佳结果展示方式之一率先被科学与工程计算领域采用。

· 269 ·

知识储备

1．大数据概念的起源

尽管"大数据"这个词直到最近才受到人们的高度关注，但早在 1980 年，著名未来学家托夫勒在其所著的《第三次浪潮》中就热情地将"大数据"称颂为"第三次浪潮的华彩乐章"。《自然》杂志在 2008 年 9 月推出了名为"大数据"的封面专栏。从 2009 年开始，"大数据"才成为互联网技术行业中的热门词汇。

最早应用"大数据"的是美国麦肯锡（McKinsey）公司对"大数据"进行收集和分析的设想，他们发现各种网络平台记录的个人海量信息具备潜在的商业价值，于是投入大量人力物力进行调研，在 2011 年 6 月该公司在《大数据：创新、竞争和生产力的下一个前沿领域》报告中指出"数据，已经渗透到当今每一个行业和业务职能领域，成为重要的生产因素。人们对于海量数据的挖掘和运用，预示着新一波生产率增长和消费者盈余浪潮的到来"。该报告对"大数据"的影响、关键技术和应用领域等都进行了详尽的分析。

数据不再是社会生产的"副产物"，而是可被二次乃至多次加工的原料，从中可以探索更大的价值，数据变成了生产资料。大数据技术是以数据为本质的新一代革命性信息技术，在数据挖掘过程中，能够带动理念、模式、技术及应用实践的创新。

2．大数据的概念

大数据（Big Data）也称海量数据或巨量数据，是指需要新处理模式才能具有更强的决策力、洞察力和流程优化能力的海量、高增长率和多样化的信息资产。"大数据"一词除用来描述信息时代产生的海量数据外，当数据的规模和性能要求成为数据管理分析系统的重要设计和决定因素时，这样的数据也被称为大数据。

3．大数据的特点

大数据技术描述了新一代的技术和架构，通过使用高速（Velocity）地采集、发现和/或分析，从超大容量（Volume）的多样（Variety）数据中经济地提取价值（Value）。这就是大数据的四大特征，简称 4V。

（1）海量的数据规模。数据的体量决定了其背后的信息价值。随着各种移动端的流行和云存储技术的发展，现代社会的人类活动都可以被记录下来，因此产生了海量的数据。

（2）多样的数据类型。数据多样性的增加主要是新型多结构数据，以及网络日志、社交媒体、互联网搜索、手机通话记录及传感器网络等数据类型造成的。

（3）高速数据流转性。高速描述的是数据被创建和移动的速度。在高速网络时代，通过基于实现软件性能优化的高速计算机处理器和服务器创建实时数据流已成为流行趋势。

（4）数据价值密度低。大数据价值的挖掘过程就像大浪淘沙，数据的体量越大，相对有价值的数据就越少。但是，当数据的体量越来越大时，就能从海量数据中心提取有价值的信息，为决策提供支撑。

4．大数据技术框架

根据大数据处理的生命周期，大数据技术体系涉及大数据采集与预处理、大数据存储与管理、大数据计算模式与系统、大数据分析与挖掘、大数据隐私与安全等几个方面，大数据技术框架如图 7-1-1 所示。

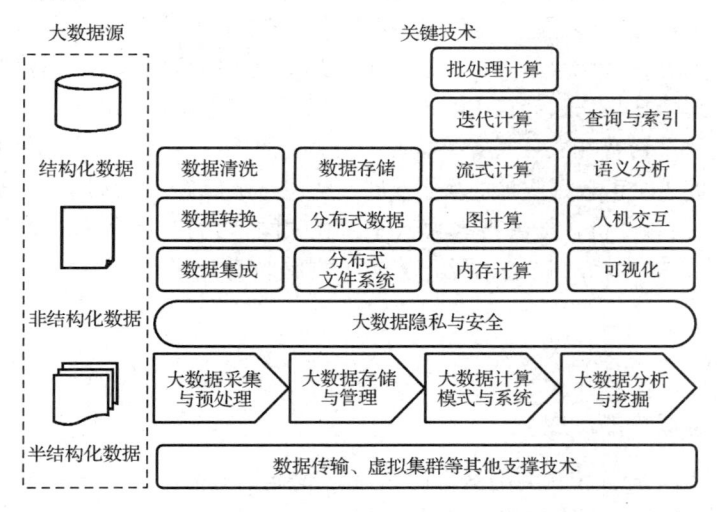

图 7-1-1　大数据技术框架

5．大数据技术的应用

大数据的应用场景在各行各业都有，包括商品零售大数据、消费大数据、证监会大数据、金融大数据、制造业大数据、医疗大数据、交通大数据、公安大数据、文化传媒大数据、航空大数据、人体健康大数据、灾害大数据、环境变迁大数据等。

大数据技术的应用主要包括运营大数据技术应用和分析性大数据技术应用。

（1）运营大数据技术应用。

① 网上订票：火车票、机票、电影票等。

② 在线购物：淘宝、京东、拼多多、支付宝交易等。

③ 社交媒体网站：抖音、快手、QQ、微信等应用程序的数据。

④ 医保卡号、车牌号、身份证等与人们息息相关的个人详细信息。

（2）分析性大数据技术应用。

① 股票、基金等金融投资业。

② 分析运行航海、船舶、飞行和太空任务等领域。

③ 天气预报信息。

④ 监视特定患者健康状况的医学领域。

任务二　云计算技术与应用

情境导入（网络新闻）

"华为教育云"助力玉溪教育的均衡化

知识的传授不是仅仅来自于单方面的传递，而是需要通过打破传统地域、时空的边界，形成汇聚和分享，从而，让知识在每一次的传授过程中都能够得到累积并释放出新的价值。云模式对资源汇聚、分享以及随时获取的特点，恰恰契合了知识价值传递中的这个特点，实现了优质资源的全面共享，以及让教育资源均衡化有效落地。

玉溪全市要实现数字校园全覆盖，让所有学校都受益于教育信息化，其中教育云平台建设任务是重中之重，玉溪依托华为云计算中心进行统一部署，打造教学、管理、评价"三位一体"的玉溪教育云平台，该平台有九大公共支撑服务、十大应用系统、七大人人通空间，贯穿了课前课中及课后全环节，促进全市教育资源均衡化发展，实现"全覆盖、广运用、促均衡"的目标。

据教育部相关领导评价，玉溪市教育云是"互联网+教育"应用模式的创新实践，是国内系统设计比较完整、技术相对先进、资源相当丰富的教育云平台。

知识储备

1. 云与云计算概念的形成

在 21 世纪初期，正当互联网泡沫破碎之际，Web 2.0 的兴起，让网络迎来了一个新的发展高峰期。在这个 Web 2.0 的时代，Flickr、MySpace、YouTube 等网站的访问量，已经远远超过传统门户网站。如何有效地为巨大的用户群体服务，让他们参与时能够享受方便、快捷的服务，成为这些网站不得不面对的一个新问题。

与此同时，一些有影响力的大公司为了提高自身产品的服务能力和计算能力而开发大量新技术，例如，Google 凭借其文件系统搭建了 Google 服务器群，为 Google 提供快捷的搜索速度与强大的处理能力。于是，如何有效利用已有技术并结合新技术，为更多的企业或个人提供强大的计算能力与多种多样的服务，就成为许多拥有巨大服务器资源的企业考虑的问题。

正是因为网络用户的急剧增多并对计算能力的需求逐渐旺盛，而 IT 设备公司、软件公司和计算服务提供商能够满足这样的需求，云计算便应运而生。

2006 年，Google（谷歌）高级工程师克里斯托夫·比希利亚首次向 Google 董事长兼 CEO 施密特提出"云计算"的想法。在施密特的支持下，Google 推出了"Google 101 计划"，并正式提出"云"的概念。其核心思想是将大量用网络连接的计算资源统一管理和调度，构成一个计算资源池向用户按需提供服务。云计算发展由来如图 7-2-1 所示。

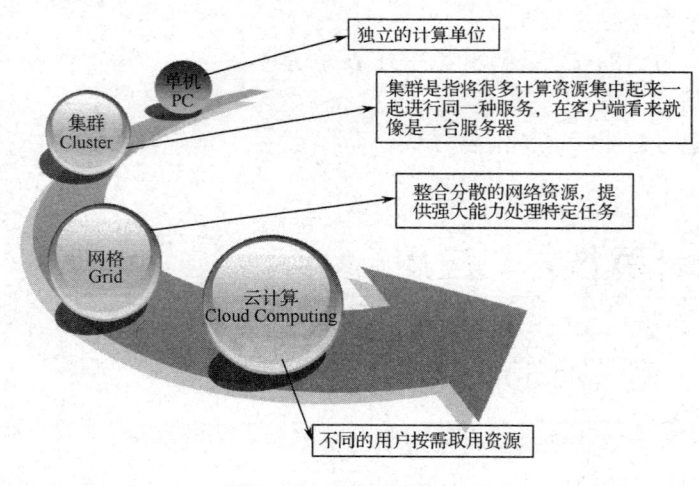

图 7-2-1 云计算发展由来

随后，云计算技术和产品通过 Google、Amazon、IBM 及微软等 IT 巨头们得到了快速的推动和大规模的普及，到目前为止，已得到社会的广泛认可。

云计算是一种商业计算模型，它将计算任务分布在大量计算机构成的资源池上，这种资源池称为"云"。"云"是一些可以自我维护和管理的虚拟计算资源，通常为一些大型服务器集群，包括计算服务器、存储服务器、宽带资源等。

云计算旨在通过网络把多个成本相对较低的计算实体整合成一个具有强大计算能力的完美系统，并借助先进的商业模式把强大的计算能力发布到终端用户手中，它的一个核心理念就是通过不断提高"云"的处理能力，进而减少用户终端的处理负担，最终使用户终端简化成一个单纯的输入/输出设备，并能按需享受"云"的强大计算处理能力。

到目前为止，云计算的定义还没有得到统一。引用美国国家标准与技术研究院（NIST）的一种定义："云计算是一种按使用量付费的模式，这种模式提供可用的、便捷的、按需的网络访问，进入可配置的计算资源共享池（资源包括网络、服务器、存储、应用、服务），这些资源能够被快速提供，只需投入很少的管理工作，或与服务供应商进行很少的交互。"

简单来说，云计算是以应用为目的，通过互联网将大量必需的软、硬件按照一定的形式连接起来，并且随着需求的不断变化而灵活调整的一种低消耗、高效率的虚拟资源服务的集合形式。

2. 云计算的关键技术与特点

云计算的基本原理是令计算分布在大量的分布式计算机上，而非本地计算机或远程服务器中，从而使得企业数据中心的运行与互联网相似。云计算具备相当大的规模。例如，Google 云计算已经拥有 100 多万台服务器，Amazon、IBM、微软、Yahoo 等的"云"均拥有几十万台服务器，企业私有云一般拥有数百至上千台服务器。这些资源使"云"能赋予用户前所未有的计算能力。

云计算的关键技术主要有虚拟化、分布式系统、资源管理技术、能耗管理技术。

云计算主要有五个特点：基于互联网、按需服务、资源池化、安全可靠和资源可控。

3. 云计算的分类

（1）按部署类型进行分类。云计算按部署类型可以分为公有云、私有云和混合云，如图 7-2-2 所示。

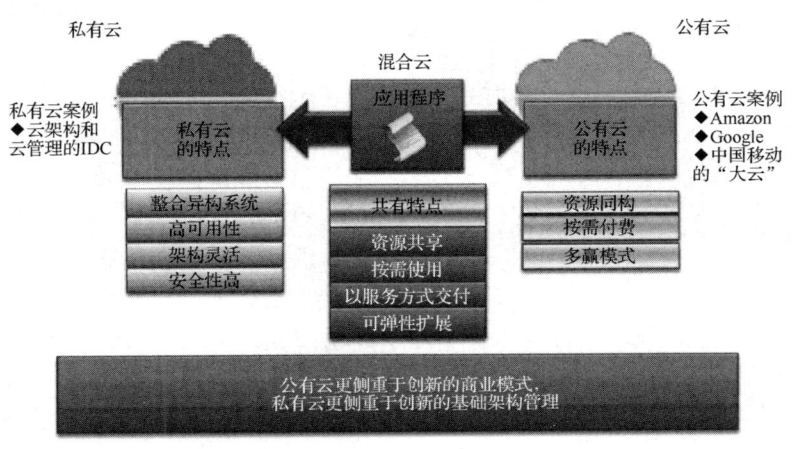

图 7-2-2 云计算按部署类型分类

① 公有云（Public Cloud）：由云计算服务第三方提供商完全承载和管理，为用户提供价格合理的计算资源访问服务，用户无须购买硬件、软件及支持基础架构，只需为其使用的资源付费。

阿里云、华为云、腾讯云和百度云等是公有云的应用示例，借助公有云，所有硬件、软件及其他支持基础架构均由云计算服务第三方提供商拥有和管理。

② 私有云（Private Cloud）：企业自己采购基础设施搭建云平台，在此之上，开发应用的云服务。它只服务于企业内部，被部署在企业防火墙内部，提供的所有应用只对内部员工开放。大企业（如金融、保险行业）为了兼顾行业、客户隐私，不可能将重要数据存放到公共网络上，故倾向于架设私有云。

③ 混合云：一般由用户创建，而管理和运维职责由用户和云计算服务提供商共同分担，在使用私有云作为基础的同时结合公有云的服务策略，用户可根据业务私密性程度的不同自主在公有云和私有云间进行切换。例如，平时业务不多时，使用私有云资源，当到了业务高峰期时，临时租用公有云资源，这是一种成本和安全的折中方案。

需要强调的是，没有绝对的公有云和私有云，站的立场、角度不同，私有也可能成为公有。未来的发展趋势是，二者会协同发展，你中有我，我中有你，混合云是必由之路。

以上三种云服务的特点和适合的行业，如表 7-2-1 所示。

表 7-2-1　三种云服务的特点和适合的行业

分　类	特　点	适合的行业
公有云	规模化，运维可靠，弹性强	游戏、视频、教育
私有云	自主可控，数据私密性好	金融、医疗、政务
混合云	弹性、灵活但架构复杂	金融、医疗

SaaS（Software-as-a-Servic）为客户提供各种应用软件服务

PaaS（Platform-as-a-Service）通过平台为客户提供一站式服务

IaaS（Infrastructure-as-a-Service）为客户提供网络、计算和存储一体化的基础架构服务

图 7-2-3　SaaS、PaaS、IaaS 关系

（2）按服务类型分类。按服务类型分为三类：基础设施即服务、平台即服务和软件即服务，如图 7-2-3 所示。

① 基础设施即服务。基础设施即服务将硬件设备等基础资源封装成服务供用户使用。在 IaaS 环境中，用户相当于在使用裸机和磁盘，既可以让它运行 Windows，也可以让它运行 Linux。

IaaS 最大优势在于它允许用户动态申请或释放节点，按使用量计费。而 IaaS 是由公众共享的，因而具有更高的资源使用效率，同时这些基础设施烦琐的管理工作将由 IaaS 供应商来处理。

IaaS 主要产品包括：阿里、百度和腾讯云的 ECS，Amazon EC2（Amazon 弹性计算云）等。IaaS 的主要用户是系统管理员。

② 平台即服务。平台即服务提供用户应用程序的运行环境，典型的如 Google App Engine。PaaS 自身负责资源的动态扩展和容错管理，用户应用程序不必过多考虑节点间的配合问题。

但与此同时，用户的自主权降低，必须使用特定的编程环境并遵照特定的编程模型，只适用于解决某些特定的计算问题。

用户可以非常方便地编写应用程序，而且不论是在部署，或者在运行的时候，用户都无须为服务器、操作系统、网络和存储等资源的管理操心，这些烦琐的工作都由 PaaS 供应商负责处理。主要产品包括 Google App Engine、heroku 和 Windows Azure Platform 等，主要用户是开发人员。

③ 软件即服务。软件即服务针对性更强，是一种通过 Internet 提供软件的模式。用户不用再购买应用软件，改向提供商租用基于 Web 的软件来管理企业经营活动，且无须对软件进行维护，服务提供商会全权管理和维护软件。对于许多小型企业来说，SaaS 是采用先进技术的最好途径，它消除了企业购买、构建和维护基础设施与应用程序的需要。主要用户是应用软件用户。

注意：随着云计算的深化发展，不同云计算解决方案之间相互渗透融合，同一种产品往往横跨两种以上类型。

4．云计算的应用

云计算作为一种计算方式，通过如"云+政务""云+金融""云+能源"等服务形式，实现与外部用户交互灵活、可拓展的 IT 功能，有着丰富的应用场景。云计算在生活中主要有以下四大应用领域。

（1）云交通。随着科技的发展、智能化的推进，交通信息化也在国家布局之中。通过初步搭建起来的云资源，针对交通行业的需求——基础建设、交通信息发布、交通企业增值服务、交通指挥提供决策支持及交通仿真模拟等，云交通要能够全面提供开发系统资源需求，能够快速满足突发系统需求，高效调度平台里的资源，处理交通堵塞，应对突发的事件处理。

（2）云通信。在现在各大企业的云平台上，从我们身边接触最多的例子来说，用得最多的其实就是各种备份，配置信息备份、聊天记录备份、照片等的云存储加分享，方便大家重置或者更换手机的时候，一键同步，一键还原，省去不少麻烦。但是事实上对于处于信息技术快速变革时代的我们来说，我们接触到的云通信远不止这些。

（3）云医疗。如今云计算在医疗领域的贡献让广大医院和医生均赞不绝口。从挂号到病例管理，从传统的询问病情到借助云系统会诊，这一切的创新技术，改变了传统医疗上的很多漏洞，同时也方便了患者和医生。

（4）云教育。针对我国现在的教育情况来看，由于中国疆域辽阔，教育资源分配不均，很多中小城市的教育资源长期处于一种较为尴尬的地带。面对这种状况，我国也在利用云计算进行教育模式改革，促进教育资源均衡化发展。

云计算在教育领域中的迁移称为"云教育"，是未来教育信息化的基础架构，包括了教育信息化所必需的一切硬件计算资源，这些资源经虚拟化之后，向教育机构、教育从业人员和学员提供一个良好的平台，该平台的作用就是为教育领域提供云服务。云教育主要包括成绩系统、综合素质评价系统、选修课系统、数字图书馆系统等。

任务三　物联网技术与应用

情境导入（网络新闻）

物联网"幕后大佬"爱联科技，成为 AWE 上的"非家电"明星

在作为全球三大家电与消费电子展之一的 AWE2023，有处展台显得与众不同：这方展台上，没有任何一台家电产品，也没有任何一件消费电子产品，展出的全部都是模组、系统部件、解决方案，但即便如此，依旧收获了相当流量；来这方展台打卡的人，有相当一部分身着各家电品牌的展会制服，他们是各品牌的展会工作人员，但进入了这方展台，他们暂时从工作中抽离，成为了现场的专业观众，对展品兴趣浓厚，与讲解员频繁互动。

"智科技 向未来"，物联网是关键引擎

AWE2023 的主题是"智科技 向未来"，其中关键引擎是物联网。这或许就可以解释，为什么大量的参展商会纷纷到爱联展台专门打卡。爱联科技目前是中国领先的物联网模组提供商。有了爱联的物联网模组作为连通设备的"桥梁"，智慧物联才能真正让理想照进现实。

在 AWE2023 现场，爱联凝聚生态创新力，推出了三个系列的模组、开发套件、解决方案、应用场景等。

WiFi7 模组，为物联网下一代应用铺就了新的高速公路。该模组可广泛应用于超高清电视、智能投影、笔记本电脑、通信设备、AR/VR 和其他智能家居等领域。

新型智能语音模组及开发套件，为行业提供能快速构建的在/离线语音解决方案，缩短智能语音开发流程、精简环节，已广泛应用在智慧家居、智慧教育、智能音箱等多个领域。

室内外高精度定位解决方案和典型应用场景，针对物联网设备的具体需求而设计，可为物联网设备提供厘米级的高精度定位和安全测距。

爱联，正如其名，联通了物联网技术生态，形成了物联网基建的生态合力。AWE2023 的主题，应该也正是爱联后续发展的主题：爱联将用持续创新的"智科技"，让伙伴、客户、用户一起"向未来"。

知识储备

1. 物联网的概述

物联网又称传感网，物联网是指通过信息传感设备，按约定的协议，将物体与网络相连接，物体通过信息传播媒介进行信息交换和通信，实现智能化识别、定位、跟踪、监管等功能的技术。物联网是继计算机、互联网和移动通信之后的新一轮信息技术革命。

物联网的基础核心还是互联网，只是在现有互联网基础上的扩展和延伸的网络。其用户端扩展和延伸到了任何物体间，可以进行信息的通信和交换。这里的"物"必须满足以下条件才能够被纳入"物联网"的范围：有相应信息的接收器；有数据传输通路；有一定的存储功能；有 CPU；有操作系统；有专门的应用程序；要有数据发送器；遵循物联网的通信协议；在网络中有可被识别的唯一编号。

物与物之间的信息交互不再需要人工干预，物与物之间可实现无缝、自主、智能的交互。换句话说，物联网以互联网为基础，主要解决人与人、人与物、物与物的互联和通信问题。

2. 物联网的特点

物联网是各种感知技术的广泛应用。物联网上部署了海量的多种类型传感器，每个传感器都是一个信息源，不同类别的传感器所捕获的信息内容和信息格式不同。传感器获得的数据具有实时性，按一定的频率周期性地采集环境信息，不断更新数据。物联网具有如下特点。

（1）全面感知。利用无线射频识别（RFID）、传感器、定位器和二维码等手段随时随地对物体进行信息采集和获取。感知的事物囊括了PC、手机、智能卡、传感器、仪器仪表、摄像头、轮胎、牙刷、手表、工业原材料、工业中间产品、压力、温度、湿度、体积、质量、密度等。

（2）可靠传递。通过各种电信网络和互联网融合，对接收到的感知信息进行实时远程传送，实现信息的交互和共享，并进行各种有效的处理。网络的随时、随地可获得性大为增强，接入网络的关于人的信息系统互联互通性也更高，并且人与物、物与物的信息系统也达到了广泛的互联互通，信息共享和相互操作性达到更高水平。

（3）智能处理。利用云计算、模糊识别等各种智能计算技术，对随时接收到的跨地域、跨行业、跨部门的海量数据和信息进行分析处理，提升对物理世界、经济社会各种活动和变化的洞察力，实现智能化的决策和控制，提高人类的工作效率，改善工作流程，以获取更加新颖、系统全面的观点和方法来看待和解决特定问题。

物联网涉及感知、控制、网络通信、微电子、计算机、软件、嵌入式系统、微机电等技术领域，因此物联网涵盖的关键技术也非常多，为了系统分析物联网技术体系，我们将物联网技术体系划分为感知关键技术、网络通信关键技术、应用关键技术、共性技术和支撑技术，如图7-3-1所示。

① 感知关键技术。感知关键技术是物联网感知物理世界并获取信息和实现物体控制的首要环节。传感器将物理世界中的物理量、化学量、生物量转化成可供处理的数字信号。识别技术实现对物联网中物体标识和位置信息的获取。

② 网络通信关键技术。网络通信关键技术主要实现物联网数据信息和控制信息的双向传递、路由和控制，重点包括低速近距离无线通信技术、低功耗路由、自组织通信、无线接入增强、IP承载、网络传送、异构网络融合接入及认知无线电等技术。

③ 应用关键技术。海量信息智能处理综合运用高性能计算、人工智能、数据库和模糊计算等技术，对收集的感知数据进行通用处理，重点涉及数据存储、云计算、数据挖掘、平台服务、信息呈现等。

面向服务的体系架构（Service-oriented Architecture，SOA）是一种松耦合的软件组件技术，它将应用程序的不同功能模块化，并通过标准化的接口和调用方式联系起来，实现快速可重用的系统开发和部署。SOA可提高物联网架构的扩展性，提升应用开发效率，充分整合和复用信息资源。

④ 支撑技术。物联网支撑技术包括嵌入式系统、微机电系统、软件和算法、电源和储能、新材料等技术。

⑤ 共性技术。物联网共性技术涉及网络的不同层面，主要包括IoT架构技术、标识与解析、安全和隐私、网络管理等技术。

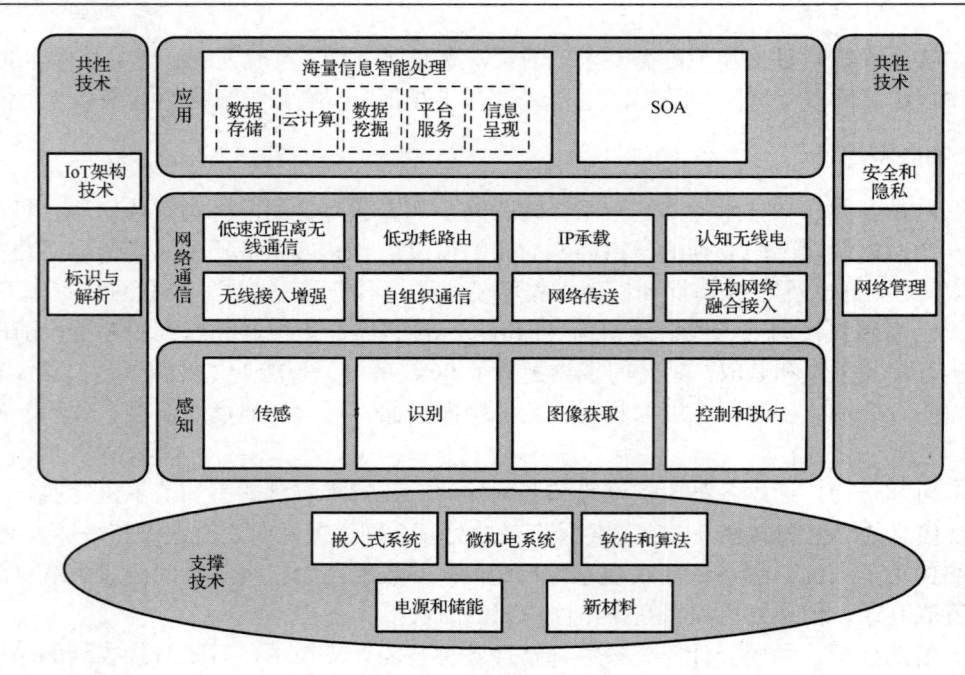

图 7-3-1　物联网技术体系

3. 物联网的应用领域

随着 5G 时代的来临，物联网产业将迎来更快速的发展。物联网技术，正在为人们开启万物互联奇妙天地！车联网能让你的爱车更懂你的想法，智慧景区能让你的旅行更舒心自在，智慧港口、智慧小区、智慧水利等物联网应用，正给人们的生活带来无限惊喜。

物联网应用涉及国民经济和人类社会生活的方方面面，物联网具有实时性和交互性的特点，因此，物联网的应用领域主要有城市管理（智能交通、智能建筑、文物保护和数字博物馆、古迹和古树实时监测、数字图书馆和数字档案馆）、数字家庭、定位导航、现代物流管理、食品安全控制、零售、数字医疗、防入侵系统等，如图 7-3-2 所示。

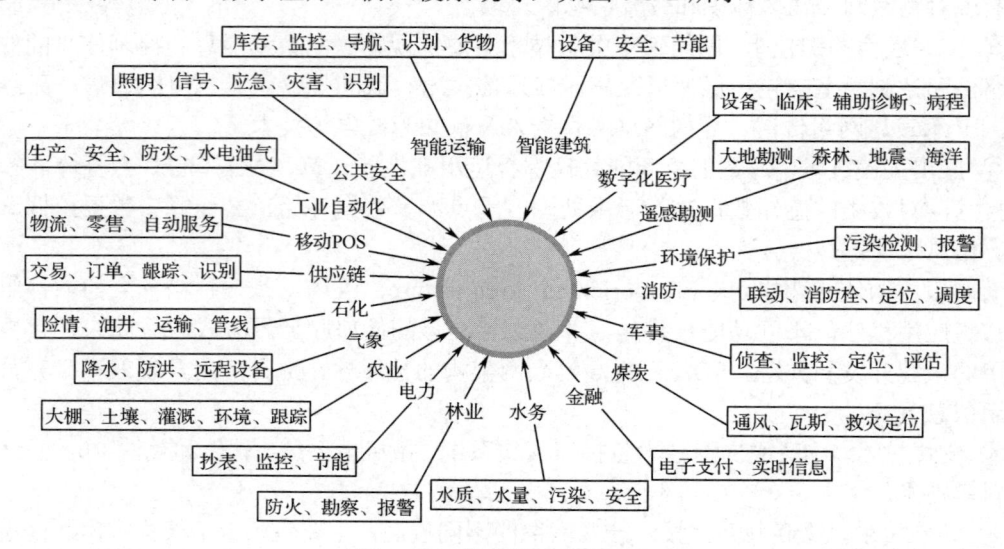

图 7-3-2　物联网的应用领域

（1）物联网在教育领域的应用。物联网在教育领域的出现将有助于开发能够提高教学质量的创新应用。

① 教育管理。物联网在教育管理中可用于人员考勤、图书管理、设备管理等方面。比如带有 RFID 标签的学生证可以监控学生进出各个教学设施的情况，以及行动路线。又比如将 RFID 用于图书管理，通过 RFID 标签可方便地找到图书，并在借阅图书的时候方便获取图书信息而不用把书一本一本拿出来扫描。将物联网技术用于实验设备管理可以方便跟踪设备的位置和使用状态。

② 智慧校园。物联网在校园内还可用于校内交通管理、车辆管理、校园安全、智能建筑、学生生活服务等领域，有助于营造智能化教学环境。例如，在教室里安装光线传感器和控制器，根据光线强度和学生的位置，调整教室内的光照度。控制器也可以和投影仪、窗帘导轨等设备整合，根据投影工作状态决定是否关上窗帘，降低灯光亮度。

③ 信息化教学。利用物联网建立泛在学习环境，可以利用智能标签识别需要学习的对象，并且根据学生的学习行为记录，调整学习内容，这是对传统课堂和虚拟实验的拓展，在空间和交互环节上，通过实地考察和实践，增强学生的体验。例如，生物课的实践性教学中需要学生识别校园内的各种植物，可以为每类植物粘贴带有二维码的标签，学生在室外寻找到这些植物后，除了可以知道植物的名字，还可以用手机识别二维码从教学平台上获得相关植物的扩展内容。

（2）物联网在智能家居领域的应用。智能家居如图 7-3-3 所示，利用先进的计算机、网络通信、自动控制等技术，将与家庭生活有关的各种应用有机地结合在一起，通过综合管理，让家庭生活更舒适、安全、有效和节能。

图 7-3-3　物联网与智能家居图

（3）物联网在智慧交通领域的应用。交通被认为是物联网所有应用场景中最具有前景的应用之一。随着城市化的发展，交通问题越来越严重，而传统的解决方案已无法满足新的交通问题，因此，智能交通应运而生。智能交通指的是将先进的信息技术、数据传输技术及计算机处理技术等有效地集成到交通运输管理体系中，使人、车和路能够紧密配合，改善交通运输环境来提高资源利用率等。

根据实际的行业应用情况，下面总结了物联网在智慧交通领域的八大应用场景。

① 智能公交。智能公交通过 RFID、传感等技术，实时了解公交车的位置，实现弯道及路线提醒等功能。同时结合公交的运行特点，通过智能调度系统，对线路、车辆进行规划调度，实现智能排班。

② 共享自行车。共享自行车是通过配有 GPS 或 NB-IoT 模块的智能锁，将数据上传到共享服务平台，实现车辆精准定位，实时掌控车辆运行状态等。

③ 车联网。利用先进的传感器、RFID 及摄像头等设备，采集车辆周围的环境及车自身

的信息，将数据传输至车载系统，实时监控车辆运行状态，包括油耗、车速等。

④ 充电桩。运用传感器采集充电桩电量、状态监测及充电桩位置等信息，将采集到的数据实时传输到云平台，通过 App 与云平台进行连接，实现统一管理等功能。

⑤ 智能红绿灯。通过安装在路口的一个雷达装置，实时监测路口的行车数量、车距及车速，同时监测行人的数量及外界天气状况，动态地调控交通灯的信号，提高路口车辆通行率，减少交通信号灯的空放时间，最终提高道路的承载力。

⑥ 汽车电子标识。汽车电子标识，又叫电子车牌，通过 RFID 技术，自动地、非接触地完成车辆的识别与监控，将采集到的信息与交管系统连接，实现车辆的监管及解决交通肇事、逃逸等问题。

⑦ 智慧停车。在城市交通出行领域，由于停车资源有限、停车效率低下等问题，智慧停车应运而生。智慧停车以停车位资源为基础，通过安装地磁感应、摄像头等装置，实现车牌识别、车位的查找与预订及使用 App 自动支付等功能。

⑧ 高速无感收费。通过摄像头识别车牌信息，将车牌绑定至微信或者支付宝，根据行驶的里程，自动通过微信或者支付宝收取费用，实现无感收费，提高通行效率、缩短车辆等候时间等。

以物联网、大数据、人工智能等为代表的新技术能有效地解决交通拥堵、停车资源有限、红绿灯变化不合理等问题，最终使得智能交通得以实现。智慧交通如图 7-3-4 所示。

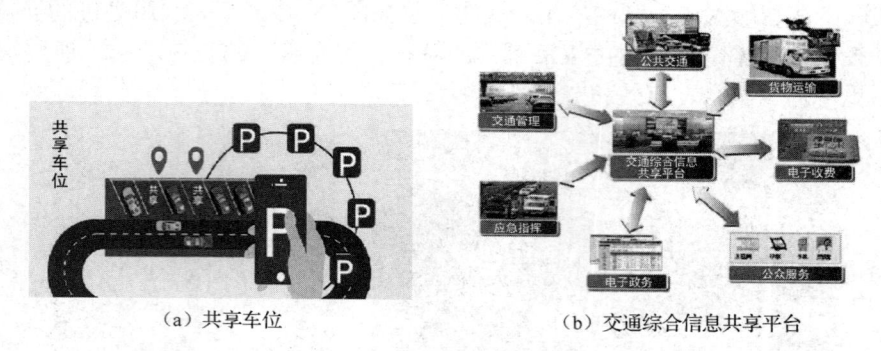

（a）共享车位　　　　　　　　（b）交通综合信息共享平台

图 7-3-4　智慧交通

任务四　人工智能技术与应用

情境导入（网络新闻）

人工智能医护机器人进驻武汉成抗疫利器

2020 年 2 月，在湖北省武汉市抗击新冠疫情的关键时期，武汉同济医院光谷院区 E3 区 4 楼病区，新来了"奇特"的医疗队员——集合了最新 IT 技术的人工智能医护机器人。它可以实现隔离病房遥控查房、5G 技术远程医疗等。

这台机器人配备了激光雷达、红外雷达、5G 通信及机器人集群控制技术。每台人工智能医护机器人都具备 3D 视觉识别传感器和人工智能 AI 芯片。这位四方脑袋、细长身体的"医疗队员"，灵活地穿梭在病区走道与病房之间，无所畏惧。

这是上海交通大学医学院与其附属瑞金医院共同研发、具有自主知识产权的新一代人工智能机器人，名叫"瑞金小白"。"瑞金小白"可以成为医生的替身，代替医生进入危险区域，完成查房、指导、沟通患者等工作。医生在隔离病房外通过手机 App 访问部署在病房内的医护机器人。这在一定程度上免去了医生多次穿脱防护服，同时降低了进出隔离区所带来的感染风险，在节省医疗资源的同时，提升医疗服务响应效率。

通过 5G 通信技术及机器人集群控制技术，远在上海的各学科专家可以随时通过远程会诊平台与部署在武汉各医院的机器人进行连接，实现多地、跨院区的多学科远程会诊。这样一来，上海乃至全国的优质医疗资源能够迅速、便捷地集中到武汉新冠疫情防控一线。

每台医护机器人都安装了 3D 视觉识别传感器和人工智能 AI 芯片。通过人工智能算法，机器人可以发现医护人员在感染病区活动过程中、在穿脱防护服过程中出现的安全隐患，并及时加以提醒，降低感染风险。

"瑞金小白"已被部署在武汉三院、金银潭医院、同济医院最危险的感染病房一线进行值守，机器人具有全天候工作、无惧环境伤害的特性，从而成为抗疫利器。

知识储备

1. 人工智能的概念

人工智能（Artificial Intelligence，AI）是研究、开发用于模拟、延伸和扩展人的智能的理论、方法、技术及应用系统的一门新的技术科学。具体来说，人工智能就是让机器像人类一样具有感知能力、学习能力、思考能力、沟通能力、判断能力等，从而更好地为人类服务。

中国《人工智能标准化白皮书（2018 版）》认为："人工智能是利用数字计算机或者数字计算机控制的机器模拟、延伸和扩展人的智能，感知环境，获取知识并使用知识获得最佳结果的理论、方法、技术及应用系统。"

2. 人工智能进入大众视野

人工智能的诞生可以追溯到 20 世纪 50 年代。1956 年夏季，美国一些从事数学、心理学、计算机科学、信息论和神经学研究的年轻学者聚集在达特茅斯（Dartmouth）大学，举办了一次长达两个月的学术讨论会，认真热烈地讨论了用机器人模拟人类智能的问题。在这次会议上，第一次提出了"人工智能"这一术语，它标志着"人工智能"这门新兴学科的正式诞生。

自从人工智能学科诞生到现在人工智能的发展经历了不少曲折。在 1956 年的达特茅斯会议之后，人工智能迎来了属于它的第一段高峰期。但是，由于当时的部分研究者们过于乐观，对于人工智能发展研究领域的形势以及难度未能做出正确判断。到了 20 世纪 70 年代，人工智能开始遇到研究瓶颈，预期的研究成果大多数也并未完成。20 世纪 80 年代，出现了人工智能的第二次高潮，提出建立专家控制系统的新概念，人工神经网络的研究也掀起了新的热潮，模糊理论等分支的研究也开始迅速展开。

之后，人工智能概念是以爆炸式、碾压式的姿态进入大众视野的。1997 年 5 月 19 日，IBM 的国际象棋机器人"深蓝"与国际象棋世界冠军卡斯帕罗夫对抗赛中，在前五局打平的情况下，卡斯帕罗夫在第六局走了 16 步就认输，"深蓝"取得胜利。人机博弈拉开序幕。

2016 年 3 月，谷歌公司的人工智能程序"阿尔法狗（AlphaGo）"以高超的运算能力和缜密的逻辑判断，4∶1战胜了世界围棋冠军李世石，给大众带来了极大的震撼。2017年10月，新版本的AlphaZero在没有先验知识的前提下，通过自学三天就以100∶0的比分碾压了上个版本的AlphaGo。之后，人工智能进入了"井喷"期。我们一起来了解一下人工智能发展主要事件（见表7-4-1）。

表7-4-1 近年人工智能发展主要事件表

时间	事件
1997年	● IBM的国际象棋机器人深蓝战胜国际象棋世界冠军卡斯帕罗夫
2005年	● Stanford开发的一台机器人在一条沙漠小径上成功地自动行驶了约210千米，赢得了DARPA挑战大赛头奖
2006年	● Hinton提出多层神经网络的深度学习算法 ● Eric Schmidt在搜索引擎大会上提出"云计算"概念
2010年	● Google发布个人助理Google Now
2011年	● IBM Waston参加智力游戏《危险边缘》，击败最高奖金得主Brad Rutter和连胜纪录保持者Ken Jennings ● 苹果发布语音个人助手Siri
2013年	● 深度学习算法在语音和视觉识别领域获得突破性进展
2014年	● 微软亚洲研究院发布人工智能小冰聊天机器人和语音助手Cortana ● 百度发布Deep Speech语音识别系统
2015年	● Facebook发布了一款基于文本的人工智能助理M
2016年	● Google AlphaGo以比分4∶1战胜围棋九段棋手李世石 ● Google发布语音助手Assistant
2017年	● Google AlphaGo以比分3∶0完胜排名世界第一的围棋九段棋手柯洁 ● 苹果在WWDC上发布Core ML、ARKit等组件 ● 百度AI开发者大会正式发布Dueros语音系统，无人驾驶平台Apollo1.0自动驾驶平台 ● 华为发布全球第一款AI移动芯片麒麟970 ● iPhone X配备前置3D感应摄像头（TrueDepth），脸部识别点达到3万个，具备人脸识别、解锁和支付等功能

3. 人工智能的关键技术

人工智能的关键技术包括机器学习、计算机视觉、生物特征识别、自然语言处理、语音识别、机器人技术等。

（1）机器学习。机器学习是一门涉及统计学、系统辨识、逼近理论、神经网络、优化理论、计算机科学、脑科学等诸多领域的交叉学科，研究计算机怎样模拟或实现人类的学习行为，以获取新的知识或技能。重新组织已有的知识结构使之不断改善自身的性能，是人工智能技术的核心。

（2）计算机视觉。计算机视觉是指使计算机具备像人类那样通过视觉系统提取、观察、理解和识别图像与视频的能力。也就是说用摄影机和计算机代替人眼对目标进行识别、跟踪和测量的机器视觉，并进一步做图像处理，成为更适合人眼观察或传送给仪器检测的图像。

计算机视觉是一门综合性的学科，它吸引了来自各个学科的研究者参加到对它的研究之中，其中包括计算机科学和工程、信号处理、物理学、应用数学和统计学、神经生理学和认知科学等。

（3）生物特征识别。生物特征识别是指根据人的生理或行为特征对人的身份进行识别、认证。从应用流程看，生物特征识别通常分为注册和识别两个阶段。

（4）自然语言处理。自然语言处理是指使计算机拥有理解、处理人类语言的能力，包括机器翻译、语义理解、问答系统等。

自然语言处理技术目前被广泛应用于自动翻译（如百度翻译）、聊天机器人（如小米公司开发的"小爱同学"）、新闻推荐（如今日头条）、简历筛选、垃圾邮件屏蔽、舆情监控、消费者分析、竞争对手分析等。

（5）语音识别。语音识别是指将人类语音中的词汇内容转换为计算机可以"读"的数据，即让机器能听懂"人话"。目前，语音识别的应用包括语音拨号、语音导航、室内设备语音控制、语音搜索、语音购物、语音聊天机器人等。

（6）机器人技术。利用机器人技术可以将计算机视觉、语音识别、自动规划等感知和认知技术整合至体积极小性能却很高的传感器、制动器及其他设计巧妙的硬件中，制造出能在各种环境中灵活处理不同任务的机器人。从应用上看，可以将机器人分为工业机器人和服务机器人两个类别。

4．人工智能的研究领域

人工智能从诞生以来，理论和技术日益成熟，应用领域也不断扩大，从当前来看，无论是各种智能穿戴设备，还是各种进入家庭的陪护、安防、学习机器人，以及智能家居、医疗系统，这些改变人们生活方式的新事物都是人工智能的研究与应用成果。随着数据量爆发式的增长及深度学习的兴起，人工智能已经并将继续在金融、汽车、零售及医疗等方面发挥极为重要的作用。人工智能在智能风控、智能投顾、市场预测、信用评级等金融领域都有了成功的应用。

人工智能产业链中包括基础层、技术层、应用层。

基础层的核心是数据的收集与运算，是人工智能发展的基础。基础层主要包括智能芯片、智能传感器等，为人工智能应用提供数据支撑及算力支撑。

技术层以模拟人的智能相关特征为出发点，构建技术路径。通常认为，计算机视觉、智能语音用以模拟人类的感知能力；自然语言处理、知识图谱用于模拟人类的认知能力。

应用层指的是人工智能在行业、领域中的实际应用。目前人工智能已经在多个领域中取得了较好的应用，包括安防、教育、医疗、零售、金融、制造业等，如图7-4-1所示。

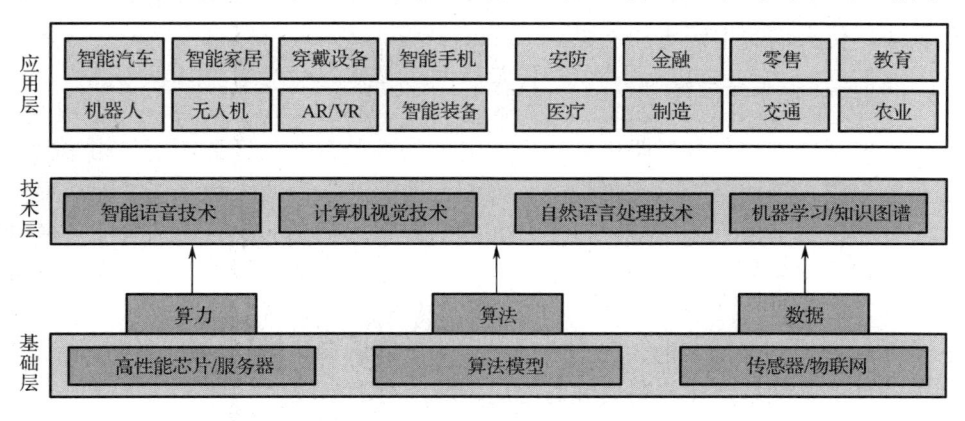

图 7-4-1 人工智能产业链

4．人工智能的价值

人工智能是引领未来的战略性高科技，作为新一轮产业变革的核心驱动力，它将催生新技术、新产品、新产业、新模式，引发经济结构重大变革，深刻改变人类生产生活方式和思维模式，实现社会生产力的整体跃升。

（1）人工智能的应用价值。

随着人工智能理论和技术的日益成熟，应用范围不断扩大，既包括城市发展、生态保护、经济管理、金融风险等宏观层面，也包括工业生产、医疗卫生、交通出行、能源利用等具体领域。

人工智能逐渐渗透到各行各业，带动了各行各业的创新，使行业领域迅速发展。人工智能引发各大产业巨头进行新的布局，开拓新的业务。人工智能与互联网技术相结合，并进行细分领域的人工智能新产品研发和人工智能技术研发，带给传统行业新的发展机遇，带来新的行业创新，推动大众创业、万众创新。

（2）人工智能的社会价值。

① 人工智能带来产业模式的变革。人工智能在各领域的普及应用，触发了新的业态和商业模式，最终带动产业结构的深刻变化。其主要应用如图7-4-2所示。

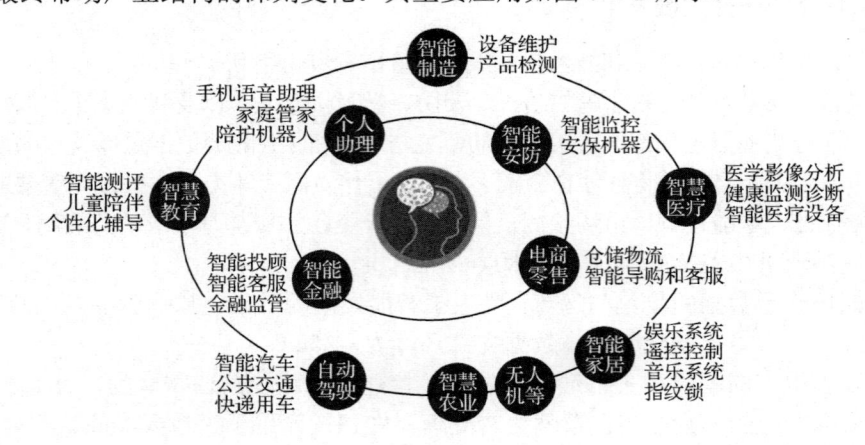

图 7-4-2 人工智能的主要应用领域

② 人工智能带来智能化的生活。人工智能的到来，将带给人们更加便利、舒适的生活。比如智能家居，使人们的生活更加幸福。

5. 人工智能的未来与展望

人工智能发展的终极目标是类人脑思考。目前的人工智能已经具备学习和储存记忆的能力，人工智能最难突破的是人脑的创造力。而创造力的产生需要一种以神经元和突触传递为基础的化学环境。目前的人工智能是以芯片和算法框架为基础的。若在未来能再模拟出类似于大脑突触传递的化学环境，计算机与化学结合后的人工智能，将很可能带来另一番难以想象的未来世界。

（1）从专用智能到通用智能。如何实现从专用智能到通用智能的跨越式发展，既是下一代人工智能发展的必然趋势，也是研究与应用领域的挑战问题。

（2）从机器智能到人机混合智能。人类智能和人工智能各有所长，可以互补。人工智能是一个非常重要的发展趋势，是从 AI（Artificial Intelligence）到 AI（Augmented Intelligence），两个 AI 含义不一样。人类智能和人工智能不是零和博弈，"人＋机器"的组合将是人工智能演进的主流方向，"人机共存"将是人类社会的新常态。

（3）从"人工＋智能"到自主智能系统。人工采集和标注大样本训练数据，是这些年来深度学习取得成功的一个重要基础或者重要人工基础。下一步发展趋势是怎样以极少人工来获得最大程度的智能。人类看书可学习到知识,机器还做不到,所以一些机构(如谷歌),开始试图创建自动机器学习算法,来降低 AI 的人工成本。

(4)学科交叉将成为人工智能的创新源泉。深度学习知识借鉴了大脑的原理:信息分层、层次化处理。所以,人工智能与脑科学交叉融合非常重要。Nature 和 Science 都有这方面的成果报道。比如 Nature 发表了一个研究团队开发的一种自主学习的人工突触,它能提高人工神经网络的学习速度。但大脑到底是怎么处理外部视觉信息或者听觉信息的,从很大程度上来说还是一个黑箱,这就是脑科学面临的挑战。这两个学科的交叉有巨大创新空间。

(5)人工智能产业将蓬勃发展。国际知名咨询公司预测,2016 年到 2025 年人工智能的产业规模将几乎呈直线上升。我国在《新一代人工智能发展规划》中提出,2030 年人工智能核心产业规模超过 1 万亿元,带动相关产业规模超过 10 万亿元。这个产业是蓬勃发展的,前景光明。

(6)人工智能的法律法规将更加健全。大家很关注人工智能可能带来的社会问题和相关伦理问题,联合国还专门成立了人工智能和机器人中心这样的监察机构。

(7)人工智能将成为更多国家的战略选择。人工智能作为引领未来的战略性技术,世界各国都高度重视,纷纷制定人工智能发展战略,力争抢占该领域的制高点。美国是世界上第一个将人工智能上升到战略层面的国家。中国政府也高度重视人工智能产业的发展,2017 年人工智能首次写入中国政府工作报告,国务院印发《新一代人工智能发展规划》,标志着人工智能已经上升至国家战略高度。

(8)人工智能教育将会全面普及。中国政府发布了《中国教育现代化 2035》《加快推进教育现代化实施方案(2018—2022 年)》《高等学校人工智能创新行动计划》,全面谋划人工智能时代教育中长期改革发展蓝图。

这八大宏观发展趋势,既有科学研究层面,也有产业应用层面,还有国家战略和政策法规层面。在科学研究层面特别值得关注的趋势是从专用智能到通用智能,从人工智能到人机混合智能,学科交叉借鉴脑科学等。

任务五　区块链技术与应用

情境导入(网络新闻)

区块链在雄安建设中的布局和实践应用

2021 年 5 月 8 日在雄安市民服务中心举行了以"用区块链打造雄安服务品牌"为主题的 2021 雄安服务高峰论坛,论坛上推介了雄安新区财政非税收入区块链系统、工程建设资金区块链信息系统和项目审批区块链系统,展示了雄安新区基于区块链、大数据的政务服务新模式。随着区块链在雄安建设中的超前布局和广泛落地实践应用,新区城市建设和服务运作效率将会大幅提升。

其中,工程建设资金区块链信息系统是通过区块链智能合约特点深度运用的一个典型案例,系统通过项目信息的整合及链上存储,使合同—要件—支付相关联,达到汇聚数据的目的，实现项目全生命周期管理。通过区块链智能合约驱动资金申请和资金支付，实现工程建设资金从业主到总、分包单位的及时准确拨付。该系统建立了自业主单位到劳务工人的完整支付链条，采用智能合约的穿透式支付建设者工资，切实保护了劳务人员权益。

知识储备

区块链（Blockchain）是一种按照时间顺序将数据区块以链条的方式组合成特定数据结构，并通过密码学等方式保证数据不可篡改和不可伪造的去中心化的互联网公开账本。区块链被称为"价值互联网的基石"，其作用主要体现在这些方面：一是减少业务中间环节提升多方协作效率；二是实现数据有效对接，降低业务拓展成本；三是构建可信规则约束，增强政府治理能力；四是提供协作激励机制，催生新型产业生态。

1. 区块链的概念

中国区块链技术与产业发展论坛给出的定义为：区块链是分布式数据存储、点对点传输、共识机制、加密算法等计算机技术的新型应用模式。区块链本质上是一个去中心化的分布式账本系统，通过将该账本的数据储存于整个参与的网络节点中实现账本系统的去中心化。区块链分布式记账图如图 7-5-1 所示。

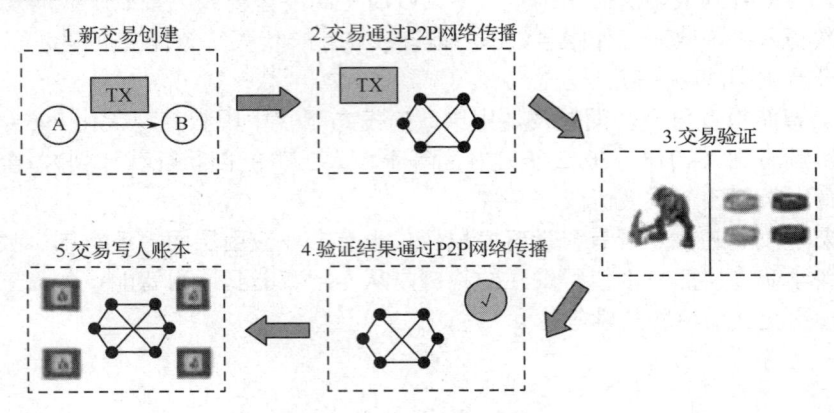

图 7-5-1　区块链分布式记账图

2. 区块链的特点

区块链技术具有开放性、去中心化、简化运维、开源可编程、时序不可篡改、集体维护、安全可信、匿名性等诸多特点。

（1）去中心化。区块链的账本不是存储于某一个数据库中心的，也不需要第三方权威机构来负责记录和管理，而是分散在网络中的每一个节点上的，每个节点都有一个该账本的副本，全部节点的账本同步更新。

（2）集体维护。区块链系统的数据库采用分布式存储，任一参与节点都可以拥有一份完整的数据库拷贝，任一节点的损坏或失去都不会影响整个系统的运作，整个数据库由所有具有记账功能的节点来共同维护。一旦信息经过验证并添加至区块链，就会被永久地存储起来，除非能够同时控制住系统中超过 51% 的节点，否则单个节点上对数据的修改是无效的。参与系统的节点越多，数据库的安全性就越高。

（3）时序不可篡改。区块链采用了带有时间戳的链式区块结构存储数据，从而为数据添加了时间维度，具有极强的可追溯性和可验证性；同时又通过密码学算法和共识机制保证了区块链的不可篡改性，进一步提高了区块链的数据稳定性和可靠性。

（4）开源可编程。区块链系统通常是开源的，代码高度透明，公共链的数据和程序对所有人公开，任何人都可以通过接口查询系统中的数据。区块链平台还提供灵活的脚本代码系统，支持用户创建高级的智能合约、去中心化应用。

（5）安全可信。区块链技术采用非对称密码学原理对交易进行签名，使得交易不能被伪造；同时利用哈希算法保证交易数据不能被轻易篡改，借助分布式系统各节点的工作量证明等共识算法形成强大的算力来抵御破坏者的攻击，保证区块链中的区块以及区块内的交易数据不可篡改和不可伪造，因此具有极高的安全性。

（6）开放性。区块链是一个开放的、信息高度透明的系统，任何人都可以加入区块链，除了交易各方的私有信息被加密外，所有数据对其上每个节点都公开透明，每个节点都可以看到最新的完整的账本，也能查询到账本上的每一次交易。

（7）匿名性。由于节点之间进行数据交换无须互相信任，因此交易对手之间可以不用公开身份，在系统中的每个参与者都可以保持匿名。匿名性是区块链共识机制带来的副作用，并不是必需的。在金融业务中，由于反洗钱等监管要求，在具体实现时往往会去除匿名性，并不影响它的其他特性。

（8）简化运维。在中心化的交易系统中，建设和维护一个高可用性的中心系统的成本很高。而区块链技术采用去中心化的模式，设备由各网络节点自行维护，对单个节点的可用性要求大大降低，可以显著降低系统建设和运维成本，并具有较长的生命周期。

3．区块链的分类

随着技术与应用的不断发展，区块链由最初狭义的"去中心化分布式验证网络"，衍生出了三种特性不同的类型，根据准入机制和节点开放程度可以分成 3 类，即公有链、联盟链、私有链。

（1）公有链。在公有链中，任何节点都可以被加入区块链网络，并且可以读取、发送交易，同时参与共识过程。公有链的记账人是所有参与者，需要设计类似"挖矿"的激励机制，奖励个人参与维持区块链运行所需的必要数字资源（如计算资源、存储资源、网络带宽等），其消耗的数字资源最高，效率最低，目前仅能实现每秒 100～200 笔的交易频率，因此更适用于每个人都是一个单独的记账个体，但发起频率并不高的应用场景。

（2）联盟链。联盟链即由数量有限的公司或组织机构组成的联盟内部可以访问的区块链，在联盟链中，被加入网络的节点须通过授权，可根据权限查看信息。联盟链的记账人由联盟成员协商确定，通常是各机构的代表，可以设计一定的激励机制以鼓励参与机构维护、运行，其消耗的数字资源部分取决于联盟成员的投入。联盟链适用于机构间的交易、结算等 B2B 场景，因此在金融行业应用最广泛。

（3）私有链。私有链只对个别实体或个人开放，去中心化程度不高，但速度快，常用于企业内部的数据库管理、审计，政府的预算和执行，或者政府的行业统计数据等。

4．区块链的核心技术

（1）数据存储。区块链本质上是一个分布式账本系统，因此区块链平台的数据存储体系设计至关重要。一般来说，区块链的数据存储设计主要包含 3 个部分，即区块结构、账本模型和 Merkle 树。

（2）区块扩容。区块扩容即扩大每个区块的容量以存储更多的交易数据，在每个区块链技术的应用中通常都限制了区块数据占用存储空间的大小。限制区块的大小很好地控制了区块账本数据的增长速度。目前，在用的扩容方法有隔离见证和区块直接扩容。

（3）智能合约。智能合约是一套以数字形式定义的承诺，合约参与方可以在上面执行这些承诺的协议。

合约就是区块链中的程序代码，合约的参与双方将达成的协议提前安装到区块链系统中，在双方的约定完成后，开始执行合约，且不可篡改。基于区块链的智能合约包括事务处理和保存机制，以及一台完备的状态机（用于接收和处理各种智能合约），事务的保存和状态处理都在区块链上完成。

（4）共识机制。区块链是由分布式的数据库通过共识算法机制保障每个节点间的数据完整性和同步性的，可以说共识算法是区块链技术实现的基础。

区块链的共识机制是区块链实现去中心化的关键技术，在应用中不再需要依托可信任的中心化机构或组织，由所有用户参与制定的共识机制保障每个人手中数据的完整性、一致性，减少中间环节，大大提升数据要素的使用效率。

5．区块链的应用

区块链在数字货币、金融资产交易结算、数字政务、存证防伪数据服务等领域具有广阔前景。

（1）数字货币。

我国早在 2014 年就开始了央行数字货币的研制。相比实体货币，数字货币具有易携带存储、低流通成本、使用便利、易于防伪和管理、打破地域限制、能更好整合等特点。我国的数字货币 DC/EP 采取双层运营体系：央行不直接向社会公众发放数字货币，而是由央行把数字货币兑付给各个商业银行或其他合法运营机构，再由这些机构兑换给社会公众供其使用。2019 年 8 月初，央行召开下半年工作电视会议，会议要求加快推进国家法定数字货币研发步伐。

（2）金融资产交易结算。

区块链技术天然具有金融属性，它正对金融业产生颠覆式变革。在支付结算方面，在区块链分布式账本体系下，市场多个参与者共同维护并实时同步一份"总账"，降低了跨行跨境交易的复杂性和成本。同时，区块链的底层加密技术保证了参与者无法篡改账本，确保交易记录透明安全，监管部门方便地追踪链上交易，快速定位高风险资金流向。在证券发行交易方面，区块链技术能够弱化承销机构作用，帮助各方建立快速准确的信息交互共享通道。在数字票据和供应链金融方面，区块链技术可以有效解决中小企业融资难问题。

（3）数字政务。

区块链可以让数据跑起来，大大精简办事流程。区块链的分布式技术可以让政府部门集中到一个链上，所有办事流程交付智能合约，办事人只要在一个部门通过身份认证以及电子签章，智能合约就可以自动处理并流转，有序完成后续所有审批和签章。

（4）存证防伪。

区块链可以通过哈希时间戳证明某个文件或者数字内容在特定时间的存在，加之其公开、不可篡改、可溯源等特性为司法鉴证、身份证明、产权保护、防伪溯源等提供了完美解决方案。

（5）数据服务。

区块链技术将大大优化现有的大数据应用，在数据流通和共享上发挥巨大作用。未来互联网、人工智能、物联网都将产生海量数据，现有中心化数据存储（计算模式）将面临巨大挑战，基于区块链技术的边缘存储（计算）有望成为未来解决方案。再者，区块链对数据的不可篡改和可追溯机制保证了数据的真实性和高质量，这成为大数据、深度学习、人工智能等一切数据应用的基础。最后，区块链可以在保护数据隐私的前提下实现多方协作的数据计算，有望解决"数据垄断"和"数据孤岛"问题，实现数据流通价值。

任务六 量子信息

情境导入（网络新闻）

合肥发布量子信息产业专利导航报告

2023年，合肥知识产权大厦启用运营暨知识产权成果发布会在中安创谷科技园全球路演大厅举办。会上发布了量子信息产业专利导航报告。

记者了解到，合肥已成为世界量子信息产业领导者地位的有力竞争者之一（ICV 发布的 GFII 2022 报告排名全球第 2），已经为在量子信息领域实现能与发达国家相匹敌的科技资源整合、实现产业集聚发展奠定良好基础。

据悉，量子通信产业专利布局情况从专利来源主要国家/地区来看，来自中国申请人的专利申请数量占全部数量的 59%，占据了全球专利的多数，是目前主要的技术产出国。美国、日本申请人的专利申请数量占据全部数量的 13%与 11%，分别排名第二、第三位。

在全球量子通信重点专利权人分布中，科大国盾量子专利授权量超 200 件。

合肥市在量子通信产业的前端、传输、后端、应用均存在一定数量的专利布局。其中，合肥市量子通信产业专利布局的重点在前端与后端，专利申请量占比分别达到 33%和 39%，属于合肥市量子通信产业技术储备强项，传输专利申请量占比为 21%。

而在量子计算产业，目前合肥市已布局超导（本源、潘建伟院士团队）、离子阱（国仪、幺正、启科）、半导体（本源）、光学（潘建伟院士团队）。

此外，中国与 WIPO 受理量分别达到了 17%与 14%，反映出国外量子计算创新主体对我国市场的重视，及激烈的国际化竞争已经开始。

在量子测量产业专利布局中，中国申请人的专利申请数量占据全部数量的 18%，紧跟美国排名第二，德国以占比 11%排名第三。

在合肥市量子信息发展中，诞生了"墨子号""九章号"等一批具有重要国际影响的科技研究成果，整合全国量子领域科研力量的合肥国家实验室挂牌成立。量子通信产业特别是量子星地通信和应用方面，我国在国际上处于领先水平。

目前，合肥市正处于全面开启现代化建设新征程的关键时期，重点布局量子信息产业、推动量子中心建设，有助于合肥市占领世界量子信息产业发展制高点、促进全市产业转型升级、为我国加快实现高水平科技自立自强贡献更多的合肥力量。（安徽商报融媒见习记者 徐宏博）

知识储备

1. 量子信息的概念

量子信息科学（简称量子信息学），主要是由物理科学与信息科学等多个学科交叉融合在一起所形成的一门新兴的科学技术领域。它以量子光学、量子电动力学、量子信息论、量子电子学及量子生物学和数学等学科作为直接的理论基础，以计算机科学与技术、通信科学与技术、激光科学与技术、光电子科学与技术、空间科学与技术（如人造通信卫星）、原子光学与原子制版技术、生物光子学与生物光子技术及固体物理学和半导体物理学作为主要的技术基础，以光子（场量子）和电子（实物粒子）作为信息和能量的载体，来研究量子信息（光量子信息和量子电子信息）的产生、发送、传递、接收、提取、识别、处理、控制及其在各相关科学技术领域中的最佳应用等。

量子信息科学主要包括以下三个方面：量子电子信息科学（简称量子电子信息学）、光量子信息科学（简称光量子信息学）和生物光子信息科学（简称生物光子信息学）。其中，光量子信息科学是量子信息科学的核心和关键。在光量子信息科学中，研究并制备各种单模、双模和多模光场压缩态及利用各种双光子乃至多光子纠缠态来实现量子隐形传态等，则是光量子信息科学与技术的核心和关键；同时，这也是实现和开通所谓的"信息高速公路"的起点和开端。因此，研究并制备各种光场压缩态和实现量子隐形传态是光量子信息科学与技术的重中之重。

2. 量子信息的特点

（1）不可分割性。量子是构成物质的最基本单元，是能量、动能等物理量的最小单位，具有不可分割性。

（2）量子态叠加性。由于微观特性，量子状态可以叠加，即一个量子能够同时处于不同状态的叠加，也就是指一个量子系统可以同时处于不同量子态的叠加上。

（3）不可复制性。复制一个东西首先要测量这个东西的状态，但是量子通常处于极其脆弱的"叠加态"，一旦测量就会被改变形状，不再是原来的状态，因此无法完全复制。

（4）量子纠缠。量子纠缠是一种量子效应，当两个微观粒子处于纠缠态时，不论分离多远，对其中一个粒子的量子态做任何改变，另一个粒子会立刻感受到，并做出相应的改变。

3. 量子信息的研究领域

当下，量子信息存在众多细分领域，但总的来说，它主要致力于量子通信和量子计算两个方面。

（1）量子通信。量子通信是利用量子叠加和量子纠缠进行信息传递的新型通信方式，它基于量子力学中的量子测量坍缩、不可分割、不可克隆三大原理提供无法被窃听和计算破解的绝对安全性保证，主要分为量子密钥分发和量子隐形传态两种。

（2）量子计算。量子计算是一种利用量子力学基本原理进行计算的新型计算模式，主要研究方向为量子计算机和量子算法。从可计算性的角度来看，量子计算机只能解决传统计算机所能解决的问题，但从计算效率上看，由于利用了量子叠加效应，量子算法的计算效率要远高于传统计算机算法。

作为新一代信息技术，量子信息实现了对现有信息技术软硬件的优化和革新，突破了传统信息技术软硬件系统的极限，开辟了信息技术发展的新方向。一旦量子信息获得广泛应用，人类社会将迈入一个全新的阶段。因此，人们将量子信息的诞生称作"第二次量子革命"。

4. 量子信息的应用场景

（1）量子计算机。量子计算机是指用量子态表示信息，将量子比特作为信息处理和存储单元，采用量子算法和量子编码实现高速计算的新型计算机。

传统的电子计算机以 0 和 1（即比特）作为信息处理单元，一个信息处理单元只能同时处理一个单状态比特，而量子计算机的信息处理单元是量子比特，由于量子叠加效应，可同时处理 0 和 1，这使得量子比特能承载的信息量远高于传统电子比特。例如，4 个电子比特可表示 16 个数字，但在同一时间只能表示 16 个数字中的其中 1 个。而 4 个量子比特却可在同一时间表示全部 16 个数字。这意味着，量子计算机的计算能力将随着量子比特数的增加呈指数增长，利用量子技术制造的光量子计算机可在几秒内完成电子计算机几十万年才能完成的运算量。

量子计算机超强的计算能力为密码分析、气象预报、城市交通规划、石油探勘、药物设计等需要大规模算力的问题提供了解决方案，并可模拟高温超导、量子霍尔效应等复杂物理机制，为先进材料制造和新能源开发奠定科学基础。

（2）量子通信网络。量子通信网络是一种采用量子通信系统的保密通信网络，其可在广阔的空间范围内，为大量用户提供绝对安全的网络通信。因此，量子通信网络被称为信息安全的"终极武器"，可从根本上解决国防、金融、政务、能源、商业等领域的信息安全问题。当量子通信网络得到大规模推广后，人们将无须担心任何信息泄露，也不用担心网络恶意攻击行为。

（3）量子雷达。量子雷达是一种利用量子力学原理，通过收发量子信号来探测目标的新型雷达。由于量子的观测坍缩特性，量子雷达发射的光子一旦探测到物体，其量子特性就会发生改变，量子雷达即可发现目标的位置。且由于量子不可复制、不可分割的特点，量子雷达发射的量子信号无法被拦截和篡改，这使得量子雷达难以欺骗和反探测，常规雷达难以探测的隐形飞机也可被量子雷达轻松发现。

量子雷达具有体积小、功耗低、抗干扰能力强、反隐身能力强、不易被敌方电子侦察设备发现和易于成像等优点，在军事和国防领域（如导弹防御和空间探测）具有极其广阔的应用前景和重大现实价值。

（4）量子导航。量子导航是基于各种量子效应和微加工技术的惯性导航系统，它无须依赖外部的 GPS 信号即可得到精确的设备位置信息，并可将传统 GPS 系统数米的导航距离提升至毫米级别，大大提高导航精度，这使得量子导航在无人机、潜艇、导弹、直升机等领域有着广阔的发展前景。

（5）量子成像。量子成像是利用量子纠缠现象发展起来的一种新型成像技术，理论上可在所有光学波段获得成像效果良好的图像，比目前最先进的激光全息成像技术更加强大。目前的量子成像研究多处在实验室阶段，需要的成像时间普遍较长（一般为数秒），不适于瞬时成像的场合，但随着日后技术的成熟，量子成像将在航空探测、军事侦察、远程成像等领域发挥重要作用。

任务七 新一代信息技术的典型应用

新一代信息技术涵盖技术多、应用范围广，与传统行业结合的空间大，在经济发展和产业结构调整中的带动作用将远远超出本行业的范畴。物联网、云计算等技术的兴起促使信息技术渗透方式、处理方式和应用模式发生巨大变革；大数据成为科学家和企业关注的焦点，正在改变科研方式和产业模式，网络和信息安全成为不可回避的重大技术问题；人脑智能机理的发掘与智能信息科技的发展进一步促进人们对人类智能的深刻认识。新一代信息技术如图 7-7-1 所示。

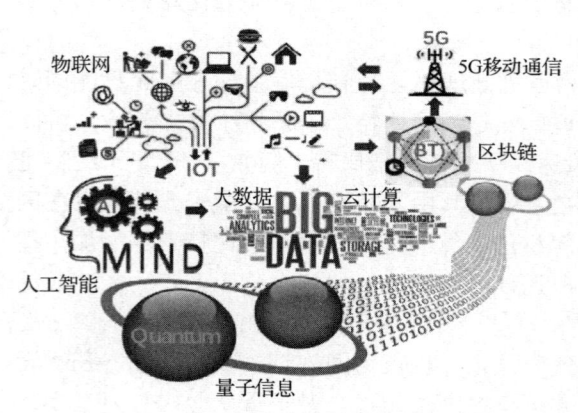

图 7-7-1 新一代信息技术

新一代信息技术发展的热点不是信息领域各个分支技术如集成电路、计算机、无线通信等的纵向提升，而是信息技术横向融合到制造、金融等其他行业，信息技术研究的主要方向将从产品技术转向服务技术。新一代信息技术将以云计算、物联网、人工智能、区块链技术为基础，通过丰富的智能化、安全化服务，为客户创造"新"的价值。

情境导入（网络新闻）

"智慧城市"建设 让城市发展更有质量

"智慧城市"，是 2022 智博会年度主题。"智慧城市"怎么建？作为重庆"智慧之城"的两江新区正加快拓展全域应用，落地了众多智慧应用场景。

今年智博会上，"智慧生活的一天"将再度焕新升级亮相。目前，其展示的不少场景已经走进城市的各个角落。教厨房"小白"做饭的厨房、帮助孩子纠正发音的平板、雨天自动关闭的窗户……

在悦来国际会展城，集数据中心、指挥中心、运营中心、创新中心、文史数字档案馆等功能于一体的悦来智慧岛新近建成，利用最前沿的大数据可视化技术手段，用"看得见的数据、能体验的场景、可预期的价值"，首次实现了海绵监测、城市管理、交通数据等现有系统的高度集成和联通，让悦来国际会展城的产业发展更智能、让城市管理更智慧、让市民生活更便捷。

"智慧之城"建设既要有"面子"，也要有"里子"。因此，众多的智慧应用场景并不只是在城市的会展功能区展示，而是已经深入市民生活起居的小区。

人脸识别进出小区门，3 秒即可刷脸回家；在公共休闲区散步，可连接小区蓝牙音响播放美妙音乐；通过智能 App 就能迅速联系物管人员，解决生活问题……在两江新区 61 个市级"智慧小区"里，上百项科技在小区内集成应用。尤其是礼嘉街道，已建成智慧书屋、智能药柜、智慧小区、智慧学校、24 小时智慧便民服务中心等 115 个应用场景。

记者了解到，两江新区"城市大脑"正推进城市治理技术融合、业务融合、数据融合，实现跨层级、跨地域、跨系统、跨部门、跨业务的协同管理和服务，已建设 13 类行业专题应用场景，23 个细分行业专题应用场景。

依托"城市大脑"这一智能运行底座，两江新区在多个领域发力，让城市成为可感知、会思考、有温度的"智慧生命体"。

在智慧城管领域，两江新区部署了 40 余类、超 5 万个前端智能感知设备，能够实时监测市政设施的状况；在智慧政务领域，营业执照智能"秒批"成为典型案例，目前，两江政务大厅 95%的审批事项实现了"网上办"；在智慧医疗领域，两江新区目前已建有 7 家互联网医院，服务线上患者 52.79 万人次；在智慧出行领域，两江新区国家级车联网先导区 4 公里车路协同示范线路实现 6 大场景、29 项功能。

知识储备

随着新一代信息技术迅猛发展，众多国家开始探索打造面向未来的高科技智能城市。沙特阿拉伯在红海岸边打造世界上最安全、最有效益和最现代化的未来沙漠之城；美国在亚利桑那州建造贝尔蒙智能城市，打造智能家居、智能工作和智能城市网络的测试场所。我国组织开展"物联网与智慧城市关键技术及示范"、国家人工智能开放创新平台试点，正集中突破"智能城市操作系统""城市大脑""智能供应链"等智慧城市建设领域关键技术。

智慧城市是运用物联网、云计算、大数据、移动互联网、区块链和空间地理信息等新一代信息技术，促进城市规划、建设、管理和服务智慧化的新理念和新模式，是新一代信息技术创新应用与城市转型融合发展的新途径，代表城市未来的发展趋势。

1. 我国智慧城市的发展历程

第一阶段，智慧城市的理念逐步导入阶段

2008 年，IBM 公司首席执行官彭明盛首次提出智慧地球（Smart Planet），2009 年 8 月，IBM 又发布了《智慧地球赢在中国》计划书，正式揭开 IBM "智慧地球"中国战略的序幕。

北京经信委在 2010 年 9 月发布《关于对智能北京发展纲要征求意见的函》，提出要"全面建设智能北京"。而在 2011 年 9 月发布的《北京市"十二五"时期城市信息化及重大信息基础设施建设规划》提出，"十一五"期间，"数字北京"建设目标全面完成，《中共北京市委关于制定北京市国民经济和社会发展第十二个五年规划的建议》为北京信息化发展提出了建设智慧城市战略目标。2012 年 3 月，北京正式发布《智慧北京行动纲要》。

从这一系列文件表述的变化，也可以看出北京市在制定规划过程中，也经历了从智能北京到智慧北京的逐步接受过程。

可以说，整个国内基本上在 2011 年年底，就开始大范围接受智慧城市的提法，智慧城市的建设理念也逐步被理解推广。

第二阶段，智慧城市在全国各地开始探索建设阶段

2012 年年底，住房和城乡建设部（以下简称"住建部"）开始在全国组织国家智慧城市试点工作，分三批公布 290 个试点城市。随后科技部也下发相关通知，共同推进智慧城市建设。

第三阶段，新型智慧城市建设大规模展开

2015 年年底，中央网信办、国家互联网信息办提出了"新型智慧城市"概念，深圳市、

福州市和嘉兴市三市获得中央网信办、国家互联网信息办批准创建新型智慧城市标杆市，先行试点开展新型智慧城市建设。

2016 年《国家信息化发展战略纲要》（中办发[2016]48 号）《"十三五"国家信息化规划》（国发[2016]73 号）均提出要建设"新型智慧城市"。

2017 年 10 月，党的十九大报告提出"建设网络强国、数字中国、智慧社会，推动互联网、大数据、人工智能和实体经济深度融合"。数字中国进入全面渗透、跨界融合、加速创新、引领发展的新阶段，技术体系创新、管理模式创新、服务模式创新将切入国民经济和社会发展各领域中，构建全面发展的数字中国、智慧社会，为新型智慧城市的建设发展指明方向。

2018 年后，随着信息技术的发展，地方政府开始整合信息化建设力量，纷纷成立大数据管理局，提升数据资源开发利用效率和"互联网+"政务服务水平，形成城市统一的信息化平台，智慧城市在技术上也开始朝着平台化的方向发展。

2020 年 8 月，住房和城乡建设部会同中央网信办等 6 部门印发指导意见，首次提出"新城建"概念，即对城市基础设施进行数字化、网络化、智能化建设和更新改造，并确定重庆、福州、济南等 16 个城市作为首批新型城市基础设施建设试点。2021 年，新增天津滨海新区、烟台、温州、长沙、常德 5 个城市，"新城建"试点增至 21 个，同时，还组织开展了城市信息模型（CIM）基础平台建设、智能市政、智能建造等一系列专项试点。

2021 年，"城市大脑"、"数字底座"、"孪生城市"等新理念开始被大范围接受，为智慧城市建设带来新的建设内容。

2．我国城市智慧建设行业产业链

从产业链的角度来看，智慧城市建设的上游主要是所需的硬件和软件设计与制造。其中硬件制造部分包括广泛用于安防、交通等领域的视频采集硬件设施；现代信息技术发展的核心——芯片制造，产业链中游主要是智慧城市的建设运营，包括对整个智慧城市进行顶层设计的政府和各个设计院，下游主要是将智能化的信息技术应用到城市运行发展的各个场景中去，涵盖了智慧政务、智慧交通、智慧医疗、智慧物流、智慧安防、智慧教育、智慧企业等数十个场景。我国城市智慧建设行业产业示意图如图 7-7-2 所示。

3．我国新型智慧城市建设特征及发展

（1）数字信息基础设施建设是智慧城市根基。当前，我国以 5G、光纤宽带、数据中心等为代表的数字信息基础设施建设不断加快，已建成全球最大规模的 5G 网络及光纤网络，为智慧城市建设提供了重要支撑。5G 凭借高可靠、低时延、大带宽的特性为远程医疗、线上教育、高清直播等发展注入强大动力。

加快推进 5G、物联网等新技术赋能市政公用设施智慧化改造，提升城市千兆光网覆盖率及家庭用户体验，以"适老"及"宜居"为出发点，推进智慧社区建设。相关数据显示，2023 年我国智慧社区市场整体规模将达到 6433 亿元，智慧社区成为新型智慧城市的重要组成部分。

（2）城市大脑是新型智慧城市统筹协调的智能中枢。城市大脑是创新运用大数据、云计算、区块链、人工智能等前沿技术构建的平台型人工智能中枢。运用前沿技术推动城市管理手段、管理模式、管理理念创新，从数字化到智能化再到智慧化，让城市更聪明一些、更智慧一些，是推动城市治理体系和治理能力现代化的必由之路。目前，各地政府都在积极布局，纷纷推进城市大脑建设，相关项目数量不断上升。

图 7-7-2 我国城市智慧建设行业产业示意图（来源于网络）

（3）进入"十四五"时期，城市发展更加关注居民生活出行、教育医疗、公共安全等民生需求及企业提质增效、转型升级等产业需求，新型智慧城市的应用场景不断丰富，城市治理更加精细化。

（4）智慧城市践行绿色低碳发展战略。当前，数字经济加速发展，数据量呈爆发式增长，数据中心的需求及规模激增，随着国家"东数西算"工程的推进，绿色新基建加速，工业互联网、大数据等数字化技术创新将带来节能减排效益。

（5）数字孪生加快智慧城市升级演进。数字孪生技术借助历史数据、实时数据以及算法模型等，模拟、验证、预测、控制城市构建与运行全生命周期过程，打通物理城市与数字空间通道，重塑城市基础设施，形成虚实结合、孪生互动的智慧城市发展新形态，推进智慧城市从新型智慧城市向数字孪生城市升级演进。

在打造面向未来的高科技新型智慧城市过程中，以城市转型升级、市民追求美好生活为根本出发点，加快推动 5G 建设与垂直行业应用融合建设，统筹部署集成传感器、智慧路灯、智慧公路、智能算力中心等新型智能化公共设施，加快推进水电气、铁公机等基础设施智能化转型，推进感知数据汇聚汇通，融合多源感知数据开展智能化综合分析应用。全面推进城市信息模型（CIM）平台建设，积极探索基于数字孪生技术构建的虚实融合城市，构建基于边缘计算、机器学习、智能交互、生物识别、情感分析等的城市大脑，完善城市级数据闭环赋能体系，解决城市规划、建设、运行、管理、服务的复杂性和不确定性，实现城市运行的多维感知、全局洞察、实时决策、持续进化。

任务拓展

请根据实训教程完成任务。

项目 8

图形图像处理基础（拓展项目）

Photoshop 是由 Adobe 公司开发的图形图像处理和编辑软件，它在图像处理、视觉创意、数字绘画、平面设计、包装设计、界面设计、产品设计、效果图处理等领域都有广泛的应用，功能强大、易学易用，深受图形图像处理爱好者和平面设计人员的喜爱，已经成为这一领域最流行的软件之一。

任务一　美颜照片制作

情境导入

小明利用暑假期间在照相馆勤工俭学，设计部主管找到小明要求他完成一张图片的美颜处理，他非常高兴地接下了这个任务，并顺利地完成了对图像的修饰。那么我们来了解一下小明完成图片修饰需要用到的那些功能吧。

样例图例

"美颜照片"效果如图 8-1-1 所示。

图 8-1-1　"美颜照片"效果

项目8　图形图像处理基础（拓展项目）

任务清单

任务名称	美颜照片制作
任务分析	本任务主要使用 Photoshop CC 2019 制作美颜照片。在制作过程中，熟悉 Photoshop CC 2019 的工作界面及工具的运用。熟练对照片进行选取、复制、裁剪、移动、修图、组合、色调调整等相关操作。了解并掌握修饰图像的基本方法和操作技巧。
任务目标 — 学习目标	1．掌握 Photoshop CC 2019 的主要功能。 2．认识 Photoshop CC 2019 的工作界面以及基本的工具。 3．能够使用工具箱进行图像的选取、复制、剪切、移动、修图等操作。 4．能够使用自由变换工具调整图像。 5．能够使用图像调整色阶调整图像。
任务目标 — 素质目标	1．培养学生发现美和创造美的能力，提高学生的审美情趣。 2．培养学生的自学能力和获取计算机新知识、新技术的能力。 3．培养学生独立思考、综合分析问题的能力。 4．帮助学生培育积极向上的拼搏精神以及精益求精的工匠精神。

任务导图

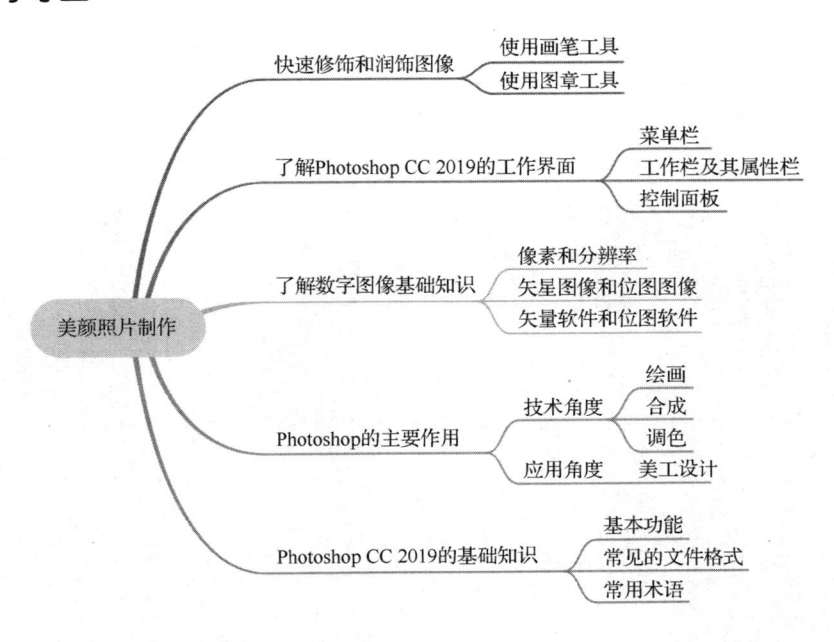

美颜照片制作
- 快速修饰和润饰图像
  - 使用画笔工具
  - 使用图章工具
- 了解Photoshop CC 2019的工作界面
  - 菜单栏
  - 工作栏及其属性栏
  - 控制面板
- 了解数字图像基础知识
  - 像素和分辨率
  - 矢量图像和位图图像
  - 矢量软件和位图软件
- Photoshop的主要作用
  - 技术角度
    - 绘画
    - 合成
    - 调色
  - 应用角度
    - 美工设计
- Photoshop CC 2019的基础知识
  - 基本功能
  - 常见的文件格式
  - 常用术语

任务实施

任务要求：对照片进行美颜，快速修饰和润饰图像。

操作步骤

（1）使用污点修复画笔去掉图片中的"痘痘"。

（2）选取"污点修复画笔工具",把画笔的硬度设为 0,画笔大小约是"痘痘"大小的 5 倍,如图 8-1-2 所示,用鼠标在"痘痘"处单击,"痘痘"就会自动消。

图 8-1-2　画笔设置

（3）选择使用"仿制图章工具"消除人物脸上的疤痕,如图 8-1-3 所示。

（4）放大图像,将鼠标停放到正常的皮肤区域,并选择亮度相近的皮肤,按住 Alt 键,单击,再松开 Alt 键,将鼠标移动到伤疤区域单击,覆盖伤疤。

（5）当填充掉一部分伤疤后,位置变化,颜色也会发生变化,因此需要重复上述步骤。

图 8-1-3　图章工具的应用

知识储备

一、了解一下 Photoshop CC 2019 的工作界面

Photoshop CC 2019 工作主界面如图 8-1-4 所示。

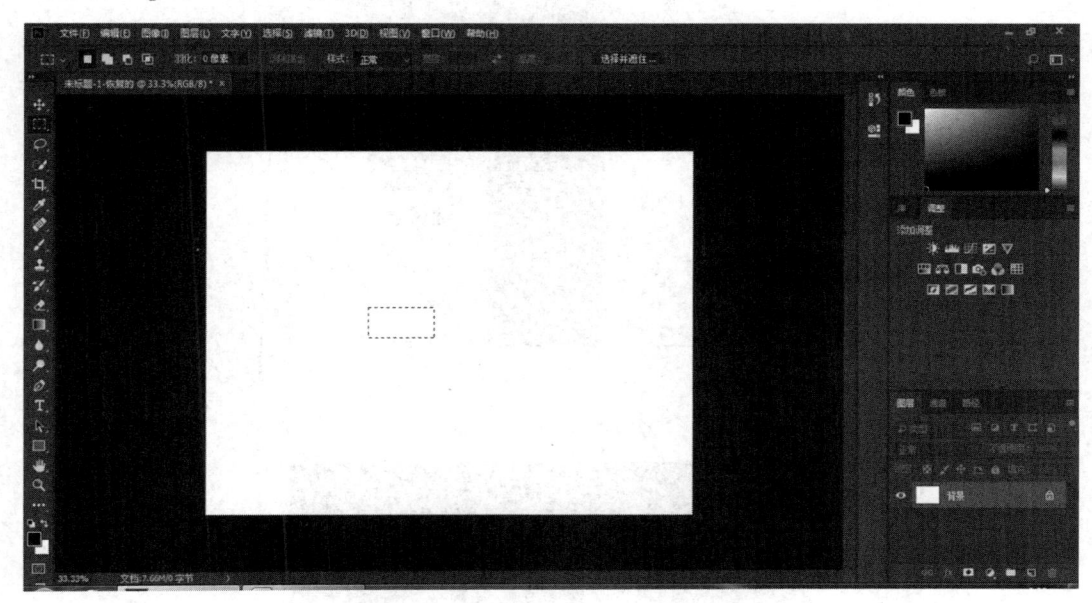

图 8-1-4　Photoshop CC 2019 工作主界面

1．菜单栏

Photoshop CC 2019 程序中的菜单主要有主菜单、面板菜单和右键快捷菜单 3 种形式。

（1）主菜单：Photoshop CC 2019 的菜单栏中包含 11 个菜单，它们分别是"文件"、"编辑"、"图像"、"图层"、"文字"、"选择"、"滤镜"、"3D""视图"、"窗口"和"帮助"菜单。使用这些菜单中的菜单项可以执行大部分的 Photoshop CC 2019 编辑操作如图 8-1-5（a）所示。

（2）面板菜单：单击各个控制面板右上方的 按钮即可打开相应的面板菜单，完成各种面板设置和操作。例如，在"颜色"面板菜单中选择"灰度滑块"选项，即可打开"灰度滑块"设置面板，进行图像灰度参数设置如图 8-1-5（b）所示。

（3）右键快捷菜单：选择不同的工具，然后在图像窗口中的图层、控制面板中的项目和快捷工具栏上右击，可以弹出相应的快捷菜单，使用这些快捷菜单项可以方便用户进行各种图像编辑操作。如图 8-1-6 所示为在图层上的右键快捷菜单。

2．工具栏及其属性栏

（1）工具栏：Photoshop CC 2019 软件将所有的操作工具以按钮的形式集中在工具箱中，并将它们分栏排列，用户可以选择单列或者双列显示这些工具，如图 8-1-7 所示。如果工具按钮右下角有"小三角" 标志，则表示此处有一组工具，按住左键不放或者在工具按钮上右击即可展开该组工具。

(a) (b)

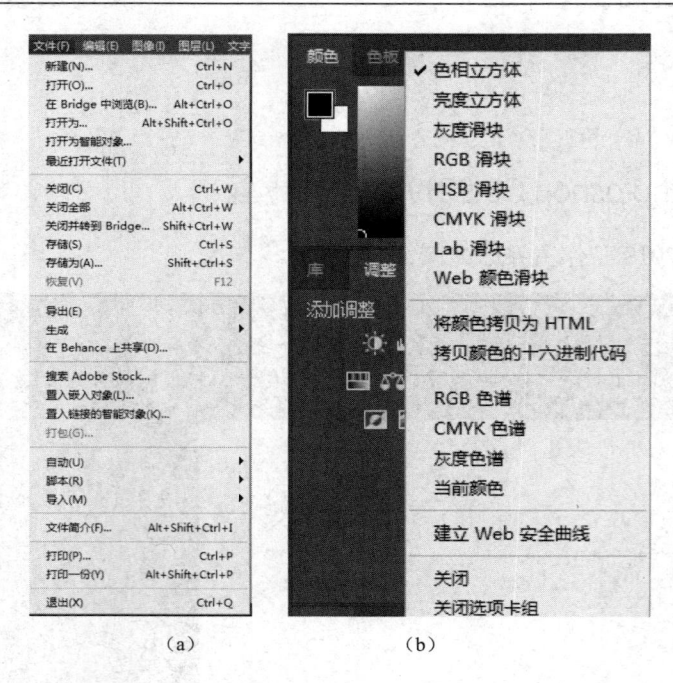

图 8-1-5 菜单界面

图 8-1-6 在图层上的右键快捷菜单

（2）工具属性栏：当用户选中工具箱中的一种工具时，在菜单栏下方的工具属性栏（简称工具栏）中就会显示相应的工具参数设置选项，图 8-1-7 所示为选中"矩形选框工具"时，工具栏所显示的状态。

3．控制面板

控制面板是 Photoshop CC 2019 中特殊的功能模块，用户可以随意打开、关闭、移动、排列和组合 Photoshop CC 2019 中的 23 个控制面板，以配合图像窗口中的绘图和编辑操作。

（1）"图层"面板：用来显示图像文件中的图层信息和控制图层的操作。

(2)"通道"面板：用来记录图像中的颜色数据，对不同的颜色数据进行存储和编辑操作。

(3)"路径"面板：用来存储矢量路径以及矢量蒙版的内容。

(4)"字符"面板：控制矢量文本的字体、大小、字距和颜色等字符属性。

(5)"段落"面板：控制矢量文本的对齐方式、段落缩进和段落间距等段落属性。

(6)"颜色"面板：提供 6 种颜色模式滑块，以方便用户完成颜色的选取和设置。

(7)"色板"面板：提供系统预设的各种常用颜色并支持当前前景色及背景色的存储。

(8)"样式"面板：提供系统预设的各种图层样式，单击该面板中的图层样式图标即可将该图层样式应用到当前图层中。

(9)"历史记录"面板：回复和撤销指定步骤的操作或者为指定的操作步骤创建快照，以减少用户因操作失误而导致的损失。

(10)"动作"面板：用来录制一连串的编辑操作，并将录制的操作用于其他的一个或多个图像文件中。

(11)"导航器"面板：用来显示图像缩略图，以方便用户控制图像的显示。

图 8-1-7 工具箱

(12)"直方图"面板：显示图像的像素、色调和色彩信息。

(13)"信息"面板：显示鼠标指针所在位置的坐标、颜色值以及选区的相关信息。

(14)"工具预设"面板：设置多种工具的预设参数。

(15)"画笔"面板：用来选取和设置不同类型绘图工具的画笔大小、形状以及其他动态参数。

(16)"仿制源"面板：具有用于仿制图章工具或者修复画笔工具的选项。使用该面板可以设置和存储 5 个不同的样本源，而不用在每次更改为不同的样本源时重新取样。

(17)"图层复合"面板：用来存储图层的位置、样式和可视性，可以用以给客户做演示。

(18)"注释"面板：方便用户在图像中添加注释。

(19)"调整"面板：用来在图像文档中添加各种调整层。

(20)"蒙版"面板：方便用户对矢量蒙版或者图层蒙版进行各种编辑操作。

(21)"3D"面板：用来完成各种 3D 物件的绘图和编辑功能。

(22)"动画"面板："动画"面板集成了 Image Ready 中的控制面板，具有创建动画图像的功能。

(23)"测量记录"面板：用于测量和记录使用标尺工具或选择工具定义的任何区域（包括不规则的选区），也可以计算高度、宽度和周长，或跟踪一个或多个图像的测量。

二、了解数字图像基础知识

1. 像素和分辨率

（1）像素。像素是由 Picture（图像）和 Element（元素）这两个单词的字母所组成的，是用来计算数码影像的一种单位，其英文表示为"Pixel"。像素最早用来描述电视图像成像的最小单位，在位图图像中，像素是组成位图图像的最小单位，可以看作带有颜色的小方块。将位图图像放大到一定程度，就可以看见这些"小方点"。像素所占用的存储空间决定了图像色彩的丰富程度，因此，一个图像的像素越多，所包含的颜色信息点就越多，图形的效果就越好，但生成的图像文件也会越大。

（2）分辨率。分辨率是指每英寸所包含的点、像素或者线条的多少。分辨率有以下三种重要形式。

① 图像分辨率：用来描述图像画面质量的参数，表示每英寸图像所包含的像素/点数，单位为 ppi（像素/英寸）。

② 显示器分辨率：用来描述显示器显示质量的参数，表示显示器上每英寸显示的点/像素数，单位为 dpi（点/英寸）。

③ 专业印刷分辨率：也称"线屏"，表示半色调网格中每英寸的网线数，描述打印或者印刷的质量，单位为 lpi（线/英寸）。一般情况下，对图像的扫描分辨率应该是专业印刷分辨率的两倍。

2. 矢量图像和位图图像

（1）矢量图像。矢量图像是由被称为"矢量"的数学对象定义的线条和色块组成的，通过对线条的设置和区域的填充来完成。矢量图像常被用于普通的平面设计以及插画和漫画的绘制。

（2）位图图像。位图图像是通过许多的点（像素）来表示的，每个像素都有自己的位置属性和颜色属性。位图图像常用于数码照片、数字绘画和广告设计中。

3. 矢量软件和位图软件

（1）矢量软件：主要用来设计和处理矢量图像的软件。常见的矢量软件有 Illustrator、CorelDRAW、FreeHand、Flash 等。

（2）位图软件：用来设计和处理位图图像的软件等。常用的位图软件 Photoshop、Corel Painter、Photoshop Impact、Photo-PAINT。

三、Photoshop CC 2019 简介

1. Photoshop CC 2019 主要作用及应用

Photoshop CC 2019 是一款图像处理与合成软件，其作用是将设计师的创意以图形化的方式展示出来。Photoshop CC 2019 软件拥有无与伦比的编辑与合成功能，更为直观的用户体验，还有用于编辑基于 3D 模型和动画的内容以及执行高级图像分析的工具，能够大幅提高用户的工作效率。

从技术角度分，Photoshop 的作用主要体现在三大方面：

（1）绘画。使用 Photoshop 可以完成一些美术作品的绘画，这里既包括简单图形，如纺织品图案、艺术字、基本几何体等；凡是没有使用创作素材，直接在 Photoshop 中完成的作品，我们都归结为 Photoshop 的绘画功能，这是 Photoshop 极其重要的作用之一。

（2）合成。所谓合成就是在现有图像素材的基础上进行二次加工或艺术再创作的过程，这是 Photoshop 的主要功能。

（3）调色。调色是 Photoshop 最具威力的功能之一，可以方便快捷地对图像的颜色进行明暗、色相、饱和度等参数的调整和校正，也可以在不同颜色模式之间进行转换，以满足图像在不同领域中的应用。

Photoshop 的主要应用体现在以下几个方面：

（1）包装设计。Photoshop 在包装和装帧设计领域有着广泛的应用，也是主要的创作工具之一。

（2）广告设计。主要是平面广告设计，诸如日常生活中所见到的报纸广告、杂志广告、商场广告、促销广告、电影海报等，都可以通过 Photoshop 进行创作和表现。

（3）网页美工设计。随着计算机技术和网络技术的飞速发展，网络世界的内容越来越丰富，各类网站主页面的界面越来越丰富多彩、赏心悦目，这一切都要归功于 Photoshop 在网页制作领域的功劳。

（4）数码照片后期处理。数码摄影时代的到来为 Photoshop 提供了广阔的创意空间，在婚纱影楼、照相馆、摄影工作室、冲印店等，Photoshop 已经成为了主要的工具，它可以方便地完成抠图、调色、创意和版式设计等工作。

（5）效果图后期制作。在效果图制作行业中，前期与中期的制作分别在 3ds Max 和 VRay 环境下完成，而渲染输出后的图片则需要在 Photoshop 中进行润饰或表现环境。

（6）界面设计。当开发多媒体课件、应用程序、工具软件时，往往需要一个非常漂亮的界面，使用 Photoshop 进行界面设计是非常方便的，这里除了可以设计界面，还可以设计功能按钮，甚至标题文字等。

2．Photoshop CC 2019 中常见的文件格式

Photoshop CC 2019 可以识别 40 多种不同格式的设计文件。在平面广告设计中，常用的图像文件格式主要有以下几种。

（1）PSD 格式：PSD 格式是使用 Adobe Photoshop 软件生成的默认图像文件格式，也是唯一支持 Photoshop 所有功能的格式，可以存储除了图像信息以外的图层、通道、路径和颜色模式等信息。使用 Photoshop CC 2019 软件设计的广告作品一定要保留 PSD 格式的原始文件的备份文件。

（2）EPS 格式：EPS 格式是为在 PostScript 打印机上输出图像而开发的，可以同时包含矢量图形和位图图形。该格式的兼容性非常好，而且几乎所有的图形、图表和排版程序都支持该格式。

（3）TIFF 格式：TIFF 格式是一种灵活的位图图像格式，最大文件大小可达到 4GB，采用无损压缩模式。几乎所有的绘画、图像编辑和页面排版程序都支持该格式文件，而且几乎所有的桌面扫描仪都可以产生 TIFF 格式的图像文件，常用于在应用程序和计算机平台之间交换文件。

（4）PDF 格式：PDF 格式是 Adobe Acrobat 程序生成的电子图书格式，能够精确地显示并保留字体、页面版式、矢量和位图图像，甚至可以包含电子文档的搜索和导航功能，是一种灵活的跨平台、跨应用程序的文件格式。

（5）JPG 格式：JPG 格式是在万维网及其他联机服务商常用的一种压缩文件格式。该格式可以保留 RGB 图像中所有的颜色信息，它能够通过有选择地扔掉数据来压缩文件大小。

（6）GIF 格式：GIF 格式也是在万维网及其他联机服务上常用的一种 LZW 压缩文件格式，可以制作简单的动画。

（7）PNG 格式：PNG 格式也是万维网及其他联机服务常用的文件格式。该格式可以保留 24 位真彩色，并且具有支持透明背景和消除锯齿边缘的功能。常用的 PNG 有 PNG-8 和 PNG-24 两种，PNG-24 是唯一支持透明颜色的图像格式，而且其显示效果和质量都可以和 JPG 格式相媲美。

（8）BMP 格式：BMP 格式是 DOS 和 Windows 兼容计算机上的标准 Windows 图像格式，使用 RLE 压缩方案进行压缩。

（9）RAW 格式：RAW 格式常用于应用程序和计算机平台之间的数据传递。有一些数码照相机中的图像是以 RAW 格式形式存储的，后期利用数码照相机附带的 RAW 数据处理软件将其转换成 TIFF 的普通图像数据格式。进行转换时，大多由用户任意设置白平衡等参数，用以创作出自己喜爱的图像数据，且不会有画质差的情况发生。

（10）AI 格式：AI 格式是由 Adobe Illustrator 矢量绘图软件制作生成的矢量文件格式。

3．Photoshop CC 2019 中的常用术语

Photoshop 中有很多术语是图形图像处理者必须了解和掌握的，它们涉及色彩、选区和矢量工具等方面的内容。

1）色域、色阶和色调

（1）色域：指颜色系统可以表示的颜色范围。不同的装置、不同的颜色模式都具有不同的色域。在 Photoshop 中，Lab 颜色模式的色域最宽，RGB 颜色模式的色域次之，CMYK 颜色的色域更小一些，只能包含印刷油墨能够打印的颜色。同一种颜色模式的色域也不尽相同，例如，RGB 颜色模式就有 Adobe RGB、sRGB 和 Apple RGB 等色域。

（2）色阶：指各种颜色模式下相同或不同颜色的明暗度，对图像色阶的调整也是对图像的明暗度进行调整。色阶的范围是 0～255，共 256 种色阶。

（3）色调：指颜色外观的基本倾向。在颜色的色相、饱和度和明度 3 个基本要素中，某一种或几种要素起主导作用时，就可以定义为一种色调。例如，红色调、蓝色调、冷色调、暖色调等。

2）色相、饱和度和明度

（1）色相：指色彩的颜色表象，如红、橙、黄、绿、青、蓝、紫等颜色的种类变化就叫色相。

（2）饱和度：也称为纯度，指色彩的鲜艳程度。饱和度越高，颜色就越鲜艳、刺眼。

（3）明度：指色彩的明亮程度。

色相、饱和度和明度是颜色的 3 大基本要素。调整图像的色相、饱和度、明度，可以得到不同的效果。

3）亮度和对比度

（1）亮度：指颜色明暗的程度。

（2）对比度：指颜色的相对明暗程度。

4）选区、通道和蒙版

（1）选区：指图像中受到限制的作用范围，可以使用多种方法来创建选区，如使用选择工具创建选区，或者从通道或路径转换，或者从图层载入，还可以使用快速蒙版等创建选区。

（2）通道：指存储不同类型信息的灰度图像，分为复合通道、单色通道、专色通道、Alpha通道和图层蒙版 5 种存储方式。

（3）蒙版：指作用于图像上的特殊的灰度图像，用户可以利用它显示和隐藏图层的内容，创建选区等。

5）文字、路径和形状

文字、路径和形状是 Photoshop 中的 3 种矢量元素。

（1）文字：由"文字"工具组中的工具创建而成，以文本层的形式存在于图像中。一旦文本层被栅格化之后就不再具有矢量性质了。

（2）路径：由"路径"工具组或"形状"工具组中的工具（必须单击工具栏中的"路径"按钮）绘制而成。绘制完成的路径保存在"路径"面板中。路径无法显示在图像的最终效果里，用户需要将路径转换为选区或者矢量蒙版，再做进一步的处理。

（3）形状：由"路径"工具组或者"形状"工具组中的工具（必须单击工具栏中的"形状图层"按钮）创建而成，以形状层的形式存在于图像中，一旦形状层被栅格化之后也不再具有矢量性质了。

任务拓展

请根据实训教程修饰一张"模特脸部照片"。

任务二 图像的合成

情境导入

美颜照片完成后，顾客希望能替换照片背景，合成新的照片。小明接待了这位顾客，但是要用什么方法才能又快又好地把图片合成制作完成呢？那么我们先要了解一下图像合成的制作方法和相关工具的使用技巧。

样例图例

图像合成效果图如图 8-2-1 所示。

图 8-2-1　图像合成效果图

任务清单

任务名称	图像的合成
任务分析	本任务主要使用 Photoshop CC 2019 制作图片合成效果。在制作过程中，掌握 Photoshop CC 2019 的文件操作、图层和图层样式的设定及使用。重点掌握图像选取及合成的方法和技巧，了解 Photoshop CC 2019 各类图像处理的技巧，熟练掌握各种工具的使用。
任务目标 学习目标	1. 掌握 Photoshop CC 2019 的文件操作、图层和图层样式的设定和使用。 2. 能够使用工具箱进行图像的选取、复制、剪切和移动等操作。 3. 掌握图像合成的基本方法和技巧。 4. 具备使用 Photoshop CC 2019 制作作品的基本技能。
任务目标 素质目标	1. 培养学生独立思考、综合分析问题的能力。 2. 培养精益求精、严肃认真的工匠精神。 3. 培养学生的审美水平和创意设计能力。 4. 提高学生的创新意识和创新精神。

项目 8　图形图像处理基础（拓展项目）

任务导图

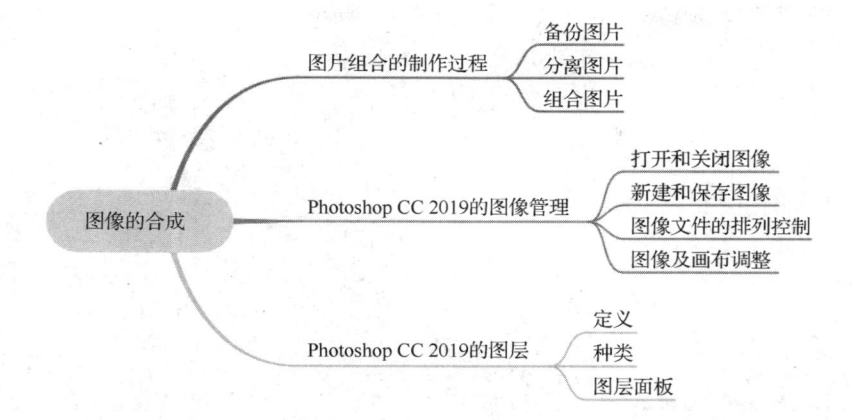

```
                            ┌─ 备份图片
            ┌─ 图片组合的制作过程 ─┼─ 分离图片
            │                    └─ 组合图片
            │
            │                              ┌─ 打开和关闭图像
图像的合成 ──┼─ Photoshop CC 2019的图像管理 ─┼─ 新建和保存图像
            │                              ├─ 图像文件的排列控制
            │                              └─ 图像及画布调整
            │
            │                        ┌─ 定义
            └─ Photoshop CC 2019的图层 ─┼─ 种类
                                     └─ 图层面板
```

任务实施

任务要求：掌握了解 Photoshop CC 2019 的图像管理及图层的运用，对图像进行提取与编辑。

操作步骤

把人物从图片中分离出来并进行图片组合，下面详细说明图片组合的制作过程。

（1）用户在分离图片前将背景图备份，这样万一操作错了还有回转的余地，如图 8-2-2 所示。

图 8-2-2　复制图层

· 307 ·

（2）调色阶。选择"图像"→"调整"→"色阶"选项，在"色阶"对话框中可以调整色阶，如图 8-2-3 和图 8-2-4 所示。

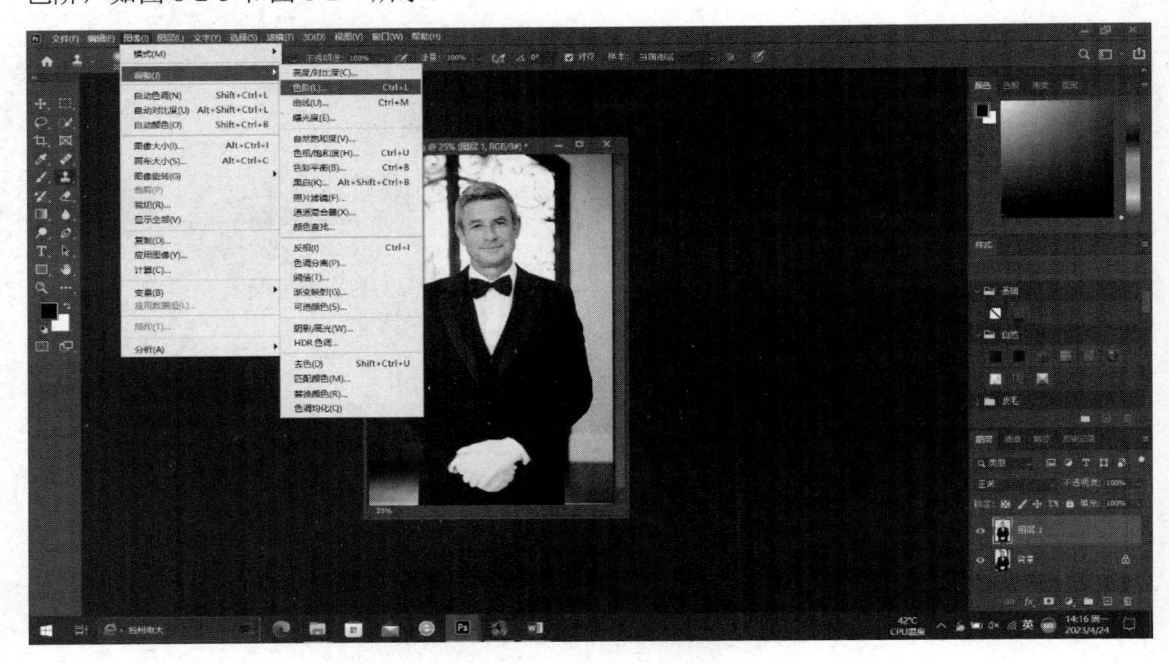

图 8-2-3 调整色阶 1

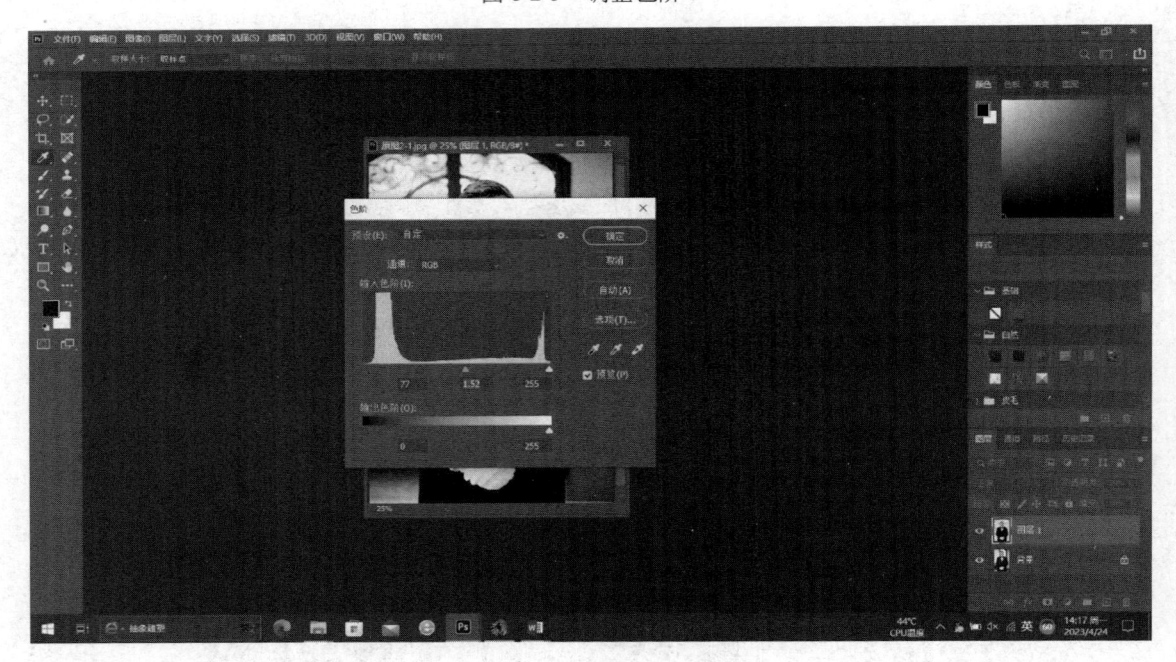

图 8-2-4 调整色阶 2

（3）进入"通道"面板，选择黑白最明显的那一个，把它拖到"新建"按钮处，新建一个"绿拷贝"通道，如图 8-2-5 所示。

项目 8　图形图像处理基础（拓展项目）

图 8-2-5　"绿拷贝"通道

（4）然后进行反相操作，选择"图像"→"调整"→"反相"命令，反相操作之后图片中的人物头发已经变白，如图 8-2-6 所示。

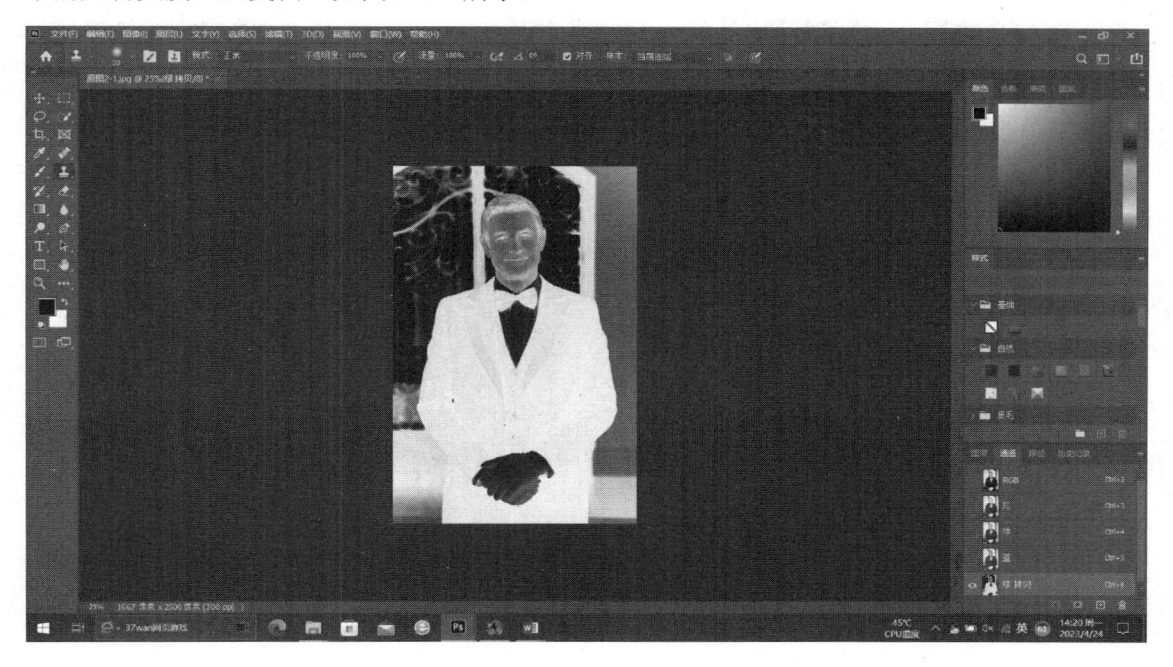

图 8-2-6　执行"反相"命令

（5）反相操作之后，调色阶，增大对比度，如图 8-2-7 所示。

· 309 ·

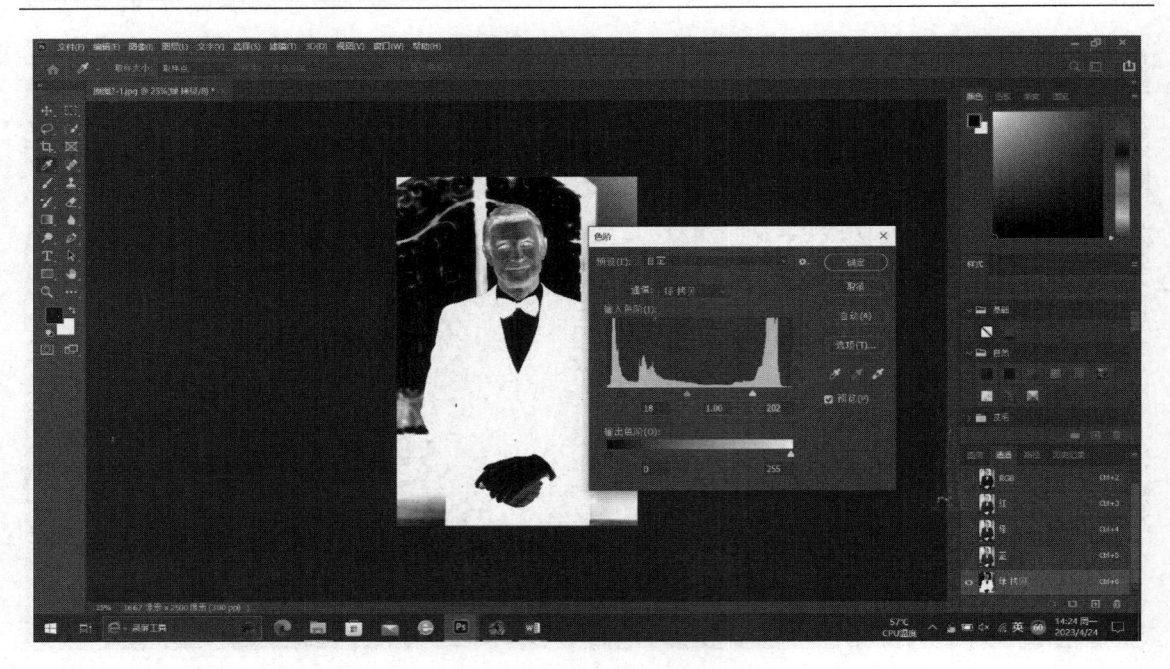

图 8-2-7　调整色阶

（6）头发调整好后，用画笔把人物的脸和身子涂白，人物主题都涂白，如图 8-2-8 和图 8-2-9 所示。

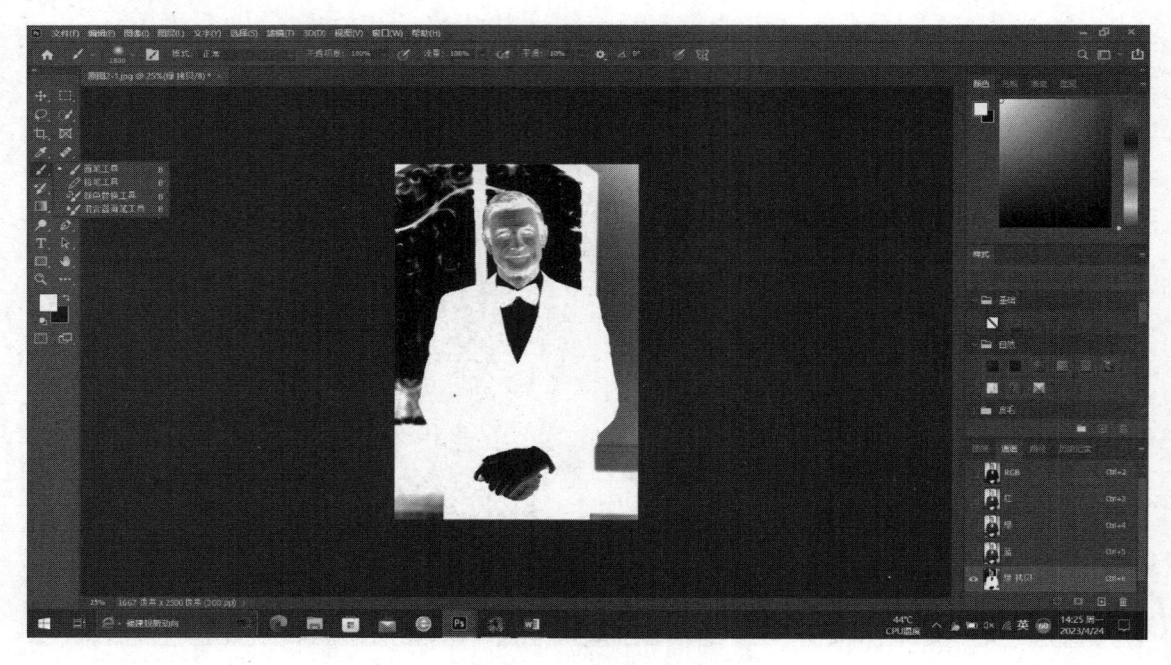

图 8-2-8　选好画笔

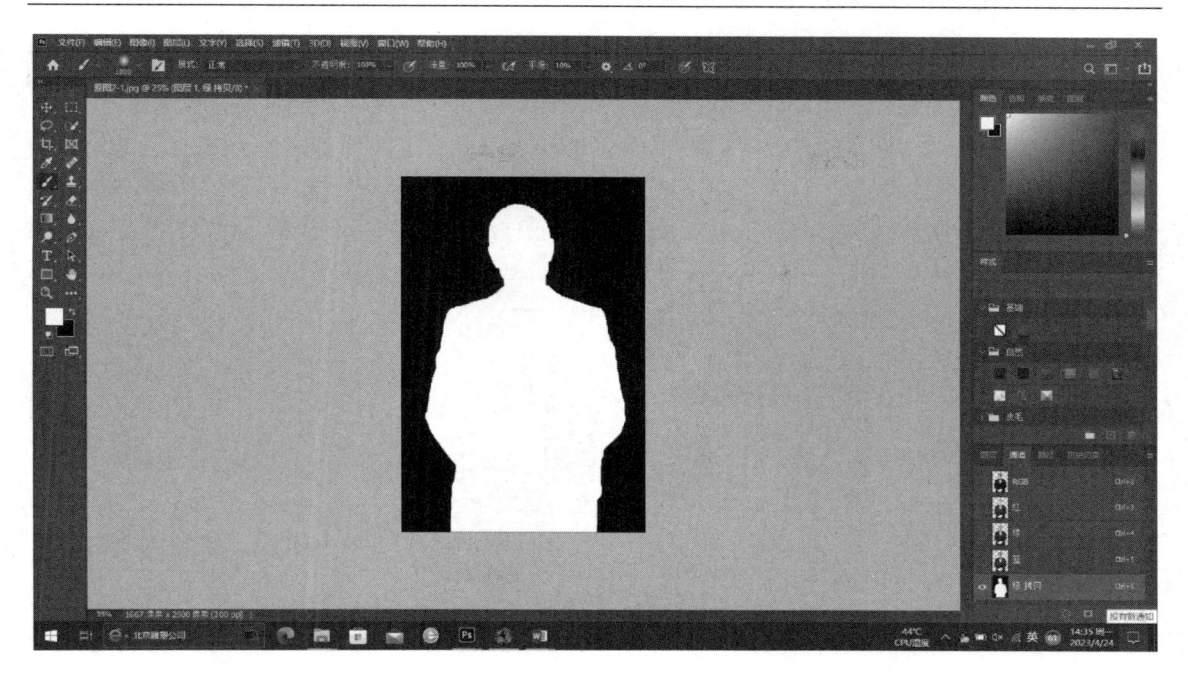

图 8-2-9　画笔涂白

（7）按下 Ctrl 键的同时并单击"绿拷贝"通道，切换到"图层"面板，按下 Ctrl+J 组合键，生成"图层 1"图层，如图 8-2-10 所示。

图 8-2-10　生成"图层 1"图层

（8）导入新的背景图片，如图 8-2-11 所示。

图 8-2-11　导入背景图片

知识储备

一、Photoshop CC 2019 的图像管理

1．打开和关闭图像

（1）选择"文件"→"打开"选项或者按 Ctrl+O 组合键，或者在 Photoshop CC 2019 的工作区中双击，均可弹出"打开"对话框。

（2）在计算机中找到需要打开文件所在的驱动器或者文件夹，必要时可以在"文件类型"下拉列表中选择需要打开的文件格式（如选择"PNG"格式，对话框中间的窗口中就只显示 PNG 格式的文件）。选择找到的文件，然后单击 打开(O) 按钮即可将文件打开。

（3）如果需要将当前图像文件关闭，可以单击图像窗口快捷工具栏上的 × 按钮，也可以选择"文件"→"关闭"选项，还可以按组合键 Ctrl+W 或者 Ctrl+F4。

2．新建和保存图像

（1）选择"文件"→"新建"选项或者按 Ctrl+N 组合键，即可进入"新建"对话框。

（2）在"新建"对话框中完成相关参数的设置，单击"确定"按钮即可建立一个新文件。

（3）完成图像设计之后，选择"文件"→"存储"选项或者按 Ctrl+S 组合键，即可弹出"存储为"对话框。选择存储文件的位置，在"文件名"文本框中输入存储文件的名称，然后在"格式"下拉列表中选择存储文件的格式，接着设置存储选项并单击"保存"按钮，即可保存当前文件。

（4）如果当前图像曾以一种文件格式保存过，可以选择"文件"→"存储为"选项或者按下 Ctrl+Shift+S 组合键，进入"存储为"对话框，将图像以其他的文件名保存或者将图像另存为其他的格式。

3．图像文件的排列控制

在 Photoshop CC 2019 中，打开的图像文件有"全部合并到选项卡"、"拼贴"、"当前图像在窗口中浮动"和"层叠"等多种排列方式，同时打开的多个文件还可以按照合并到选项卡的方式占用一个窗口。

用户可以在"窗口"→"排列"子菜单中选择一种排列图像文件的方式，如图 8-2-12 所示。当图像文件以"全部合并到选项卡"的形式显示的时候，用户可以通过拖动文档标题栏将图像文件切换为其他不同的排列方式，如图 8-2-13 所示。

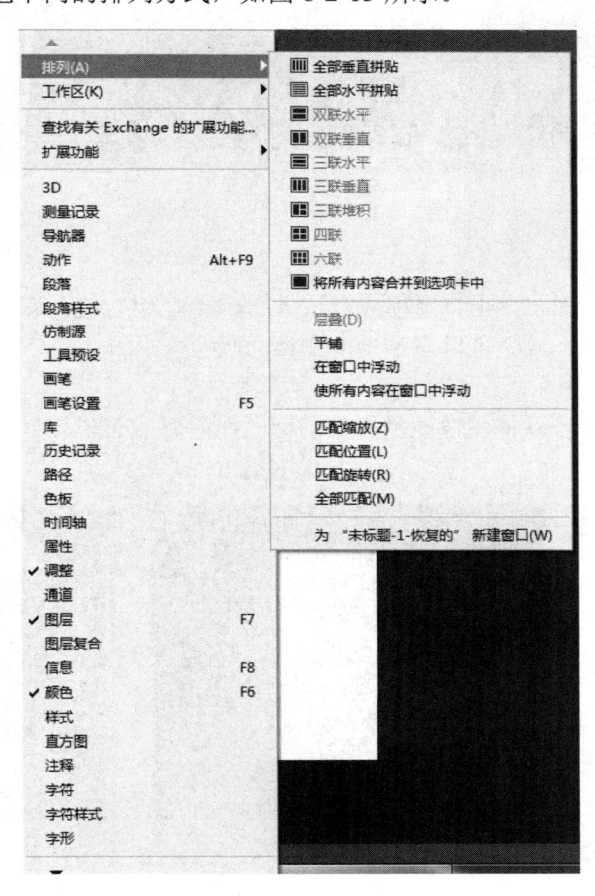

图 8-2-12　排列图像

4．图像及画布调整

图像大小和画布大小是两个截然不同的概念。调整图像大小相当于得到一个缩小的或者放大的原图像的影像，而调整画布大小就相当于将原图像的画幅进行拓展或剪裁，原图像的内容不受影响。

（1）调整图像大小。

选择"图像"→"图像大小"选项或者按 Alt+Ctrl+I 组合键，即可进入如图 8-2-14 所示的"图像大小"对话框，从中可以对当前图像文件的像素大小和文档大小进行重新设置。

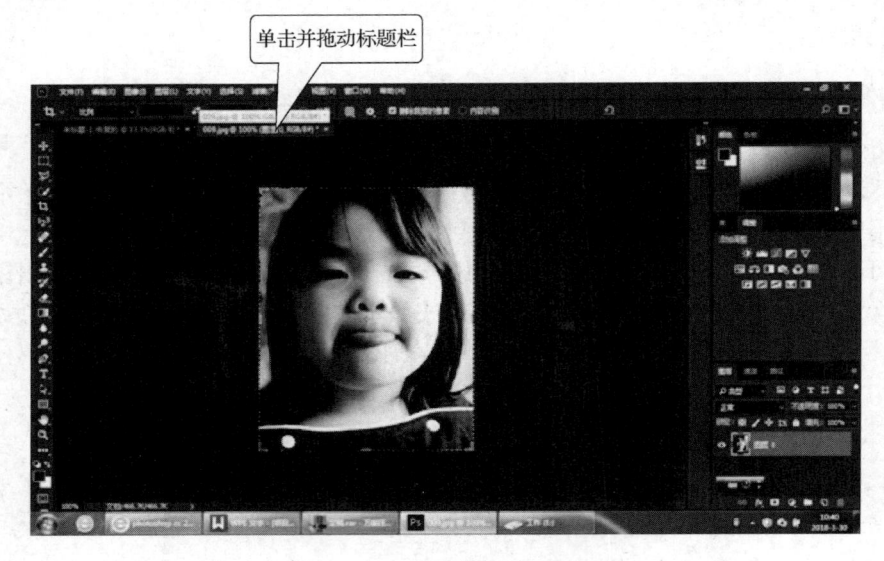

图 8-2-13　单击并拖动标题栏

（2）调整画布大小。

选择"图像"→"画布大小"选项或者按 Alt+Ctrl+C 组合键，即可进入如图 8-2-15 所示的"画布大小"对话框，从中可以调整当前文档的画布大小。

（3）图像的裁切。

使用"裁切"工具可以将图像周围多余的部分删除，也可以对画布进行大小修改，或者对画布进行旋转裁切。

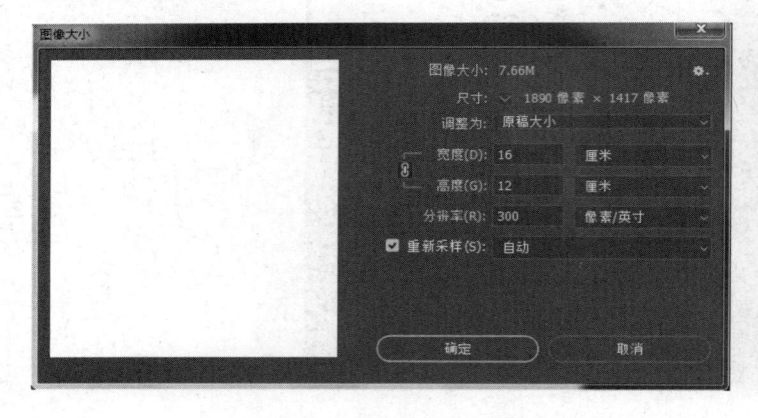

图 8-2-14　"图像大小"对话框　　　　图 8-2-15　"画布大小"对话框

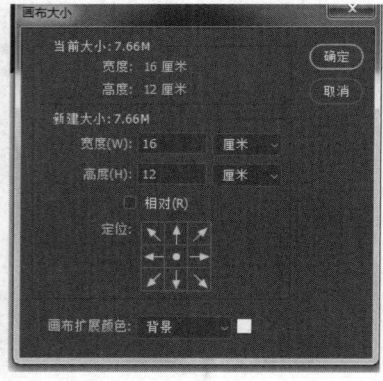

二、Photoshop CC 2019 的图层

1. 定义

通俗地讲，图层就是含有文字或图形等元素的透明胶片，一张张按顺序叠放在一起，组合成最终效果图。

使用图层有什么好处呢？

分成图层后，可以单独移动或者修改需要调整的特定区域，而其他区域则完全不受影响，这样做会提高修图的效率,降低修图的成本。

2. 种类

图层包括背景图层、普通图层、文本图层、形状图层、调整图层和填充图层。

(1) 背景图层:选来作为背景的图层,默认背景图层被锁定。在"图层"面板可以看到最下面有一个带小锁图标的图层,即是背景图层(默认状态下,背景图层不可修改)。

要想修改背景图片,必须把背景图片转化为普通图层,操作方法如下:双击"图层"面板中的背景图,然后在弹出的对话框单击"确定"按钮即可(其实就是解锁图层)。

(2) 普通图层:除了不能编辑的背景图层,其他图片图层都可称作普通图层。

(3) 文本图层:使用文本工具建立的图层。

(4) 形状图层:使用形状工具或钢笔工具创建的图层。形状中会自动填充当前的前景色,也可以改用其他颜色、渐变或图案来进行填充。

(5) 调整图层:它不依附于任何现有图层,总是自成一个图层,如果没有特殊设置,调整图层可以在不破坏原图的情况下影响到它下面的所有图层,它和普通图层一样,可以调整模式、添加或者删除蒙版,也可以参与图层混合。

(6) 填充图层:一种带蒙版的图层,可以用纯色、渐变或图案填充。

3. "图层"面板

图层在 Photoshop CC 2019 里是非常重要的一个板块,所以在 Photoshop CC 2019 的默认界面右下方独自占了一个面板,如图 8-2-16 所示。

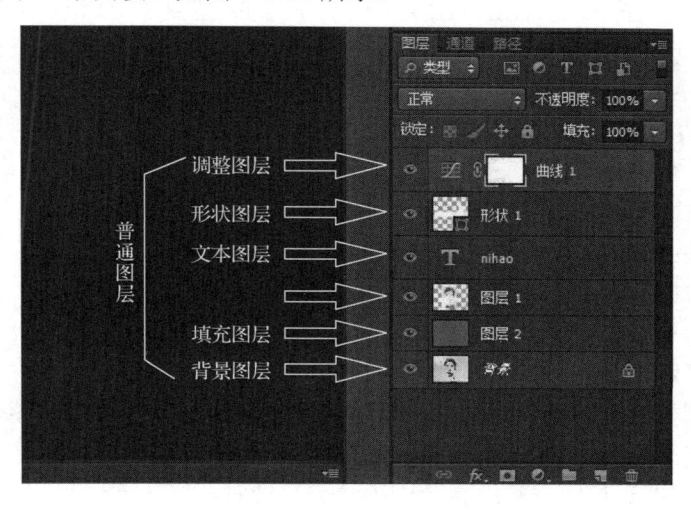

图 8-2-16 "图层"面板

在"图层"面板里,可以对图层进行复制、删除、移动、重命名、隐藏和显示、链接、合并、锁定、改变样式、改变透明度、分组等操作。

(1) 图层的复制。

① 复制图层最简单的方法,就是先选定要复制的图层,然后按下组合键 **Ctrl+J** 即可复制图层。

② 单击"图层"下拉按钮,选择"新建"→"通过拷贝的图层"选项即可复制图层。

③ 选定图层,然后单击"图层"下拉按钮,选择"复制图层"选项即可复制图层。

④ 在"图层"面板中将图层拖动到下方的新建图层按钮上进行复制。
(2) 图层的删除。
① 选择图层后按 Delete 或 BackSpace 键删除所选图层。
② 直接将图层拖动到图层面板上的垃圾桶也可删除图层。
③ 选定图层，单击"图层"面板菜单下拉按钮，选择"删除"→"图层"选项。
(3) 图层的移动。
直接选择移动工具就可以对图层进行移动，而借助上下左右键可以更细致地微调。
(4) 图层的重命名。
在 Photoshop CC 2019 中，图层默认的名称是"图层 1"、"图层 2"等，但通常用户修图时有很多图层，为了区分各个图层，需要给图层重命名。

重命名的方法：在"图层"面板中双击图层名，在出现的输入框中给图层重新命名即可（按住 Alt 键的同时在"图层"面板中双击，操作界面会弹出一个对话框，可以直接给图层重命名）。

(5) 图层的隐藏和显示。
单击图层前面的小眼睛图标，可以隐藏或显示这个图层（按住 Alt 键同时单击某图层的小眼睛图标，将会隐藏除本层之外所有的图层）。

(6) 图层的链接。
链接就是将多个图层捆绑在一起，一个图层动，其他所有被链接图层也会动，这样做的好处是，保持某些图层的相对位置不变。

方法：选择多个图层后，单击"图层"面板下方的"链接"按钮，即实现了对所选图层的互相链接。

(7) 图层的合并。
① 合并两个图层最简单的方法就是使用组合键 Ctrl+E，要注意合并后图层的名字和颜色是原来下方图层的名字和颜色。
② 合并全部的图层可以使用组合键 Ctrl+Shift+E，这时会将所有没有隐藏的图层合并。

为什么要合并图层呢？
(1) 图层会占据大量存储空间，合并后占用的存储空间会变小。
(2) 图层过多不利于寻找和组织图层。

(8) 图层的锁定。
在"图层"图板上有四个锁定按钮，依次为"锁定透明度"、"锁定图像"、"锁定位置"和"全部锁定"按钮。
① "锁定透明度"按钮：将编辑范围限制为只针对图层的不透明部分。
② "锁定图像"按钮：防止使用绘画工具修改图层的像素。
③ "锁定位置"按钮：防止图层的像素被移动。
④ "全部锁定"按钮：将上述内容全部锁定。

(9) 图层的样式。
"图层的样式"对话框如图 8-2-17 所示。

图层样式是 Photoshop CC 2019 中一个用于制作各种效果的强大功能，它为用户简化了许多操作，利用它可以快速生成阴影、浮雕、发光、立体投影、各种质感以及光景效果的图像特效。

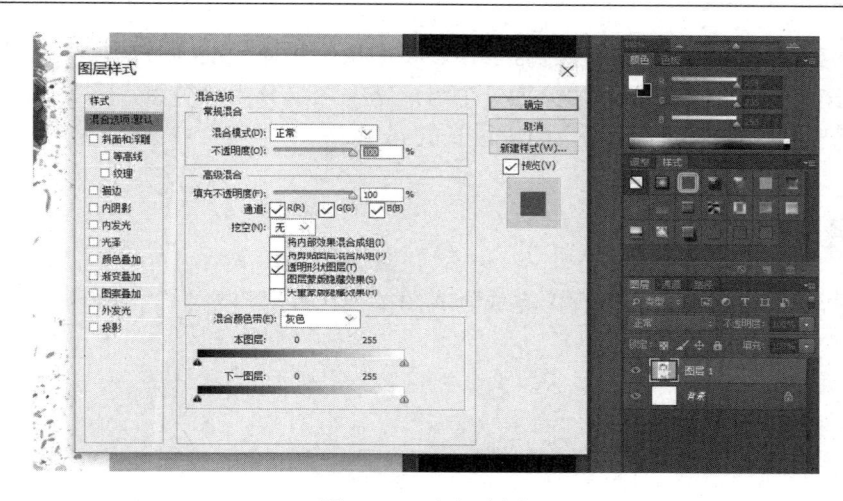

图 8-2-17　图层样式

图层样式共有 10 种样式，分别如下。

① 投影：为图层上的对象、文本或形状的添加阴影效果。"投影"参数由"混合模式"、"不透明度"、"角度"、"距离"、"扩展"和"大小"等组成，通过对这些参数的设置可以得到需要的效果。

② 内阴影：在对象、文本或形状的内边缘添加阴影效果，使图层生成一种凹陷外观。

③ 外发光：在图层对象、文本或形状的边缘向外添加发光效果。设置合适的参数可以让对象、文本或形状更精美。

④ 内发光：图层对象、文本或形状的边缘向内添加发光效果。

⑤ 斜面和浮雕："样式"下拉菜单将为图层添加高亮显示和阴影的各种组合效果。

⑥ 光泽：在图层对象内部应用阴影效果，使之与对象的形状互相作用，通常创建规则波浪形状，产生光滑的磨光及金属效果。

⑦ 颜色叠加：在图层对象上叠加一种颜色，即用一层纯色填充到应用样式的对象上。可以通过"选取叠加颜色"对话框选择任意颜色。

⑧ 渐变叠加：在图层对象上叠加一种渐变颜色，即用一层渐变颜色填充到应用样式的对象上。通过"渐变编辑器"还可以选择使用其他的渐变颜色。

⑨ 图案叠加：在图层对象上叠加图案，即用一致的重复图案填充对象。通过"图案拾色器"还可以选择其他的图案。

⑩ 描边：使用颜色、渐变颜色或图案描绘当前图层上的对象、文本或形状的轮廓，对于边缘清晰的形状（如文本），这种效果尤其有用。

（10）图层的填充和不透明度。

不透明度调节的是整个图层的不透明度，调整它会影响整个图层中所有的对象，如降低不透明度到 0，将会得到一片空白。而填充是只改变填充部分的不透明度，调整它只会影响原图像，不会影响添加效果，如给一个图像添加阴影效果，降低填充不透明度到 0，填充的图消失，但是图层样式阴影效果还在，这就是二者之间的区别。

（11）图层的分组。

图层的分组也很好理解，举个例子，用户的计算机桌面放了太多的东西，一是太混乱，二找东西太不方便，然后用户就新建几个文件夹，将桌面的东西分类整理，装进文件夹。而图层的分组也一样,由于有的图像包含了很多个图层,不便于准确寻找每个图层,因此需要分组,如将文字分为一个组,图片分为一个组,路径图层分为一个组,等等。使用图层组可以很好地解决图层数过多、"图层"面板过长的问题。

任务拓展

请根据所学知识,在实训教程中完成合成图像"花卉书籍封面"的制作。

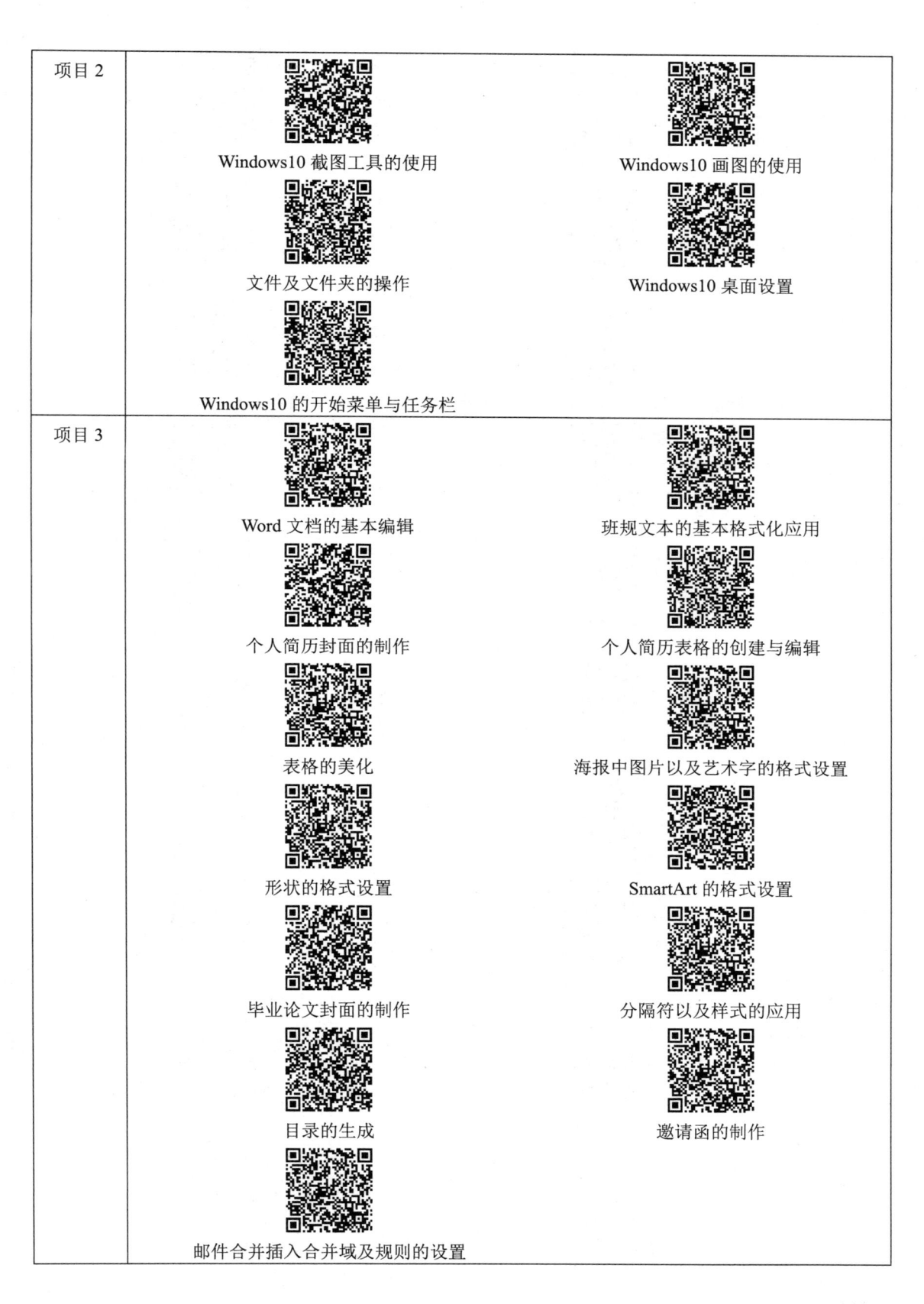

项目2	Windows10 截图工具的使用 文件及文件夹的操作 Windows10 的开始菜单与任务栏	Windows10 画图的使用 Windows10 桌面设置
项目3	Word 文档的基本编辑 个人简历封面的制作 表格的美化 形状的格式设置 毕业论文封面的制作 目录的生成 邮件合并插入合并域及规则的设置	班规文本的基本格式化应用 个人简历表格的创建与编辑 海报中图片以及艺术字的格式设置 SmartArt 的格式设置 分隔符以及样式的应用 邀请函的制作

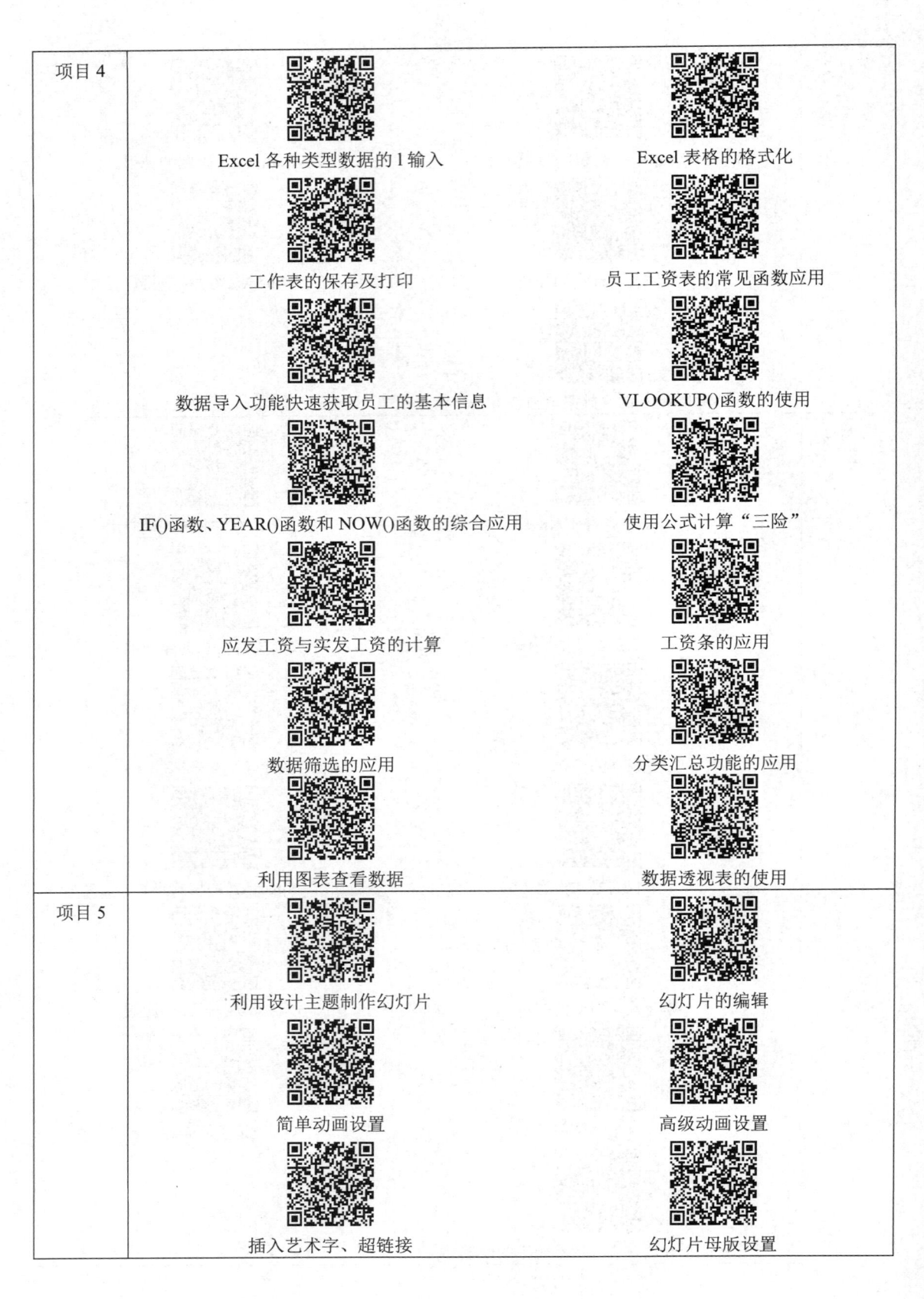

项目4		Excel 各种类型数据的1输入		Excel 表格的格式化
		工作表的保存及打印		员工工资表的常见函数应用
		数据导入功能快速获取员工的基本信息		VLOOKUP()函数的使用
		IF()函数、YEAR()函数和NOW()函数的综合应用		使用公式计算"三险"
		应发工资与实发工资的计算		工资条的应用
		数据筛选的应用		分类汇总功能的应用
		利用图表查看数据		数据透视表的使用
项目5		利用设计主题制作幻灯片		幻灯片的编辑
		简单动画设置		高级动画设置
		插入艺术字、超链接		幻灯片母版设置

	幻灯片的放映及切换	
项目 6	计算机 IP 地址的设置与查看	Microsoft Edge 浏览器新建页面与设置主页
	Outlook 电子邮箱的注册与发送邮件	百度搜索引擎限制算符 intitle 的使用
项目 8	人物修图	替换背景

反侵权盗版声明

电子工业出版社依法对本作品享有专有出版权。任何未经权利人书面许可,复制、销售或通过信息网络传播本作品的行为,歪曲、篡改、剽窃本作品的行为,均违反《中华人民共和国著作权法》,其行为人应承担相应的民事责任和行政责任,构成犯罪的,将被依法追究刑事责任。

为了维护市场秩序,保护权利人的合法权益,我社将依法查处和打击侵权盗版的单位和个人。欢迎社会各界人士积极举报侵权盗版行为,本社将奖励举报有功人员,并保证举报人的信息不被泄露。

举报电话:(010)88254396;(010)88258888
传　　真:(010)88254397
E-mail:　dbqq@phei.com.cn
通信地址:北京市海淀区万寿路173信箱
　　　　　电子工业出版社总编办公室
邮　　编:100036